热工参数测量与处理

（第二版）

吕崇德 主编

清华大学出版社
北京

内容简介

本书分三篇讲述测量误差理论及测量系统特性等基本知识；着重叙述了温度、压力、流速、流量、气体成分等热工过程主要参数的测量原理、测量方法、测量系统组成和测量误差分析；并进一步介绍了动态测量信号的计算机处理技术，红外和激光等新技术在热工参数测量中的应用等。

本书可作为热能动力工程类有关专业大学生的教材。也可供研究生、科研人员及工程技术人员参考。

版权所有，侵权必究。举报：010-62782989，beiqinquan@tup.tsinghua.edu.cn。

图书在版编目（CIP）数据

热工参数测量与处理/吕崇德编著. —2 版. —北京：清华大学出版社，2009.3（2023.8重印）
ISBN 978-7-302-04718-6

Ⅰ. 热… Ⅱ. 吕… Ⅲ. 热工测量－高等学校－教材 Ⅳ. TK31

中国版本图书馆 CIP 数据核字（2009）第 023471 号

责任编辑：张秋玲
责任印制：杨 艳

出版发行：清华大学出版社
网　　址：http://www.tup.com.cn，http://www.wqbook.com
地　　址：北京清华大学学研大厦 A 座　　邮　编：100084
社 总 机：010-83470000　　邮　购：010-62786544
投稿与读者服务：010-62776969，c-service@tup.tsinghua.edu.cn
质量反馈：010-62772015，zhiliang@tup.tsinghua.edu.cn

印 装 者：三河市春园印刷有限公司
经　　销：全国新华书店
开　　本：185mm×260mm　　印　张：20.75　　字　数：473 千字
版　　次：2001 年 9 月第 2 版　　印　次：2023 年 8 月第 18 次印刷
定　　价：65.00 元

产品编号：004718-07

前　言

随着科学技术的迅速发展,热工参数的测量和处理技术也发生了深刻的变化,特别是计算机、激光、红外技术以及系统分析技术、信号处理技术的应用为热工参数的测量开辟了许多新的领域,注入了大量新的内容。我们在编写本书时既注意保持了传统的热工参数基本测试技术,又力求反映国内外测量技术的新成就、新发展和新趋向。第1篇重点讲述测量误差的分析与处理以及测量系统组成和特性分析等方面的内容,使读者能从测量系统的角度对测量误差、测量精度和测量系统有一个总的认识。第2篇主要介绍主要热工参数,如温度、压力、流量、流速、气体成分等参数的测量技术。其中既包含了传统的、量大面广的、使用成熟的测试方法,这是本书的基本内容,读者须要牢固掌握;也包含了新发展起来的测量方法,如激光与红外技术在热工测量中的应用,许多用传统方法难以解决的测量问题有可能借助于这些新技术得到解决。本篇内容能使读者掌握必需的测量技术,也有利于扩大读者的知识面,开阔思路,提高解决实际技术问题的能力。第3篇是介绍采用计算机技术对测量过程随机信号进行分析与处理,讲述信号的频域描述、相关分析、功率谱分析以及信号的估计、信号滤波等基本知识,为读者掌握随机信号的测量和从噪声中提取有效信号的技术打下一定基础。

本书第一版于1990年出版,历经10年的教学和科研使用,作者又积累了一定的经验。这次修订,将原来的4篇共14章缩减为3篇共10章,使本书内容更加精练。同时也增加了一些新测量技术,如在速度测量中增加了PIV粒子图象测速技术。压力测量系统中增加了容腔效应的动态特性分析。流量测量中增加了特殊流量测量方法,如微小流量、质量流量测量等。根据拓宽专业的要求,增加了动力机械的转速和功率测量技术。另外较多地调整了热工过程数据处理的篇幅,突出了热工测量中所需的相关分析、谱分析技术和数字滤波等内容。本书可作为热能动力工程类有关专业的教学用书,也可供研究生、科学研究人员、工程技术人员参考。内容较为丰富,文字力求通俗,以利于自学。

本书编写人员为:第1篇姜学智。第2篇第4章吕崇德;第5章陈泽荣和吕泽华;第6章李彦和陈泽荣;第7章杨献勇和罗锐;第8章姜学智;第9章罗先武。第3篇杨献勇。全书由吕崇德任主编。由于编者们学识有限,书中的缺点错误难免,恳请读者给予指正。

编　者
2001年

目 录

第1篇 测量系统与测量误差

第1章 测量概述 ……………………………………………………………… 3
1.1 测量的意义、测量方法 ……………………………………………… 3
1.2 测量系统 ……………………………………………………………… 5
1.3 测量误差与测量精度 ………………………………………………… 6
1.4 测量技术的发展状况 ………………………………………………… 9

第2章 测量误差分析与处理 ……………………………………………… 11
2.1 随机误差的分布规律 ……………………………………………… 11
2.2 直接测量误差分析与处理 ………………………………………… 14
2.3 间接测量误差分析与处理 ………………………………………… 24
2.4 组合测量的误差分析与处理 ……………………………………… 27
2.5 粗大误差 …………………………………………………………… 34
2.6 系统误差 …………………………………………………………… 36
2.7 误差的综合 ………………………………………………………… 43

第3章 测量系统分析 ……………………………………………………… 46
3.1 测量系统的静态特性 ……………………………………………… 46
3.2 测量系统的动态特性 ……………………………………………… 49
3.3 测量系统的动态响应 ……………………………………………… 53
3.4 测量系统动态特性参数的试验确定 ……………………………… 62

第2篇 主要热工参数测量

第4章 温度测量 …………………………………………………………… 69
4.1 热电偶测温 ………………………………………………………… 69
4.2 热电阻测温 ………………………………………………………… 87
4.3 其他接触式测温仪表 ……………………………………………… 95
4.4 接触式测温技术及误差分析 ……………………………………… 99
4.5 非接触式温度测量 ………………………………………………… 109
4.6 红外与激光技术在温度场测量中的应用 ………………………… 120
4.7 附表 ………………………………………………………………… 134

第5章 压力测量 ... 137
- 5.1 常规测压方法与仪表 ... 137
- 5.2 压力信号的电变送方法 ... 146
- 5.3 气流的压力测量 ... 152
- 5.4 压力测量系统的动态特性 ... 160

第6章 气流速度测量 ... 162
- 6.1 测压管与测速技术 ... 163
- 6.2 热线、热膜风速仪 ... 171
- 6.3 激光多普勒测速技术 ... 178
- 6.4 粒子图像测速技术 ... 190

第7章 流量测量 ... 201
- 7.1 流量测量概述 ... 201
- 7.2 节流式流量计 ... 203
- 7.3 速度式流量计 ... 218
- 7.4 容积式流量计 ... 227
- 7.5 特殊流量测量方法 ... 230
- 7.6 两相流流量测量概述 ... 233
- 7.7 附表 ... 249

第8章 气体成分分析 ... 257
- 8.1 氧化锆氧量计 ... 257
- 8.2 红外气体分析仪 ... 260
- 8.3 气相色谱分析仪 ... 262

第9章 动力机械的转速、转矩和功率测量 ... 268
- 9.1 转速测量 ... 268
- 9.2 转矩测量 ... 271
- 9.3 功率测量 ... 277

第3篇 测量信号的分析与处理

第10章 测量信号的分析与处理 ... 285
- 10.1 信号的频域表示方法 ... 285
- 10.2 随机信号及其描述方法 ... 291
- 10.3 相关函数和功率谱密度函数的估计 ... 298
- 10.4 测量信号的滤波 ... 308

参考文献 ... 326

第1篇
测量系统与测量误差

第1章 测量概述

1.1 测量的意义、测量方法

1.1.1 测量的意义

测量是人类对自然界中客观事物取得数量观念的一种认识过程。在这一过程中,人们借助于专门工具,通过试验和对试验数据的分析计算,求得被测量的值,获得对于客观事物的定量的概念和内在规律的认识。因此可以说,测量就是为取得未知参数值而做的全部工作,包括测量的误差分析和数据处理等计算工作在内。

人类的知识许多是依靠测量得到的。在科学技术领域内,许多新的发现、新的发明往往是以测量技术的发展为基础的,测量技术的发展推动着科学技术的前进。在生产活动中,新的工艺、新的设备的产生,也依赖于测量技术的发展水平,而且,可靠的测量技术对于生产过程自动化、设备的安全以及经济运行都是不可少的先决条件。无论是在科学实验中还是在生产过程中,一旦离开了测量,必然会给工作带来巨大的盲目性。只有通过可靠的测量,然后正确地判断测量结果的意义,才有可能进一步解决自然科学和工程技术上提出的问题。

测量技术对自然科学、工程技术的重要作用愈来愈为人们所重视,它已逐步形成了一门完整的、独立的学科。这门学科研究的主要是测量原理、测量方法、测量工具和测量数据处理。根据被测对象的差异,测量技术可分为若干分支,例如力学测量、电学测量、光学测量、热工测量等等。测量技术的各个分支既有共同需要研究的问题,如测量系统分析、测量误差分析与数据处理理论;又有各自不同的特点,如各种不同物理参数的测量原理、测量方法与测量工具。本书将在讨论有关测量问题的基本原理的基础上重点讨论热工参数的测量技术。

1.1.2 测量方法

所谓测量,就是用实验的方法,把被测量与同性质的标准量进行比较,确定两者的比值,从而得到被测量的量值。欲使测量结果有意义,测量必须满足以下要求:

① 用来进行比较的标准量应该是国际上或国家所公认的,且性能稳定;
② 进行比较所用的方法和仪器必须经过验证。

根据上述测量的概念,被测量的值可表达为

$$X = aU \tag{1-1}$$

式中 X —— 被测量;

U —— 标准量(即选用的测量单位);

a —— 被测量与标准量的数字比值。

式(1-1)称为测量的基本方程式。

测量方法就是实现被测量与标准量比较的方法。按测量结果产生的方式来分类,测量方法可分为直接测量法、间接测量法和组合测量法。

1. 直接测量法

使被测量直接与选用的标准量进行比较,或者用预先标定好了的测量仪器进行测量,从而直接求得被测量数值的测量方法,称为直接测量法。例如:用水银温度计测量介质温度、用压力表测量容器内介质压力等,都属于直接测量法。

2. 间接测量法

通过直接测量与被测量有某种确定函数关系的其他各个变量,然后将所测得的数值代入函数关系进行计算,从而求得被测量数值的方法,称为间接测量法。例如,测量透平机械轴功率 P 时,可借用关系式

$$P = \frac{Mn}{9549} \quad (\text{kW})$$

通过直接测量扭矩 M 和转速 n,然后将测得的数值代入上式,可以求得轴功率 P。

3. 组合测量法

测量中使各个未知量以不同的组合形式出现(或改变测量条件以获得这种不同组合),根据直接测量或间接测量所获得的数据,通过解联立方程组以求得未知量的数值,这类测量称为组合测量。例如,用铂电阻温度计测量介质温度时,其电阻值 R 与温度 t 的关系是

$$R_t = R_0(1 + at + bt^2)$$

为了确定常系数 a,b,首先需要测得铂电阻在不同温度下的电阻值 R_t,然后再建立联立方程求解,得到 a,b 的数值。

组合测量法在实验室和其他一些特殊场合的测量中使用较多。例如,建立测压管的方向特性、总压特性和速度特性曲线的经验关系式等。

除按测量结果产生的方式分类外,还可以根据测量中的其他因素分类。

按不同的测量条件,可分为等精度测量与非等精度测量。在完全相同的条件下所进行的一系列重复测量称为等精度测量。反之,在多次测量中测量条件不尽相同的测量称为非等精度测量。

按被测量在测量过程中的状态,可分为静态测量与动态测量。在测量过程中,被测量不随时间而变化,称为静态测量。若被测量随时间而具有明显的变化,则称为动态测量。实际上,绝对不随时间而变化的量是不存在的,通常把那些变化速度相对于测量速度十分缓慢的量的测量,按静态测量来处理。相对于静态测量,动态测量更为困难。这不仅在于参数本身的变化可能是很复杂的,而且测量系统的动态特性对测量的影响也是很复杂的,因而测量数据的处理有着与静态测量不同的原理与方法。

1.2 测 量 系 统

1.2.1 测量系统组成

在测量技术中,为了测得某一被测物理量的值,总要使用若干个测量设备,并把它们按一定的方式组合起来。例如,测量水的流量,常用标准孔板获得与流量有关的差压信号,然后将差压信号输入差压流量变送器,经过转换、运算,变成电信号,再通过连接导线将电信号传送到显示仪表,显示出被测流量值。为实现一定的测量目的而将测量设备进行的组合称为测量系统。任何一次有意义的测量,都必须由测量系统来实现。由于测量原理不同,测量精度要求不同,测量系统的构成会有悬殊的差别。它可能是仅有一只测量仪表的简单测量系统;也可能是一套价格昂贵、高度自动化的复杂测量系统。如果脱离开具体的物理系统,任何一个测量系统都是由有限个具有一定基本功能的测量环节组成的。所谓测量环节是指建立输入和输出两种物理量之间某种函数关系的一个基本部件。从这种意义上说,整个测量系统实际上是若干个测量环节的组合,并可看成是由许多测量环节连接成的测量链。

1.2.2 测量环节功能描述

一般测量系统由四种基本环节组成:敏感元件、变换元件、传送元件和显示元件。

1. 敏感元件

敏感元件是测量系统直接与被测对象发生联系的部分。它接收来自被测介质的能量,并且产生一个以某种方式与被测量有关的输出信号。

敏感元件能否精确、快速地产生与被测量相应的信号,对测量系统的测量质量有着决定性的影响。因此,一个理想的敏感元件应该满足如下几方面的要求:

① 敏感元件输入与输出之间应该有稳定的单值函数关系;

② 敏感元件应该只对被测量的变化敏感,而对其他一切可能的输入信号(包括噪声信号)不敏感;

③ 在测量过程中,敏感元件应该不干扰或尽量少干扰被测介质的状态。

实际上,一个完善的、理想的敏感元件是十分难得的。首先,要找到一个选择性很好的敏感元件并非易事。这时,只好限制无用信号在全部信号中的成分,并用试验的方法或理论计算的方法把它消除。其次,敏感元件总要从被测介质中取得能量。在绝大多数情况下,被测介质也总要被测量作用所干扰。一个良好的敏感元件,只能是尽量减少这种效应,但这种效应总会某种程度地存在着。

2. 变换元件

变换元件是敏感元件与显示元件中间的部分,它将敏感元件输出的信号变换成显示元件易于接收的信号。

敏感元件输出的信号一般是某种物理变量,例如位移、压差、电阻、电压等等。在大多数情况下,它们在性质上、强弱上总是与显示元件所能接收的信号有所差异。测量系统为了实现某种预定的功能,必须通过变换元件对敏感元件输出的信号进行变换,包括信号物理性质的变换和信号数值上的变换。

对于变换元件,不仅要求它的性能稳定、精确度高,而且应使信息损失最小。

3. 显示元件

显示元件是测量系统直接与观测者发生联系的部分。如果被测量信号需要通知观测者,那么这种信息必须变成能为人们的感官所识别的形式。实现这种"翻译"功能的环节称为显示元件,其作用是向观测者指出被测参数的数值。显示元件可以对被测量进行指示、记录,有时还带有调节功能,以控制生产过程。

显示元件主要有 3 种基本形式:

① 模拟式显示元件 最常见的结构是以指示器与标尺的相对位置来连续指示被测参数的值。其结构简单、价格低廉,但容易产生视差。记录时,以曲线形式给出数据。

② 数字式显示元件 直接以数字形式给出被测参数的值,不会产生视差。但直观形象性差,且有量化误差。记录时,可以打印输出数据。

③ 屏幕显示元件 既可按模拟方式给出指示器与标尺的相对位置,参数变化的曲线,也可直接以数字形式给出被测参数的值,或者二者同时显示,是目前最先进的显示方式。屏幕显示具有形象性和显示大量数据的优点,便于比较判断。

4. 传送元件

如果测量系统各环节是分离的,那么就需要把信号从一个环节送到另一个环节。实现这种功能的元件称为传送元件,其作用是建立各测量环节输入、输出信号之间的联系。

传送元件可以比较简单,但有时也可能相当复杂。导线、导管、光导纤维、无线电通信,都可以作为传送元件的一种形式。

传送元件一般较为简单,容易被忽视。实际上,由于传送元件选择不当或安排不周,往往会造成信息能量损失、信号波形失真、引入干扰,致使测量精度下降。例如导压管过细过长,容易使信号传递受阻,产生传输迟延,影响动态压力测量精度;导线的阻抗失配,将导致电压、电流信号的畸变。

应该指出,上述测量系统组成及各组成部分的功能描述并不是唯一的。尤其是敏感元件、变换元件的名称与定义目前还没有完全统一的理解。即使是同一元件,在不同场合下也可能使用不同的名称。因此,关键在于弄清它们在测量系统中的作用,而不必拘泥于名称本身。

1.3 测量误差与测量精度

1.3.1 测量误差的概念

测量技术的水平、测量工作的价值全在于其精确度,也就是在于其误差的大小。因此,研究测量技术离不开对测量误差的研究。

在测量技术中,测定值与被测量真值之间的差异量称为测量的绝对误差,或简称测量误差。用数学式表达上述概念,可写为

$$\delta = x - X_0 \tag{1-2}$$

式中 δ —— 测量误差;

x —— 测定值(例如仪表指示值);

X_0 —— 被测量的真值。

测量误差或大或小、或正或负。若已知测定值和测量误差,可由式(1-2)求得被测量的真值。

绝对误差与约定值之比值称之为相对误差,以 ρ 表示

$$\rho = \frac{\delta}{m} \tag{1-3}$$

式中 m 为约定值。一般约定值 m 有如下几种取法:

① m 取测量仪表的指示值时,则 ρ 称为标称相对误差;

② m 取测量的实际值(或称约定真值)时,则 ρ 称为实际相对误差;

③ m 取仪表的满刻度值时,则 ρ 称为引用相对误差。

相对误差为无量纲数,常以百分数(%)表示。对于相同的被测量,用绝对误差可以评定其测量精度的高低。但对于不同的被测量,则应采用相对误差来评定。

测量过程中测量误差的存在是不可避免的,任何测定值都只能近似地反映被测量的真值。这首先是因为测量过程中无数随机因素的影响,使得即使在同一条件下对同一对象进行重复测量也不会得到完全相同的测定值。其次,被测量总是要对敏感元件施加能量才能使测量系统给出测定值,这就意味着测定值并不能完全准确的反映被测参数的真值。因此,无论所采用的测量方法多么完善,测量仪表多么精确,测量者多么精心、认真,测量误差还是必然会存在。在科学研究中,只有当测量结果的误差已经知道,或者测量误差的可能范围已经指出时,科学实验所提供的资料才是有意义的。

1.3.2 测量误差分类

根据测量误差的性质不同,一般可将测量误差分为三类,即系统误差、随机误差和粗大误差。

1. 系统误差

对同一被测量进行多次测量,误差的大小和符号或者保持恒定,或者按一定的规律变化,这类误差称为系统误差。前者称为恒值系统误差,后者称为变值系统误差。在变值系统误差中,又可按误差变化规律的不同分为累进系统误差、周期性系统误差和按复杂规律变化的系统误差。例如,仪表指针零点偏移将产生恒值系统误差;电子电位差计滑线电阻的磨损将导致累进性的系统误差;而测量现场电磁场的干扰,往往会引入周期性的系统误差。

系统误差就个体而言是有规律的,其产生的原因往往是可知的或者是能够掌握的。因此,系统误差的处理多属测量技术上的问题,可以通过实验的方法加以消除,也可以通过引入更正值的方法加以修正。更正值的数值与系统误差的数值相等,但符号相反。

2. 粗大误差

明显地歪曲了测量结果的误差称为粗大误差,也称疏失误差。粗大误差大多数是由

于测量者粗心大意造成的,例如读数错误、记录或运算错误、测量过程中的失误等。

粗大误差就其数值而言往往大大地超过同样测量条件下的系统误差和随机误差,它严重地歪曲了测量结果,使得测量结果完全不可信赖。因此,粗大误差一经发现,必须从测量数据中剔除。

3. 随机误差

在相同条件下对同一被测量进行多次测量,由于受到大量的、微小的随机因素影响,测量误差的大小和符号没有一定规律,且无法估计,这类误差称为随机误差。

随机误差的产生取决于测量过程中一系列随机因素的影响。所谓随机因素是指测量者无法严格控制的因素,例如:仪表内部存在有摩擦和间隙等不规则变化;测量过程中外界环境条件的无规则变化;测量时不定的读数误差等。随机误差的存在是不可避免的,而且在同一条件下重复进行的各次测量中,随机误差或大或小,或正或负,各有其特点而不相雷同。因此,随机误差就个体而言是无规律的,不能通过实验的方法来消除。但是在等精度条件下,只要测量次数足够多,那么就会发现:从总体来说随机误差服从一定的统计规律,可以从理论上来估计随机误差对测量结果的影响。

随机误差与系统误差既有区别又有联系,二者之间并无绝对的界限,在一定的条件下可以相互转化。对某一具体误差,在某一条件下为系统误差,而在另一条件下可为随机误差,反之亦然。过去视为随机误差的测量误差,随着对误差认识水平的提高,有可能分离出来作为系统误差处理;而有一些变化规律复杂、难以消除或没有必要花费很大代价消除的系统误差,也常当作随机误差处理。

1.3.3 测量的精密度、准确度与精确度

三类误差的存在都会造成对测量结果的歪曲。常用精密度、准确度和精确度来衡量测量结果与真值接近的程度。

1. 精密度

对同一被测量进行多次测量所得的测定值重复一致的程度,或者说测定值分布的密集程度,称为测量的精密度。精密度反映随机误差的影响,随机误差愈小,精密度愈高。

2. 准确度

对同一被测量进行多次测量,测定值偏离被测量真值的程度称为测量的准确度。准确度反映了系统误差的影响,系统误差愈小,准确度愈高。

3. 精确度

精密度与准确度的综合指标称为精确度,或称精度。

对于具体的测量,精密度高的准确度不一定高,准确度高的精密度也不一定高,但精确度高,则精密度和准确度都高,图1-1说明了这种情况。图中 X_0 代表被测量真值,$\bar{x}$ 代表多次测量获得的测定值的平均值,小黑点代表每次测量所得到的测定值。从图中可看出:图(a)中,测定值密集于平均值 $\bar{x}$ 周围,随机误差小,表明测量精密度高。但平均值 $\bar{x}$ 偏离真值 X_0 较大,系统误差大,表明测量准确度低。图(b)中,测定值分布离散性大,随机误差大,测量精密度低。但平均值 $\bar{x}$ 较接近真值 X_0,系统误差小,准确度高。图(c)中,测定值 x_k 明显地异于其他测定值,可判定为含有粗大误差的坏值。在剔除坏值 x_k 之后,随

机误差和系统误差都较小,表明测量精确度高。

应该指出,不论是精密度还是准确度,都是就多次测量所获得的测定值的分布而言的。如果仅就一次测量的测定值而言,一般很难区分其精密度与准确度。

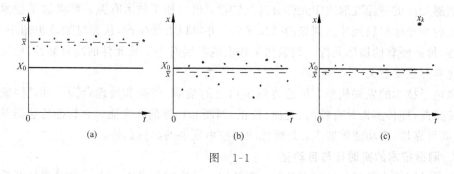

图 1-1

1.3.4 测量的不确定度

实际测量中,被测量的真值是由测量值来代表的。测量的不确定度则表示用测量值代表被测量真值时的不肯定程度,是对被测量的真值以多大可能性处于测量值所决定的某个量值范围之内的一个估计。不确定度小,测量结果的精确度高。

不确定度一般包括多个分量。按照各分量估计方法的不同,不确定度可分为 A,B 两类:

A 类——统计不确定度,用统计方法估算出不确定度的大小。

B 类——非统计不确定度,用经验或其他信息估算出不确定度的大小。

也曾将不确定度分为随机不确定度和系统不确定度二类。由随机误差引起的不确定度称为随机不确定度,能用统计方法估算其大小;由未定系统误差引起的不确定度称为系统不确定度。它们与 A,B 二类不确定度之间并不存在一种简单的对应关系。

1.4 测量技术的发展状况

现代测试技术的基础是信息的拾取、传输和处理,涉及多种学科领域。这些领域的新成就往往导致新的测量方法的诞生和测量系统、测量设备的改进,使测量技术从中吸取营养而得以迅速发展。测量技术的发展主要表现在以下几个方面:

1. 敏感元件(传感器)向着高精度、高灵敏度、大测量范围、小型化和智能化的方向发展

敏感元件是测量信号拾取和检测的工具,是测量系统的基础部件,测量技术的发展在相当大的程度上依赖于敏感元件的发展。

材料科学进步给敏感元件的发展开拓了广阔的前景。新型半导体材料的发展,造就了一大批对光、电、磁、热等敏感的元器件。功能陶瓷材料可以在精密调制化学成分的基础上,经高精度成型烧结而制成对多种参数进行测量的敏感元件,其不仅具有半导体材料的某些特点,而且极大地提高了工作温度上限和耐腐蚀性,拓宽了应用面。

光导纤维技术的发展不仅使测量信号的传输产生了新的变革,而且光纤传感器可以直接用于某些物理参数的探测,如温度、压力、流量、流速、振动等。光纤传感器对于提高敏感元件的灵敏度、实现敏感元件小型化有着特殊的意义。

敏感元件的性能既取决于元件材料的特性,也与加工技术有关。细微加工技术可使被加工的半导体材料尺寸达到光的波长量级,并可以大量生产,从而可制造出超小型、高稳定性、价格便宜的敏感元件。细微加工技术的发展对于敏感元件的高可靠性、稳定性及小型化具有重要意义。

微电子技术的发展使得有可能将测量信号的拾取、变换和处理合为一体,构成智能化的传感器,使传感器具有检测、变换、校正、判断和处理的综合能力。智能传感器具有高精度、高可靠性、多功能等特点,是现代测试技术发展的必然趋势。

2. 测量技术的实时化与自动化

欲对过程做出及时的控制与处理,测量技术的实时化必不可少。实时测量既涉及到测量系统的动态特性,又涉及到测量信号的实时处理。计算机技术的发展、数字信号分析理论的发展,使测量信号的分析与处理可以达到实时化的水平。此外,利用微机做后续处理,使整个测试过程自动地按步骤进行,直接给出结果,实现了测试技术的自动化。

3. 测量原理、测量手段的重大突破

现代科技领域中,出现了许多新的检测技术,如激光、红外、超声波等,它们多是利用各种不同波长电磁波的特性来实现参数检测。这些新的测试技术正在获得越来越多的应用,特别是对于一些特殊测量,如参数场的测量、超低温测量、高温、高压、高速度的测量以及恶劣环境条件下参数测量有着重要的作用,使某些困难的测量问题有望得到较好的解决。

第 2 章 测量误差分析与处理

测量误差理论所要解决的问题,是认识测量误差存在的规律性,找出消除或减小误差对测量结果影响的方法,尽可能获得逼近被测量真值的、正确合理的测量结果。

本章将利用概率论和数理统计的知识讨论随机误差的分布规律及处理方法。由于在测量过程中也还会有粗大误差和系统误差的存在,而且也只有妥善地处理了这两类误差才有测量的精确度可言。所以,本章也将适当地讨论粗大误差和系统误差的特点及处理方法。为了讨论方便,我们约定:在对粗大误差和系统误差进行讨论之前,所涉及到的测定值是只含有随机误差的测定值。

2.1 随机误差的分布规律

2.1.1 随机误差的正态分布性质

任何一次测量,随机误差的存在都是不可避免的。这一事实可以由下述现象反映出来:对同一静态物理量进行等精度重复测量,每一次测量所获得的测定值都各不相同,尤其是在各个测定值的尾数上,总是存在着差异,表现出不定的波动状态。测定值的随机性表明了测量误差的随机性质。

随机误差就其个体来说变化是无规律的,但在总体上却遵循一定的统计规律。在对大量的随机误差进行统计分析后,人们认识并总结出随机误差分布的如下几点性质:

① 有界性 在一定的测量条件下,测量的随机误差总是在一定的、相当窄的范围内变动,绝对值很大的误差出现的概率接近于零。也就是说,随机误差的绝对值实际上不会超过一定的界限。

② 单峰性 随机误差具有分布上的单峰性。绝对值小的误差出现的概率大,绝对值大的误差出现的概率小,零误差出现的概率比任何其他数值的误差出现的概率都大。

③ 对称性 大小相等、符号相反的随机误差出现的概率相同,其分布呈对称性。

④ 抵偿性 在等精度测量条件下,当测量次数趋于无穷时,全部随机误差的算术平均值趋于零,即

$$\lim_{n\to\infty} \frac{1}{n}\sum_{i=1}^{n}\delta_i = 0 \tag{2-1}$$

上述 4 点性质是从大量的观察统计中得到的,为人们所公认。因此,有时也称这些性质是随机误差分布的 4 条公理。

理论和实践都证明了:大多数测量的随机误差都服从正态分布的规律,其分布密度函数可用下式表示

$$f(\delta) = \frac{1}{\sigma\sqrt{2\pi}}\exp\left(-\frac{\delta^2}{2\sigma^2}\right) \tag{2-2}$$

如果用测定值 x 本身来表示,则

$$f(x) = \frac{1}{\sigma\sqrt{2\pi}}\exp\left[-\frac{(x-\mu)^2}{2\sigma^2}\right] \tag{2-3}$$

式中,μ 和 σ 是决定正态分布的两个特征参数。在误差理论中,μ 代表被测参数的真值,完全由被测参数本身所决定。当测量次数趋于无穷大时,有

$$\mu = \lim_{n\to\infty}\frac{1}{n}\sum_{i=1}^{n}x_i \tag{2-4}$$

σ 称为均方根误差,表示测定值在真值周围的散布程度,由测量条件所决定。定义式为

$$\sigma = \lim_{n\to\infty}\sqrt{\frac{1}{n}\sum_{i=1}^{n}\delta_i^2} = \lim_{n\to\infty}\sqrt{\frac{1}{n}\sum_{i=1}^{n}(x_i-\mu)^2} \tag{2-5}$$

μ 和 σ 确定之后,正态分布就完全确定了。正态分布密度函数 $f(x)$ 的曲线如图 2-1 所示。由曲线可以清楚地看出:正态分布很好地反映了随机误差的分布规律,与前述 4 条公理相互印证。随机误差的这种正态分布性质可以由概率论的中心极限定理给出理论上的解释。同时由随机误差分布的 4 条公理也可以推导出随机误差服从正态分布。

应该指出,在测量技术中并非所有随机误差都服从正态分布,还存在着其他一些非正态分布(如均匀分布、反正弦分布等)的随机误差。由于大多数测量误差服从正态分布,或者可以由正态分布来代替,而且以正态分布为基础可使得随机误差的分析处理大为简化,所以我们还是着重讨论以正态分布为基础的测量误差的分析与处理,这样做并不失测量误差理论的一般性。

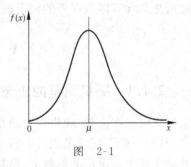

图 2-1

2.1.2 正态分布密度函数与概率积分

由式(2-3)可以看出,正态分布密度函数是一个曲线族,其参变量是特征参数 μ 和 σ。在静态测量条件下,被测量真值 μ 是一定的。σ 的大小表征着诸测定值在真值周围的弥散程度。不同 σ 值的 3 条正态分布密度曲线如图 2-2 所示。由图可见,σ 值愈小,曲线愈尖锐,幅值愈大;反之,σ 值愈大,幅值愈小,曲线愈趋平坦。σ 小表明测量列中数值较小的误差占优势;σ 大则表明测量列中数值较大的误差相对来说比较多。因此可以用参数 σ 来表征测量的精密度。σ 愈小,表明测量的精密度愈高。σ 的量纲与真误差 δ 的量纲相同,所以把 σ 称为均方根误差。

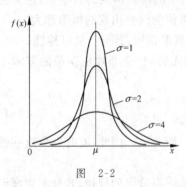

图 2-2

然而,σ 并不是一个具体的误差。σ 的数值大小只不过说明在一定条件下进行一列等精度测量时,随机误差出现的概率密度分布情况。在这一条件下,每进行一次测量,具体误差 δ_i 的数值或大或小,或正或负,完全是随机的,出现具体误差之值恰好等于 σ 值的可能性极其微小。

如果测量的分辨率或灵敏度足够高,总会觉察到 δ_i 与 σ 之间的差异。在一定的测量条件下,误差 δ 的分布是完全确定的,参数 σ 的值也是完全确定的。因此,在一定条件下进行等精度测量时,任何单次测定值的误差 δ_i 可能都不等于 σ,但我们却认为这一列测定值具有同样的均方根误差 σ,而不同条件下进行的两列等精度测量,一般来说具有不同的 σ 值。

随机误差出现的性质决定了人们不可能准确地获得单个测定值的真误差 δ_i 的数值。我们所能做的只能是在一定的概率意义之下估计测量随机误差数值的范围,或者求得误差出现于某个区间的概率。这里需要用到概率积分。

服从正态分布的随机变量 X,其分布密度函数由式(2-3)给出,通常也简记为 $n(x;\mu,\sigma)$。将正态分布密度函数积分,获得正态分布函数 $F(x)$(亦称概率积分),即

$$F(x) = \int_{-\infty}^{x} \frac{1}{\sigma\sqrt{2\pi}} \exp\left[-\frac{(x-\mu)^2}{2\sigma^2}\right] dx \tag{2-6}$$

正态分布函数也常简记为 $N(x;\mu,\sigma)$。

为了求得测定值的随机误差出现于某一区间内的概率,可以通过概率积分来计算。对于服从正态分布的测量误差 δ,出现于区间 $[a,b]$ 内的概率是

$$P(a \leqslant \delta \leqslant b) = \int_a^b \frac{1}{\sigma\sqrt{2\pi}} \exp\left(-\frac{\delta^2}{2\sigma^2}\right) d\delta \tag{2-7}$$

由于正态分布密度函数的对称性,可求得 δ 出现于区间 $[-a,a]$ 的概率为

$$P(-a \leqslant \delta \leqslant a) = P(|\delta| \leqslant a) = 2\int_0^a \frac{1}{\sigma\sqrt{2\pi}} \exp\left(-\frac{\delta^2}{2\sigma^2}\right) d\delta \tag{2-8}$$

随机误差在某一区间内出现的概率与均方根误差 σ 的大小密切相关,所以可取 σ 的若干倍来描述对称区间。令 $a=z\sigma$,则 $z=a/\sigma$,代入式(2-8),得

$$P(|\delta| \leqslant a) = P(|\delta| \leqslant z\sigma) = \frac{2}{\sqrt{2\pi}} \int_0^z \exp\left(-\frac{z^2}{2}\right) dz = \phi(z) \tag{2-9}$$

这个关系式在误差理论中应用很广。$\phi(z)$ 与 z 的关系列于表 2-1 中。

表 2-1 $\phi(z) = \frac{1}{\sqrt{2\pi}} \int_0^z e^{-\frac{z^2}{2}} dz$ 数值简表

z	$\phi(z)$	z	$\phi(z)$	z	$\phi(z)$
0	0.00000	1.2	0.76986	2.4	0.98361
0.1	0.07966	1.3	0.80640	2.5	0.98758
0.2	0.15852	1.4	0.83849	2.58	0.99012
0.3	0.23582	1.5	0.86639	2.6	0.99068
0.4	0.31084	1.6	0.89040	2.7	0.99307
0.5	0.38293	1.7	0.91087	2.8	0.99489
0.6	0.45149	1.8	0.92814	2.9	0.99627
0.6745	0.50000	1.9	0.94257	3.0	0.99730
0.7	0.51607	1.96	0.95000	3.5	0.999535
0.8	0.57629	2.0	0.95450	4.0	0.999937
0.9	0.63188	2.1	0.96427	4.5	0.999993
1.0	0.68269	2.2	0.97219	5.0	0.999999
1.1	0.72867	2.3	0.97855		

2.2 直接测量误差分析与处理

大多数测定值及其误差都服从正态分布。如果能求得正态分布特征参数 μ 和 σ，那么被测量的真值和测量的精密度也就唯一地被确定下来。然而，μ 和 σ 是当测量次数趋于无穷大时的理论值，在实际测量过程中人们不可能进行无穷多次测量，甚至测量次数不会很多。那么，如何根据有限次直接测量所获得的一列测定值来估计被测量的真值？如何衡量这种估计的精密度和这一列测定值的精密度？这就是本节要解决的问题。

为叙述方便，引入数理统计中常用的两个概念：

① 子样平均值：代表由 n 个元素 $x_1, x_2, \cdots, x_n$ 组成的子样的散布中心，表示为

$$\bar{x} = \frac{1}{n} \sum_{i=1}^{n} x_i \tag{2-10}$$

② 子样方差：描述子样在其平均值附近散布程度，表示为

$$s^2 = \frac{1}{n} \sum_{i=1}^{n} (x_i - \bar{x})^2 \tag{2-11}$$

$\bar{x}$ 和 s^2 是子样的数字特征，为随机变量。当 n 趋于无穷大时，$\bar{x}$ 趋于 μ，s^2 趋于 σ^2。

2.2.1 算术平均值原理、真值的估计

如果一列子样容量为 n 的等精度测定值 $x_1, x_2, \cdots, x_n$，服从正态分布，则可以根据该列测定值提供的信息，利用最大似然估计方法来估计被测量的真值 μ。

由于测定值是服从正态分布的随机变量，其取值为 $x_i (i=1,2,\cdots,n)$ 的概率为

$$P_i = f(x_i) \Delta x = \frac{1}{\sigma \sqrt{2\pi}} \exp\left[-\frac{(x_i - \mu)^2}{2\sigma^2}\right] \Delta x$$

其中 Δx 是测定值的凑整误差范围，一般定为测试手段所能达到的最小单位。

因各测定值是相互独立的，所以测定值子样全部出现的概率为

$$P = \prod_{i=1}^{n} P_i = \left(\frac{1}{\sigma \sqrt{2\pi}}\right)^n \exp\left[-\frac{1}{2\sigma^2} \sum_{i=1}^{n} (x_i - \mu)^2\right] (\Delta x)^n \tag{2-12}$$

式中，μ 和 σ^2 是两个待估的未知参数。不同的 μ 和 σ^2，测定值同时出现的概率不同。根据最大似然原理，使测定值 $x_1, x_2, \cdots, x_n$ 同时出现的概率 P 达到最大的参数值，就是未知参数的最大似然估计值。下式

$$L(x_1, x_2, \cdots, x_n; \mu, \sigma^2) = \left(\frac{1}{\sigma \sqrt{2\pi}}\right)^n \exp\left[-\frac{1}{2\sigma^2} \sum_{i=1}^{n} (x_i - \mu)^2\right] \tag{2-13}$$

称为上述测量列数据的似然函数。欲求被测量真值的最大似然估计值，只需使

$$L(x_1, x_2, \cdots, x_n; \mu, \sigma^2) = \max$$

为了便于计算，对式(2-13)两边取对数，得

$$\ln L = -\frac{n}{2} \ln 2\pi - \frac{n}{2} \ln \sigma^2 - \frac{1}{2\sigma^2} \sum_{i=1}^{n} (x_i - \mu)^2 \tag{2-14}$$

真值 μ 的最大似然估计值 $\hat{\mu}$ 可由似然方程 $\frac{\partial \ln L}{\partial \mu} = 0$ 求得，

$$\hat{\mu} = \frac{1}{n}\sum_{i=1}^{n} x_i = \overline{x} \tag{2-15}$$

可见,测定值子样平均值是被测量真值的最大似然估计值。

用测定值子样平均值对被测量真值进行估计时,总希望这种估计具有良好的性质,即具有协调性、无偏性和有效性。数理统计理论表明:一般情况下,若协调估计值和最有效估计值存在,则最大似然估计将是协调的和最有效的。显然,用测定值子样平均值估计被测量的真值应该具有协调性和有效性。由于测定值子样平均值 $\overline{x}$ 的数学期望恰好就是被测量真值:

$$E(\overline{x}) = E\left(\frac{1}{n}\sum_{i=1}^{n} x_i\right) = \frac{1}{n}\sum_{i=1}^{n} E(x_i) = \frac{1}{n}\sum_{i=1}^{n}\mu = \mu$$

按无偏性的定义,用 $\overline{x}$ 估计 μ 具有无偏性。因此可以说,测定值子样的算术平均值是被测量真值的最佳估计值。这就是所谓算术平均值原理。

测定值子样平均值 $\overline{x}$ 是一个随机变量,亦服从正态分布。因此,可以用 $\overline{x}$ 的均方根误差 $\sigma_{\overline{x}}$ 来表征 $\overline{x}$ 对被测量真值 μ 估计的精密度。$\overline{x}$ 的方差 $\sigma_{\overline{x}}^2$ 为

$$\sigma_{\overline{x}}^2 = D(\overline{x}) = D\left(\frac{1}{n}\sum_{i=1}^{n} x_i\right) = \frac{1}{n^2}\sum_{i=1}^{n} D(x_i) = \frac{\sigma^2}{n}$$

写成均方根误差的形式

$$\sigma_{\overline{x}} = \frac{\sigma}{\sqrt{n}} \tag{2-16}$$

由式(2-16)可见,测定值子样平均值 $\overline{x}$ 的均方根误差是测定值母体均方根误差的 $1/\sqrt{n}$ 倍。这表明,在等精度测量条件下对某一被测量进行多次测量,用测定值子样平均值估计被测量真值比用单次测量测定值估计具有更高的精密度。

2.2.2 均方根误差的估计与贝塞尔公式

均方根误差表征一列测定值在其真值周围的散布程度,是衡量测量列的精密度参数。根据有限次测量所获得的信息估计均方根误差 σ,仍然需采用最大似然估计。

母体方差 σ^2 的最大似然估计值 $\hat{\sigma}^2$ 可由似然方程 $\frac{\partial \ln L}{\partial \sigma^2} = 0$,即

$$-\frac{n}{2\sigma^2} + \frac{1}{2\sigma^4}\sum_{i=1}^{n}(x_i - \mu)^2 = 0 \tag{2-17}$$

求得

$$\hat{\sigma}^2 = \frac{1}{n}\sum_{i=1}^{n}(x_i - \hat{\mu})^2 = \frac{1}{n}\sum_{i=1}^{n}(x_i - \overline{x})^2 = s^2 \tag{2-18}$$

因此可以说,测定值子样方差是母体方差的最大似然估计值。但可以证明:这种估计是有偏的。简单证明如下:

令

$$\delta_i = x_i - E(x_i) = x_i - \mu, \quad \delta_{\overline{x}} = \overline{x} - \mu$$

则 s^2 的数学期望

$$E(s^2) = E\left[\frac{1}{n}\sum_{i=1}^{n}(x_i - \overline{x})^2\right] = E\left[\frac{1}{n}\sum_{i=1}^{n}(\delta_i - \delta_{\overline{x}})^2\right]$$

$$= \frac{1}{n}\left[\sum_{i=1}^{n}E(\delta_i^2) - 2\sum_{i=1}^{n}E(\delta_i\delta_{\bar{x}}) + \sum_{i=1}^{n}E(\delta_{\bar{x}}^2)\right]$$

$$= \sigma^2 - \frac{2}{n}\sum_{i=1}^{n}E(\delta_i\delta_{\bar{x}}) + \sigma_{\bar{x}}^2$$

而
$$E(\delta_i\delta_{\bar{x}}) = \frac{1}{n}\sum_{j=1}^{n}E(\delta_i\delta_j)$$

且
$$E(\delta_i\delta_j) = \begin{cases} 0 & (i \neq j) \\ \sigma^2 & (i = j) \end{cases}$$

所以
$$E(s^2) = \sigma^2 - \frac{2}{n}\sigma^2 + \frac{\sigma^2}{n} = \frac{n-1}{n}\sigma^2$$

可见,测定值子样方差 s^2 对母体方差 σ^2 的估计是有偏的,偏的存在将引入系统误差。为此,必须用 $n/(n-1)$ 乘以 s^2 来弥补这个系统误差,从有偏估计转化为无偏估计,用 $\hat{\sigma}^2$ 表示 σ^2 的无偏估计值

$$\hat{\sigma}^2 = \frac{n}{n-1}s^2 = \frac{1}{n-1}\sum_{i=1}^{n}(x_i - \bar{x})^2 \tag{2-19}$$

由式(2-19)可得到计算均方根误差的表达式

$$\hat{\sigma} = \sqrt{\frac{1}{n-1}\sum_{i=1}^{n}(x_i - \bar{x})^2} \tag{2-20}$$

式(2-20)称为计算(估计)母体均方根误差 σ 的贝塞尔公式。

2.2.3 测量结果的置信度

任何估计总有一定偏差,不附以某种偏差说明的估计就失去了严格的科学意义。解决此问题需用数理统计中的参数区间估计,即用具有确切意义的数字来表示某个未知母体参数落在一定区间之内的肯定程度。这里只讨论母体参数 μ 的区间估计,也就是测量结果的置信问题。讨论时,假定母体均方根误差 σ 为已知。

对被测量进行 n 次等精度测量,获得一列测定值 $x_1, x_2, \cdots, x_n$,计算得

$$\hat{\mu} = \bar{x} = \frac{1}{n}\sum_{i=1}^{n}x_i$$

$$\hat{\sigma} = \sqrt{\frac{1}{n-1}\sum_{i=1}^{n}(x_i - \bar{x})^2}$$

用 $\hat{\sigma}$ 来估计测定值母体均方根误差 σ,并认为 σ 为已知(不考虑对 σ 估计的偏差,这在一般测量中是完全可以的)。用 $\bar{x}$ 来估计被测量真值 μ。

假设用 $\bar{x}$ 对 μ 进行估计的误差为 $\delta_{\bar{x}}$,那么 $\delta_{\bar{x}} = \bar{x} - \mu$。对于某一指定的区间 $[-\lambda, \lambda]$, $\delta_{\bar{x}}$ 落在该区间内的概率为 $P(-\lambda \leqslant \delta_{\bar{x}} \leqslant \lambda)$。同样地,可以求得测定值子样平均值 $\bar{x}$ 落在区间 $[\mu-\lambda, \mu+\lambda]$ 的概率为 $P(\mu-\lambda \leqslant \bar{x} \leqslant \mu+\lambda)$。

在实际测量过程中,我们真正关心的是被测量真值 μ。确切地说,关心的是真值 μ 处于区间 $[\bar{x}-\lambda, \bar{x}+\lambda]$ 内的概率 $P(\bar{x}-\lambda \leqslant \mu \leqslant \bar{x}+\lambda)$。从代数的观点来看,式

$$\mu - \lambda \leqslant \bar{x} \leqslant \mu + \lambda$$

与式
$$\bar{x} - \lambda \leqslant \mu \leqslant \bar{x} + \lambda$$
是等效的。但从概率的角度来说,概率
$$P(\mu - \lambda \leqslant \bar{x} \leqslant \mu + \lambda)$$
与
$$P(\bar{x} - \lambda \leqslant \mu \leqslant \bar{x} + \lambda)$$
却有着微妙的区别。至少,从表面上看,对于一个固定的数 μ 似乎无概率可言。事实上,$P(\mu - \lambda \leqslant \bar{x} \leqslant \mu + \lambda)$ 是表示"测定值子样平均值这一随机变量出现于一个固定区间 $[\mu - \lambda, \mu + \lambda]$ 内"这一事件的概率,而 $P(\bar{x} - \lambda \leqslant \mu \leqslant \bar{x} + \lambda)$ 是表示"在宽度一定(其值为 2λ)、中心值(其值为 $\bar{x}$)作随机变动的随机区间 $[\bar{x} - \lambda, \bar{x} + \lambda]$ 内包含被测量真值 μ"这一事件的概率。后者的意义可借助于图 2-3 的几何图形来说明。图中,每一直线段的中心代表测定值的一个平均值 $\bar{x}_i$,其长度均为 2λ,所在的位置是区间 $[\bar{x}_i - \lambda, \bar{x}_i + \lambda]$。对于每一平均值 $\bar{x}_i$,相应的线段可能与垂线 μ 相交,如图中以 $\bar{x}_1, \bar{x}_2, \bar{x}_3, \bar{x}_4$ 为中心的线段;也可能不相交,如图中以 $\bar{x}_5$ 为中心的线段。相交者,表明在宽度为 2λ、中心值为 $\bar{x}_i$ 的区间内包含有被测量真值 μ;不相交,则表明在相应的区间内不包含真值 μ。

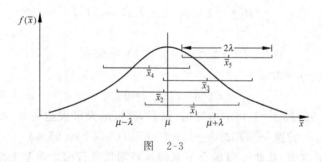

图 2-3

定义区间 $[\bar{x} - \lambda, \bar{x} + \lambda]$ 为测量结果的置信区间,也称为置信限;λ 为置信区间半长,也称为误差限;概率 $P(\bar{x} - \lambda \leqslant \mu \leqslant \bar{x} + \lambda)$ 为测量结果在置信区间 $[\bar{x} - \lambda, \bar{x} + \lambda]$ 内的置信概率。置信概率也常用危险率 α 来表示,即
$$P(\bar{x} - \lambda \leqslant \mu \leqslant \bar{x} + \lambda) = 1 - \alpha$$

置信区间与置信概率共同表明了测量结果的置信度,即测量结果的可信程度。显然,对于同一测量结果,置信区间不同,其置信概率是不同的。置信区间愈宽,置信概率愈大;反之,置信区间愈窄,置信概率愈小。置信概率究竟取多大,一般根据试验的要求及该项测量的重要性而定。要求愈高,置信概率取得愈小。

至此,可以给测量结果一种完整的表达方式。一般地说,一列等精度测量的结果可以表达为在一定的置信概率之下,以测定值子样平均值为中心,以置信区间半长为误差限的量,即

测量结果 = 子样平均值 ± 置信区间半长（置信概率 $P = ?$） (2-21)

例 2-1 在等精度测量条件下对某透平机械的转速进行了 20 次测量,获得如下的一列测定值(单位:r/min)

4753.1	4757.5	4752.7	4752.8	4752.1	4749.2	4750.6
4751.0	4753.9	4751.2	4750.3	4753.3	4752.1	4751.2
4752.3	4748.4	4752.5	4754.7	4750.0	4751.0	

试求该透平机转速(设测量结果的置信概率 $P=95\%$)。

解: (1) 计算测定值子样平均值

$$\bar{x} = \frac{1}{20}\sum_{i=1}^{20} x_i = 4752.0$$

(2) 计算均方根误差 由贝塞尔公式,求得

$$\hat{\sigma} = \sqrt{\frac{1}{20-1}\sum_{i=1}^{20}(x_i-\bar{x})^2} = 2.0$$

均方根误差 σ 用 $\hat{\sigma}$ 来估计,取 $\sigma=\hat{\sigma}=2.0$,子样平均值的分布函数为

$$N(\bar{x};\mu,\sigma_{\bar{x}}) = N\left(\bar{x};\mu,\frac{\sigma}{\sqrt{n}}\right) = N\left(\bar{x};\mu,\frac{2.0}{\sqrt{20}}\right)$$

(3) 对于给定的置信概率 P,求置信区间半长 λ

题目已给出 $P=95\%$,故

$$P(\bar{x}-\lambda \leqslant \mu \leqslant \bar{x}+\lambda) = 95\%$$

亦即

$$P(-\lambda \leqslant \bar{x}-\mu \leqslant \lambda) = 95\%$$

设 $\lambda = z\sigma_{\bar{x}}$,且记 $\bar{x}-\mu = \delta_{\bar{x}}$

那么 $P(|\delta_{\bar{x}}| \leqslant z\sigma_{\bar{x}}) = 95\%$

查表 2-1 得 $z=1.96$,故 $\lambda=1.96\sigma_{\bar{x}} \approx 0.9$。最后,测量结果可表达为

$$\text{转速} = 4752.0 \pm 0.9 \text{ (r/min)} \quad (P=95\%)$$

在实际测量工作中,并非任何场合下都能对被测量进行多次重复测量,如生产过程中参数测量,多为单次测量。如果知道了在某种测量条件下测量的精密度参数,而且在同样的测量条件下取得单次测量的测定值,那么仿照表达式(2-21)可给出单次测量情况下测量结果的表达式,

$$\text{测量结果} = \text{单次测定值} \pm \text{置信区间半长(置信概率 } \boldsymbol{P} = ?) \tag{2-22}$$

综上所述,对于某一被测量,可以用多次等精度测量所获得的测定值子样平均值表示测量结果,也可以在测量精密度参数 σ 已知条件下,用单次测量所获得的测定值表示测量结果。不过,二者的可信程度是不同的。或者说,在同样的置信概率之下,二者具有不同的误差限(置信区间半长),前者小,后者大。

例 2-2 对例 2-1 所述的透平机械转速测量,设测量条件不变,单次测量的测定值为 4753.1 r/min,求该透平机转速(测量结果的置信概率仍定为 $P=95\%$)。

解: ① 本例中测量条件与例 2-1 相同,借助于例 2-1 的计算可知 $\sigma=2.0$
测定值服从的分布为

$$N(x;\mu,\sigma) = N(x;\mu,2.0)$$

② 对于给定的置信概率 $P=95\%$,求置信区间半长 λ

$$P(x-\lambda \leqslant \mu \leqslant x+\lambda) = 95\%$$

即
$$P(-\lambda \leqslant x-\mu \leqslant \lambda) = 95\%$$

设 $\lambda = z\sigma$，且记 $x-\mu=\delta$，那么 $P(|\delta|\leqslant z\sigma)=95\%$。查表 2-1 得 $z=1.96$，故 $\lambda=1.96\sigma\approx 3.9$。测量结果表达为

$$转速 = 4753.1 \pm 3.9 \text{ (r/min)} \quad (P=95\%)$$

例 2-2 清楚地表明，在同样的置信概率下，用单次测定值表示测量结果比用多次测量所获得的测定值子样平均值表示的误差大。

2.2.4 测量结果的误差评价

对于某一物理量进行测量，其结果总是按式(2-21)或式(2-22)表达为在一定置信概率之下，以子样平均值（多次等精度测量）或单次测定值（单次测量）为中心，以置信区间半长为界限的量。置信区间半长，是测量的误差限，亦即测量误差。此处所说的测量误差并不是个别测定值与真值之间的真误差，而是真误差在一定概率之下可能出现的一个范围界限。单个测定值的真误差不能表示测量的精密度，而在一定概率之下真误差可能出现的范围的界限值却反映了测量的精密度。所以在实际测量中人们总是把这个界限值（置信区间半长）称为测量误差，作为对测量结果的误差评价。

由于置信概率的不同以及其他意义上的不同，测量结果的误差评价可以有各种不同的表示方法。

1. 标准误差

测定值所服从的正态分布 $N(x;\mu,\sigma)$ 的均方根误差 σ 定义为测量列的标准误差；同样，均方根误差 σ_x 定义为子样平均值的标准误差。

由于测定值服从正态分布 $N(x;\mu,\sigma)$，测量列中的随机误差不大于 σ 的概率为

$$P(|x-\mu|\leqslant \sigma) = P(|\delta|\leqslant \sigma) = 0.683$$

若测量结果用单次测定值表示，误差限采用标准误差，则

$$测量结果 = 单次测定值 x \pm 标准误差 \sigma \quad (P=68.3\%)$$

若测量结果用测定值子样平均值表示，误差限采用标准误差，则

$$测量结果 = 子样平均值 \bar{x} \pm 标准误差 \sigma_x \quad (P=68.3\%)$$

可见，标准误差实际上是相应于置信概率 $P=0.683$ 的误差限。在一定置信概率之下，高精密度的测量得到较小的误差限，低精密度的测量具有较大的误差限。

另外，注意到 σ 恰好是正态分布密度曲线拐点的横坐标，当随机误差 δ 之值超过 σ 后，正态分布密度曲线变化率变小。因此可以说，落在以均方根误差 σ 为半长的区间内的随机误差是经常遇到的，在此范围之外的随机误差则不常遇到。这也是把均方根误差作为标准误差的理由之一。

2. 极限误差

测量列标准误差的三倍，定义为测量列的极限误差，记为 Δ

$$\Delta = 3\sigma \tag{2-23}$$

对于服从正态分布的一列测定值，其随机误差的绝对值不超过 Δ 的概率为

$$P(|\delta|\leqslant \Delta) = P(|\delta|\leqslant 3\sigma) = 0.9973$$

也就是说，被测量真值落在 $\bar{x}\pm3\sigma$ 范围之内的概率已接近 100%，而落在这个范围之外的概率极小，可以认为不存在。这也就是称三倍标准误差为极限误差的理由。

同样，可以定义子样平均值的极限误差 $\Delta\bar{x}$，它与测量列极限误差的关系是

$$\Delta\bar{x}=\frac{\Delta}{\sqrt{n}}$$

除标准误差、极限误差以外，还可用平均误差、或然误差来作为测量结果的误差评价，但以标准误差的意义最为明确。因此，人们最习惯于接受标准误差，也以标准误差作为测量的精密度参数。实际上，由于各种误差从本质上说是在一定置信概率之下的误差限，而且它们是在同一正态分布下得到的结果，所以它们之间必然存在一定的联系。从这个意义上说，测量的精密度自然也可以由四种误差中的任何一种来衡量。

2.2.5 小子样误差分析、t 分布及其应用

在正态分布理论的基础上，可以推演出如何利用有限次等精度测量所获得的测定值估计被测量的真值及其误差范围。对一列服从正态分布的测定值 $x_1,x_2,\cdots,x_n$，如果采用标准误差作误差限，则测量结果可表示为

$$\text{测量结果}=\bar{x}\pm\sigma_{\bar{x}}\quad(P=68.3\%)$$

子样平均值的标准误差 $\sigma_{\bar{x}}$ 可由贝塞尔公式计算出的统计量 $\hat{\sigma}_{\bar{x}}$ 估计。应该指出，只有当子样容量 n 趋于无穷时，$\hat{\sigma}_{\bar{x}}$ 才准确地等于 $\sigma_{\bar{x}}$。当 n 为有限值时，$\hat{\sigma}_{\bar{x}}$ 是一个随机变量，其值在 $\sigma_{\bar{x}}$ 周围摆动。尤其是当 n 很小时（例如 $n<10$），用 $\hat{\sigma}_{\bar{x}}$ 代表子样平均值的标准误差 $\sigma_{\bar{x}}$，很不准确。子样容量愈小，这种情况就愈严重。

为了在 σ 未知的情况下，根据子样平均值 $\bar{x}$ 估计被测量真值 μ，须考虑一个统计量。它的分布只取决于子样容量 n，而与 σ 无关。现在，引入统计量 t，定义

$$t=\frac{\bar{x}-\mu}{\hat{\sigma}_{\bar{x}}}=\frac{\bar{x}-\mu}{\hat{\sigma}}\sqrt{n} \tag{2-24}$$

统计量 t 不服从正态分布，而是服从所谓 t 分布，其概率密度函数为

$$f(t;\nu)=\frac{\Gamma\left(\dfrac{\nu+1}{2}\right)}{\sqrt{\nu\pi}\,\Gamma\left(\dfrac{\nu}{2}\right)\left(1+\dfrac{t^2}{\nu}\right)^{(\nu+1)/2}} \tag{2-25}$$

式中 Γ 是特殊函数。ν 称为 t 分布的自由度。当进行 n 次独立测量时，由于统计量 t 受平均值 $\bar{x}$ 的约束，服从自由度为 $n-1$ 的 t 分布，所以 $\nu=n-1$。由式(2-25)可见，t 分布与母体均方根误差 σ 无关，只与子样容量 n 有关。

t 分布的概率密度函数以 $t=0$ 为对称(见图 2-4)。当自由度 ν 趋于无穷大时，t 分布趋于标准正态分布。

表 2-2 中列有在各种自由度 ν 和常用置信

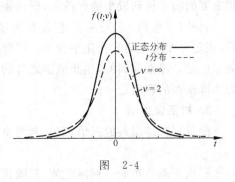

图 2-4

概率 P 下，满足式

$$P(|t| \leqslant t_P) = \int_{-t_P}^{t_P} f(t;\nu) dt \qquad (2-26)$$

的 t_P 值。式(2-26)表明，自由度为 ν 的 t 分布在区间 $[-t_P, t_P]$ 内的概率为 P。

表 2-2 t 分布的 t_P 数值表

ν 自由度	P 0.9973	0.99	0.95	ν 自由度	P 0.9973	0.99	0.95
1	235.80	63.66	12.71	20	3.42	2.85	2.09
2	19.21	9.92	4.30	21	3.40	2.83	2.08
3	9.21	5.84	3.18	22	3.38	2.82	2.07
4	6.62	4.60	2.78	23	3.36	2.81	2.07
5	5.51	4.03	2.57	24	3.34	2.80	2.06
6	4.90	3.71	2.45	25	3.33	2.79	2.06
7	4.53	3.50	2.36	26	3.32	2.78	2.06
8	4.28	3.36	2.31	27	3.30	2.77	2.05
9	4.09	3.25	2.26	28	3.29	2.76	2.05
10	3.96	3.17	2.23	29	3.28	2.76	2.05
11	3.85	3.11	2.20	30	3.27	2.75	2.04
12	3.76	3.05	2.18	40	3.20	2.70	2.02
13	3.69	3.01	2.16	50	3.16	2.68	2.01
14	3.64	2.98	2.14	60	3.13	2.66	2.00
15	3.59	2.95	2.13	70	3.11	2.65	1.99
16	3.54	2.92	2.12	80	3.10	2.64	1.99
17	3.51	2.90	2.11	90	3.09	2.63	1.99
18	3.48	2.88	2.10	100	3.08	2.63	1.98
19	3.45	2.86	2.09	∞	3.00	2.58	1.96

$$P(|t| \leqslant t_P) = \int_{-t_P}^{t_P} f(t;\nu) dt$$

假设一列等精度独立测定值 $x_1, x_2, \cdots, x_n$ 服从正态分布 $N(x;\mu,\sigma)$，真值 μ 及母体均方根误差均未知。根据这一列测定值可求得子样平均值 $\bar{x}$ 及其均方根误差的估计值 $\hat{\sigma}_{\bar{x}}$

$$\bar{x} = \frac{1}{n} \sum_{i=1}^{n} x_i$$

$$\hat{\sigma}_{\bar{x}} = \sqrt{\frac{1}{n(n-1)} \sum_{i=1}^{n} (x_i - \bar{x})^2}$$

由于 $(\bar{x} - \mu)/\hat{\sigma}_{\bar{x}}$ 服从自由度 $\nu = n-1$ 的 t 分布，所以可利用式(2-26)作如下的概率描述

$$P(|t| \leqslant t_P) = P\left(-t_P \leqslant \frac{\bar{x} - \mu}{\hat{\sigma}_{\bar{x}}} \leqslant t_P\right) = P$$

或写成

$$P(\bar{x} - t_P \hat{\sigma}_{\bar{x}} \leqslant \mu \leqslant \bar{x} + t_P \hat{\sigma}_{\bar{x}}) = P$$

测量结果可表示为

$$\text{测量结果} = \bar{x} \pm t_P \hat{\sigma}_{\bar{x}} \quad (\text{置信概率 } P = ?) \qquad (2-27)$$

根据相应的置信概率 P，可从表 2-2 中查得对应的 t_P 值。

由于当 ν 趋于无穷时，t 分布趋向于正态分布，所以在测量次数较多时，可以用估计值 $\hat{\sigma}_{\bar{x}}$ 代替子样平均值 $\bar{x}$ 的均方根误差，并按正态分布推断出的误差限来表示测量结果。但当测量次数较少时（例如，$n<10$ 次），则应该按 t 分布来计算误差限。若仍用正态分布对小子样进行误差估计，往往会得到"太好"的结果。

例 2-3 用光学高温计测量某金属铸液的温度，得到如下 5 个测量数据（℃）：
$$975, 1005, 988, 993, 987$$
设金属铸液温度稳定，测温随机误差属于正态分布。试求铸液的实际温度（取 $P=95\%$）。

解：因测量次数较少，采用 t 分布推断给定置信概率下的误差限。

① 求 5 次测量的平均值 $\bar{x}$
$$\bar{x} = \frac{1}{5}\sum_{i=1}^{5} x_i = 989.8$$

② 求 $\bar{x}$ 的均方根误差的估计值 $\hat{\sigma}_{\bar{x}}$
$$\hat{\sigma}_{\bar{x}} = \sqrt{\frac{1}{5\times 4}\sum_{i=1}^{5}(x_i-989.8)^2} = 4.7$$

③ 根据给定的置信概率 $P=95\%$ 和自由度 $\nu=5-1=4$，查表 2-2 得 $t_P=2.78$，按式 (2-27)，测量结果为
$$\mu = \bar{x} \pm t_P \hat{\sigma}_{\bar{x}} = 989.8 \pm 13.2 \text{（℃）} \quad (P=95\%)$$

即被测金属铸液温度有 95% 的可能在温度区间 [976.6 ℃, 1003.0 ℃] 之内。

上例中，用正态分布求取给定置信概率下的置信温度区间是 [980.6 ℃, 999.0 ℃]，这要比由 t 分布求得的区间小。这表明，在测量次数较少的情况下，用正态分布计算误差限，往往会得到"太好"的结果，夸大了测量结果的精密度。因此，对小子样的误差推断，宜采用 t 分布处理。

2.2.6 非等精度测量与加权平均

在非等精度测量中，既然各个测定值（或各组测量结果）的精密度不同，可靠程度不同，那么在求被测量真值的最佳估计值时，显然不应取它们的算术平均值，而应权衡轻重。精密度高的测定值更可靠一些，应给予更大的重视。用数 p_i 表示某一测定值 x_i 应受重视的程度。p_i 愈大，表明该测定值 x_i 愈值得重视。p_i 称为权，而某数乘以 p_i 称为加权。在非等精度测量中，被测量真值的最佳估计值是测定值的加权平均值。

设对某被测量进行 n 次测量，得到一列测定值 $x_1, x_2, \cdots, x_n$。假定各测定值互相独立，服从正态分布，且各自具有不同的均方根误差 $\sigma_1, \sigma_2, \cdots, \sigma_n$，则第 i 个测定值应服从正态分布 $N(x_i; \mu, \sigma_i)$。仍可利用最大似然估计方法求取被测量真值 μ 的估计值。

非等精度测量测定值 $x_1, x_2, \cdots, x_n$ 的似然函数是
$$L(x_1, x_2, \cdots, x_n; \sigma_1^2, \sigma_2^2, \cdots, \sigma_n^2, \mu) = \prod_{i=1}^{n} f(x_i; \sigma_i^2, \mu) \tag{2-28}$$

因 x_i 服从正态分布 $N(x_i; \mu, \sigma_i)$，故

$$L = \left(\frac{1}{\sqrt{2\pi}}\right)^n \prod_{i=1}^{n}\left(\frac{1}{\sigma_i}\right)\exp\left[-\sum_{i=1}^{n}\frac{(x_i-\mu)^2}{2\sigma_i^2}\right] \tag{2-29}$$

对式(2-29)两边取对数,解似然方程 $\frac{\partial \ln L}{\partial \mu}=0$,可得到 μ 的最大似然估计值

$$\hat{\mu} = \frac{\sum_{i=1}^{n}(x_i/\sigma_i^2)}{\sum_{i=1}^{n}(1/\sigma_i^2)} \tag{2-30}$$

将式(2-30)分子分母同乘以正常数 λ,并记 $p_i = \lambda/\sigma_i^2$,则式(2-30)可变成为

$$\hat{\mu} = \frac{\sum_{i=1}^{n}(\lambda x_i/\sigma_i^2)}{\sum_{i=1}^{n}(\lambda/\sigma_i^2)} = \frac{\sum_{i=1}^{n}p_i x_i}{\sum_{i=1}^{n}p_i} \tag{2-31}$$

式中 $p_i = \lambda/\sigma_i^2$ 就是测定值 x_i 的权。权 p_i 与测定值的方差 σ_i^2 成反比,σ_i 愈小,p_i 愈大,在计算估计值 $\hat{\mu}$ 时,相应的测定值 x_i 所占的比重也应该愈大。因此,在非等精度测量中,被测物理量真值 μ 的最似然估计值是测定值的加权算术平均值,仍记为 $\bar{x}$。

由于加权算术平均值的数学期望

$$E(\bar{x}) = E\left\{\frac{\sum_{i=1}^{n}p_i x_i}{\sum_{i=1}^{n}p_i}\right\} = \frac{\sum_{i=1}^{n}p_i E(x_i)}{\sum_{i=1}^{n}p_i} = \frac{\mu \sum_{i=1}^{n}p_i}{\sum_{i=1}^{n}p_i} = \mu \tag{2-32}$$

故加权算术平均值 $\bar{x}$ 对真值 μ 的估计具有无偏性。因此可以说,加权算术平均值是被测物理量真值的最佳估计值。

下面再分析加权算术平均值的均方根误差 $\sigma_{\bar{x}}$。由于 $\bar{x}$ 的方差

$$D(\bar{x}) = D\left\{\frac{\sum_{i=1}^{n}p_i x_i}{\sum_{i=1}^{n}p_i}\right\} = \left(\frac{1}{\sum_{i=1}^{n}p_i}\right)^2 \sum_{i=1}^{n}p_i^2 D(x_i) = \left(\frac{1}{\sum_{i=1}^{n}p_i}\right)^2 \sum_{i=1}^{n}p_i^2 \sigma_i^2$$

而 $p_i = \lambda/\sigma_i^2$

所以

$$D(\bar{x}) = \left(\frac{1}{\sum_{i=1}^{n}p_i}\right)^2 \sum_{i=1}^{n}p_i \lambda = \frac{\lambda}{\sum_{i=1}^{n}p_i} = \frac{1}{\sum_{i=1}^{n}(1/\sigma_i^2)} \tag{2-33}$$

因此,$\bar{x}$ 的均方根误差

$$\sigma_{\bar{x}} = \sqrt{\frac{1}{\sum_{i=1}^{n}(1/\sigma_i^2)}} \tag{2-34}$$

在讨论了加权算术平均值及其精密度参数之后,人们就可以解决非等精度测量的真值估计及其误差评价问题。

例 2-4 两实验者对同一恒温水箱的温度进行测量,各自独立地获得一列等精度测

定值数据(单位:℃):

实验者 A：91.4,90.7,92.1,91.6,91.3,91.8,90.2,91.5,91.2,90.9

实验者 B：90.92,91.47,91.58,91.36,91.85,91.23,91.25,91.70,91.41,90.67,91.28,91.53

试求恒温水箱温度(测量结果的误差采用标准误差)。

解：① 求两列测定值各自的算术平均值

$$\bar{x}_A = \frac{1}{10}\sum_{i=1}^{10} x_{Ai} = 91.3, \qquad \bar{x}_B = \frac{1}{12}\sum_{i=1}^{12} x_{Bi} = 91.35$$

② 求 $\bar{x}_A, \bar{x}_B$ 的均方根误差的估计值

$$\hat{\sigma}_{\bar{x}_A} = \sqrt{\frac{1}{10\times 9}\sum_{i=1}^{10}(x_{Ai}-\bar{x}_A)^2} = 0.2, \qquad \hat{\sigma}_{\bar{x}_B} = \sqrt{\frac{1}{12\times 11}\sum_{i=1}^{12}(x_{Bi}-\bar{x}_B)^2} = 0.09$$

因此,两实验者对恒温箱温度测量结果分别为:

实验者 A 测温结果 $= 91.3 \pm 0.2$ (℃)

实验者 B 测温结果 $= 91.35 \pm 0.09$ (℃)

为求恒温箱温度,需综合考虑 A,B 两测量结果。

③ 求两测量结果的加权算术平均值

$$\bar{x} = \frac{p_A \bar{x}_A + p_B \bar{x}_B}{p_A + p_B} = \frac{(1/\sigma_{\bar{x}_A})^2 \bar{x}_A + (1/\sigma_{\bar{x}_B})^2 \bar{x}_B}{(1/\sigma_{\bar{x}_A})^2 + (1/\sigma_{\bar{x}_B})^2}$$

用 $\hat{\sigma}_{\bar{x}_A}$ 代替 $\sigma_{\bar{x}_A}$，$\hat{\sigma}_{\bar{x}_B}$ 代替 $\sigma_{\bar{x}_B}$，则可求得

$$\bar{x} = 91.34$$

④ 求加权算术平均值的均方根误差

$$\sigma_{\bar{x}} = \sqrt{\frac{1}{(1/\sigma_{\bar{x}_A}^2)+(1/\sigma_{\bar{x}_B}^2)}} = 0.08$$

⑤ 据题意,测量结果的误差采用标准误差,所以

恒温箱温度 $= 91.34 \pm 0.08$ (℃)

2.3 间接测量误差分析与处理

间接测量的误差不仅与有关的各直接测量量的误差有关,还与两者之间的函数关系有关。间接测量误差分析与处理的任务就在于如何通过已经得到的有关直接测量量的平均值(也可以是单次测定值)及其误差,估计间接测量量的真值及误差。

2.3.1 误差传布原理

设间接测量量 Y 是可以直接测量的量 $X_1,X_2,\cdots,X_m$ 的函数,其函数关系为

$$Y = (X_1,X_2,\cdots,X_m) \tag{2-35}$$

假定对 $X_1,X_2,\cdots,X_m$ 各进行了 n 次测量,那么每个 $X_i(i=1,2,\cdots,m)$ 都有自己的一列测定值 $x_{i1},x_{i2},\cdots,x_{in}$,其相应的随机误差为 $\delta_{i1},\delta_{i2},\cdots,\delta_{in}$。

若将测量 $X_1,X_2,\cdots,X_m$ 时所获得的第 j 个测定值代入式(2-35),可求得间接测量量

Y 的第 j 个测定值 y_j

$$y_j = F(x_{1j}, x_{2j}, \cdots, x_{mj})$$

由于测定值 x_{1j}, x_{2j}, $\cdots$, x_{mj} 与真值之间存在随机误差,所以 y_j 与其真值之间也必有误差。记为 δ_{y_j}。由误差定义,上式可写为

$$Y + \delta_{y_j} = F(X_1 + \delta_{1j}, X_2 + \delta_{2j}, \cdots, X_m + \delta_{mj})$$

若 δ_{ij} 较小,且诸 $X_i(i=1, 2, \cdots, m)$ 是彼此独立的量,将上式按泰勒公式展开,并取其误差的一阶项作为一次近似,略去一切高阶误差项,那么上式可近似地写成

$$Y + \delta_{y_j} = F(X_1, X_2, \cdots, X_m) + \frac{\partial F}{\partial X_1}\delta_{1j} + \frac{\partial F}{\partial X_2}\delta_{2j} + \cdots + \frac{\partial F}{\partial X_m}\delta_{mj} \quad (2\text{-}36)$$

间接测量量的算术平均值 $\bar{y}$ 就是 Y 的最佳估计值

$$\bar{y} = \frac{1}{n}\sum_{j=1}^{n}(Y + \delta_{y_j}) = Y + \frac{1}{n}\sum_{j=1}^{n}\delta_{y_j}$$

$$= F(X_1, X_2, \cdots, X_m) + \frac{\partial F}{\partial X_1} \cdot \frac{1}{n}\sum_{j=1}^{n}\delta_{1j} + \frac{\partial F}{\partial X_2} \cdot \frac{1}{n}\sum_{j=1}^{n}\delta_{2j} + \cdots + \frac{\partial F}{\partial X_m} \cdot \frac{1}{n}\sum_{j=1}^{n}\delta_{mj}$$

式中 $\frac{1}{n}\sum_{j=1}^{n}\delta_{mj}$ 恰好是测量 X_m 时所得一列测定值平均值 $\bar{x}_m$ 的随机误差,记为 $\delta_{\bar{x}_m}$,所以

$$\bar{y} = F(X_1, X_2, \cdots, X_m) + \frac{\partial F}{\partial X_1}\delta_{\bar{x}_1} + \frac{\partial F}{\partial X_2}\delta_{\bar{x}_2} + \cdots + \frac{\partial F}{\partial X_m}\delta_{\bar{x}_m} \quad (2\text{-}37)$$

另一方面,将直接测量 $X_1, X_2, \cdots, X_m$ 所获得的测定值的算术平均值 $\bar{x}_1, \bar{x}_2, \cdots, \bar{x}_m$ 代入函数式(2-35),并将其在 $X_1, X_2, \cdots, X_m$ 的邻域内用泰勒公式展开,有

$$F(\bar{x}_1, \bar{x}_2, \cdots, \bar{x}_m) = F(X_1 + \delta_{\bar{x}_1}, X_2 + \delta_{\bar{x}_2}, \cdots, X_m + \delta_{\bar{x}_m})$$

$$= F(X_1, X_2, \cdots, X_m) + \frac{\partial F}{\partial X_1}\delta_{\bar{x}_1} + \frac{\partial F}{\partial X_2}\delta_{\bar{x}_2} + \cdots + \frac{\partial F}{\partial X_m}\delta_{\bar{x}_m} \quad (2\text{-}38)$$

比较式(2-37)与式(2-38),可得

$$\bar{y} = F(\bar{x}_1, \bar{x}_2, \cdots, \bar{x}_m) \quad (2\text{-}39)$$

由式(2-39)可得出结论 1:间接测量量的最佳估计值 $\bar{y}$ 可以由与其有关的各直接测量量的算术平均值 $\bar{x}_i(i=1,2,\cdots,m)$ 代入函数关系式求得。

由式(2-36)及式(2-35)可知,直接测量量 $X_1, X_2, \cdots, X_m$ 第 j 次测量获得的测定值的误差 $\delta_{1j}, \delta_{2j}, \cdots, \delta_{mj}$ 与其相应的间接测量量 Y 的误差 δ_{y_j} 之间关系为

$$\delta_{y_j} = \frac{\partial F}{\partial X_1}\delta_{1j} + \frac{\partial F}{\partial X_2}\delta_{2j} + \cdots + \frac{\partial F}{\partial X_m}\delta_{mj} \quad (2\text{-}40)$$

假定 δ_{y_j} 的分布亦为正态分布,那么可求得 Y 的标准误差

$$\sigma_y = \sqrt{\frac{1}{n}\sum_{j=1}^{n}\delta_{y_j}^2}$$

而

$$\sum_{j=1}^{n}\delta_{y_j}^2 = \sum_{j=1}^{n}\left(\frac{\partial F}{\partial X_1}\delta_{1j} + \frac{\partial F}{\partial X_2}\delta_{2j} + \cdots + \frac{\partial F}{\partial X_m}\delta_{mj}\right)^2$$

$$= \left(\frac{\partial F}{\partial X_1}\right)^2\sum_{j=1}^{n}\delta_{1j}^2 + \left(\frac{\partial F}{\partial X_2}\right)^2\sum_{j=1}^{n}\delta_{2j}^2 + \cdots + \left(\frac{\partial F}{\partial X_m}\right)^2\sum_{j=1}^{n}\delta_{mj}^2$$

$$+2\left(\frac{\partial F}{\partial X_1}\frac{\partial F}{\partial X_2}\sum_{j=1}^{n}\delta_{1j}\delta_{2j}+\frac{\partial F}{\partial X_1}\frac{\partial F}{\partial X_3}\sum_{j=1}^{n}\delta_{1j}\delta_{3j}+\cdots+\frac{\partial F}{\partial X_{(m-1)}}\frac{\partial F}{\partial X_m}\sum_{j=1}^{n}\delta_{(m-1)j}\delta_{mj}\right)$$

根据随机误差的性质,若各直接测量量 $X_i(i=1,2,\cdots,n)$ 彼此独立,则当测量次数无限增加时,必有

$$\sum_{j=1}^{n}\delta_{ij}\delta_{kj}=0 \quad (i\neq k)$$

所以

$$\sum_{j=1}^{n}\delta_{y_j}^2=\left(\frac{\partial F}{\partial X_1}\right)^2\sum_{j=1}^{n}\delta_{1j}^2+\left(\frac{\partial F}{\partial X_2}\right)^2\sum_{j=1}^{n}\delta_{2j}^2+\cdots+\left(\frac{\partial F}{\partial X_m}\right)^2\sum_{j=1}^{n}\delta_{mj}^2$$

则

$$\sigma_y=\sqrt{\frac{1}{n}\left(\frac{\partial F}{\partial X_1}\right)^2\sum_{j=1}^{n}\delta_{1j}^2+\frac{1}{n}\left(\frac{\partial F}{\partial X_2}\right)^2\sum_{j=1}^{n}\delta_{2j}^2+\cdots+\frac{1}{n}\left(\frac{\partial F}{\partial X_m}\right)^2\sum_{j=1}^{n}\delta_{mj}^2}$$

而 $\frac{1}{n}\sum_{j=1}^{n}\delta_{ij}^2$ 恰好是第 i 个直接测量量 X_i 的标准误差的平方 σ_i^2,因此可得出间接测量量的标准误差与诸直接测量量的标准误差 σ_i 之间如下的关系:

$$\sigma_y=\sqrt{\left(\frac{\partial F}{\partial X_1}\right)^2\sigma_1^2+\left(\frac{\partial F}{\partial X_2}\right)^2\sigma_2^2+\cdots+\left(\frac{\partial F}{\partial X_m}\right)^2\sigma_m^2} \tag{2-41}$$

由此式可得出结论 2:间接测量量的标准误差是各独立直接测量量的标准误差和函数对该直接测量量偏导数乘积的平方和的平方根。

以上两结论是误差传布原理的基本内容,是解决间接测量误差分析与处理问题的基本依据。式(2-41)的形式可以推广至描述间接测量量算术平均值的标准误差和各直接测量量算术平均值的标准误差之间的关系:

$$\sigma_y=\sqrt{\left(\frac{\partial F}{\partial X_1}\right)^2\sigma_{x1}^2+\left(\frac{\partial F}{\partial X_2}\right)^2\sigma_{x2}^2+\cdots+\left(\frac{\partial F}{\partial X_m}\right)^2\sigma_{xm}^2} \tag{2-42}$$

最后,应指出以下两点:

① 上述各公式是建立在对每一独立的直接测量量 X_i 进行多次等精度独立测量的基础上的,否则,严格地说上述公式将不成立;

② 对于间接测量量与各直接测量量之间呈非线性函数关系的情况,上述各式只是近似的,只有当计算 Y 的误差允许作线性近似时才能使用。

2.3.2 间接测量误差分析在测量系统设计中的应用

误差传布原理不仅可以解决如何根据各独立的直接测量量及其误差估计间接测量量的真值及其误差的问题,而且对测量系统的设计有着重要意义。如果规定了间接测量结果的误差不能超过某一值,那么可以利用误差传布规律求出各直接测量量的误差允许值,以便满足间接测量量误差的要求。同时,可以根据各直接测量量允许误差的大小选择适当的测量仪表。下面将讨论误差传布规律在测量系统设计中应用的一些原则。

由误差传布规律,如果间接测量量 Y 与 m 个独立直接测量量 X 之间有函数关系

$$Y=(X_1,X_2,\cdots,X_m)$$

则 Y 的标准误差为

$$\sigma_y = \sqrt{\left(\frac{\partial F}{\partial X_1}\right)^2 \sigma_1^2 + \left(\frac{\partial F}{\partial X_2}\right)^2 \sigma_2^2 + \cdots + \left(\frac{\partial F}{\partial X_m}\right)^2 \sigma_m^2}$$

假设 σ_y 已经给定，要求确定 σ_1，σ_2，$\cdots$，σ_n。显然，一个方程，多个未知数，解是不定的。这样的问题可用工程方法解决。作为第一步近似，采用所谓"等影响原则"，先假设各直接测量量的误差对间接测量结果的影响是均等的。依据这一原则，应有

$$\left(\frac{\partial F}{\partial X_1}\right)\sigma_1 = \left(\frac{\partial F}{\partial X_2}\right)\sigma_2 = \cdots = \left(\frac{\partial F}{\partial X_m}\right)\sigma_m$$

从而

$$\sigma_y = \sqrt{m}\left(\frac{\partial F}{\partial X_i}\right)\sigma_i$$

或者

$$\sigma_i = \frac{\sigma_y}{\sqrt{m}}\left(\frac{1}{\partial F/\partial X_i}\right) \quad (i = 1, 2, \cdots, m) \tag{2-43}$$

按式(2-43)求得的误差 σ_i 并不一定很合理，在技术上也不一定全能实现。因此，在依据"等影响原则"近似地选择了各直接测量量的误差之后，还要切合实际地进行调整。调整的基本原则应该是：考虑测量仪器可能达到的精度、技术上的可能性、经济上的合理性以及各直接测量量在函数关系中的地位。对那些技术上难以获得较高测量精度或者需要花费很高代价才能取得较高测量精度的直接测量量，应该放松要求，分配给较大的允许误差。而对那些比较容易获得较高测量精度的直接测量量，则应该提高要求，分配给较小的允许误差。考虑到各直接测量量在函数关系中的地位不同，对间接测量结果的影响也不同，对于那些影响较大的直接测量量，应该视具体情况提高其精度要求。例如，某些以高次幂形式出现的量，应提高对其测量精度的要求，相反，以方根形式出现的量，则可放松要求。

2.4 组合测量的误差分析与处理

组合测量是根据直接或间接测量所获得的数据，通过求解联立方程以求得未知参量的测量方法。由于测量必然会存在误差，因此，简单地以直接测量或间接测量所获得的数据代入方程组中，将不可能求得未知参量的真值。组合测量误差分析与处理的任务就是根据直接或间接测量所获得的测量数据，求得未知参量的最佳估计值及其误差。解决这一问题所采用的方法是最小二乘法。

2.4.1 最小二乘法原理

设 x 和 y 都是可以直接测量或间接测量的物理量，且 y 是 x 的函数，其函数关系是

$$y = f(x; \alpha, \beta, \cdots) \tag{2-44}$$

其中 $\alpha, \beta, \cdots$ 是 m 个未知常数参量，并且是我们测量的目标。对于不同的 x，测量 y 的数值，得到 x 和 y 的 n 对测定值 ($n > m$)

$$(x_1,y_1),(x_2,y_2),\cdots,(x_n,y_n)$$

若测量没有误差,则只要任意选取其中 m 对不同的测定值 $(x_i,y_i)(i=1,2,\cdots,m)$,逐对代入式(2-44),可得到 m 个方程,再联立求解,即可得到待求的 m 个未知参量 $\alpha,\beta,\cdots$ 的数值。

由于测量误差的存在,按上述方法求得的未知参量 $\alpha,\beta,\cdots$ 也必定有误差。为了获得可靠的结果和相应的精度估计,选用的测定值要多于未知参量的个数 m,即所建立的方程个数要多于 m 个。显然,用一般代数方程无法求解。那么,如何从一组互相矛盾的测量方程中求得最可信赖的结果呢?高斯确定的最小二乘法原理回答了这一问题。

为了讨论问题简便起见,我们假设对变量 x 的测量没有误差①。对于 x 的某一固定值 x_i,变量 y 的测定值 y_i 是随机变量,它与真值之间的误差

$$\delta_i = y_i - f(x_i;\alpha,\beta,\cdots)$$

也是随机变量。通常随机误差 δ_i 服从正态分布,均方根误差为 σ_i,似然函数为

$$L(\delta_1,\delta_2,\cdots,\delta_n;\alpha,\beta,\cdots) = \prod_{i=1}^{n}\left[\frac{1}{\sigma_i\sqrt{2\pi}}\exp\left(-\frac{\delta_i^2}{2\sigma_i^2}\right)\right] \qquad (2\text{-}45)$$

写成对数形式

$$\ln L = \sum_{i=1}^{n}\ln\left(\frac{1}{\sigma_i\sqrt{2\pi}}\right) - \sum_{i=1}^{n}\left(\frac{\delta_i^2}{2\sigma_i^2}\right) \qquad (2\text{-}46)$$

根据最大似然原理,使似然函数为最大时的 $\alpha,\beta,\cdots$ 值,是未知参数的最大似然估计值 $\hat{\alpha},\hat{\beta},\cdots$。显然,欲使似然函数 L 最大,应使式(2-46)中最后一项满足

$$\sum_{i=1}^{n}\frac{\delta_i^2}{2\sigma_i^2} = \min \qquad (2\text{-}47)$$

上式中,以残差 ν_i 代替真误差,则对等精度测量,式(2-47)可写为

$$\sum_{i=1}^{n}\nu_i^2 = \min \qquad (2\text{-}48)$$

这表明,在 y 的测量有误差的情况下,未知参量 $\alpha,\beta,\cdots$ 的最佳估计值应该是把这些估计值代入函数关系式(2-44)所得的残差

$$\nu_i = y_i - f(x_i;\hat{\alpha},\hat{\beta},\cdots) \qquad (2\text{-}49)$$

的平方和为最小的情况。这就是最小二乘法原理。

对于非等精度测量,应该考虑测定值 y_i 的权 p_i 的影响,未知参量的最佳估计值 $\hat{\alpha},\hat{\beta},\cdots$ 的选择,应该使残差 ν_i 的平方的加权和为最小,即

$$\sum_{i=1}^{n}p_i\nu_i^2 = \min \qquad (2\text{-}50)$$

2.4.2 正规方程、未知参数最佳估计值的求取

组合测量误差分析与处理的任务之一,就是根据直接测量或间接测量所获得的数据

---

① 这仅仅是假设。不过在许多实际问题中,变量 x 和 y 往往有一个的测量精度比另一个高得多,其误差可以忽略。此时,可以把测量精度高的选为自变量 x,且假定其测量没有误差。

求取未知参数的最佳估计值。

在等精度测量的条件下,要求估计值 $\hat{\alpha},\hat{\beta},\cdots$ 能满足最小二乘法条件,

$$\begin{cases} \dfrac{\partial}{\partial \alpha}\sum_{i=1}^{n}v_i^2 = 0 \\ \dfrac{\partial}{\partial \beta}\sum_{i=1}^{n}v_i^2 = 0 \\ \cdots\cdots\cdots\cdots \end{cases} \qquad (2\text{-}51)$$

亦即求解下列联立方程组

$$\begin{cases} \sum_{i=1}^{n}[y_i - f(x_i;\alpha,\beta,\cdots)]\left(\dfrac{\partial f}{\partial \alpha}\right)_i = 0 \\ \sum_{i=1}^{n}[y_i - f(x_i;\alpha,\beta,\cdots)]\left(\dfrac{\partial f}{\partial \beta}\right)_i = 0 \\ \cdots\cdots\cdots\cdots\cdots\cdots\cdots\cdots\cdots\cdots\cdots \end{cases} \qquad (2\text{-}52)$$

式中 $(\partial f/\partial \alpha)_i$ 表示函数 $f(x;\alpha,\beta,\cdots)$ 对 α 的偏导数在 $x=x_i$ 点上所取得的值。

方程式(2-52)称为等精度测量参数最小二乘估计的正规方程。由正规方程解出的 $\alpha,\beta,\cdots$ 的值,即为未知参数的最佳估计值 $\hat{\alpha},\hat{\beta},\cdots$。

组合测量要求事先知道函数 $f(x;\alpha,\beta,\cdots)$ 的具体形式(函数中的未知参数值待定),这也是利用最小二乘法解决问题的前提条件。人们无法在最一般的情况下讨论正规方程式(2-52)的解,只能针对具体的函数形式来讨论。一般地说,多项式是实际上使用较多的一种函数关系,而且许多其他函数也总可以用含有 $m+1$ 个参数的 m 阶多项式来逼近。所以,此处主要讨论直接测量量(或间接测量量)y 与 x 成多项式函数关系时,未知参量最佳估计值的求取,亦即线性参数的最小二乘法处理。

假设 y 与 x 之间的函数关系是

$$y = a_0 + a_1 x + a_2 x^2 + \cdots + a_m x^m \qquad (2\text{-}53)$$

式中 $a_0, a_1, \cdots, a_m$ 是待定的未知参数。对于一列 n 对测定值

$$(y_1,x_1),(y_2,x_2),\cdots,(y_n,x_n) \qquad (n > m+1)$$

未知参数 $a_0, a_1, \cdots, a_m$ 的最佳估计值可以由正规方程式(2-52)的解来确定。对所讨论的线性参数情况,正规方程可化为下述形式

$$\begin{cases} (\Sigma_0)a_0 + (\Sigma_1)a_1 + \cdots + (\Sigma_m)a_m = \Sigma_{y0} \\ (\Sigma_1)a_0 + (\Sigma_2)a_1 + \cdots + (\Sigma_{m+1})a_m = \Sigma_{y1} \\ \cdots\cdots\cdots\cdots\cdots\cdots\cdots\cdots\cdots\cdots\cdots\cdots \\ (\Sigma_m)a_0 + (\Sigma_{m+1})a_1 + \cdots + (\Sigma_{2m})a_m = \Sigma_{ym} \end{cases} \qquad (2\text{-}54)$$

其中 $\Sigma_m = \sum\limits_{i=1}^{n} x_i^m, \qquad \Sigma_{ym} = \sum\limits_{i=1}^{n} y_i x_i^m$

方程式(2-54)是一个线性代数方程组。由诸系数 Σ_m 构成的行列式不等于零时,方程组有唯一的一组解 $\hat{a}_0, \hat{a}_1, \cdots, \hat{a}_m$,它们就是未知参数 $a_j(j=0,1,\cdots,m)$ 在最小二乘法意义下的最佳估计值。

如果用矩阵形式表示，式(2-54)可写成
$$Ca = l \tag{2-55}$$
式中，各矩阵的定义是

$$C = \begin{bmatrix} \Sigma_0 & \Sigma_1 & \cdots & \Sigma_m \\ \Sigma_1 & \Sigma_2 & \cdots & \Sigma_{m+1} \\ \vdots & \vdots & \vdots & \vdots \\ \Sigma_m & \Sigma_{m+1} & \cdots & \Sigma_{2m} \end{bmatrix}, \quad \hat{a} = \begin{bmatrix} \hat{a}_0 \\ \hat{a}_1 \\ \vdots \\ \hat{a}_m \end{bmatrix}, \quad l = \begin{bmatrix} \Sigma_{y0} \\ \Sigma_{y1} \\ \vdots \\ \Sigma_{ym} \end{bmatrix}$$

矩阵方程(2-55)的解，就是未知参数的估计值矩阵 $\hat{a}$

$$\hat{a} = \begin{bmatrix} \hat{a}_0 \\ \hat{a}_1 \\ \vdots \\ \hat{a}_m \end{bmatrix} = C^{-1} l \tag{2-56}$$

更进一步，若设矩阵

$$X = \begin{bmatrix} 1 & x_1 & x_1^2 & \cdots & x_1^m \\ 1 & x_2 & x_2^2 & \cdots & x_2^m \\ \vdots & \vdots & \vdots & \vdots & \vdots \\ 1 & x_n & x_n^2 & \cdots & x_n^m \end{bmatrix}, \quad y = \begin{bmatrix} y_1 \\ y_2 \\ \vdots \\ y_n \end{bmatrix}$$

则有
$$C = X^T X, \quad l = X^T y$$
未知参数的最佳估计值矩阵为
$$\hat{a} = (X^T X)^{-1} X^T y \tag{2-57}$$

利用式(2-57)，未知参数最小二乘法估计值可以方便地在计算机上求解。

例 2-5 已知某铜电阻的阻值与温度之间的关系为
$$R_t = R_0(1 + \alpha t)$$
在不同的温度 t 下，对铜电阻阻值 R_t 进行等精度测量，得一组测定值列于表2-3中。试用最小二乘法求未知参数 R_0, α 的最佳估计值。

表 2-3

序号	$t/℃$	R_t/Ω	序号	$t/℃$	R_t/Ω
1	19.1	76.30	5	40.0	82.35
2	25.0	77.80	6	45.1	83.90
3	30.1	79.75	7	50.0	85.10
4	36.0	80.80			

解：将铜电阻阻值与温度之间的关系进行适当变换，化为标准形式
$$R_t = R_0(1 + \alpha t) = a_0 + a_1 t$$
式中，$a_0 = R_0$，$a_1 = R_0 \alpha$，按式(2-54)列出正规方程
$$\begin{cases} (\Sigma_0) a_0 + (\Sigma_1) a_1 = \Sigma_{R_{t0}} \\ (\Sigma_1) a_0 + (\Sigma_2) a_1 = \Sigma_{R_{t1}} \end{cases}$$

计算正规方程中各系数

$$\Sigma_0 = \sum_{i=1}^{7} t_i^0 = 7, \quad \Sigma_1 = \sum_{i=1}^{7} t_i = 245.3, \quad \Sigma_2 = \sum_{i=1}^{7} t_i^2 = 9325.8$$

$$\Sigma_{R_{t0}} = \sum_{i=1}^{7} R_{t_i} t_i^0 = 566.00, \quad \Sigma_{R_{t1}} = \sum_{i=1}^{7} R_{t_i} t_i = 20044.5$$

再代入正规方程,得

$$\begin{cases} 7a_0 + 245.3 a_1 = 566.00 \\ 245.3 a_0 + 9325.8 a_1 = 20044 \end{cases}$$

解正规方程

$$\hat{a}_0 = 70.76, \quad \hat{a}_1 = 0.288$$

最后,求得未知参数 R_0, α 的最小二乘法估计值

$$\hat{R}_0 = \hat{a}_0 = 70.76 \quad (\Omega)$$

$$\hat{\alpha} = \hat{a}_1 / \hat{R}_0 = 4.07 \times 10^{-3} \quad (\text{℃}^{-1})$$

所以,铜电阻与温度的关系可写成

$$R_t = 70.76(1 + 4.07 \times 10^{-3} t) \quad (\Omega)$$

2.4.3 组合测量的误差

先讨论组合测量中直接(或间接)测量量的误差。设直接(或间接)测量量 y 与 x 之间的函数关系如式(2-53)所示的多项式。对 x, y 进行 n 次测量,得 n 对测定值

$$(y_1, x_1), (y_2, x_2), \cdots, (y_n, x_n) \quad (n > m+1)$$

假定 x 的测量没有误差;y 的测量是独立的等精度测量,其误差 δ_i 服从正态分布,数学期望为零。由于真误差 δ_i 未知,y 的均方根误差 σ 只能用残差 ν_i 代替 δ_i 来估计。利用最大似然估计方法,可求得方差 σ^2 的最大似然估计值为

$$\hat{\sigma}^{*2} = \frac{1}{n} \sum_{i=1}^{n} \nu_i^2 = \frac{1}{n} \sum_{i=1}^{n} [y_i - f(x_i; \hat{a}_0, \hat{a}_1, \cdots, \hat{a}_m)]^2 \tag{2-58}$$

但可以证明,这种估计并不具有无偏性。根据 χ^2 分布性质可知,$\sum_{i=1}^{n} (\nu_i^2 / \sigma^2)$ 是服从自由度为 $\nu = n - (m+1)$ 的 χ^2 分布的随机变量,因此有

$$E\left(\sum_{i=1}^{n} \frac{\nu_i^2}{\sigma^2} \right) = n - (m+1)$$

上式等号两边同除以 n,并考虑到式(2-58),上式变换为

$$E(\hat{\sigma}^{*2}) = \frac{n - (m+1)}{n} \sigma^2$$

$$E\left(\frac{n}{n - (m+1)} \hat{\sigma}^{*2} \right) = \sigma^2$$

所以,方差 σ^2 的无偏估计量为

$$\hat{\sigma}^2 = \frac{n}{n - (m+1)} \hat{\sigma}^{*2} = \frac{1}{n - (m+1)} \sum_{i=1}^{n} \nu_i^2 \tag{2-59}$$

式中,n 为测量次数,$(m+1)$ 是未知参量 $a_j (j=0,1,\cdots,m)$ 的个数。因而组合测量中直接测量量 y 的均方根误差 σ 的无偏估计值可以用下面的式子计算

$$\hat{\sigma} = \sqrt{\frac{1}{n-(m+1)}\sum_{i=1}^{n}\nu_i^2} \tag{2-60}$$

例 2-6 试求例 2-5 中铜电阻阻值 R_t 的标准误差。

解：将 R_{ti} 和 t_i 的测量数据代入残差方程

$$\nu_i = R_{ti} - 70.76(1 + 4.07 \times 10^{-3} t_i)$$

计算出残差 $\nu_i (i=1, 2, \cdots, 7)$ 顺序为

$$0.0393, -0.160, 0.321, -0.328, 0.070, 0.151, -0.060$$

R_t 的标准误差可按式(2-60)计算，

$$\sigma = \sqrt{\frac{1}{7-2}\sum_{i=1}^{7}\nu_i^2} = \sqrt{\frac{1}{5} \times 0.268} = 0.23 \quad (\Omega)$$

现进一步讨论组合测量中诸未知参数 $a_j(j=0,1,\cdots,m)$ 的最佳估计值 $\hat{a}_j$ 的误差。通过解正规方程(2-54)，总可以求得诸未知参数最佳估计值 $\hat{a}_j$ 的一个表达式

$$\hat{a}_j = \phi_j(y, x)$$

设 y 的标准误差 σ，根据误差传布规律可得到未知参数最佳估计值 $\hat{a}_j$ 的标准误差：

$$\sigma_{\hat{a}_j} = \sqrt{\sum_{i=1}^{n}\left(\frac{\partial \phi_j}{\partial y_i}\right)^2}\sigma \tag{2-61}$$

当未知参数较多时，直接由正规方程(2-54)求 $\hat{a}_j$ 的表达式及误差传递系数 $\partial \phi_j/\partial y_i$ 相当麻烦。为计算方便，引入不定乘数 $d_{00}, d_{01}, \cdots, d_{0m}; d_{10}, d_{11}, \cdots, d_{1m}; \cdots; d_{m0}, d_{m1}, \cdots, d_{mm}$，共 $(m+1) \times (m+1)$ 个。只要诸不定乘数 $d_{ij}(i, j=0, 1, \cdots, m)$ 是下述条件方程组的解：

$$\begin{cases}
(\Sigma_0)d_{00} + (\Sigma_1)d_{01} + \cdots + (\Sigma_m)d_{0m} = 1 \\
(\Sigma_1)d_{00} + (\Sigma_2)d_{01} + \cdots + (\Sigma_{m+1})d_{0m} = 0 \\
(\Sigma_2)d_{00} + (\Sigma_3)d_{01} + \cdots + (\Sigma_{m+2})d_{0m} = 0 \\
\cdots\cdots\cdots \\
(\Sigma_m)d_{00} + (\Sigma_{m+1})d_{01} + \cdots + (\Sigma_{2m})d_{0m} = 0 \\
(\Sigma_0)d_{10} + (\Sigma_1)d_{11} + \cdots + (\Sigma_m)d_{1m} = 0 \\
(\Sigma_1)d_{10} + (\Sigma_2)d_{11} + \cdots + (\Sigma_{m+1})d_{1m} = 1 \\
(\Sigma_2)d_{10} + (\Sigma_3)d_{11} + \cdots + (\Sigma_{m+2})d_{1m} = 0 \\
\cdots\cdots\cdots \\
(\Sigma_m)d_{10} + (\Sigma_{m+1})d_{11} + \cdots + (\Sigma_{2m})d_{1m} = 0 \\
\cdots\cdots\cdots \\
(\Sigma_0)d_{m0} + (\Sigma_1)d_{m1} + \cdots + (\Sigma_m)d_{mm} = 0 \\
(\Sigma_1)d_{m0} + (\Sigma_2)d_{m1} + \cdots + (\Sigma_{m+1})d_{mm} = 0 \\
(\Sigma_2)d_{m0} + (\Sigma_3)d_{m1} + \cdots + (\Sigma_{m+2})d_{mm} = 0 \\
\cdots\cdots\cdots \\
(\Sigma_m)d_{m0} + (\Sigma_{m+1})d_{m1} + \cdots + (\Sigma_{2m})d_{mm} = 1
\end{cases} \tag{2-62}$$

则可以证明

$$d_{jj} = \sum_{i=1}^{n}\left(\frac{\partial \phi_j}{\partial y_i}\right)^2 \quad (j=0,1,\cdots,m)$$

所以，被测未知参数最佳估计值 $\hat{a}_j(j=0,1,\cdots,m)$ 的标准误差可表示为

$$\sigma_{\hat{a}_j} = \sqrt{d_{jj}}\,\sigma \tag{2-63}$$

由条件方程组(2-62)可知，不定乘数 $d_{ij}(i,j=0,1,\cdots,m)$ 的系数与正规方程(2-54)的系数完全一样，因而在计算 d_{jj} 时，可以利用求解正规方程时的中间结果，使求未知参数最佳估计值的误差的过程大为简化。

诸参数最佳估计值 $\hat{a}_j$ 的误差也可以通过矩阵运算求得。如果对 y 的测量是独立的等精度测量，那么未知参数最佳估计值的协方差矩阵可由下式求出

$$\boldsymbol{V}_a = \sigma^2 \boldsymbol{C}^{-1} = \sigma^2(\boldsymbol{X}^T\boldsymbol{X})^{-1} \tag{2-64}$$

式中，矩阵 $\boldsymbol{V}_a$ 是协方差矩阵，其对角元素就是未知参数最佳估计值的方差。求得协方差矩阵 $\boldsymbol{V}_a$ 之后，很容易得到各 $\hat{a}_j$ 的标准误差 $\sigma_{\hat{a}_j}$。

例 2-7 试求例 2-5 中未知参数 R_0,α 估计值的标准误差。

解：根据条件方程组(2-62)和例 2-5 中算出的正规方程诸系数，可列出求解不定乘数 $d_{00},d_{01},d_{10},d_{11}$ 的方程组

$$\begin{cases} 7d_{00} + 245.3d_{01} = 1 \\ 245.3d_{00} + 9325.8d_{01} = 0 \\ 7d_{10} + 245.3d_{11} = 0 \\ 245.3d_{10} + 9325.8d_{11} = 1 \end{cases}$$

解得

$$d_{00} = 1.826, \quad d_{11} = 0.00137$$

例 2-6 中已解算出

$$\sigma = 0.23$$

所以，由式(2-63)可得 $\hat{a}_0,\hat{a}_1$ 的标准误差为

$$\sigma_{\hat{a}_0} = \sqrt{d_{00}}\,\sigma = \sqrt{1.826} \times 0.23 = 0.31$$

$$\sigma_{\hat{a}_1} = \sqrt{d_{11}}\,\sigma = \sqrt{0.00137} \times 0.23 = 8.5 \times 10^{-3}$$

利用误差传布规律，可求得未知参数 R_0,α 最佳估计值的标准误差：

$$\sigma_{\hat{R}_0} = \sigma_{\hat{a}_0} = 0.31 \quad (\Omega)$$

$$\sigma_{\hat{\alpha}} = \sqrt{\left(\frac{\partial \alpha}{\partial a_1}\sigma_{\hat{a}_1}\right)^2 + \left(\frac{\partial \alpha}{\partial R_0}\sigma_{\hat{R}_0}\right)^2} = 1.2 \times 10^{-4} \quad (\text{℃}^{-1})$$

利用协方差矩阵求 R_0,α 最佳估计值的标准误差，可得到相同的结果。

因

$$\boldsymbol{C} = \begin{bmatrix} \Sigma_0 & \Sigma_1 \\ \Sigma_1 & \Sigma_2 \end{bmatrix} = \begin{bmatrix} 7 & 245.3 \\ 245.3 & 9325.8 \end{bmatrix}$$

$$\boldsymbol{C}^{-1} = \frac{1}{\begin{vmatrix} 7 & 245.3 \\ 245.3 & 9325.8 \end{vmatrix}} \begin{bmatrix} 9325.8 & -245.3 \\ -245.3 & 7 \end{bmatrix}$$

$$= \frac{1}{5108.5} \begin{bmatrix} 9325.8 & -245.3 \\ -245.3 & 7 \end{bmatrix}$$

所以
$$\boldsymbol{V}_a = \sigma^2 \boldsymbol{C}^{-1} = \frac{(0.23)^2}{5108.5} \begin{bmatrix} 9325.8 & -245.3 \\ -245.3 & 7 \end{bmatrix}$$

$\hat{a}_0, \hat{a}_1$ 的标准误差为

$$\sigma_{\hat{a}_0} = \sqrt{1.036 \times 10^{-5} \times 9325.8} = 0.31$$

$$\sigma_{\hat{a}_1} = \sqrt{1.036 \times 10^{-5} \times 7} = 8.5 \times 10^{-3}$$

利用误差传布规律,可求得未知参数 R_0, α 最佳估计值的标准误差

$$\sigma_{\hat{R}_0} = 0.31 \quad (\Omega)$$

$$\sigma_{\hat{\alpha}} = 1.2 \times 10^{-4} \quad (\text{℃}^{-1})$$

2.5 粗 大 误 差

粗大误差是指不能用测量客观条件解释为合理的那些突出误差,它明显地歪曲了测量结果。含有粗大误差的测定值称为坏值或异常数据,应予以剔除。

产生粗大误差的原因是多方面的,主要有:

① 测量者的主观原因 测量时操作不当,或粗心、疏失而造成读数、记录的错误;

② 客观外界条件的原因 测量条件意外的改变(如机械冲击、振动、电源瞬间大幅度波动等)引起仪表示值的改变。

对粗大误差,除了设法从测量结果中发现和鉴别而加以剔除外,重要的是要加强测量者的工作责任心和严格的科学态度;此外,还要保证测量条件的稳定。

本节将介绍几种常用的判定测定值中粗大误差存在与否的准则。

2.5.1 拉伊特准则

大多数测量的随机误差服从正态分布。服从正态分布的随机误差,其绝对值超过 3σ 的出现的概率极小。因此,对大量的等精度测定值,判定其中是否含有粗大误差,可以采用下述简单准则:如果测量列中某一测定值残差 v_i 的绝对值大于该测量列标准误差的 3 倍,即 $|v_i| > 3\sigma$,那么可以认为该测量列中有粗大误差存在。此准则为拉伊特准则,或称 3σ 准则。实际使用时,标准误差取其估计值 $\hat{\sigma}$。按拉伊特准则剔除含有粗差的坏值后,应重新计算新测量列的算术平均值及标准误差,判定在余下的数据中是否还有含粗大误差的坏值。

拉伊特准则是判定粗大误差存在的一种最简单的方法。在要求不甚严格时,拉伊特准则因其简单而常被采用。然而,当测定值子样容量不很大时,使用拉伊特准则判定粗差不太准确,因为所取界限太宽,容易混入该剔除的数据。特别是,当测量次数 $n \leq 10$ 时,即使测量列中有粗大误差,拉伊特准则也判定不出来。

2.5.2 格拉布斯准则

当测量次数较少时,用以 t 分布为基础的格拉布斯准则判定粗大误差的存在比较

合理。

设对某一被测量进行多次等精度独立测量,获得一列测定值 $x_1, x_2, \cdots, x_n$。若测定值服从正态分布 $N(x; \mu, \sigma)$,则可计算出子样平均值 $\bar{x}$ 和测量列标准误差的估计值 $\hat{\sigma}$

$$\bar{x} = \frac{1}{n}\sum_{i=1}^{n} x_i, \qquad \hat{\sigma} = \sqrt{\frac{1}{n-1}\sum_{i=1}^{n}(x_i - \bar{x})^2}$$

为了检查测定值中是否含有粗大误差,将 $x_i(i=1,2,\cdots,n)$ 由小到大排列成顺序统计量 $x_{(i)}$,使

$$x_{(1)} \leqslant x_{(2)} \leqslant \cdots \leqslant x_{(n)}$$

格拉布斯按照数理统计理论导出了统计量

$$g_{(n)} = \frac{x_{(n)} - \bar{x}}{\hat{\sigma}}, \qquad g_{(1)} = \frac{\bar{x} - x_{(1)}}{\hat{\sigma}}$$

的分布,取定危险率 α,可求得临界值 $g_0(n,\alpha)$,而

$$P\left(\frac{x_{(n)} - \bar{x}}{\hat{\sigma}} \geqslant g_0(n,\alpha)\right) = \alpha$$

$$P\left(\frac{\bar{x} - x_{(1)}}{\hat{\sigma}} \geqslant g_0(n,\alpha)\right) = \alpha$$

表 2-4 给出了在一定测量次数 n 和危险率 α 之下的临界值 $g_0(n,\alpha)$。

表 2-4 格拉布斯准则临界值 $g_0(n,\alpha)$ 表

n \ α	0.05	0.01	n \ α	0.05	0.01
3	1.153	1.155	17	2.475	2.785
4	1.463	1.492	18	2.504	2.821
5	1.672	1.749	19	2.532	2.854
6	1.822	1.944	20	2.557	2.884
7	1.938	2.097	21	2.580	2.912
8	2.032	2.221	22	2.603	2.939
9	2.110	2.323	23	2.624	2.963
10	2.176	2.410	24	2.644	2.987
11	2.234	2.485	25	2.663	3.009
12	2.285	2.550	30	2.745	3.103
13	2.331	2.607	35	2.811	3.178
14	2.371	2.659	40	2.866	3.240
15	2.409	2.705	45	2.914	3.292
16	2.443	2.747	50	2.956	3.336

这样,得到了判定粗大误差的格拉布斯准则:若测量列中最大测定值或最小测定值的残差有满足

$$|\nu_{(i)}| \geqslant g_0(n,\alpha)\hat{\sigma} \qquad (i=1 \text{ 或 } n) \tag{2-65}$$

者,则可认为含有残差 ν_i 的测定值是坏值,因而该测定值按危险率 α 应该剔除。

应该注意,用格拉布斯准则判定测量列中是否存在含有粗大误差的坏值时,选择不同

的危险率可能得到不同的结果。一般危险率不应选择太大，可取5%或1%。危险率α的含意是按本准则判定为异常数据，而实际上并不是，从而犯错误的概率。简言之，所谓危险率就是误剔除的概率。

如果利用格拉布斯准则判定测量列中存在含有粗大误差的坏值，那么在剔除坏值之后，还需要对余下的测量数据再进行判定，直至全部测定值满足$|\nu_{(i)}| < g_0(n,\alpha)\hat{\sigma}$为止。

现举例说明用格拉布斯准则判定粗大误差存在与否的一般步骤。

例2-8 测某一介质温度15次，得如下一列测定值数据（单位：℃）：

20.42, 22.43, 20.40, 20.43, 20.42, 20.43, 20.39, 20.30,
20.40, 20.43, 20.42, 20.41, 20.39, 20.39, 20.40

试判断其中有无含有粗大误差的坏值。

解：① 按大小顺序将测定值数据重新排列：

20.30, 20.39, 20.39, 20.39, 20.40, 20.40, 20.40, 20.41,
20.42, 20.42, 20.42, 20.43, 20.43, 20.43, 20.43

② 计算子样平均值$\bar{x}$和测量列标准误差估计值$\hat{\sigma}$

$$\bar{x} = \frac{1}{15}\sum_{i=1}^{15} x_i = 20.404, \quad \hat{\sigma} = \sqrt{\frac{1}{15-1}\sum_{i=1}^{15}(x_i - \bar{x})^2} = 0.033$$

③ 选定危险率α，求得临界值$g_0(n,\alpha)$

现选取$\alpha = 5\%$，查表2-4得

$$g_0(15, 5\%) = 2.41$$

④ 计算测量列中最大与最小测定值的残差$\nu_{(n)}$，$\nu_{(1)}$，并用格拉布斯准则判定

$$\nu_{(1)} = -0.104, \quad \nu_{(15)} = 0.026$$

因

$$|\nu_{(1)}| > g_0(15, 5\%)\hat{\sigma} = 0.080$$

故$x_{(1)} = 20.30$在危险率$\alpha = 5\%$之下被判定为坏值，应剔除。

⑤ 剔除含有粗大误差的坏值后，重新计算余下测定值的算术平均值$\bar{x}'$和标准误差估计值$\hat{\sigma}'$。查表求新的临界值$g_0'(n,\alpha)$，再进行判定。

$$\bar{x}' = \frac{1}{14}\sum_{i=1}^{14} x_i = 20.411, \quad \hat{\sigma}' = \sqrt{\frac{1}{14-1}\sum_{i=1}^{14}(x_i - \bar{x})^2} = 0.016$$

$$g_0'(14, 5\%) = 2.37$$

余下测定值中最大与最小残差

$$\nu_{(1)} = -0.021, \quad \nu_{(14)} = 0.019$$

而

$$g_0'(14, 5\%)\hat{\sigma}' = 0.038$$

显然$|\nu_{(1)}|$和$|\nu_{(14)}|$均小于$g_0'(14,5\%)\hat{\sigma}'$，故可知余下的测定值中已无含粗大误差的坏值。

2.6 系统误差

系统误差与随机误差在性质上是不同的，它的出现具有一定的规律性，不能像随机误差那样依靠统计的方法来处理，只能采取具体问题具体分析的方法，通过仔细的校验和精

心的试验才可能发现与消除。一般地说,系统误差的处理是属于测量技术上的问题,要从测量技术的角度去全面、深入地讨论系统误差的处理是困难的。本节将主要从对试验数据分析的角度,讨论系统误差的某些性质,提出判定系统误差存在与否的某些准则,并估计残余的系统误差对测量结果的影响。

2.6.1 系统误差的性质

设有一列测定值

$$x_1, x_2, \cdots, x_n$$

若测定值 x_i 中含有系统误差 θ_i,消除系统误差之后其值为 x_i',则

$$x_i = x_i' + \theta_i$$

其算术平均值

$$\bar{x} = \frac{1}{n}\sum_{i=1}^{n} x_i = \frac{1}{n}\sum_{i=1}^{n}(x_i' + \theta_i) = \frac{1}{n}\sum_{i=1}^{n} x_i' + \frac{1}{n}\sum_{i=1}^{n} \theta_i$$

即

$$\bar{x} = \bar{x}' + \frac{1}{n}\sum_{i=1}^{n} \theta_i \tag{2-66}$$

式中,$\bar{x}'$ 是消除系统误差之后的一列测定值的算术平均值。测定值 x_i 的残差

$$\nu_i = x_i - \bar{x} = (x_i' + \theta_i) - \left(\bar{x}' + \frac{1}{n}\sum_{i=1}^{n} \theta_i\right) = (x_i' - \bar{x}') + \left(\theta_i - \frac{1}{n}\sum_{i=1}^{n} \theta_i\right)$$

即

$$\nu_i = \nu_i' + \left(\theta_i - \frac{1}{n}\sum_{i=1}^{n} \theta_i\right) \tag{2-67}$$

此处,ν_i' 是消除系统误差之后的测定值的残差。

由式(2-67)可以得到系统误差的两点性质:

① 对恒值系统误差,由于

$$\theta_i = \frac{1}{n}\sum_{i=1}^{n} \theta_i$$

所以

$$\nu_i = \nu_i'$$

由残差计算出的测量列的均方根误差

$$\sigma = \sqrt{\frac{1}{n-1}\sum_{i=1}^{n} \nu_i^2} = \sqrt{\frac{1}{n-1}\sum_{i=1}^{n} \nu_i'^2} = \sigma'$$

此处,σ' 是消除系统误差后测量列的均方根误差。因此,得到系统误差的性质之一:

恒值系统误差的存在,只影响测量结果的准确度,不影响测量的精密度参数。如果测定值子样容量足够大,含有恒值系统误差的测定值仍服从正态分布。

② 对变值系统误差,一般有

$$\theta_i \neq \frac{1}{n}\sum_{i=1}^{n} \theta_i$$

所以
$$v_i \neq v_i', \quad \sigma \neq \sigma'$$

因此,得到系统误差的第二个性质:

变值系统误差的存在,不仅影响测量结果的准确度,而且会影响测量的精密度参数。系统误差的上述两点性质,对通过测量数据来判定系统误差的存在,有着重要的意义。

2.6.2 系统误差处理的一般原则

系统误差的特点和性质决定了其不可能用统计的方法来处理,甚至未必能通过对测量数据的分析来发现(恒值系统误差就是如此),这就增加了系统误差处理的困难。无规律的随机误差可以按一定的统计规律来处理,而有规律的系统误差却没有通用的处理方法可循。不过,一般可根据前人的经验和认识,总结归纳出一些具有普遍意义的原则,指导我们在一些典型的情况下解决这一棘手的问题。

系统误差处理的一般原则,可以从以下几个方面考虑。

(1) 在测量之前,应该尽可能预见到系统误差的来源,设法消除之。或者使其影响减少到可以接受的程度。

系统误差的来源一般可以归纳为以下几个方面:

① 由于测量设备、试验装置不完善,或安装、调整、使用不得当而引起的误差,如测量仪表未经校准投入使用;

② 由于外界环境因素的影响而引起的误差,例如,温度漂移、测量区域电磁场的干扰等;

③ 由于测量方法不正确,或者测量方法所赖以存在的理论本身不完善而引起的误差,例如,使用大惯性仪表测量脉动气流的压力,得到的测量结果不可能是气流的实际压力,甚至也不是真正的时均值。

(2) 在实际测量时,尽可能地采用有效的测量方法,消除或减弱系统误差对测量结果的影响。

采用何种测量方法能更好地消除或减弱系统误差对测量结果的影响,在很大程度上取决于具体的测量问题。不过,下述几种典型的测量技术可以作为参考。

① 消除恒值系统误差常用的方法是对置法,也称交换法。

这种方法的实质是交换某些测量条件,使得引起恒值系统误差的原因以相反的方向影响测量结果,从而中和其影响。在热力机械试验中,有时用这种方法消除已分析出的系统误差,如确定风洞轴线与测量坐标系统间的夹角时,常采用对置法。

② 消除线性变化的累进系统误差最有效的方法是对称观测法。

若在测量过程中存在某种随时间呈线性变化的系统误差,则可以通过对称观测法来消除。具体地说,就是将测量以某一时刻为中心对称地安排,取各对称点两次测定值的算术平均值作为测量结果,即可达到消除线性变化的累进系统误差的目的。由于许多系统误差都随时间变化,而且在短时间内可认为是线性变化(某些以复杂规律变化的系统误差,其一次近似亦为线性误差)。因此,如果条件许可均宜采用对称观测法。

③ 半周期偶数观测法,可以很好地消除周期性变化的系统误差。

周期性系统误差可表示为

$$\theta = a\sin\left(\frac{2\pi}{T}t\right)$$

其中 a 为常数，t 为决定周期性误差的量（如时间、仪表可动部分的转角等），T 为周期性系统误差的变化周期。当 $t=t_0$ 时，周期性误差 θ_0 为

$$\theta_0 = a\sin\left(\frac{2\pi}{T}t_0\right)$$

当 $t=t_0+\dfrac{T}{2}$ 时，周期性误差 θ_1 为

$$\theta_1 = a\sin\left[\frac{2\pi}{T}\left(t_0+\frac{T}{2}\right)\right] = -a\sin\left(\frac{2\pi}{T}t_0\right)$$

而

$$\frac{\theta_0+\theta_1}{2} = 0$$

可见，测得一个数据后，相隔 t 的半个周期再测一个数据，取二者的平均值即可消去周期性系统误差。

（3）在测量之后，通过对测定值进行数据处理，检查是否存在尚未被注意到的变值系统误差。

（4）最后，要设法估计出未被消除而残留下来的系统误差对最终测量结果的影响。

2.6.3 系统误差存在与否的检验

根据系统误差处理的一般原则，在测量之前及测量之中必须采取正确的方法和措施。尽量消除系统误差对测量结果的影响，提高测量精确度。尽管如此，在取得测量数据之后仍需设法检查是否存在未被注意到的系统误差，以便进一步采取措施消除之，或估计其影响。

一般情况下，人们不能直接通过对等精度测量数据的统计处理来判断恒值系统误差的存在，除非改变恒值系统误差产生的测量条件，但对于变值系统误差，有可能通过对等精度测量数据的统计处理来判定变值系统误差的存在。在容量相当大的测量列中，如果存在着非正态分布的变值系统误差，那么测定值的分布将偏离正态，检验测定值分布的正态性，将揭露出变值系统误差的存在。在实际测量中，往往不必作烦冗细致的正态分布检验，而采用考察测定值残差的变化情况和利用某些较为简捷的判据来检验变值系统误差存在与否。

1. 根据测定值残差的变化判定变值系统误差的存在

若对某一被测量进行多次等精度测量，获得一系列测定值 $x_1, x_2, \cdots, x_n$，各测定值的残差 ν_i 可按式（2-67）表示为

$$\nu_i = \nu_i' + \left(\theta_i - \frac{1}{n}\sum_{i=1}^{n}\theta_i\right)$$

如果测定值中系统误差比随机误差大（对于多数需要对系统误差进行更正的实际情况，一般总是这样），那么残差 ν_i 的符号将主要由 $\left(\theta_i - \dfrac{1}{n}\sum\limits_{i=1}^{n}\theta_i\right)$ 项的符号来决定。因此，如果将

残差按照测量的先后顺序排列起来,这些残差的符号变化将反映出 $\left(\theta_i - \frac{1}{n}\sum_{i=1}^{n}\theta_i\right)$ 的符号变化,进而反映出 θ_i 的符号变化。由于变值系统误差 θ_i 的变化具有某种规律性,因而残差 ν_i 的变化亦具有大致相同的规律性。由此可得以下两个准则:

准则1 将测量列中诸测定值按测量的先后顺序排定,若残差的大小(就代数值而言)有规则地向一个方向变化,由正到负或者相反,则测量列中有累进的系统误差(若中间有微小的波动,则是随机误差的影响)。

准则2 将测量列中诸测定值按测量的先后顺序排定,若残差的符号呈有规律的交替变化,则测量列中含有周期性的系统误差(若中间有微小波动,则是随机误差的影响)。

例 2-9 对某恒温箱内的温度进行了 10 次测量,依次获得如下测定值(单位:℃):

20.06, 20.07, 20.06, 20.08, 20.10
20.12, 20.14, 20.18, 20.18, 20.21

试判定该测量列中是否存在变值系统误差。

解:
$$\bar{x} = \frac{1}{10}\sum_{i=1}^{10}x_i = 20.12$$

计算各测定值的残差 ν_i,并按先后顺序排列如下:

−0.06, −0.05, −0.06, −0.04, −0.02,
0, +0.02, +0.06, +0.06, +0.09

可见,残差由负到正,其数值逐渐增大,故测量列中存在累进系统误差。

2. 利用判据来判定变值系统误差的存在

根据残差变化情况来判定变值系统误差的存在,只有在测定值所含系统误差比随机误差大的情况下才是有效的,否则,残差的变化情况并不能作为变值系统误差存在与否的依据。为此,还需要进一步依靠统计的方法来判别。下面给出几个变值系统误差存在与否的判据。这些判据的实质乃是以检验分布是否偏离正态为基础的。

判据1:对某一被测量进行多次等精度测量,获得一列测定值 $x_1, x_2, \cdots, x_n$(按测量先后顺序排列),各测定值的残差依次为

$$\nu_1, \nu_2, \cdots, \nu_n$$

把前面 k 个残差和后面 $(n-k)$ 个残差分别求和(当 n 为偶数时,取 $k=n/2$;当 n 为奇数时,取 $k=(n+1)/2$),并取其差值

$$D = \sum_{i=1}^{k}\nu_i - \sum_{i=k+1}^{n}\nu_i$$

$$\left(D = \sum_{i=1}^{k}\nu_i - \sum_{i=k}^{n}\nu_i,\ n\text{ 为奇数时}\right)$$

若差值 D 显著地异于零,则测量列中含有累进的系统误差。

判据2:对某一被测量进行多次等精度测量,获得一列测定值 $x_1, x_2, \cdots, x_n$(按测量先后顺序排列),各测定值的真误差依次为

$$\delta_1, \delta_2, \cdots, \delta_n$$

设

$$C = \sum_{i=1}^{n-1}(\delta_i \delta_{i+1})$$

若

$$|C| > \sqrt{n-1}\,\sigma^2$$

则可认为该测量列中含有周期性系统误差。其中 σ 是该测量列的均方根误差。

判据 2 是以独立真误差的正态分布为基础的。在实际计算中,可以用残差 ν_i 来代替 δ_i,并以估计值 $\hat{\sigma}$ 来代替 σ。

例 2-10 以例 2-9 中恒温箱内温度测量获得的数据为例,试用判据 1,2 来判定测量列中是否含有系统误差。

解:按例 2-9,已得各测定值残差,排列如下:

$$-0.06,\ -0.05,\ -0.06,\ -0.04,\ -0.02,$$
$$0,\ +0.02,\ +0.06,\ +0.06,\ +0.09$$

用判据 1 检验

$$D = \sum_{i=1}^{5}\nu_i - \sum_{i=6}^{10}\nu_i = -0.23 - 0.23 = -0.46$$

因为

$$|D| \gg |\nu_{\max}| = 0.09$$

可见,$|D|$ 显著地异于零,故可认为测量列中含有累进的系统误差。这与用准则 1 判定的结论相同。

应该注意,判据 1 指出,当 $|D|$ 显著异于零时方可认为测量列中会有累进系统误差。至于何谓"显著",则没有定量的概念。实际上,当测量次数 $n \to \infty$ 时,只要 $D \neq 0$,一般就可认为测量列中含有累进系统误差。但当测量次数 n 有限时,$D \neq 0$ 不能说明累进误差的存在,一般采用 $|D| > |\nu_{\max}|$ 作为判定测量列中累进系统误差存在的依据。此时,与观察残差变化的准则 1 联合使用是可取的。

用判据 2 检验

$$C = \sum_{i=1}^{n-1}(\nu_i \cdot \nu_{i+1}) = 0.0194$$

$$\sigma = 0.055,\quad \sqrt{9}\,\sigma^2 = 0.0091$$

因为

$$|C| = 0.0194 > \sqrt{9}\,\sigma^2 = 0.0091$$

故可判定测量列内含有周期性系统误差。这一结果在例 2-9 中未曾得到。这说明,在判定一个测量列中是否会有变值系统误差时,联合运用上述判定变值系统误差存在与否的准则和判据是有益的。

3. 利用数据比较判定任意两组数据间系统误差的存在

设对某一被测量进行 m 组测量,其测量结果为

$$\bar{x}_1 \pm \sigma_1$$
$$\bar{x}_2 \pm \sigma_2$$
$$\vdots$$
$$\bar{x}_m \pm \sigma_m$$

任意两组测量数据之间不存在系统误差的条件是

$$|\bar{x}_i - \bar{x}_j| < 2\sqrt{\sigma_i^2 + \sigma_j^2}$$

例 2-11 以例 2-4 为例，

① 试判定两实验者测得的两列温度测量值之间是否存在系统误差。

② 若实验者 A 获得的温度测定值数据为

$$91.9, 91.2, 92.6, 92.1, 91.8, 92.3, 90.7, 92.0, 91.7, 91.4$$

实验者 B 获得的温度测定值数据仍如例 2-4 所示，试判定两列温度测量值之间是否存在系统误差。

解：① 根据例 2-4 的求解结果知

实验者 A 测温结果 = 91.3±0.2（℃）

实验者 B 测温结果 = 91.35±0.09（℃）

$$|91.3 - 91.35| = 0.05$$
$$2\sqrt{0.2^2 + 0.09^2} = 0.44$$

因为
$$0.05 < 0.44$$

故 A，B 两实验者测得的两列温度测量值之间不存在系统误差。

② 若实验者 A 获得的温度测定值数据为

$$91.9, 91.2, 92.6, 92.1, 91.8, 92.3, 90.7, 92.0, 91.7, 91.4$$

则实验者 A 测温结果 = 91.8±0.2（℃），因实验者 B 测温结果仍为 91.35±0.09（℃），

$$|91.8 - 91.35| = 0.45 > 0.44$$

故此种情况下，A，B 两实验者测得的两列温度测量值之间存在系统误差。

2.6.4 系统误差的估计

1. 恒值系统误差的估计

如果一列含有恒值系统误差 θ 的测定值 $x_1, x_2, \cdots, x_n$，其真值为 X_0，则测定值 x_i 的真误差 δ_i 为

$$\delta_i = x_i - X_0 = \theta + x_i' - X_0 = \theta + \delta_i'$$

取平均得
$$\frac{1}{n}\sum_{i=1}^{n}\delta_i = \frac{1}{n}\sum_{i=1}^{n}\delta_i' + \theta$$

根据随机误差的性质，当 $n \to \infty$ 时，$\frac{1}{n}\sum_{i=1}^{n}\delta_i' = 0$

所以
$$\theta = \frac{1}{n}\sum_{i=1}^{n}\delta_i \quad (n \to \infty)$$

当 n 为有限值时，上式求得的是恒值系统误差的估计值 $\hat{\theta}$。此处，真误差 δ_i 实际上是不知的。通常用更高精度等级的仪表来测量同一量，获得约定真值 X_{0i}，并把它当作被测量真值 X_0，然后将约定真值 X_{0i} 与实际测定值 x_i 比较，得到测定值的真误差 δ_i。

恒值系统误差 θ 的估计值求出之后，一般可将其反号而作为更正值，对测量结果进行修正。若由于某种原因未予修正，则要作为误差来处理。

2. 变值系统误差的估计

依情况不同，变值系统误差需采用不同的方法来估计。

如果能够精确地找到变值系统误差与某种影响因素(如温度变化)之间的理论关系,或虽不能找到确切的理论关系,但可以通过实验来确定变值系统误差与某种影响因素之间的经验公式,则变值系统误差可以通过计算的方法求得。

在许多情况下,人们难以通过确切的理论关系计算变值系统误差,或者没有必要花费很大代价去寻求经验公式,而只能以某种依据为基础来估计变值系统误差的上限和下限,进而估计变值系统误差恒值部分 θ 及一个适当的不确定度 e：

$$\theta = \frac{\lambda_1 + \lambda_2}{2}$$

$$e = \frac{\lambda_1 - \lambda_2}{2}$$

式中,λ_1,λ_2 分别是变值系统误差的上限和下限的估计值。这种不确定度的估计,常带有主观臆断的因素。其置信概率往往是不清楚的。实际上,常把它作为误差的极限值。在这种意义上,它与极限误差类同,但并没有明确的 $P=99.73\%$ 的置信概率。

2.7 误差的综合

在测量过程中,三种不同性质的误差可能同时存在。要判定测量的精度是否达到了预定的指标,需对测量的全部误差进行综合,以估计诸项误差对测量结果的综合影响。综合误差计算得太小,会使测量结果达不到预定的精度要求;计算得太大,则会因进一步采取减小误差的措施而造成不必要的浪费。

2.7.1 随机误差的综合

若测量结果中含有 k 项彼此独立的随机误差,各单项测量的标准误差分别为 σ_1,σ_2,…,σ_k,则 k 项独立随机误差的综合效应应该是它们平方和之均方根,即综合的标准误差 σ 为

$$\sigma = \sqrt{\sum_{i=1}^{k} \sigma_i^2} \tag{2-68}$$

在计算综合误差时,经常用极限误差来合成。只要测定值子样容量足够大,就可以认为极限误差 $\Delta_i = 3\sigma_i$;若子样容量较小,用 t 分布按给定的置信水平求极限误差更合适,此时

$$\Delta_i = t_P \sigma_i$$

综合的极限误差 Δ 为

$$\Delta = \sqrt{\sum_{i=1}^{k} \Delta_i^2} \tag{2-69}$$

实际上,测量结果中总的随机误差,既可以通过分析各项随机误差分别求得各自的极限误差(或标准误差),然后由式(2-69)来求得,也可以根据全部测量结果(各项随机误差源同时存在)直接求得,两种结果十分接近。一般地说,对不太重要的测量,只须由总体分析,直接求总的随机误差,这样做比较简单。对重要的测量,可以通过分析各项随机误差

然后合成的方法求总的随机误差,最后再与由总体分析直接求取的总误差比较。二者应相等或近似,以此作为对误差综合的校核。逐项分析随机误差,可以看出哪些误差源对测量结果的影响大,以便找到提高测量水平的工作方向。

应该指出,对于按复杂规律变化的系统误差(常称为系偶误差),也常按随机误差的方法来处理和综合。

2.7.2 系统误差的综合

系统误差的出现是有规律的,不能按平方和之平方根的方法来综合。

不论系统误差的变化规律如何,根据对系统误差的掌握程度可分为已定系统误差和未定系统误差。

1. 已定系统误差的综合

已定系统误差是数值大小与符号均已确定了的误差,其综合方法就是将各项已定系统误差代数相加。

设测量结果中含有 l 个已定系统误差,它们的数值分别为

$$E_1, E_2, \cdots, E_l$$

则总的已定系统误差为

$$E = \sum_{i=1}^{l} E_i \tag{2-70}$$

此处,各项恒值系统误差 E_i 可正可负,这一点与随机误差中的极限误差 Δ_i 规定为恒正值是不同的。

2. 未定系统误差的综合

未定系统误差是指不能确切掌握误差大小与符号,或不必花费过多精力去掌握其规律,而只能或只需估计出其不致超过的极限范围 $\pm e$ 的系统误差。未定系统误差应按绝对值和的方法来综合。

设测量结果中含有 m 项未定系统误差,其极限值分别为

$$e_1, e_2, \cdots, e_m$$

则总的未定系统误差为

$$e = \sum_{i=1}^{m} e_i \tag{2-71}$$

对于 $m>10$ 的情况,绝对值合成法对误差的估计往往偏大,此时,采用方和根法或广义方和根法比较切合实际。但由于一般工程或科学实验中 m 很少超过 10,所以,对未定系统误差采用绝对值合成法是较为合理的。

2.7.3 误差合成定律

设测量结果中有 k 项独立随机误差(系偶误差也包括在内),用极限误差表示为

$$\Delta_1, \Delta_2, \cdots, \Delta_k$$

有 l 个已定系统误差,其值分别为

$$E_1, E_2, \cdots, E_l$$

有 m 个未定系统误差,其极限值为

$$e_1, e_2, \cdots, e_m$$

则测量结果的综合误差为

$$\Delta_\Sigma = \sum_{i=1}^{l} E_i \pm \left(\sum_{j=1}^{m} e_j + \sqrt{\sum_{P=1}^{k} \Delta_P^2} \right) \quad (2\text{-}72)$$

第3章 测量系统分析

测量系统的性能在很大程度上决定着测量结果的质量。对于测量系统的性能认识愈全面、愈深刻,愈有可能获得有价值的测量结果。本章将讨论测量系统的一般特性及表征测量过程品质优劣的主要性能指标。

测量系统的一般特性,通常分为静态特性与动态特性两个方面。在静态测量条件下,测量系统的输入量与输出量之间在数值上一般具有一定的对应关系。以静态关系为基础,通常可以定义一组性能指标来描述静态测量过程的品质。在动态测量时,由于测量系统具有一定的惯性,使得系统的输出量不能够正确地反映同一时刻输入量的真实情况。此时,必须考虑测量系统的动态特性。以动态关系为基础的动态性能指标,是判断动态测量过程品质优劣的标准。

实际上,测量系统的静态特性也同样影响着动态测量条件下测量的品质。这种影响将使描述测量系统动态关系的微分方程变得难以处理。为了方便起见,测量系统这两方面的特性将分开讨论。在讨论测量系统的动态特性时,可忽略摩擦、滞后、空隙等的影响,而将这些影响放在测量系统的静态特性中去研究。测量系统总的性能,则由系统的静态特性与动态特性综合决定。

3.1 测量系统的静态特性

3.1.1 测量系统基本静态特性

测量系统基本静态特性,是指被测物理量和测量系统处于稳定状态时,系统的输出量与输入量之间的函数关系。一般情况下,如果没有迟滞等缺陷存在,测量系统的输入量 x 与输出量 y 之间的关系可以用下述代数方程来描述

$$y = a_0 + a_1 x + a_2 x^2 + \cdots + a_n x^n \tag{3-1}$$

方程(3-1)中诸系数 $a_0, a_1, \cdots, a_n$ 决定着测量系统输入-输出关系曲线的形状和位置,是决定测量系统基本静态特性的参数。对于理想测量系统,要求其静态特性曲线应该是线性的,或者在一定的测量范围之内是线性的。

测量系统的基本静态特性可以通过静态校准来求取。在对系统校准并获得一组校准数据之后,可以用最小二乘法求取一条最佳拟合曲线作为测量系统基本静态特性曲线。

任何一个测量系统,都是由若干测量设备按照一定方式组合而成的。整个系统的基本静态特性是诸测量设备静态特性的某种组合,如串联、并联和反馈。对任何形式的测量系统,只要已知各组成部分的基本静态特性,就不难求得测量系统总的静态特性。

3.1.2 测量系统的静态性能指标

描述测量系统在静态测量条件下测量品质优劣的静态性能指标是很多的。由于测量

系统及组成测量系统的仪表等的多样性,各自静态性能的描述有其不同的侧重面,并无统一的标准。但给出一些主要指标,对于选择、组成和深入了解测量系统是很有必要的。

1. 灵敏度

灵敏度定义为:当输入量变化很小时,测量系统输出量的变化 Δy 与引起这种变化的相应输入量的变化 Δx 之比值,用 S 表示,则

$$S = \lim_{\Delta x \to 0} \frac{\Delta y}{\Delta x} \tag{3-2}$$

静态灵敏度的量纲是系统输出量量纲与输入量量纲之比。系统输出量量纲一般指实际物理输出量的量纲,而不是刻度量纲。

测量系统的静态灵敏度可以通过静态校准求得。理想测量系统,静态灵敏度是常量。由于灵敏度对测量品质影响很大,所以,一般测量系统或仪表都给出这一参数。

与灵敏度有关的另一性能指标是测量系统的分辨率。它是指系统能够检测出被测量最小变化量的能力。在数字测量系统中,分辨率比灵敏度更为常用。

2. 量程

测量系统所能测量的最大输入量与最小输入量之间的范围,称为测量系统的量程。在组成测量系统时,正确地选择测量仪表和量程,进而选择整个测量系统的量程是十分重要的。通常,人们需要对被测量有一个大致的估计,使之落在测量系统的量程之内,最好落在系统量程的 $2/3 \sim 3/4$ 处。如果量程选择太小,被测量的值超过测量系统的量程,会使系统因过载而受损。如果量程选择得太大,则会使测量精度下降。

3. 基本误差

所谓测量系统的基本误差是指在规定的标准条件下(所有影响量在规定值及其允许的误差范围之内),用标准设备进行静态校准时,测量系统在全量程中所产生的最大绝对误差的绝对值与系统量程之比。如果用 R 来表示测量系统的基本误差,A 代表系统的量程,那么,

$$R = \frac{|\delta_{\max}|}{A} \times 100\% \tag{3-3}$$

其中绝对误差 δ 是指测量系统与标准设备对同一被测物理量进行测量所得的测定值之差。

4. 精确度

精确度表征测量某物理量可能达到的测定值与真值相符合的程度,简称精度。它是由与其概念相反的测量的不确定度来表示的,即用包括全部系统误差、随机误差在内的综合极限误差来表示测量的精度。

测量系统及仪表的精度通常用精度等级来描述。精度等级最常用的一种定义方法是:测量系统及仪表的基本误差不应超过某个一定的数值,此数值称为允许误差,而允许误差去掉百分号之后的数值即为该测量系统或仪表的精度等级。

5. 迟滞误差

测量系统的输入量从量程下限增至量程上限的测量过程称为正行程;输入量从量程上限减少至量程下限的测量过程称为反行程。理想测量系统的输入-输出关系应该是单

值的,但实际上对于同一输入量,其正反行程输出量往往不相等,这种现象称为迟滞。而正反行程造成的输出量之间的差值称为迟滞差值,记为 ΔH。图 3-1 表示了这种迟滞现象及迟滞差值。全量程中最大迟滞差值 ΔH_{max} 与满量程输出值 Y_{max} 之比,定义为测量系统的迟滞误差,记作 ξ_H

$$\xi_H = \frac{\Delta H_{max}}{Y_{max}} \times 100\% \qquad (3-4)$$

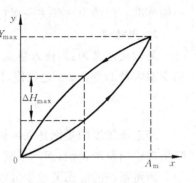

图 3-1 迟滞误差

迟滞误差也称回差或变差,通常是由于测量系统中的弹性元件、磁性元件等的滞后现象所引起的,也能反映出测量系统可能存在着由于摩擦、间隙等原因而产生的死区。

6. 线性度

理想测量系统的输入-输出关系应该是线性的,而实际测量系统往往并非如此,如图 3-2 所示。测量系统的线性度是衡量测量系统实际特性曲线与理想特性曲线之间符合程度的一项指标,用全量程范围内测量系统的实际特性曲线和其理想特性曲线之间的最大偏差值 ΔL_{max} 与满量程输出值 Y_{max} 之比来表示。线性度也称为非线性误差,记为 ξ_L

$$\xi_L = \frac{\Delta L_{max}}{Y_{max}} \times 100\% \qquad (3-5)$$

测量系统的实际特性曲线可以通过静态校准来求得。而理想特性曲线的确定,尚无统一的标准,一般可以采用下述几种办法确定。

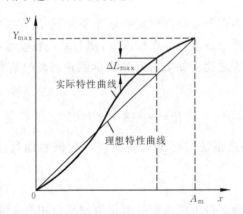

图 3-2 线性度(非线性误差)

① 根据一定的要求,规定一条理论直线。例如,一条通过零点和满量程输出点的直线或者一条通过两个指定端点的直线。

② 通过静态校准求得的零平均值点和满量程输出平均值点作一条直线。

③ 根据静态校准取得的数据,利用最小二乘法,求出一条最佳拟合直线。

对应于不同的理想特性曲线,同一测量系统会得到不同的线性度。严格地说,说明测量系统的线性度时,应同时指明理想特性曲线的确定方法。目前,比较常用的是上述第三种方法。以这种拟合直线作为理想特性曲线定义的线性度,称为独立线性度。

3.2 测量系统的动态特性

3.2.1 测量系统一般动态数学模型

测量系统的动态特性是指在动态测量时测量系统输出量与输入量之间的关系,其数学表示式称为系统的动态数学模型,由系统本身的物理结构所决定,可以通过支配具体系统的物理定律来获得。研究测量系统的动态特性,广泛采用的数学模型是常系数线性微分方程。在忽略测量系统的某些固有物理特性(如非线性因素等)并进行适当简化处理后,一般测量系统输入量 $x(t)$ 与输出量 $y(t)$ 之间的关系可以表示成如下形式:

$$a_n \frac{d^n y(t)}{dt^n} + a_{n-1} \frac{d^{n-1} y(t)}{dt^{n-1}} + \cdots + a_1 \frac{dy(t)}{dt} + a_0 y(t)$$
$$= b_m \frac{d^m x(t)}{dt^m} + b_{m-1} \frac{d^{m-1} x(t)}{dt^{m-1}} + \cdots + b_1 \frac{dx(t)}{dt} + b_0 x(t) \tag{3-6}$$

式中 $a_0, a_1, \cdots, a_n$ 及 $b_0, b_1, \cdots, b_m$ 是与测量系统物理参数有关的常系数。

方程(3-6)描述的系统是一个线性系统。应该指出,一些实际测量系统不可能在相当大的工作范围内都保持线性。例如,有些系统在大信号作用下,测量系统的输出可能出现饱和;在小信号作用时,系统可能存在死区。在低速工作时可以看成是线性的系统,在高速工作时却是非线性的(如阻尼器)。为了避免由于非线性因素而造成数学分析上的困难,人们总是忽略某些影响较小的物理特性,通过适当的假设,把一般测量系统当作线性定常系统来处理。尽管这样的处理可能会使测量系统分析结果的准确性受到一定影响,但研究这种理想测量系统的动态特性,仍然是最基本的方法。

方程(3-6)的解,就是测量系统对一定输入量的响应。对此类方程的求解,已有成熟的方法。其中,拉普拉斯变换方法在测量系统动态特性分析中应用广泛。所谓拉普拉斯变换,是将时域函数 $f(t)$ (定义在 $t \geqslant 0$)转换成 s 域函数 $F(s)$ 的一种变换,定义为

$$L[f(t)] = F(s) = \int_0^\infty f(t) e^{-st} dt \tag{3-7}$$

式中 s 为拉普拉斯算子,L 为拉普拉斯变换运算符号。运用拉普拉斯变换,线性微分方程可以转换成复变数的代数方程。微分方程的解则可以通过求因变量的拉普拉斯反变换来求得。

对于式(3-6)所示的常系数线性微分方程,如果所有初始条件均为零(描述测量系统动态特性的微分方程,一般都可以满足这一条件),那么,微分方程的拉普拉斯变换可以简单地用 s 代替 d/dt,s^2 代替 d^2/dt^2 等来得到,即

$$a_n s^n Y(s) + a_{n-1} s^{n-1} Y(s) + \cdots + a_1 s Y(s) + a_0 Y(s)$$
$$= b_m s^m X(s) + b_{m-1} s^{m-1} X(s) + \cdots + b_1 s X(s) + b_0 X(s) \tag{3-8}$$

式中 $X(s), Y(s)$ 分别是测量系统输入量 $x(t)$ 和输出量 $y(t)$ 的拉普拉斯变换。

式(3-8)是一个代数方程,解这个代数方程可以得到 $Y(s)$,而微分方程的时间解 $y(t)$ 可以由 $Y(s)$ 进行拉普拉斯反变换求得。拉普拉斯反变换定义为:若时域函数 $f(t)$ 的拉普拉斯变换是 $F(s)$,则 $F(s)$ 的拉普拉斯反变换

$$L^{-1}[F(s)] = f(t) = \frac{1}{2\pi j}\int_{c-j\infty}^{c+j\infty} F(s)e^{st}\mathrm{d}s \tag{3-9}$$

由式(3-7)、式(3-9)给出的拉普拉斯变换与反变换的积分运算很复杂。实际使用时,不必进行复杂的积分运算,可以直接运用拉普拉斯变换表。表 3-1 中给出了测量系统动态特性分析中常用到的拉普拉斯变换对照。

利用拉普拉斯变换表求 $F(s)$ 的反变换时,若 $F(s)$ 不能直接在表中找到,须将它展开成部分分式,写成已知拉普拉斯反变换的 s 的简单函数。

表 3-1 测量系统的常用拉普拉斯变换对照表

	$f(t) \quad (t>0)$	$F(s)$
1	单位脉冲 $\delta(t)$	1
2	单位阶跃 $1(t)$	$\dfrac{1}{s}$
3	单位斜坡 t	$\dfrac{1}{s^2}$
4	e^{-at}	$\dfrac{1}{s+a}$
5	te^{-at}	$\dfrac{1}{(s+a)^2}$
6	$\sin\omega t$	$\dfrac{\omega}{s^2+\omega^2}$
7	$\cos\omega t$	$\dfrac{s}{s^2+\omega^2}$
8	$e^{-at}\sin\omega t$	$\dfrac{\omega}{(s+a)^2+\omega^2}$
9	$e^{-at}\cos\omega t$	$\dfrac{s+a}{(s+a)^2+\omega^2}$
10	$\dfrac{\omega_n}{\sqrt{1-\zeta^2}}e^{-\zeta\omega_n t}\sin(\omega_n\sqrt{1-\zeta^2}\,t)$	$\dfrac{\omega_n^2}{s^2+2\zeta\omega_n s+\omega_n^2}$
11	$\dfrac{-1}{\sqrt{1-\zeta^2}}e^{-\zeta\omega_n t}\sin(\omega_n\sqrt{1-\zeta^2}\,t-\phi)$ $\phi=\arctan\dfrac{\sqrt{1-\zeta^2}}{\zeta}$	$\dfrac{s}{s^2+2\zeta\omega_n s+\omega_n^2}$

3.2.2 传递函数

在全部初始条件为零时,系统输出量的拉普拉斯变换与输入量的拉普拉斯变换之比称为线性定常系统的传递函数。传递函数表达了线性定常系统的输入量与输出量之间的关系。对方程(3-6)所描述的系统,若全部初始条件为零,则对方程两边进行拉普拉斯变换可得到该系统的传递函数 $G(s)$ 为

$$G(s) = \frac{Y(s)}{X(s)} = \frac{b_m s^m + b_{m-1}s^{m-1} + \cdots + b_1 s + b_0}{a_n s^n + a_{n-1}s^{n-1} + \cdots + a_1 s + a_0} \tag{3-10}$$

传递函数分母中 s 的最高阶数等于测量系统输出量最高阶导数的阶数。若 s 的最高阶数为 n，则称该系统为 n 阶测量系统。传递函数表达了测量系统本身的特性，而与输入量无关。传递函数反映了系统的响应特性，但它不能表明测量系统的物理结构。物理结构完全不同的两个系统，可以有相同的传递函数，具有相似的传递特性。例如，水银温度计与 RC 低通滤波器同属一阶系统；动圈式指示仪表与弹簧测力计都是二阶系统。尽管它们的物理特性相差悬殊，但却有相似的传递函数。

利用传递函数有助于确定测量系统总的动态特性。测量系统总是由若干测量环节组成的，如果已知各组成环节的传递函数，那么，通过适当的综合，很容易得到整个测量系统的传递函数，亦即获得测量系统的动态特性。

测量环节组合的基本方式主要有串联、并联和反馈。串联测量系统传递函数 $G(s)$ 是各测量环节传递函数 $G_i(s)$ 之乘积

$$G(s) = \prod_{i=1}^{n} G_i(s) \tag{3-11}$$

并联测量系统的传递函数是各测量环节传递函数之和

$$G(s) = \sum_{i=1}^{n} G_i(s) \tag{3-12}$$

反馈测量系统的传递函数（闭环传递函数）为

$$G(s) = \frac{G_1(s)}{1 + G_1(s)G_2(s)} \tag{3-13}$$

式中，$G_1(s)$ 是正向回路传递函数，$G_2(s)$ 是反馈回路传递函数。

3.2.3 基本测量系统的动态特性

大多数测量系统的动态特性可归属于零阶系统、一阶系统和二阶系统 3 种基本类型。尽管实际上还存在着更复杂的高阶测量系统，但在一定条件下，它们都可以用这 3 种基本系统动态特性的某种适当的组合形式来逼近。例如，对于用式(3-6)描述的测量系统，其传递函数一般总可以按部分分式法而改写成如下形式：

$$G(s) = \sum_{i=1}^{q} \left(\frac{\alpha_i}{s + p_i} \right) + \sum_{j=1}^{r} \left(\frac{\alpha_j s + \beta_j}{s^2 + 2\zeta_j \omega_{nj} s + \omega_{nj}^2} \right)$$
$$(q + 2r = n) \tag{3-14}$$

这表明，一般的测量系统，描述其动态特性的传递函数总可以由若干低阶系统的传递函数的并联来求得。所以，研究基本测量系统的动态特性具有重要的意义。

1. 零阶测量系统

在方程(3-6)所描述的测量系统中，若方程诸常系数中，除 a_0，b_0 之外其余全为零，那么，微分方程就变成了简单的代数方程

$$y(t) = Kx(t) \tag{3-15}$$

式中 $K = b_0/a_0$，称为测量系统的稳态灵敏度（或静态灵敏度）。用方程(3-15)来描述动态特性的测量系统称为零阶测量系统。

零阶测量系统具有理想的动态特性。不论被测物理量 $x(t)$ 如何随时间而变化，零阶测量系统的输出都不会失真，输出在时间上也没有任何滞后。

2. 一阶测量系统

若方程(3-6)中除 a_1,a_0 和 b_0 外,其余系数均为零,则得

$$a_1 \frac{dy(t)}{dt} + a_0 y(t) = b_0 x(t) \tag{3-16}$$

用上述方程来描述动态特性的系统,称为一阶测量系统。

方程(3-16)中的三个系数 a_1,a_0 和 b_0 可以合并成两个基本系数。若用 a_0 除方程两边并进行拉普拉斯变换,则

$$TsY(s) + Y(s) = KX(s) \tag{3-17}$$

式中,$T=a_1/a_0$ 称为时间常数;$K=b_0/a_0$ 称为稳态灵敏度。时间常数 T 具有时间的量纲,而稳态灵敏度 K 则具有输出量/输入量的量纲。实际上,对任意阶测量系统,K 总是被定义为 $K=b_0/a_0$,并总是具有同样的物理意义。

一阶测量系统的传递函数是

$$G(s) = \frac{Y(s)}{X(s)} = \frac{K}{Ts+1} \tag{3-18}$$

图 3-3 所示的水银温度计测温系统,可近似为一阶测量系统。系统输入量是温度计温包周围被测流体的温度 $\theta_i(t)$,输出量是温度计中水银柱上部表面的位移 $y(t)$。假设 $\theta_i(t)$ 只是时间 t 的函数,那么,根据传热学的有关知识,可以建立起如下的微分方程

$$\alpha A[\theta_i(t) - \theta_f(t)] = \rho c V \frac{d\theta_f(t)}{dt}$$

式中　α——被测流体与温度计温包之间的换热系数,W/(m^2·℃);

A——温包壁换热面积,m^2;

V——温包容积,m^3;

ρ——水银密度,kg/m^3;

c——水银比热容,J/(kg·℃);

$\theta_f(t)$——温度计温包中水银温度,℃。

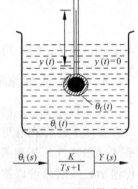

图 3-3　一阶测量系统

温度计输出量 $y(t)$ 与温包中水银温度 $\theta_f(t)$ 之间的关系可由下面的代数方程来描述

$$y(t) = \frac{\beta V}{A_c} \theta_f(t)$$

式中　β——水银体膨胀系数,1/℃;

A_c——毛细管横截面积,m^2。

整理上述两方程得

$$\frac{\rho c V}{\alpha A} \frac{dy(t)}{dt} + y(t) = \frac{\beta V}{A_c} \theta_i(t)$$

其传递函数可写为

$$G(s) = \frac{K}{Ts+1}$$

式中　T——测量系统的时间常数,s,$T=\rho cV/\alpha A$;
　　　K——测量系统稳态灵敏度,m/℃,$K=\beta V/A_c$。
显然,这是一个一阶测量系统。

3. 二阶测量系统

二阶测量系统可以用下面的微分方程来描述：

$$a_2\frac{d^2 y(t)}{dt^2}+a_1\frac{dy(t)}{dt}+a_0 y(t)=b_0 x(t) \tag{3-19}$$

两边同时除以 a_0,并引入以下新的参数：

　　$K=b_0/a_0$——系统稳态灵敏度;

　　$\omega_n=\sqrt{a_0/a_2}$——系统固有频率,或称系统无阻尼自然频率;

　　$\zeta=a_1/(2\sqrt{a_0 a_2})$——系统阻尼比,无量纲。

则描述二阶测量系统的微分方程可写成

$$\frac{1}{\omega_n^2}\frac{d^2 y(t)}{dt^2}+\frac{2\zeta}{\omega_n}\frac{dy(t)}{dt}+y(t)=Kx(t) \tag{3-20}$$

由方程(3-20),可以给出二阶测量系统的传递函数为

$$G(s)=\frac{Y(s)}{X(s)}=\frac{K}{\frac{1}{\omega_n^2}s^2+\frac{2\zeta}{\omega_n}s+1} \tag{3-21}$$

或

$$G(s)=\frac{K\omega_n^2}{s^2+2\zeta\omega_n s+\omega_n^2} \tag{3-22}$$

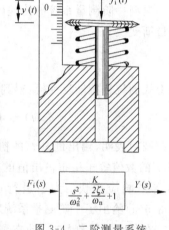

图 3-4 二阶测量系统

图 3-4 所示的测力弹簧秤是二阶测量系统的一个典型实例。假设弹簧的特性是线性的,且具有恒定的弹性系数 K_s;系统具有良好的润滑作用,粘性阻尼系数恒为 B;运动系统的总质量为 M。若调整测力弹簧秤,在初始状态使被测力 $f_i(t)=0$,输出量 $y(t)=0$,则有下述微分方程：

$$M\frac{d^2 y(t)}{dt^2}+B\frac{dy(t)}{dt}+K_s y(t)=f_i(t)$$

此式与二阶测量系统的微分方程相吻合。若定义

$$K=1/K_s,\quad \omega_n=\sqrt{K_s/M},\quad \zeta=\frac{B}{2\sqrt{MK_s}}$$

则测力弹簧秤的传递函数与典型二阶测量系统的传递函数相同。

3.3　测量系统的动态响应

动态测量的任务在于定量地确定被测物理量的变化规律,由测量系统的输出量去推断被测物理量。因此,一个测量系统的输出信号能否正确地重现输入信号,这是动态测量中的一个重要问题,需要通过研究测量系统的响应特性来解答。

测量系统的响应是系统保真度的一种反映,可以用来评价测量系统正确传递并显示输入信号全部信息的能力。实际上,被测量通常并不遵从某一简单的函数关系,在许多情

况下也难以用解析的方法表示,且其具有随机性。因此,用真实的输入信号作用于测量系统来研究系统的响应特性是困难的。通常,在分析、设计和试验测量系统时,总是用某些典型输入信号,通过研究测量系统对这些典型信号的响应来了解系统的动态性能。

研究测量系统的动态性能,可以从时域和频域两方面来讨论。在低阶系统中或输入简单的瞬态信号时,测量系统的性能指标多以时域量值的形式给出;而在高阶系统中和输入周期性的、复杂的信号时,以频域量值的形式给出测量系统的性能指标则更为方便。

3.3.1 测量系统的瞬态响应

测量系统的时域性能指标通常是以系统对阶跃输入量的瞬态响应形式给出的。那么把一个阶跃函数作用于测量系统时可假设测量系统初始处于静止状态,输入量 $x(t)$、输出量 $y(t)$ 以及 $y(t)$ 的各阶导数均为零,在时间 $t=0^+$ 时,输入量 $x(t)$ 立刻增加到 X_s,即

$$\begin{cases} x(t) = 0 & t < 0 \\ x(t) = X_s & t \geq 0 \end{cases}$$

阶跃函数的拉普拉斯变换为 X_s/s。

1. 一阶测量系统对阶跃输入的响应

典型一阶测量系统的传递函数由式(3-18)给出。对阶跃输入,测量系统输出量的拉普拉斯变换为

$$Y(s) = \frac{K}{Ts+1} \cdot \frac{X_s}{s}$$

取上式的拉普拉斯反变换,得到一阶测量系统对阶跃输入的响应

$$y(t) = KX_s \left[1 - \exp\left(-\frac{t}{T}\right) \right] \quad (t \geq 0) \tag{3-23}$$

式(3-23)表明,输出量 $y(t)$ 的初始值等于零,而稳态值为 KX_s。当 $t=T$ 时,系统输出量 $y(t)$ 的数值等于稳态输出值 63.2%。这里,T 为一阶测量系统的时间常数。T 值愈小,系统响应愈快。为了进行可靠的动态测量,应使测量系统的时间常数尽量的小。图3-5(a)给出了一阶测量系统对阶跃输入的响应曲线。

在研究动态测量时,动态测量误差是人们关注的主要问题。动态测量误差 $e(t)$ 定义为

$$e(t) = \frac{y(t)}{K} - x(t) \tag{3-24}$$

在阶跃输入条件下,一阶测量系统的动态测量误差为

$$e(t) = -X_s \exp(-t/T) \quad (t \geq 0) \tag{3-25}$$

无量纲化后,得到相对动态测量误差

$$\frac{e(t)}{X_s} = -\exp\left(-\frac{t}{T}\right) \quad (t \geq 0) \tag{3-26}$$

图3-5(b)给出了无量纲化动态测量误差 $e(t)/X_s$ 与 t/T 关系曲线。

描述测量系统响应速度的主要性能指标是稳定时间。稳定时间是指测量系统的响应曲线到达并保持在其最终值周围的某一允许误差范围之内时所需要的时间,记为 t_s。稳定时间愈小,测量系统对阶跃输入的响应愈快。对于一阶测量系统,

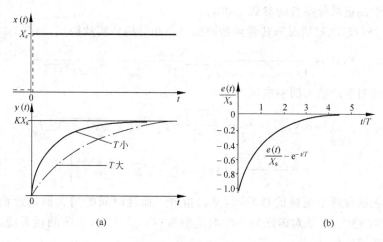

图 3-5　一阶测量系统对阶跃输入的响应曲线
(a) 响应曲线；　(b) 相对动态测量误差

$$t_s = T\ln\frac{1}{\varepsilon} \tag{3-27}$$

式中　ε 为允许误差。

显然，稳定时间 t_s 不仅与测量系统的时间常数 T 有关，而且还取决于所选择的允许误差 ε。通常允许误差范围多取为 $\pm 2\%$ 或 $\pm 5\%$。图 3-6 表示了一阶测量系统的稳定时间的意义。

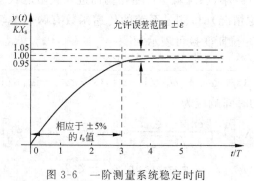

图 3-6　一阶测量系统稳定时间

2. 二阶测量系统对阶跃输入的响应

典型二阶测量系统的传递函数由式(3-21)给出，即

$$G(s) = \frac{Y(s)}{X(s)} = \frac{K}{\dfrac{1}{\omega_n^2}s^2 + \dfrac{2\zeta}{\omega_n}s + 1}$$

对于幅值为 X_s 的阶跃输入，系统输出量的拉普拉斯变换为

$$Y(s) = \frac{KX_s}{\left(\dfrac{1}{\omega_n^2}s^2 + \dfrac{2\zeta}{\omega_n}s + 1\right) \cdot s} \tag{3-28}$$

对 $Y(s)$ 进行拉普拉斯反变换，可得到二阶测量系统对于阶跃输入的时间响应。响应的具

体形式取决于测量系统本身的参数 ζ 和 ω_n。

① 若 $\zeta>1$(过阻尼情况),传递函数有两个不相等的负实数极点。式(3-28)可表示为

$$Y(s) = \frac{KX_s\omega_n^2}{(s+\zeta\omega_n+\omega_n\sqrt{\zeta^2-1})(s+\zeta\omega_n-\omega_n\sqrt{\zeta^2-1})s} \quad (3-29)$$

二阶测量系统对阶跃输入的响应函数为

$$y(t) = KX_s\left\{1+\frac{\zeta-\sqrt{\zeta^2-1}}{2\sqrt{\zeta^2-1}}\exp[-(\zeta+\sqrt{\zeta^2-1})\omega_n t]\right.$$
$$\left. -\frac{\zeta+\sqrt{\zeta^2-1}}{2\sqrt{\zeta^2-1}}\exp[-(\zeta-\sqrt{\zeta^2-1})\omega_n t]\right\} \quad (3-30)$$

此响应函数包括着两个衰减的指数项,且以指数规律随时间的增大而逼近稳态输出值。当 ω_n 一定时,ζ 愈大,系统对阶跃输入的响应愈慢;当 $\zeta \gg 1$ 时,二阶测量系统的阶跃响应与一阶测量系统类似。

② $\zeta=1$(临界阻尼情况)时,测量系统传递函数有两个相等的负实数极点。对于阶跃输入,系统输出量的拉普拉斯变换可表示为

$$Y(s) = \frac{KX_s\omega_n^2}{(s+\omega_n)^2 \cdot s} \quad (3-31)$$

对 $Y(s)$ 进行拉普拉斯反变换,可得

$$y(t) = KX_s[1-(1+\omega_n t)\exp(-\omega_n t)] \quad t \geq 0 \quad (3-32)$$

此时,二阶测量系统对阶跃输入的响应也以指数规律随时间的增大而逼近稳态输出值,但已处于临界状态,ζ 稍有减小,系统就会产生振荡而进入欠阻尼状态。

③ $0<\zeta<1$(欠阻尼情况)时,测量系统的传递函数有两个共轭复数极点。对于阶跃输入,系统输出量的拉普拉斯变换可表示为

$$Y(s) = \frac{KX_s\omega_n^2}{(s+\zeta\omega_n+j\omega_n\sqrt{1-\zeta^2})(s+\zeta\omega_n-j\omega_n\sqrt{1-\zeta^2})s} \quad (3-33)$$

测量系统对阶跃输入的时间响应为

$$y(t) = KX_s\left[1-\frac{\exp(-\zeta\omega_n t)}{\sqrt{1-\zeta^2}}\sin(\sqrt{1-\zeta^2}\omega_n t+\phi)\right] \quad t \geq 0$$
$$\phi = \arcsin(\sqrt{1-\zeta^2}) \quad (3-34)$$

式(3-34)表明,在欠阻尼情况下,二阶测量系统对阶跃输入的响应是衰减的正弦振荡,它随时间增大而趋向稳态输出值 KX_s,振荡频率为 $\omega_d=\omega_n\sqrt{1-\zeta^2}$。在 ω_n 一定时,ω_d 随阻尼比 ζ 而变化。如果 $\zeta=1$,二阶测量系统对阶跃输入的响应变为无阻尼等幅振荡的形式。

二阶测量系统在不同阻尼比时对阶跃输入的无量纲响应曲线如图3-7所示。图中,横坐标是以 t 与 ω_n 的乘积形式给出的,因此,曲线只是 ζ 的函数。这表明,ω_n 是系统响应速度的直接标志。对于一定的阻尼比 ζ,ω_n 增大一倍,将使系统的响应时间减半。另外,ζ 增大,使得振荡减小,系统稳定性增加,但响应曲线第一次穿越稳态输出值的时间却被延迟下来。

在阶跃输入条件下,当 $0<\zeta<1$ 时,二阶测量系统的动态测量误差为

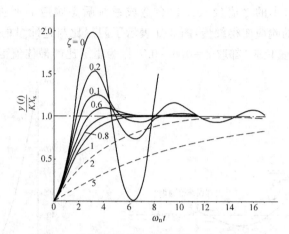

图 3-7 二阶测量系统对阶跃输入的响应曲线

$$\frac{e(t)}{X_s} = -\frac{\exp(-\zeta\omega_n t)}{\sqrt{1-\zeta^2}}\sin(\sqrt{1-\zeta^2}\omega_n t + \phi) \quad t \geqslant 0$$

$$\phi = \arcsin(\sqrt{1-\zeta^2}) \tag{3-35}$$

这一动态误差信号是衰减的正弦振荡。当 $t \to \infty$ 时，动态误差趋于零。

描述二阶测量系统瞬态响应速度的主要性能指标是稳定时间 t_s。在欠阻尼二阶测量系统中，很难写出稳定时间的精确表达式。但由式(3-35)可知，欠阻尼二阶测量系统的相对动态测量误差可由下式来限定

$$\left|\frac{e(t)}{X_s}\right| \leqslant \frac{\exp(-\zeta\omega_n t)}{\sqrt{1-\zeta^2}} \quad t \geqslant 0 \tag{3-36}$$

由式(3-36)可求得在一定的允许误差下稳定时间的近似表达式。当 $0<\zeta\leqslant 0.8$ 并取允许误差范围为 $\pm 2\%$ 时，稳定时间可近似地按下式来求得：

$$t_s \approx 4.5/\zeta\omega_n \tag{3-37}$$

若取允许误差范围为 $\pm 5\%$，则

$$t_s \approx 3.5/\zeta\omega_n \tag{3-38}$$

描述二阶测量系统相对稳定性的主要指标是最大过冲量。在阻尼比 $\zeta<1$ 时，系统的阶跃响应会在稳态输出值上下产生衰减的正弦振荡。响应曲线达到过冲量第一个峰值所需要的时间，称为峰值时间，以 t_p 表示。

$$t_p = \frac{\pi}{\omega_n\sqrt{1-\zeta^2}} = \frac{\pi}{\omega_d} \tag{3-39}$$

第一个过冲峰值超过稳态输出值的数量称为最大过冲量，以 M_p 表示

$$M_p = \frac{y(t_p)}{KX_s} - 1 = \exp[-(\zeta\pi/\sqrt{1-\zeta^2})] \times 100\% \tag{3-40}$$

由式(3-40)可知，M_p 与 ζ 有关。ζ 愈小，M_p 愈大，测量系统的相对稳定性愈差。

二阶测量系统的主要时域性能指标的意义如图 3-8 所示。应该指出，一个测量系统的瞬态响应，既应该有足够的快速性，又应该有充分的稳定性，而表征测量系统瞬态响应特性的主要时域性能指标都与阻尼比 ζ 有关。为了获得满意的瞬态响应特性，ζ 必须选

择在 0.4～0.8 之间,小的 ζ 值(ζ<0.4)会造成系统瞬态响应的严重过冲,而大的 ζ 值(ζ>0.8)将使系统的响应变得缓慢,图 3-9 表示了阻尼比与过冲量的关系。许多实际的二阶测量系统(或测量仪表)都取 ζ=0.6～0.7 作为阻尼比的最佳值范围。

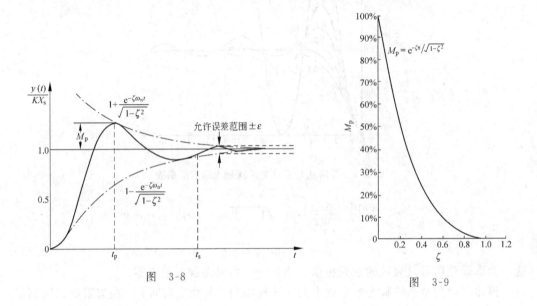

图 3-8　　　　　　　　　　　图 3-9

3.3.2　测量系统的频率响应

频率响应是测量系统对正弦输入的稳态响应。当测量系统的输入量是形式为 $X\sin\omega t$ 的正弦波时,在全部瞬态效应消失之后,系统的输出量将是一个与输入量同频率的正弦波。不过,输出量的幅值通常不等于输入量的幅值,同时两者间也存在着相位差。由于频率相同,测量系统输出正弦波与输入正弦波之间的关系,完全可以由两者之间的幅值比和相位差来决定。实际上,当输入信号频率 ω 变化时,测量系统输出量与输入量之间的幅值比和相位差都会随之发生变化。通常把输出量与输入量的幅值比随输入信号频率的变化关系称为测量系统的幅频特性,相位差随频率的变化关系称为测量系统的相频特性。幅频特性和相频特性共同表达了测量系统的频率响应特性。在实际遇到的测量问题中,任何输入信号都可以表示成不同频率的正弦信号之和。对线性测量系统,如果已知系统的频率响应特性,就可以利用叠加原理求得测量系统对任意输入信号的响应。

测量系统的频率响应可以利用正弦传递函数来求得。测量系统的正弦传递函数可以直接用 $j\omega$ 代替传递函数中的 s 得到。对式(3-10)所描述的系统,其正弦传递函数可方便地表达为

$$G(j\omega) = \frac{Y(j\omega)}{X(j\omega)} = \frac{b_m(j\omega)^m + b_{m-1}(j\omega)^{m-1} + \cdots + b_1(j\omega) + b_0}{a_n(j\omega)^n + a_{n-1}(j\omega)^{n-1} + \cdots + a_1(j\omega) + a_0} \tag{3-41}$$

式中　$j=\sqrt{-1}$;ω 为信号的角频率。

正弦传递函数 $G(j\omega)$ 是以 ω 为参数的复变函数。对任意给定的角频率 ω,$G(j\omega)$ 是一个复数,它可以表示成极坐标的形式

$$G(j\omega) = |G(j\omega)| \angle G(j\omega)$$

其中 $|G(j\omega)|$ 是复数 $G(j\omega)$ 的模，$\angle G(j\omega)$ 是它的相角。可以证明 $|G(j\omega)|$ 就是测量系统输出量与输入量的幅值比，而 $\angle G(j\omega)$ 是输出量与输入量的相位差。当输入频率 ω 变化时，幅值比 $|G(j\omega)|$ 就是测量系统的幅频特性，常记为 $\dfrac{Y}{X}(\omega)$ 或 $A(\omega)$，$\angle G(j\omega)$ 是系统的相频特性，以 $\phi(\omega)$ 表示。为了在频率域中对测量系统的动态性能进行全面的描述，必须指出系统的幅频特性和相频特性。

幅频特性和相频特性常以曲线形式绘出。实际作图时，用对数坐标来绘制特性曲线更为方便。在对数坐标中幅值比用分贝（dB）表示，横坐标可用角频率 ω 或其相对应的对数表示，以提高低频范围的分辨能力。

1. 一阶测量系统的频率响应

典型一阶测量系统的正弦传递函数 $G(j\omega)$ 可表示为

$$G(j\omega) = \dfrac{K}{jT\omega+1} = \dfrac{K}{\sqrt{T^2\omega^2+1}} \angle \arctan(-\omega T) \tag{3-42}$$

由式（3-42）可知，一阶测量系统的幅频特性和相频特性分别为

$$\dfrac{Y}{X}(\omega) = |G(j\omega)| = \dfrac{K}{\sqrt{T^2\omega^2+1}} \tag{3-43}$$

$$\phi(\omega) = \angle G(j\omega) = \arctan(-\omega T) \tag{3-44}$$

图 3-10 给出了一阶测量系统的幅频特性曲线和相频特性曲线。曲线的纵坐标分别以相对幅值比 $|Y/KX|$ 和相角 ϕ 表示，横坐标以角频率与时间常数乘积 ωT 表示。

理想测量系统（零阶系统）的频率特性可由其正弦传递函数表示如下：

$$G(j\omega) = K \angle 0°$$

如果式（3-42）近似零阶系统的频率特性，一阶测量系统就接近于理想系统。这种情况只有当 ωT 足够小时才会出现，否则，一阶测量系统就会存在着不可忽视的测量误差。

一阶测量系统频率响应的幅值误差为

$$\left(\dfrac{Y}{K} - X\right) = \dfrac{X}{\sqrt{T^2\omega^2+1}} - X \tag{3-45}$$

将式（3-45）无量纲化之后，可得到系统频率响应的相对幅值误差为

$$\dfrac{Y}{KX} - 1 = \dfrac{1}{\sqrt{T^2\omega^2+1}} - 1 \tag{3-46}$$

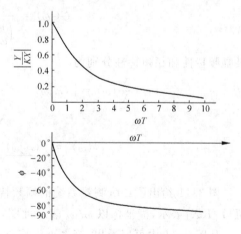

图 3-10 一阶测量系统的频率特性

对于给定的相对幅值允许误差 ε，若被测信号频率为 ω，则满足测量要求的系统时间常数应为

$$T = \dfrac{1}{\omega}\dfrac{\sqrt{2\varepsilon-\varepsilon^2}}{1-\varepsilon} \tag{3-47}$$

而对同样的 ε，时间常数为 T 的一阶测量系统所能精确测量的被测信号频率应为

$$\omega = \frac{1}{T} \frac{\sqrt{2\varepsilon - \varepsilon^2}}{1 - \varepsilon} \tag{3-48}$$

可见，对一阶测量系统，相应于一定的时间常数 T，总存在着某一输入频率 ω，当低于这一频率时，可以认为测量是足够精确的。或者说，如果需要足够精确地测量某一高频信号，一阶测量系统必须有足够小的时间常数。

实际上，如果测量的只是简单的正弦函数，那么，利用系统已知的时间常数 T 和被测信号的频率 ω，很容易通过计算来修正一阶测量系统频率响应的幅值衰减和相位差。在这种情况下，甚至勿需提出时间常数 T 应该尽量小的要求。然而，通常的被测信号往往是多个不同频率正弦波的组合，这使得修正计算不仅繁杂，而且不准确。此时，只能通过选择时间常数 T 足够小的测量系统来满足一定的测量精度要求。

时间常数 T 表示了一阶测量系统的动态性能。在频域中，截止频率也是常用来作为描述测量系统动态性能的一种指标。所谓截止频率是指测量系统幅值比下降到零频率幅值比的 $1/\sqrt{2}$ 时所对应的频率，记作 ω_c。截止频率表明了测量系统的响应速度。截止频率愈高，系统的响应愈快。一阶测量系统的截止频率为

$$\omega_c = 1/T \tag{3-49}$$

如果对两个相竞争的一阶测量系统动态性能的指标进行比较，截止频率的概念是很有用的。

2. 二阶测量系统的频率响应

典型二阶测量系统的正弦传递函数可以表示为

$$G(j\omega) = \frac{K}{\left(\dfrac{j\omega}{\omega_n}\right)^2 + \dfrac{2\zeta j\omega}{\omega_n} + 1} \tag{3-50}$$

其幅频特性和相频特性分别为

$$\frac{Y}{X}(\omega) = |G(j\omega)| = \frac{K}{\sqrt{\left[1 - \left(\dfrac{\omega}{\omega_n}\right)^2\right]^2 + \left(\dfrac{2\zeta\omega}{\omega_n}\right)^2}} \tag{3-51}$$

$$\phi(\omega) = \angle G(j\omega) = \arctan \frac{2\zeta\omega/\omega_n}{\left(\dfrac{\omega}{\omega_n}\right)^2 - 1} \tag{3-52}$$

图 3-11 给出了二阶测量系统的幅频特性曲线和相频特性曲线。图中，幅值比以相对值 $|Y/KX|$ 表示，横坐标以 ω/ω_n 表示此图，还以阻尼比 ζ 为参变量。

从图 3-11 中可以看出，当 ζ 小于某一值时，幅频特性曲线有峰值（产生谐振的情况）。出现峰值的条件可以由幅频特性 $|G(j\omega)|$ 的分母部分为最小值时求得。由式（3-51）的分母表达式，当

$$g(\omega) = \left[1 - \left(\frac{\omega}{\omega_n}\right)^2\right]^2 + \left(2\zeta\frac{\omega}{\omega_n}\right)^2$$

为最小时，不难得到出现峰值时的频率，即谐振频率

$$\omega_r = \omega_n \sqrt{1 - 2\zeta^2} \qquad (0 \leqslant \zeta \leqslant 0.707) \tag{3-53}$$

谐振峰值为

$$M_r = \left| \frac{Y}{KX} \right|_{max} = \frac{1}{2\zeta\sqrt{1-\zeta^2}} \tag{3-54}$$

当阻尼比 $\zeta > 0.707$ 时,不产生谐振,幅值比 $|G(j\omega)|$ 将随角频率 ω 的增大而单调减小。很明显,增大 ω_n,会增大使幅频特性曲线相对平坦的频率范围。要精确测量高频信号,测量系统必须具有足够高的 ω_n,否则,就会产生动态幅值误差。二阶测量系统的相对幅值误差为

$$\frac{Y}{KX} - 1 = \frac{1}{\sqrt{\left[1-\left(\frac{\omega}{\omega_n}\right)^2\right]^2 + \left(\frac{2\zeta\omega}{\omega_n}\right)^2}} - 1 \tag{3-55}$$

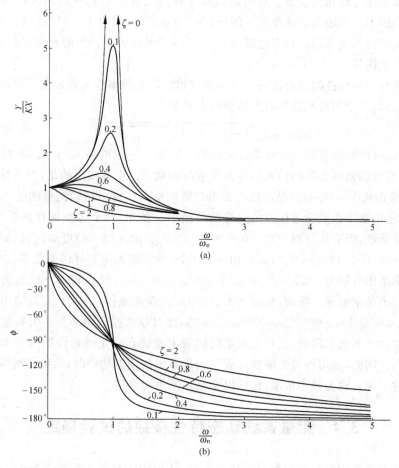

图 3-11 二阶测量系统的幅频传性和相频特性
(a) 幅频特性; (b) 相频特性

对于测量系统的阻尼比 ζ,其最佳值范围是由幅频特性和相频特性共同决定的。从幅频特性曲线来看,使曲线相对平坦的最大频率范围出现在 ζ 值约为 0.6~0.7 之间。对动态测量来说,尽管系统输出量与输入量之间的相位差等于零是最理想的,但从二阶测量

系统的相频特性曲线来看,实现这一点几乎是不可能的,甚至接近零相位差的频率范围也是极为有限的。在实际问题中,如果测量的目的在于正确地复现输入信号的波形,而不重视在输出信号与输入信号之间存在的时间延迟,那么,二阶测量系统的相频特性并不需要始终具有零值相位差,而要求其具有良好的线性特性,使相位差随角频率 ω 的变化呈线性。这样,系统对于不同频率正弦波的延迟时间相同,不会引起输出波形的失真。由相频特性曲线可以看出,阻尼比 $\zeta=0.6\sim0.7$ 时,相频特性曲线在很宽的频率范围内几乎都是直线。上述两方面的原因,使得一般二阶测量系统都选择 $\zeta=0.6\sim0.7$ 作为系统阻尼比最佳值范围。在这个最佳 ζ 值范围内,二阶测量系统具有最大的不失真输出频率范围。

二阶测量系统不失真输出频率范围不仅与系统的阻尼比和无阻尼自然频率有关,而且还与测量者愿意接受的相对幅值允许误差有关。所谓不失真输出,只有与一定允许误差范围相联系才有确切的含意。对给定的相对幅值允许误差 ε,可以由式(3-55)求得二阶测量系统的不失真输出频率范围。例如,当 $\zeta=0.7$ 时,相应于 $\pm5\%$ 的允许误差范围,二阶测量系统的不失真输出频率范围是 $0\sim0.59\omega_n$,相应于 $\pm10\%$ 的允许误差范围,不失真输出频率范围是 $0\sim0.71\omega_n$。

许多具有一阶特性的测量仪表、元件,也常给出截止频率作为表征其动态特性的一项频域性能指标,二阶测量系统的截止频率可表示为

$$\omega_c = \omega_n \sqrt{1-2\zeta^2+\sqrt{(1-2\zeta^2)^2+1}} \tag{3-56}$$

截止频率 ω_c 可粗略地表明二阶测量系统的响应速度。一般地讲,ω_c 愈大,系统的上升时间愈小,系统可以精确测量的输入信号的频率范围愈大。应该指出的是,当系统的阻尼比 ζ 较小时,截止频率 ω_c 并不总是正比地表明二阶测量系统可以精确测量的输入信号的频率范围,这还取决于人们愿意接收的允许误差范围。例如,两个无阻尼自然频率 ω_n 相同的二阶测量系统,阻尼比分别为 $\zeta_1=0.6$ 和 $\zeta_2=0.7$。由式(3-56)可知,它们的截止频率分别为 $\omega_{c1}=1.15\omega_n$ 和 $\omega_{c2}=1.01\omega_n$。相应于 $\pm5\%$ 的相对幅值允许误差范围,二者的不失真输出频率范围分别为 $0<\omega_1<0.84\omega_n$ 和 $0<\omega_2<0.59\omega_n$,截止频率正比地表明了系统的不失真输出频率范围。然而,相应于 $\pm1\%$ 的允许误差范围,二者不失真输出频率范围分别为 $0<\omega_1<0.19\omega_n$ 和 $0<\omega_2<0.40\omega_n$,显然,此时系统截止频率与不失真输出频率范围不成正比。在测量工程中,总是要求系统的输出量能在一定的允许误差范围内正确地复现输入量。因此,在用频域性能指标表明测量系统的动态性能时,给出相对幅值允许误差和相应的不失真输出频率范围,比给出截止频率更为合适。

3.4　测量系统动态特性参数的试验确定

前几节以典型测量系统的数学模型为基础,从理论上分析了测量系统的一般动态特性,而要足够准确地确定实际测量系统的特性参数,如灵敏度、时间常数、无阻尼自然频率、阻尼比等,还必须用试验的方法进行校准。本节将讨论测量系统动态特性参数的确定方法。

3.4.1 用频率响应法确定测量系统的动态特性参数

测量系统的动态特性参数可以通过系统对正弦输入信号的稳态响应来确定。正弦信号发生器产生频率为 ω 的正弦信号 $x(t)=X\sin\omega t$，将其施加于被校准的测量系统。当被校系统的输出达到稳态之后，再测量输出信号与输入信号的幅值比和相位差。并不断地改变输入信号的频率，测得不同频率下的幅值比和相位差，从而得到被校测量系统的幅频特性曲线和相频特性曲线。实际校准时，要求测量幅值比与相位差等仪器本身的频率特性，在被校测量系统工作频率范围内尽量接近于零阶特性，以便使得测量仪器本身的频率特性对校准的影响减小至可以忽略不计的程度。

对一阶测量系统，其主要动态特性参数是时间常数 T，可以由系统的幅频特性得到。将通过试验测得的被校测量系统的幅频特性曲线画在对数坐标系上，如果对数幅频特性具有典型的高频渐近线（斜率为 -20dB/10 倍频程）和低频渐近线，那么，被校测量系统可认为是一阶测量系统，时间常数 T 的数值可由转角频率[①] ω_b 求得，即 $T=1/\omega_b$。图 3-12 说明了这种情况。在高频情况下，系统相频特性曲线渐近于 $-90°$，这一特性可以用来校验一阶测量系统的真实性。

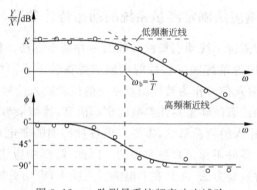

图 3-12 一阶测量系统频率响应试验

对二阶测量系统，其主要动态特性参数是无阻尼自然频率 ω_n 和阻尼比 ζ，它们可以利用系统的幅频特性曲线来求得。对欠阻尼系统，由式(3-53)和式(3-54)可知，幅频特性曲线的谐振频率和谐振峰值分别为

$$\omega_r = \omega_n\sqrt{1-2\zeta^2} \quad (0 \leqslant \zeta \leqslant 0.707)$$

$$M_r = \frac{1}{2\zeta\sqrt{1-\zeta^2}}$$

很明显，如果画出了被校测量系统的幅频特性曲线，不难由上述两式求得系统的动态特性参数 ω_n 和 ζ 的值。如果画出被校系统的对数频率特性曲线，那么，ω_n 可以通过转角频率 ω_b 很方便地求得，其值为 $\omega_n=\omega_b$。图 3-13 说明了这一过程。

---

① 对数幅频特性曲线的高频渐近线与低频渐近线相交处的频率称为转角频率，一阶系统转角频率 $\omega_b=1/T$。

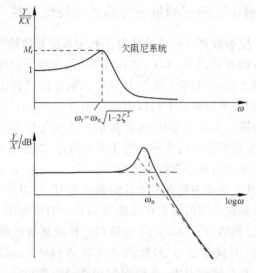

图 3-13　二阶测量系统频率响应试验

3.4.2　用阶跃响应法确定测量系统的动态特性参数

频率响应法是确定测量系统动态特性参数的一种基本方法。但是，这种方法需要花费相当长的试验时间，因为系统频率特性的求取需要在若干不同的频率点上进行试验。在许多情况下，如果用阶跃信号作为被校测量系统的试验输入信号，系统的瞬态响应结果可以相当迅速地提供确定系统动态特性参数的全部信息，其结果与频率响应法并无区别。

另外，对非电信号输入的测量系统，需要提供各种频率的非电正弦信号作试验，而这样的非电正弦信号发生器并不总是容易实现的。因此，阶跃响应法成为试验确定测量系统动态特性参数的一种重要方法，尤其在非电测量系统中，应用更为普遍。

对一阶测量系统，可以取系统对阶跃输入瞬态响应到达稳态值的 63.2% 时所需要的时间作为时间常数。这种方法最简单。但它所依据的是测量系统对阶跃输入瞬态响应的个别数据，而不是整个瞬态响应过程中可能获取的全部信息，所以不易得到准确的结果，而且也不能确定被校系统是否是真正的一阶测量系统。一种比较好的方法是：测得被校系统对阶跃输入瞬态响应的一组数据，在对数坐标上作图，确定时间常数 T，并校验被校系统与一阶测量系统的符合程度。由式（3-23）可以得到

$$1 - \frac{y(t)}{KX_s} = \exp(-t/T)$$

两边同取对数，并定义

$$z = \ln(1 - y(t)/KX_s)$$

则得

$$z = -t/T$$

可见，z 与 t 呈直线关系，直线的斜率为 $-1/T$。于是，不难根据 $z\text{-}t$ 关系曲线的斜率求得被校测量系统的时间常数 T。这样求得的时间常数比较准确，因为它充分利用了在系统

瞬态响应过程中可能取得的全部信息。图 3-14 说明了这种方法。如果测得的数据集中在一条最佳拟合曲线附近,说明该系统是一阶测量系统。若测量数据比较分散,则表明被校系统并不真正是一阶的。

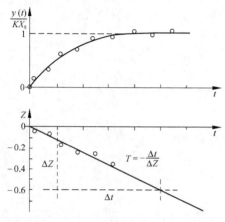

图 3-14 一阶测量系统的阶跃响应试验　　图 3-15 二阶测量系统的阶跃响应试验

对二阶测量系统,动态特性参数 ω_n 和 ζ 也可以根据系统对阶跃输入的瞬态响应求得。图 3-15 表示了一个典型欠阻尼二阶测量系统对阶跃输入的响应曲线。系统动态特性参数 ω_n 和 ζ 可按下式求出

$$\zeta = \sqrt{\frac{1}{(\pi/\ln M_p)^2 + 1}} \tag{3-57}$$

$$\omega_n = \frac{2\pi}{T_d \sqrt{1-\zeta^2}} \tag{3-58}$$

式中,M_p 是欠阻尼二阶测量系统对阶跃输入瞬态响应曲线的最大过冲量,T_d 是响应曲线衰减振荡的周期。当系统的阻尼较小时,若测得的是阶跃响应的较长的瞬变过程,那么阻尼比 ζ 可近似地按下式求得

$$\zeta = \frac{\ln(M_i/M_{i+n})}{2\pi n} \tag{3-59}$$

式中,M_i,M_{i+n} 表示响应曲线上任意两个过冲量的值,n 是这两个过冲量之间的整周期数。式(3-59)是在假设 $\sqrt{1-\zeta^2}=1$ 的条件下得到的。当 ζ 足够小,例如 $\zeta<0.3$ 时,由上述假设而引入的误差很小,参数 ω_n 仍可按式(3-58)求得。但是,如果能够测得 n 个振荡周期的响应曲线,那么,式(3-58)中振荡周期 T_d 应该用 n 个周期的平均值来表示,这比只用某一个周期值来表示要精确得多。如果被校系统是严格的二阶测量系统,那么 n 取任意正整数时,都可得到基本相同的 ζ 值。相反,如果 n 取不同的数值时,求得的 ζ 值不同,会表现出较大的分散性,则可认为被校系统并非严格的二阶测量系统。

第 2 篇

主要热工参数测量

第2篇

半導体工学的教育

第4章 温度测量

4.1 热电偶测温

热电偶是目前各国在科研和生产过程中进行温度测量时应用最普遍、最广泛的温度测量元件。它具有结构简单、制作方便、测量范围宽、准确度高、热惯性小等各种优点。它既可以用于流体温度测量,也可以用于固体温度测量。既可以测量静态温度,也能测量动态温度。且能直接输出直流电压信号,或方便地转换成线性化的直流电流信号,便于测量、信号传输、自动记录和自动控制等。

4.1.1 热电偶的测温原理及特点

两种不同的导体或半导体材料 A 和 B 组成如图 4-1 所示的闭合回路。如果 A 和 B 所组成的回路,两个接合点处的温度 T 和 T_0 不相同,则回路中就会有电流产生,也就是回路中会有电动势存在,这种现象叫做热电效应。热电效应于 1821 年首先为 Seeback 发现,故又称为 Seeback 效应。由该热电效应所产生的电动势,通常称为热电势,常用符号 $E_{AB}(T, T_0)$ 表示。理论已经证明热电势是由接触电势和温差电势两部分组成。

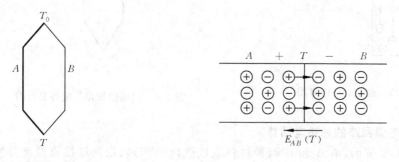

图 4-1 热电偶原理图　　图 4-2 接触电势原理图

1. 接触电势

如图 4-2 所示,当两种不同性质的导体或半导体材料相互接触时,由于内部电子密度不同,例如材料 A 的电子密度大于材料 B,则会有一部分电子从 A 扩散到 B,使得 A 失去电子而呈正电位,B 获得电子而呈负电位,最终形成由 A 向 B 的静电场。静电场的作用又阻止电子进一步地由 A 向 B 扩散。当扩散力和电场力达到平衡时,材料 A 和 B 之间就建立起一个固定的接触电势。理论上已证明该接触电势的大小和方向主要取决于两种材料的性质和接触面温度的高低。其关系式为

$$E_{AB}(T) = \frac{KT}{e} \ln \frac{N_A(T)}{N_B(T)} \tag{4-1}$$

式中　e——单位电荷,4.802×10^{-10} 绝对静电单位;

K——玻耳兹曼常数，1.38×10^{-23} J/℃；

$N_A(T)$ 和 $N_B(T)$——材料 A 和 B 在温度 T 时的电子密度。

2. 温差电势

如图 4-3 所示，温差电势是由于同一种导体或半导体材料其两端温度不同而产生的一种电动势。因材料两端温度不同，则两端的电子所具有的能量不同，温度较高的一端电子具有较高的能量，其电子将向温度较低的一端运动，于是在材料两端之间形成一个由高温端指向低温端的静电场。电子的迁移力和静电场力达到平衡时所形成的电位差叫温差电势。温差电势的方向是由低温端指向高温端，其大小与材料两端温度和材料性质有关。如果 $T>T_0$，则温差电势为

$$E(T,T_0)=\frac{K}{e}\int_{T_0}^{T}\frac{1}{N}\mathrm{d}(N\cdot t) \tag{4-2}$$

式中　N——材料的电子密度，是温度的函数；

　　　T,T_0——材料两端的温度；

　　　t——沿材料长度方向的温度分布。

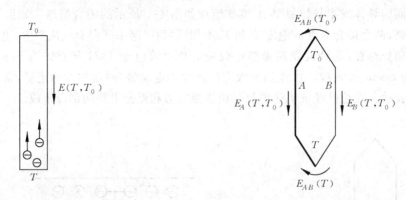

图 4-3　温差电势原理图　　　　图 4-4　热电偶回路热电势分布图

3. 热电偶回路的总热电动势

如图 4-4 所示，由 A 和 B 两种材料组成热电偶回路，设两端接点温度分别为 T 和 T_0，且 $T>T_0$，$N_A>N_B$；沿材料 A 和 B 由一端温度 T 到另一端温度 T_0 的中间各点温度 t 任意分布。很明显，回路里存在两个接触电势 $E_{AB}(T)$ 和 $E_{AB}(T_0)$；两个温差电势 $E_A(T,T_0)$ 和 $E_B(T,T_0)$。各热电势方向如图中所示。因此回路的总热电势为

$$E_{AB}(T,T_0)=E_{AB}(T)+E_B(T,T_0)-E_{AB}(T_0)-E_A(T,T_0) \tag{4-3}$$

根据公式(4-1)有

$$E_{AB}(T)-E_{AB}(T_0)=\frac{KT}{e}\ln\frac{N_A(T)}{B_B(T)}-\frac{KT_0}{e}\ln\frac{N_A(T_0)}{N_B(T_0)}$$

$$=\frac{K}{e}\int_{T_0}^{T}\mathrm{d}\left(t\cdot\ln\frac{N_A}{N_B}\right)$$

$$=\frac{K}{e}\int_{T_0}^{T}\ln\frac{N_A}{N_B}\mathrm{d}t+\frac{K}{e}\int_{T_0}^{T}t\mathrm{d}\left(\ln\frac{N_A}{N_B}\right)$$

$$= \frac{K}{e}\int_{T_0}^{T} \ln\frac{N_A}{N_B}dt + \frac{K}{e}\int_{T_0}^{T} t\frac{dN_A}{N_A} - \frac{K}{e}\int_{T_0}^{T} t\frac{dN_B}{N_B} \qquad (4-4)$$

根据公式(4-2)有

$$E_B(T,T_0) - E_A(T,T_0) = \frac{K}{e}\int_{T_0}^{T} \frac{1}{N_B}d(N_B \cdot t) - \frac{K}{e}\int_{T_0}^{T} \frac{1}{N_A}d(N_A \cdot t)$$

$$= \frac{K}{e}\int_{T_0}^{T}\left(t \cdot \frac{dN_B}{N_B} + dt\right) - \int_{T_0}^{T}\left(t \cdot \frac{dN_A}{N_A} + dt\right)$$

$$= \frac{K}{e}\int_{T_0}^{T} t \cdot \frac{dN_B}{N_B} - \frac{K}{e}\int_{T_0}^{T} t \cdot \frac{dN_A}{N_A} \qquad (4-5)$$

将式(4-4)和式(4-5)代入式(4-3),则

$$E_{AB}(T,T_0) = \frac{K}{e}\int_{T_0}^{T} \ln\frac{N_A}{N_B}dt \qquad (4-6)$$

若材料 A 和 B 已定,则 N_A 和 N_B 只是温度的函数,式(4-6)可以表示为

$$E_{AB}(T,T_0) = f(T) - f(T_0) \qquad (4-7)$$

或写为摄氏度形式:$E_{AB}(t,t_0) = f(t) - f(t_0)$

分析式(4-6)和式(4-7)可以得到如下结论:

① 热电偶回路热电势的大小,只与组成热电偶的材料和材料两端连接点处的温度有关,与热电偶丝的直径、长度及沿程温度分布无关。

② 只有用两种不同性质的材料才能组成热电偶,相同材料组成的闭合回路不会产生热电势。

③ 热电偶的两个热电极材料确定之后,热电势的大小只与热电偶两端接点的温度有关。如果 T_0 已知且恒定,则 $f(T_0)$ 为常数。回路总热电势 $E_{AB}(T,T_0)$ 只是温度 T 的单值函数。

当热电偶被用于测量温度时,总是把两个接点之一放置于被测温度为 T 的介质中,人们在习惯上把这个接点称为热电偶的热端或测量端。让热电偶的另一接点处于已知恒定温度 T_0 条件下,此连接点称作热电偶的冷端或参比端。

国际实用温标 IPTS-68 规定热电偶的温度测值为摄氏温度 $t(℃)$,参比端温度定为 0℃。所以实用的热电势不再写 $E_{AB}(T,T_0)$,而是 $E_{AB}(t,t_0)$。如果 $t_0 = 0℃$ 时,则为 $E_{AB}(t,0)$ 可简写为 $E(t)$。除传递温标用的基准和标准热电偶采用二次方程式或更高次方程式描述热电势 $E(t)$ 和温度 t 的函数关系外,工程上所使用的各种类型的热电偶均把 $E(t)$ 和 t 的关系制成易于查找的表格形式,这种表格称为热电偶的分度表。

4.1.2 热电偶回路的性质

在实际测温时,热电偶回路中必然要引入测量热电势的显示仪表和连接导线,因此理解了热电偶的测温原理之后还要进一步掌握热电偶的一些基本规律,并能在实际测温中灵活而熟练地应用这些规律。

1. 均质材料定律

由一种均质材料组成的闭合回路,不论沿材料长度方向各处温度如何分布,回路中均不产生热电势。反之,如果回路中有热电势存在则材料必为非均质的。该规律在上述的

结论(2)中已由式(4-6)所证明。

这条规律还要求组成热电偶的两种材料 A 和 B 必须各自都是均质的,否则会由于沿热电偶长度方向存在温度梯度而产生附加电势,从而因热电偶材料不均匀性引入误差。因此在进行精密测量时要尽可能对热电极材料进行均匀性检验和退火处理。

2. 中间导体定律

在热电偶回路中插入第三种(或多种)均质材料,只要所插入的材料两端连接点温度相同,则所插入的第三种材料不影响原回路的热电势。

图 4-5 就是接入第三种均质材料的典型线路连接图。

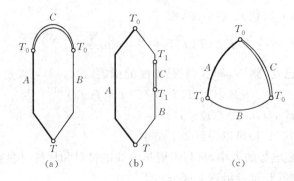

图 4-5 热电偶回路中接入第三种材料的接线图

图 4-5(a)所示是在热电偶 A,B 材料的参比端处接入第三种材料 C,且 A-C 和 B-C 的接点处温度均为 T_0,则其回路总热电势为

$$E_{ABC}(T,T_0) = E_{AB}(T) + E_B(T,T_0) + E_{BC}(T_0) + E_{CA}(T_0) + E_A(T_0,T)$$
$$= E_{AB}(T) + E_B(T,T_0) + E_{BC}(T_0) + E_{CA}(T_0) - E_A(T,T_0) \quad (4-8)$$

在进一步分析式(4-8)之前,先分析图 4-5(c)所示的特殊情况。图 4-5(c)中假定 A,B,C 三种材料的接点温度相同,设为 T_0,则

$$E_{ABC}(T_0) = E_{AB}(T_0) + E_{BC}(T_0) + E_{CA}(T_0)$$
$$= \frac{KT_0}{e}\left(\ln\frac{N_A(T_0)}{N_B(T_0)} + \ln\frac{N_B(T_0)}{N_C(T_0)} + \ln\frac{N_C(T_0)}{N_A(T_0)}\right) = 0$$

由此得知 $\quad\quad\quad E_{BC}(T_0) + E_{CA}(T_0) = -E_{AB}(T_0) \quad\quad\quad (4-9)$

将式(4-9)代入式(4-8),得

$$E_{ABC}(T,T_0) = E_{AB}(T) + E_B(T,T_0) - E_{AB}(T_0) - E_A(T,T_0)$$

将此式与式(4-3)比较后,可得

$$E_{ABC}(T,T_0) = E_{AB}(T,T_0) \quad\quad\quad (4-10)$$

从而证明了中间导体定律的结论。

图 4-5(b)所示的回路读者可以自己证明。中间导体定律可推广到热电偶回路中加入更多种均质材料的情况。

中间导体定律表明热电偶回路中可接入测量热电势的仪表。只要仪表处于稳定的环境温度,原热电偶回路的热电势将不受接入测量仪表的影响。同时该定律还表明热电偶的接点不仅可以焊接而成,也可以借用均质等温的导体加以连接。

3. 中间温度定律

两种不同材料 A 和 B 组成的热电偶回路,其接点温度分别为 t 和 t_0 时的热电势 $E_{AB}(t,t_0)$ 等于热电偶在连接点温度为 (t,t_n) 和 (t_n,t_0) 时相应的热电势 $E_{AB}(t,t_n)$ 和 $E_{AB}(t_n,t_0)$ 的代数和,其中 t_n 为中间温度,即

$$E_{AB}(t,t_0) = E_{AB}(t,t_n) + E_{AB}(T_n,t_0) \tag{4-11}$$

如图 4-6 所示。

证明中间温度定律很容易,只需将式(4-7)加 $f(t_n)$ 和减 $f(t_n)$ 即可证得。该定律说明当热电偶参比端温度 $t_0 \ne 0$℃时,只要能测得热电势 $E_{AB}(t,t_0)$,且 t_0 已知,仍可以采用热电偶分度表求得被测温度 t 值。若将 t_n 设为 0℃,式(4-11)化为

$$E_{AB}(t,t_0) = E_{AB}(t,0) + E_{AB}(0,t_0)$$
$$= E_{AB}(t,0) - E_{AB}(t_0,0)$$

则
$$E_{AB}(t,0) = E_{AB}(t,t_0) + E_{AB}(t_0,0) \tag{4-12}$$

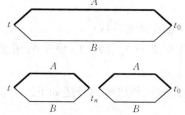

4-6 热电偶中间温度定律示意图

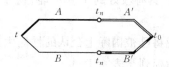

图 4-7 热电偶和连接导线示意图

4. 连接导体定律

在热电偶回路中,如果热电偶的电极材料 A 和 B 分别与连接导线 A' 和 B' 相连(如图 4-7 所示),各有关接点温度为 t,t_n 和 t_0,那么回路的总热电势等于热电偶两端处于 t 和 t_n 温度条件下的热电势 $E_{AB}(t,t_n)$ 与连接导线 A' 和 B' 两端处于 t_n 和 t_0 温度条件的热电势 $E_{A'B'}(t_n,t_0)$ 的代数和。

图 4-7 所示回路的总热电势应为

$$E_{ABB'A'}(t,t_n,t_0) = E_{AB}(t,t_n) + E_{A'B'}(t_n,t_0) \tag{4-13}$$

该式证明如下:

因为
$$E_{BB'}(T_n) + E_{A'A}(T_n) = \frac{KT_n}{e}\ln\frac{N_B}{N_{B'}} \cdot \frac{N_A}{N_{A'}}$$
$$= \frac{KT_n}{e}\left[\ln\frac{N_B}{N_{B'}} - \ln\frac{N_A}{N_{A'}}\right]$$
$$= E_{A'B'}(T_n) - E_{AB}(T_n)$$

即
$$E_{BB'}(t_n) + E_{A'A}(t_n) = E_{A'B'}(t_n) - E_{AB}(t_n)$$

又知
$$E_{B'A'}(t_0) = -E_{A'B'}(t_0)$$

所以
$$E_{ABB'A'}(t,t_n,t_0) = E_{AB}(t) + E_B(t,t_n) + E_{BB'}(t_n) + E_{B'}(t_n,t_0)$$
$$+ E_{B'A'}(t_0) + E_{A'}(t_0,t_n) + E_{A'A}(t_n) + E_A(t_n,t)$$
$$= E_{AB}(t) + E_{A'B'}(t_n) - E_{AB}(t_n) - E_{A'B'}(t_0)$$

$$-E_A(t,t_n)+E_B(t,t_n)-E_{A'}(t_n,t_0)+E_{B'}(t_n,t_0)$$
$$=[E_{AB}(t)-E_{AB}(t_n)-E_A(t,t_n)+E_B(t,t_n)]$$
$$+[E_{A'B'}(t_n)-E_{A'B'}(t_0)-E_{A'}(t_n,t_0)+E_{B'}(t_n,t_0)]$$
$$=E_{AB}(t,t_n)+E_{A'B'}(t_n,t_0) \tag{4-14}$$

中间温度定律和连接导体定律是工业热电偶测温中应用补偿导线的理论依据。

4.1.3 常用热电偶的材料、特点和结构

虽然任意两种导体或半导体材料都可以配对制成热电偶,但是作为实用的热电偶测温元件,对材料的要求却是多方面的。

① 两种材料所组成的热电偶应输出较大的热电势,以得到较高的灵敏度,且要求热电势 $E(t)$ 和温度 t 之间尽可能地呈线性函数关系;

② 能应用于较宽的温度范围,物理化学性能、热电特性都较稳定。即要求有较好的耐热性、抗氧化、抗还原、抗腐蚀等性能;

③ 要求热电偶材料有较高的导电率和较低的电阻温度系数;

④ 具有较好的工艺性能,便于成批生产。具有满意的复现性,便于采用统一的分度表。

现将已被国际上公认的性能优良的和用量最大的几种热电偶分述如下。有关它们的技术指标列于表 4-1。

1. 铂铑$_{10}$-铂热电偶

这是一种贵金属热电偶。常用金属丝的直径为 0.35~0.5mm。特殊使用条件下可用更细直径的。

铂铑$_{10}$-铂热电偶的特点是精度高,物理化学性能稳定,测温上限高,短期使用温度可高达 1600℃。适于在氧化或中性气氛介质中使用。但在高温还原介质中容易被侵蚀和污染。另外,它的热电势较小,灵敏度较低,价格昂贵。它不仅可用于工业和实验室测温,还可以作为传递国际实用温标的各等级标准热电偶。

铂铑$_{10}$-铂热电偶的分度号为 S。其分度表见本章末附表 4-1。本表为粗略的分度表,如需精细的分度值,请查相关手册。

2. 铂铑$_{30}$-铂铑$_6$热电偶

是一种贵金属热电偶,热电偶丝直径为 0.3~0.5mm,其显著特点是测温上限短时间内可达 1800℃。测量精度高,适于在氧化或中性气氛中使用。但不宜在还原气氛中使用,灵敏度较低,价格昂贵。它的分度号为 B。其分度表可查阅相关手册。

3. 镍铬-镍硅热电偶

镍铬-镍硅热电偶是一种贱金属热电偶,金属丝直径范围较大,工业应用一般为 0.5~3mm。实验研究使用时,根据需要可以拉延至更细的直径。这种热电偶的特点是价格低廉、灵敏度高、复现性较好、高温下抗氧化能力强,是工业中和实验室里大量采用的一种热电偶。但在还原性介质或含硫化物气氛中易被侵蚀。镍铬-镍硅热电偶的分度号为 K。其粗略的分度表见本章末附表 4-2。

表 4-1 常用热电偶简要技术数据

热电偶名称	分度号	热电极材料				100℃时的热电势/mV	使用温度/℃		允许误差		允许误差/℃	等级
		极性	识别	化学成分(名义)	20℃时的电阻系数/Ω·mm²/m		长期	短期	温度/℃	允许误差/℃		
铂铑₁₀-铂	S	正	稍硬	Pt:90%, Rh:10%	0.25	0.645	1300	1600	0~1100	±1	1100~1600	±[1+(t−1100)×0.003]	I
		负	柔软	Pt:100%	0.13				0~600	±1.5	600~1600	±0.25%	II
镍铬-镍硅	K	正	不亲磁	Ni:90%, Cr:9%~10%	0.7	4.095	1100	1300	0~400	±1.6	400~1100	±0.4%	I
		负	稍亲磁	Ni:97%, Si:2%~3%, Co:0.4%~0.7%, Si:0.4%, Mn, Co	0.23				0~400	±3	400~1300	±0.75%	II
镍铬-康铜	E	正	色暗	同K正极	0.7	6.317	600	800	0~400	±4	400~800	±1%	II
		负	银白色	Ni:40%, Cu:60%	0.49								
铂铑₃₀-铂铑₆	B	正	较硬	Pt:70%, Rh:30%	0.25	0.033	1600	1800	600~800	±4	600~1700	±0.25%	II
		负	较软	Pt:94%, Rh:6%	0.23						800~1700	±0.5%	III
铜-康铜	T	正	红色	Cu:100%	0.017	4.277	350	400			−40~350	±0.5或±0.4%t	I
		负	银白色	Cu:60%, Ni:40%	0.49						−40~350	±1或±0.75%t	II
											−200~40	±1或±1.5%t	III

4. 铜-康铜

它是一种贱金属热电偶,常用热电偶丝直径为 0.2～1.6mm。适用于－200～400℃ 范围内测温。测量精度高,稳定性好,低温时灵敏度高,价格低廉。其分度号为 T。其分度表可查阅相关手册。

5. 镍铬-康铜热电偶

镍铬-康铜热电偶也属贱金属热电偶,工业用热电偶丝直径一般为 0.5～3mm。实验室用时可根据测量对象的要求采用更细的直径。

在常用的几种热电偶中以镍铬-康铜热电偶的灵敏度最高,价格最为便宜。在我国,它将取代目前在工业和实验室中应用广泛的镍铬-考铜热电偶。但其抗氧化及抗硫化物介质的能力较差,适于在中性或还原性气氛中使用。它的分度号为 E。其分度表可查阅相关手册。

上述 5 种热电偶正式列为国家正式产品。其中镍铬-康铜热电偶国内应用尚少,因为我国过去不采用镍铬-康铜而采用镍铬-考铜热电偶。另外,铁-康铜热电偶(分度号 J)和铂铑$_{13}$-铂热电偶(分度号 R)也将会广泛被采用。

随着现代科学技术的发展,大量的非标准化热电偶也得到迅速发展以满足某些特殊测温要求。例如钨铼$_5$-钨铼$_{20}$可以测到 2400～2800℃ 高温,在 2000℃ 时的热电势接近 30mV,精度达 1%t,但它在高温下易氧化,只能用于真空和惰性气氛中。铱铑$_{40}$-铱热电偶是当前唯一能在氧化气氛中测到 2000℃ 高温的热电偶,因此成为宇航火箭技术中的重要测温工具,在 2000℃ 时的热电势为 10.753mV。镍铬-金铁是一种较为理想的低温热电偶,可在 2～273K 范围内使用,热电势率为 13～22μV/℃。世界各国使用的热电偶有 40～50 种,可查阅有关专著。

图 4-8 所示是一支典型工业用热电偶结构图。它由热电极、绝缘套管、保护套管以及引线盒等组成。其绝缘套管大多为氧化铝或工业陶瓷管。保护套管则根据测温条件来确定,测量 1000℃ 以下的温度一般用金属套管,测 1000℃ 以上的温度则多用工业陶瓷甚至氧化铝保护套管。科学研究中所使用的热电偶多用细热电极丝自制而成,有时不用保护套管以减少热惯性,提高测量精度。

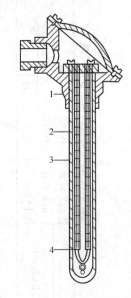

图 4-8 工业热电偶结构图
1—接线盒; 2—保护套管;
3—绝缘套管; 4—热电偶丝

为满足科学实验的需要,两种特殊结构的热电偶也被广泛应用于实验室:

1. 铠装式热电偶

由于某些实验研究的需要,要求热电偶小型化和灵活,即具有惯性小、性能稳定、结构紧凑、牢固、抗震、可挠等特点。铠装热电偶能较好地满足这些要求。它的结构形式如图 4-9 所示。由热电极、耐高温的金属氧化物粉末(如 Al_2O_3)、不锈钢套管三者一起经拉细而组成一体,外直径从 0.25～12mm 不等。其长度则可根据使用需要自由截取。

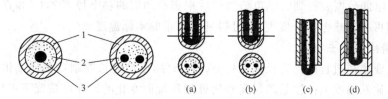

图 4-9 铠装式热电偶断面结构图
（a）碰底型； （b）不碰底型； （c）露头型； （d）帽型
1—金属套管； 2—绝缘材料； 3—热电极

2. 薄膜式热电偶

采用真空蒸镀或化学涂层等制造工艺将两种热电极材料蒸镀到绝缘基板上,形成薄膜状热电偶,其热端接点极薄,约 $0.01\sim 0.1\mu m$。它适于壁面温度的快速测量。基板由云母或浸渍酚醛塑料片等材料做成。热电极有镍铬-镍硅、铜-康铜等。测温范围一般在 300℃ 以下。使用时用粘结剂将基片粘附在被测物体表面上。反应时间约为数毫秒。我国制成的薄膜热电偶形状如图 4-10 所示。基板尺寸为 $60mm\times 6mm\times 0.2mm$。

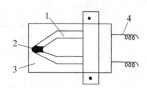

图 4-10 薄膜式热电偶示意图
1—热电极； 2—热接点； 3—绝缘基板；
4—引出线

4.1.4 热电偶的参比端(冷端)处理

式(4-7)是热电偶测温原理的基本方程式,它说明对于一定的热电偶材料 A 和 B,热电势只与两个连接点的温度 t 和 t_0 有关。只有当参比端温度 t_0 稳定不变且已知时,才能得到热电势 E 和被测温度 t 的单值函数关系。此外,前面已说明,实际使用的热电偶分度表中热电势和温度的对应值是以 $t_0=0℃$ 为基础的,但在实际测温中参比端温度 t_0 往往不稳定,也不一定恰好等于 0℃,这就需要对热电偶的参比端温度进行处理。

1. 冰点法

这是一种精度最高的处理办法,可以使 t_0 稳定地维持在 0℃。其实施办法是将纯净的白雪或碎冰和纯水的混合物放在保温瓶中,再把细玻璃试管插入冰水混合物中,在试管底部注入适量的油类或水银,热电偶的参比端就插到试管底部,实现了 $t_0=0℃$ 的要求,如图 4-11。

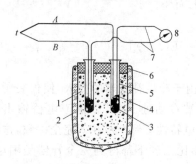

图 4-11 冰点槽
1—冰水混合物； 2—保温瓶； 3—油类或水银；
4—蒸馏水； 5—试管； 6—盖； 7—铜导线；
8—热电势测量仪表

2. 热电势修正法

在没有条件实现冰点法时,可以设法把参比端置于已知的恒温条件,得到稳定的 t_0,根据中间温度定律公式(4-12)

$$E(t,0) = E(t,t_0) + E(t_0,0)$$

式中 $E(t_0,0)$ 是根据参比端所处的已知稳定温

度 t_0 去查热电偶分度表得到的热电势。然后根据所测得的热电势 $E(t,t_0)$ 和查到的 $E(t_0,0)$ 二者之和再去查热电偶分度表,即可得到被测量的实际温度 t。

3. 冷端补偿器法

很多工业生产过程既没有长期保持0℃的条件,也没有长期维持参比端恒温的条件,热电偶的参比端温度 t_0 往往是随时间和所处的环境而变化的。在此情况下可以采用冷端补偿器来自动补偿 t_0 的变化。图4-12是热电偶回路接入补偿器的示意图。

冷端补偿器是一个不平衡电桥,桥臂 $R_1=R_2=R_3=1\Omega$,采用锰铜丝无感绕制,其电阻温度系数趋于零。桥臂 R_4 用铜丝无感绕制,其电阻温度系数约为 $4.3\times10^{-3}℃^{-1}$,当温度为0℃时 $R_4=1\Omega$。R_g 为限流电阻,配用不同分度号热电偶时 R_g 作为调整补偿器供电电流之用。桥路供电电压为直流电,大小为4V。

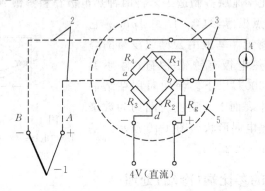

图4-12 冷端补偿器接入热电偶回路

1—热电偶; 2—补偿导线; 3—铜导线; 4—指示仪表; 5—冷端补偿器

当热电偶参比端和补偿器的温度 $t_0=0℃$ 时,补偿器桥路四臂电阻 $R_1\sim R_4$ 均为 1Ω,电桥处于平衡状态,桥路输出端电压 $U_{ba}=0$,指示仪表所测得的总电势为

$$E = E(t,t_0) + U_{ba} = E(t,0)$$

当 t_0 随环境温度增高时,R_4 增大,则 a 点电位降低,使 U_{ba} 增加。同时由于 t_0 增高,$E(t,t_0)$ 将减小。通过合理设计计算桥路的限流电阻 R_g,使 U_{ba} 的增加值恰等于 $[E(t,0)-E(t,t_0)]$,那么指示仪表所测得的总电势将不随 t_0 而变。

$$\begin{aligned}E &= E(t,t_0) + U_{ba} \\ &= E(t,t_0) + [E(t,0) - E(t,t_0)] \\ &= E(t,0)\end{aligned}$$

该式说明当热电偶参比端温度 t_0 发生变化时,由于冷端补偿器的接入,使仪表所指示的总电势 E 仍保持为 $E(t,0)$,相当于热电偶参比端自动处于0℃。由于电桥输出电压 U_{ba} 随温度变化的特性为 $U_{ba}=\Phi(t)$,与热电偶的热电特性 $E=f(t)$ 并不完全一致,这就使得具有冷端补偿器的热电偶回路的热电势在任一参比温度下都得到完全补偿是困难的。实际上只有在平衡点温度和计算点温度下可以得到完全补偿。所谓平衡点温度,即上面所提及的 $R_1\sim R_4$ 均相等且为 1Ω 时的温度点;所谓计算点温度是指在设计计算电桥时选定的温度点,在这一温度点上,桥路的输出端电压恰好补偿了该型号热电偶参比端温度偏离平衡点温度而产生的热电势变化量。除了平衡点和计算点温度外,在其他各参比端温度值时只能得到近似的补偿。因此采用冷端补偿器作为参比端温度的处理方法会带来一定的附加误差。不过这个误差是限制在一般工业温度测量所允许的误差范围之内的。我国工业用的冷端补偿器有两种参数：一种是平衡点温度定为0℃；另一种是定为20℃。它们的计算点温度均为40℃。特别是在选用平衡点为20℃的补偿器时,动圈式温度指示仪指针的初始位置应调整在20℃的刻度线上。

4. 补偿导线法

生产过程用的热电偶一般直径和长度一定,结构固定。而在生产现场又往往需要把热电偶的参比端移到离被测介质较远且温度比较稳定的场合,以免参比端温度受到被测介质的热干扰。于是采用补偿导线代替部分热电偶丝作为热电偶的延长。补偿导线的热电特性在0~100℃范围内应与所取代的热电偶丝的热电特性基本一致,且电阻率低,价格也必须比主热电偶丝便宜。对于贵金属热电偶而言这一点显得更为重要。使用补偿导线法的连接方式如图4-13。

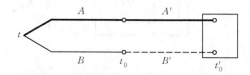

图 4-13 热电偶与补偿导线接线图

从图 4-13 可知,由于引入了补偿导线 A' 和 B' 之后,参比端温度由 t_0 变为 t'_0,根据连接导体定律,回路总热电势为

$$E = E_{AB}(t,t_0) + E_{A'B'}(t_0,t'_0)$$

已经规定补偿导线在0~100℃范围内

$$E_{AB}(t_0,t'_0) = E_{A'B'}(t_0,t'_0)$$

那么
$$E = E_{AB}(t,t'_0)$$

这相当于把热电偶的参比端迁移到温度为 t'_0 处,然后可再接入冷端补偿器或其他所需仪器。表 4-2 给出了几种常用热电偶的补偿导线特性。

表 4-2 常用的热电偶补偿导线技术数据

热 电 偶	配用的补偿导线					
	材　料		绝缘层着色标志		$E(100,0)$ /mV	20℃电阻率不大于 /$\Omega \cdot mm^2/m$
	正极	负极	正极	负极		
铂铑$_{10}$-铂	铜	铜镍	红	绿	0.643±0.023	0.0484
镍铬-镍硅	铜	康铜	红	棕	4.10±0.15	0.634
镍铬-康铜	镍铬	康铜	紫	棕	6.32±0.3	1.19

4.1.5　热电势的测量

根据热电偶的测温原理,当参比端温度一定时,热电偶回路的热电势只是被测温度的单值函数。因此可以在回路中加入热电势的测量仪表,通过测量热电偶回路的热电势来得到被测温度值。常用的测量热电势的仪表有动圈式仪表、手动电位差计、自动电子电位差计和数字式电压表等。

1. 动圈式温度指示仪

这是一种直接变换式仪表,变换信号所需的能量是由热电偶产生的热电势供给的。输出信号是仪表指针相对于标尺的位置。国产动圈式温度指示仪的典型型号是XCZ－101,其工作原理如图4-14所示。

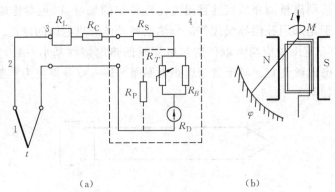

图 4-14　XCZ－101 动圈式温度指示仪原理图
(a) 温度指示仪内部线路;　(b) 磁电仪表原理图
1—热电偶;　2—补偿导线;　3—冷端补偿器;　4—XCZ－101 内部线路

图 4-14(a)虚线框内是 XCZ－101 仪表内部测量部分,其中 R_D 是一种测量微安级电流的磁电式指示仪表。热电偶经过补偿导线、冷端补偿器和外部调整电阻 R_C 再与温度指示仪相连接。

图 4-14(b)是磁电式指示仪表的基本原理图。当给处于均匀恒定磁场中的线圈通以电流 I 时,线圈将产生转动力矩 M,在线圈几何尺寸和匝数已定的条件下,M 只与流过线圈的电流大小成正比

$$M = KI \tag{4-15}$$

式中　K 为比例常数。该力矩 M 促使线圈绕中心轴转动。线圈转动时,支持线圈的张丝便产生反力矩 M_n,其大小与动圈的偏转角 φ 成正比。

$$M_n = W \cdot \varphi \tag{4-16}$$

式中　W 为比例常数,相当于张丝转动单位角度时所产生的力矩。其值由张丝材料性质、几何尺寸等所决定。

当两力矩 M 和 M_n 平衡时,动圈停止在某一位置上,此时动圈的偏转角为

$$\varphi = \frac{K}{W} \cdot I = CI \tag{4-17}$$

式中　C 是仪表灵敏度。显然动圈偏转角与流过动圈的电流具有单值正比关系。

从图4-14(a)中可以看出流过仪表的电流为

$$I = \frac{E_t}{\sum R} \tag{4-18}$$

式中 E_t 为回路的热电势;ΣR 为回路的总电阻值。

可见只有在 ΣR 一定时,动圈偏转角 φ 才能正确地反映热电势的值。因此保持回路总电阻恒定或基本不变是保证测温精度的关键。而 $\Sigma R=R_N+R_E$,其中 R_N 是仪表内部等效电阻,R_E 是仪表外部电阻。

(1) 仪表外部电阻 R_E

包括热电偶、补偿导线和连接导线电阻 R_2、冷端补偿器等效电阻 R_L 以及外接调整电阻 R_C。其中 R_C 系采用锰钢丝绕制,调整 R_C 使得外部电阻 R_E 等于仪表设计时的规定值(我国规定 $R_E=15\Omega$ 或 5Ω)。除 R_C 外,R_E 中的其他各电阻值均随周围环境温度的变化而有微小变化,很难做到有效的补偿,因此还会带来一定的测量误差。

(2) 仪表内部电阻 R_N

包括串联调整电阻 R_S,动圈电阻 R_D,温度补偿电阻 R_B 和 R_T。调整 R_S 的大小可以改变仪表的量程。只要所配用的热电偶型号和测温范围已定,仪表在出厂时 R_S 就被确定。R_D 是用细铜丝绕制成的线框,电阻值随仪表所处的环境温度而近似呈线性变化。为保证 R_N 尽可能恒定以减少测温误差,必须采取适当的温度补偿措施,为此串接以 $R_B//R_T$ 的温度补偿回路。R_B 是锰铜丝无感绕制,R_T 为具有负温度系数的热敏电阻。R_B 和 R_T 的并联等效电阻为 R_K。从图 4-15 可以看出 $(R_D+R_B//R_T)$ 的等效电阻 R 随环境温度变化甚微。

国产 XCZ-101 动圈式测温仪表典型线路的电阻值为:$R_S=200\sim1000\Omega$,根据热电偶型号和测温范围而定;$R_D=80\Omega$;$R_B=50\Omega$;$R_T(20)=68\Omega$;$R_P=600\Omega$ 是仪表阻尼电阻,用以改善仪表阻尼特性。

该仪表精度等级为一级。可以一支热电偶配用一台动圈测温仪表,也可以几支热电偶通过切换开关共同配用一台动圈测温仪表,图 4-16 表示出接线方式的一种。

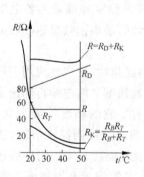

图 4-15 对环境温度进行补偿的曲线

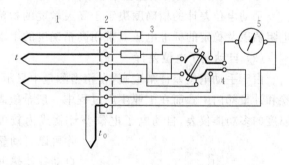

图 4-16 多支热电偶共用一台动圈仪表
1—热电偶及补偿导线; 2—接线箱; 3—铜导线及线路电阻;
4—切换开关; 5—动圈式温度指示仪

2. 直流电位差计

用动圈式测温仪表测量热电势虽然比较方便,但因有电流流过总回路,会因回路电阻变化而给测温带来误差。又由于机械方面和电磁方面的因素很难进一步提高测量精度。因此在高精度温度测量中常用直流电位差计测量热电势。

用电位差计测量是按随动平衡方式工作,采用把被测量与已知标准量比较后的差值调至零差的测量法,所以当电位差计处于静态平衡时热电偶回路没有电流,因而对测量回路中的电阻值变化没有严格的要求。

(1) 手动电位差计

这是一种带积分环节的仪器,因此具有无差特性,这就决定了它可以具有很高的精确度。工作原理示于图 4-17。

图中的直流工作电源 E_B 是干电池或直流稳压电源。标准电压 E_N 是标准电池。图中共有三个回路:(A) 由 E_B,R_S,R_N 和 R_{ABC} 所组成的工作电流回路,回路的电流为 I。(B) 由 E_N,R_N 和检流计 G 所组成的校准回路,其功能是调整工作电流 I 维持设计时所规定的电流值。(C) 由 E_t,R_{AB} 和 G 组成的测量回路。

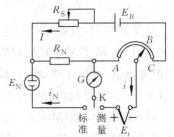

图 4-17 手动电位差计原理图

当开关 K 置向"标准"位置时,校准回路工作,其电压方程为

$$E_N - IR_N = i_N(R_N + R_G + R_{EN}) \tag{4-19}$$

式中 R_G 为检流计的内阻;R_{EN} 是标准电池 E_N 的内阻;i_N 是校准回路电流。调整 R_S 以改变工作电流回路的工作电流 I,当 $E_N = IR_N$ 时,则 $i_N = 0$,检流计 G 指零,此时 I 就是电位差计所要求的工作电流值。

当开关 K 置向"测量"位置时,测量回路工作,其电压方程为

$$E_t - IR_{AB} = i(R_{AB} + R_G + R_E) \tag{4-20}$$

式中 R_E 为热电偶及连接导线的电阻;i 为测量回路电流。移动电阻 R_{ABC} 的滑动点 B 使检流计指零,则 $i=0$,$E_t = IR_{AB}$。由于 I 已是精确的工作电流值,同时 R_{AB} 也由刻度盘上精确地可知,所以 E_t 的测量值也就相当精确地知道了。

手动电位差计的精确度决定于高灵敏度的检流计、仪表内稳定和准确的各电阻器的电阻值以及稳定的标准电压。常用高精确度的手动电位差计的最小读数可达 $0.01\mu V$。

(2) 自动电子电位差计

由于手动电位差计精度高,在精密测量中显示出很大的优越性,被广泛应用于科学实验和计量部门中。而在工业生产过程中一般希望既具有较高精度又能连续自动记录被测温度的多功能仪表,自动电子电位差计就成为较理想的一种。它的精度等级为 0.5 级,除可以自动显示和自动记录被测温度值外,还可以自动补偿热电偶的参比端温度。增加附件后还能增加参数超限自动报警、多笔记录和对被测参数进行自动控制等多种功能。

自动电子电位差计的基本工作原理如图 4-18 所示。它的工作电流回路和测量回路可以和手动电位差计类比,只是去掉了检流计,而用电子放大器对微小的不平衡电压进行放大,然后驱动可逆电动机通过一套机械装置自动进行电压平衡的操作,以最终消除不平衡电压的存在。因此它也是一种带积分

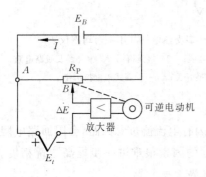

图 4-18 自动电子电位差计原理图

环节具有无差特性的仪表。

图 4-18 中的 E_B 为稳压电源,恒值电流 I 流过电阻 R_P。若 R_P 上的分压 $U_{AB}=E_t$,则电子放大器的输入偏差电压 $\Delta E=E_t-U_{AB}=0$,R_P 上的滑动点 B 的位置反映了被测值 E_t 的大小。若 $U_{AB}\neq E_t$,则电子放大器的输入偏差电压 $\Delta E\neq 0$,经放大后能有足够的功率去驱动可逆电动机,并根据 $\Delta E>0$ 或 $\Delta E<0$ 做正向或反向转动。经机械系统带动 R_P 的滑点 B 或左或右方向移动,直到 E_t 和 U_{AB} 相平衡,即 $\Delta E=0$ 时为止。

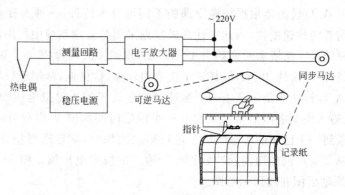

图 4-19　XWD 系列自动电子电位差计原理框图

国产典型的 XWD 系列小型自动电子电位差计的原理框图示于图 4-19。它主要由测量回路、晶体管电子放大器、可逆电动机、指示和记录机构组成。同步电动机可通过减速机构带动记录纸按所设定的速度移动。

测量回路是采用电桥对角电压和被测热电势平衡原理。如图 4-20 所示。

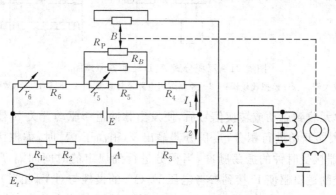

图 4-20　电子电位差计的测量回路

测量回路采用的稳压电源 E 为直流 1V,上支路电流 $I_1=4$mA,下支路电流 $I_2=2$mA。R_4 是上支路限流电阻,R_5 是量程电阻,r_5 是量程微调电阻,R_6 是起始电阻,r_6 是起始微调电阻。改变 R_5 的值,仪表量程范围可以改变;而改变 R_6 的值,则仪表的起始值发生变化。R_P 为滑线电阻,它与工艺电阻 R_B 并联后的电阻值为 $90\pm 0.1\Omega$。下支路是为了解决双向测量而设置的,即不论输入信号 E_t 是正还是负,只要下支路限流电阻 R_3 和 R_2 调整得合适都可以进行测量。R_L 是用铜丝绕制的冷端补偿电阻,其阻值根据测温热电偶的型号而定。因此使用电子电位差计时,如果热电偶的分度号和电子电位差计的分度号一致,则只需把热电偶直接接入或用补偿导线接入仪表内,R_L电阻将自动对冷端温度进行补偿。

3. 数字式电压表

热电偶所配用的数字式电压表基本原理是把被测模拟电压量转换为二进位制的数字量,再用数码显示器按十进位制数码显示出来。其核心部件是模-数转换器,简写为 A/D 转换器。

比较适用的 A/D 转换器根据转换原理的不同可分为两种:一种为逐步逼近式;一种为双积分式。前者转换速度快,因此在计算机数据采集与处理系统中所用的 A/D 转换器多属此类。它每转换一次所需时间约为 $1\sim100\mu s$,最通用的约为 $25\mu s$。双积分式虽然转换速度较慢,每转换一次约 30ms,但其抗干扰能力较强,价格低,常用于数字电压表中。

双积分式 A/D 转换器是用产生一个脉冲宽度正比于输入模拟电压的脉冲宽度的调制原理进行的:输入模拟电压信号第一次在一个固定时间间隔 T 内积分,然后把积分电路的输入端导通到一个已知的参考电压上进行第二次积分,从导通到积分输出达到规定值所需时间间隔 T_x,T_x 内的振荡脉冲数正比于输入的模拟电压值。图 4-21 为双积分式 A/D 转换器的原理框图和波形示意图。

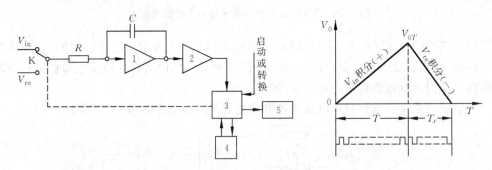

图 4-21 双积分式 A/D 转换器原理图

1—积分放大器; 2—模拟比较器; 3—控制逻辑电路及计数器; 4—时钟; 5—数码显示器

控制逻辑单元收到启动或转换信号后,便发出脉冲指令驱动开关 K 使输入模拟电压 V_{in} 接通积分放大器开始进行积分,当积分器输出 V_0 稍高于 0V 时,模拟比较器输出改变状态,触发计数器接受时钟的振荡脉冲,当积分进行到规定的时间间隔 T 时恰好计数器全置"1",此时控制逻辑驱使 K 接到参考电压 V_{re}(V_{re} 的极性与对 V_{in} 相反),于是积分器的输出电压直线下降到 0V,当电压越过 0V 时,比较器输出又改变状态,计数器停止计数,这是第二次积分过程,时间间隔为 T_x。

从图 4-21 上的波形图可以看出,在 T 时刻终点积分器输出电压 V_{0T} 为

$$V_{0T} = \frac{1}{RC}\int_0^T V_{in} dt = \frac{TV_{in}}{RC} \tag{4-21}$$

在 T_x 时间间隔,积分器的输出由 V_{0T} 降为 0:

$$\frac{1}{RC}\int_0^{T_x} V_{re} dt = \frac{T_x V_{re}}{RC} \tag{4-22}$$

比较式(4-21)和式(4-22)可知:

$$T_x = \frac{V_{in}}{V_{re}}T \qquad (4\text{-}23)$$

由于 T 是计数器由全"0"到全"1"所需时间,因此在时钟振荡频率固定条件下,T 是一个固定量;V_{re} 也是定值。所以时间脉冲宽度 T_x 正比于模拟输入电压 V_{in}。即在第二次积分过程时间内计数器所记录的时钟振荡器脉冲数代表了被测的输入电压值。然后由数字显示器显示出来。从理论分析可知这种双积分式 A/D 转换器不受电容值和时钟频率的影响,因为它们对向上积分和向下积分具有同样的影响。

应该指出,这里所介绍的数字式电压表是一种很通用的仪表,是数字式仪表的基础。数字式电流表、电阻表和数字式万用表的核心部分仍为数字式电压表,只不过是在测量电流时,先将被测电流流经一个已知的标准电阻,使转换成电压值;测量电阻时,利用仪表内附加的恒流源,恒流电流通过被测电阻值仍转换成电压值。

4.1.6 热电偶的校验与分度

热电偶经过一段时间使用之后,由于氧化、腐蚀、还原、高温下再结晶等因素的影响,使它与原分度值或与标准分度表的偏离越来越大,以至产生较大误差,精确度下降。因此对热电偶需定期校验以监视其热电特性的变化,保持其准确性。在科学实验中,有时为了提高测量的准确度,热电偶在初次使用前也需要进行单独分度。从方法上讲校验和分度的作用是一样的。但从概念上讲校验是指对热电偶热电势和温度的已知关系进行校核,检查其误差大小;而分度则是确定热电势和温度的对应关系。

热电偶的校验或分度是一项重要而细致的工作。根据国际实用温标 IPTS-68 规定,除标准铂铑$_{10}$-铂热电偶必须进行三点(金、银、锌的凝固点温度)分度外,其余各种实用性热电偶均必须在表 4-3 所列的温度点进行比较式校验。

表 4-3 热电偶校验温度点

分度号	热电偶材料	校验温度点/℃
S	铂铑$_{10}$-铂	600,800,1000,1200
K	镍铬-镍硅	400,600,800,1000
E	镍铬-康铜	300,400,500,600

如图 4-22 所示,比较式校验设备由交流稳压电源、调压器、管式电炉、冰点槽、切换开关、直流电位差计和标准热电偶等组成。

管式电炉用电阻丝作加热元件,炉体长度为 600mm,中部应有长度不小于 100mm 的恒温段。电位差计的精度等级不劣于 0.03 级。

校验的基本方法是把标准热电偶与被校验热电偶的测量端置于管式电炉内的恒温段,参比端置于冰点槽内以保持 0℃。用电位差计测量各热电偶的热电势,然后比较其结果,以确定被校验热电偶的误差范围或确定其热电特性。

校验时应注意:① 用调压器调节电炉的加热温度时,应使其稳定在如表 4-3 所列各校验温度点±10℃范围内;在读取热电势数值过程中炉温变化不得超过 0.2℃;每个校验

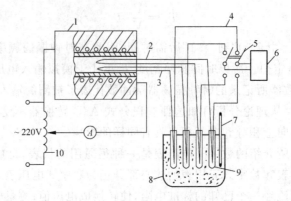

图 4-22 热电偶比较式校验系统
1—管式电炉； 2—被校热电偶； 3—标准热电偶；
4—铜导线； 5—切换开关； 6—直流电位差计；
7—玻璃温度计； 8—冰点槽； 9—试管； 10—稳压电源和调压器

温度点的读数不得少于 4 次。② 冰点槽内必须是均匀的纯净冰水混合物,保持 0℃；热电偶参比端必须插入冰点槽的中部,且相互绝缘。③ 被校验热电偶若是铂铑-铂材料,校验前要进行退火和清洗处理,然后才允许将测量端裸露与标准铂铑-铂热电偶测量端靠近。被校验热电偶若为贱金属材料时,则应用封头细套管保护标准热电偶,以免其被污染。被校验贱金属热电偶的测量端可紧靠在封头套管的外部顶端。④ 同时被校验的热电偶可以有多支,读数顺序是标准热电偶→1 号被校验热电偶→2 号被校热电偶→…→N 号被校验热电偶；再从 N 号被校热电偶反序读数→…→标准热电偶。如此正反顺序多次读取数据,然后进行数据整理和误差分析。

4.1.7 热电偶测温系统的误差分析

如果由热电偶、补偿导线、冷端补偿器、动圈式温度指示仪等组成如图 4-23 所示的测温系统,那么该测量系统会有多大的测量误差呢？

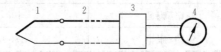

图 4-23 热电偶与动圈指温仪系统图
1—热电偶； 2—补偿导线； 3—冷端补偿器；
4—动圈式温度指示仪

1. 分度误差 Δ_1

任何一种热电偶的通用分度表都是统计结果,某一具体热电偶的数据与通用分度表会存在一定偏差 Δ_1,参看表 4-1。例如铂铑-铂热电偶在 600℃ 以上使用时允许偏差为 $\pm 0.25\% t$；镍铬-镍硅热电偶为 $\pm 0.75\% t$。

2. 补偿导线误差 Δ_2

多数热电偶的补偿导线材料并非热电偶本体材料,因此存在误差。参看表 4-2。对于铂铑-铂热电偶在0～100℃补偿范围内,误差为±0.023mV;对于镍铬-镍硅热电偶为±0.15mV;镍铬-康铜热电偶为±0.30mV。

3. 冷端补偿器误差 Δ_3

除平衡点和计算点两个温度值得以完全补偿外,冷端补偿器在其他各温度值均不能完全得到补偿,其偏差如下:铂铑-铂热电偶为±0.04mV;镍铬-镍硅热电偶为±0.16mV;镍铬-康铜热电偶为±0.18mV。

4. 显示仪表误差 Δ_4

该误差由仪表的精度等级所决定。对 XCZ—101 动圈式温度指示仪为满量程的±1%。

例：若采用镍铬-镍硅热电偶按图 4-23 组成测温系统。XCZ—101 的量程为 0～1000℃,被测温度在显示仪表上的示值为 800℃。根据以上分析,总误差 Δ 由各项误差组成,其值为:

$$\Delta = \pm\sqrt{6^2 + 3.7^2 + 3.9^2 + 10^2} = \pm 13℃$$

4.2 热电阻测温

4.2.1 热电阻测温原理及特点

可利用某些导体或半导体材料的电阻值随温度变化的性质来做成温度测量敏感元件,即热电阻温度计或半导体热敏电阻温度计。

大多数金属导体的电阻值 R_t 与温度 t(℃)的关系可表示为

$$R_t = R_0(1 + At + Bt^2 + Ct^3) \tag{4-24}$$

式中 R_0 是0℃条件下的电阻值;A,B,C 是与金属材料有关的常数。

大多数半导体材料可具有负温度系数,其电阻值 R_T 与热力学温度 T(K)的关系为

$$R_T = R_{T0}\exp B[(1/T) - (1/T_0)] \tag{4-25}$$

式中 R_{T0} 是热力学温度为 T_0(K)时的电阻值;B 是与半导体材料有关的常数。

根据ITS—90国际温标的规定,13.81K～961.78℃的标准仪器是铂电阻温度计。工业中在－200～500℃的低温和中温范围内同样广泛使用热电阻来测量温度。在实验研究工作中,近几年来碳电阻可以用来测量 1K 的超低温。高温铂电阻温度计上限可达1000℃,但工业中很少应用。

用于测温的热电阻材料应满足下述要求：① 在测温范围内化学和物理性能稳定；② 复现性好；③ 电阻温度系数大,可以得到高灵敏度元件；④ 电阻率大,可以得到小体积元件；⑤ 电阻温度特性尽可能接近线性；⑥ 价格低廉。

已被采用的热电阻和半导体电阻温度计有下特点：① 在中、低温范围内其精度高于热电偶温度计；② 灵敏度高。当温度升高1℃时,大多数金属材料热电阻的阻值增加0.4%～0.6%,半导体材料的阻值则降低3%～6%；③ 热电阻感温部分体积比热电偶的热接点大得多,因此不宜测量点温度和动态温度。而半导体热敏电阻体积虽小,但稳定性和复现性较差。

4.2.2 常用的热电阻元件

1. 铂热电阻

采用高纯度铂丝绕制成的铂电阻具有测温精度高、性能稳定、复现性好、抗氧化强等优点,因此在基准、标准、实验室和工业中铂电阻元件被广泛应用。但其在高温下容易被还原性气氛所污染,使铂丝变脆,改变其电阻温度特性,所以须用套管保护方可使用。

绕制铂电阻感温元件的铂丝纯度是决定温度计精度的关键。铂丝纯度愈高其稳定性愈高、复现性愈好、测温精度也愈高。铂丝纯度常用 R_{100}/R_0 表示,R_{100} 和 R_0 分别表示 100℃和0℃条件下的电阻值。对于标准铂电阻温度计,规定 R_{100}/R_0 不小于 1.3925;对于工业用铂电阻温度计,R_{100}/R_0 为 1.391。

标准或实验室用的铂电阻 R_0 为 10Ω 或 30Ω 左右。国产工业铂电阻温度计主要有 3 种,分别为 Pt50,Pt100,Pt300。其技术指标列于表 4-4。其分度见本章末附表 4-3。

铂电阻分度表是按下列关系式建立的:

$$-200℃ \leqslant t \leqslant 0℃: R_t = R_0[1 + At + Bt^2 + Ct^3(t-100)] \tag{4-26}$$

$$0℃ \leqslant t \leqslant 500℃: R_t = R_0[1 + At + Bt^2] \tag{4-27}$$

式中 $A = 3.96847 \times 10^{-3}$ (℃$^{-1}$);$B = -5.847 \times 10^{-7}$ (℃$^{-2}$);$C = -4.22 \times 10^{-12}$ (℃$^{-4}$)。

表 4-4 工业用铂电阻温度计的技术指标

分度号	R_0/Ω	R_{100}/R_0	R_0 的允许误差	精度等级	最大允许误差/℃
Pt 50	50.00	1.3910±0.0007	±0.05%	I	I 级:
		1.3910±0.001	±0.1%	II	−200~0℃: ±(0.15+4.5×10^{-3}t)
					0~500℃: ±(0.15+3.0×10^{-3}t)
Pt 100	100.00	1.3910±0.0007	±0.05%	I	II 级:
		1.3910±0.001	±0.1%	II	−200~0℃: ±(0.3+6.0×10^{-3}t)
Pt 300	300.00	1.3910±0.001	±0.1%	II	0~500℃: ±(0.3+4.5×10^{-3}t)

2. 铜热电阻

工业上除了铂热电阻被广泛应用外,铜热电阻的使用也很普遍。因为铜热电阻的电阻值与温度近于呈线性关系,电阻温度系数也较大,且价格便宜,所以在一些测量准确度要求不是很高的场合,就常采用铜电阻。但其在高于 100℃ 的气氛中易被氧化,故多用于测量 −50~150℃ 温度范围。

我国统一生产的铜热电阻温度计有两种:Cu50 和 Cu100。其技术指标列于表 4-5 中。分度表见附表 4-4。Cu50 的分度值乘以 2 即得 Cu100 的分度值。

铜热电阻的分度值是以下式所表示的电阻温度关系为依据的:

$$R_t = R_0(1 + At + Bt^2 + Ct^3) \tag{4-28}$$

式中 $A = 4.28899 \times 10^{-3}$ (℃$^{-1}$);
$B = -2.133 \times 10^{-7}$ (℃$^{-2}$);
$C = 1.233 \times 10^{-9}$ (℃$^{-3}$)。

适应范围 $-50℃\leqslant t\leqslant 150℃$。

表 4-5 铜电阻温度计的技术指标

分度号	R_0/Ω	精度等级	R_0 的允许误差	R_{100}/R_0	最大允许误差/℃
Cu50	50	Ⅱ	±0.1%	Ⅱ级：1.425±0.001	Ⅱ级：$\pm(0.3+3.5\times 10^{-3}t)$
		Ⅲ		Ⅲ级：1.425±0.002	Ⅲ级：$\pm(0.3+6\times 10^{-3}t)$
Cu100	100	Ⅱ			
		Ⅲ			

3. 半导体热敏电阻温度计

用半导体热敏电阻作感温元件来测量温度的应用日趋广泛。半导体温度计最大优点是具有大的负电阻温度系数$-(3\sim 6)\%$，因此灵敏度高。半导体材料电阻率远比金属材料大得多，故可做成体积小而电阻值大的电阻元件，这就使它具有热惯性小和可测量点温度或动态温度。它的缺点是同种半导体热敏电阻的电阻温度特性分散性大，非线性严重，元件性能不稳定，因此互换性差、精度较低。这些缺点限制了半导体热敏电阻的推广，目前还只用于一些测温要求较低的场合。但随半导体材料和器件的发展，它将成为一种很有前途的测温元件。

半导体热敏电阻的材料通常是铁、镍、锰、铂、钛、镁、铜等的氧化物，也可以是它们的碳酸盐、硝酸盐或氯化物等。测温范围约为$-100\sim 300℃$。由于元件的互换性差，所以每支半导体温度计需单独分度。其分度方法是在两个温度分别为 T 和 T_0 的恒温源（一般规定 $T_0=298K$）中测得电阻值 R_T 和 R_{T0}，再根据(4-29)式计算出

$$B=\frac{\ln R_T-\ln R_{T0}}{1/T-1/T_0} \tag{4-29}$$

通常 B 在 1500~5000K 范围内。

4.2.3 热电阻测温元件的结构

铂热电阻体是用细的纯铂丝（直径 0.03~0.07mm）绕在石英或云母骨架上。铜热电阻体大多是将细铜丝绕在胶木骨架上。其形状如图 4-24 所示。其中图(a)为螺旋形石英骨架，铂丝应无应力，轻附在骨架上，外套以石英套管保护。引出线为直径 0.2mm 过渡到 0.3mm 的铂丝。这种结构形式的感温元件主要用来作标准铂电阻温度计。图(b)是在锯齿状云母薄片上绕细铂丝，外敷一层云母片后缠以银带束紧，最外层用金属套管保护，引出线为直径 1mm 的银丝，这种形式的感温元件多用于 500℃ 以下的工业测温中。图(c)是用直径 0.1mm 高强度绝缘漆包铜丝无感双线绕在圆柱形胶木骨架上，后用绝缘漆粘固，装入金属保护套管中，用直径 1mm 的铜丝作为引线。为了改善换热条件，对于图(b)和图(c)结构形式，在电阻体和金属保护套管之间常置有金属片制成的夹持件或铜制内套管（三种结构形式的保护套管在图中均未画出）。

微型铂电阻元件发展很快。它体积小，热惯性小，气密性好。测温范围在$-200\sim$

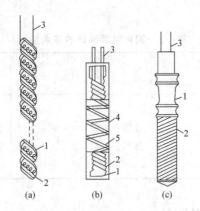

图 4-24 热电阻元件

(a) 标准铂电阻：1—石英骨架； 2—铂丝； 3—引出线。
(b) 工业铂电阻：1—云母片骨架； 2—铂丝； 3—银丝引出线； 4—保护用
云母片； 5—绑扎用银带。
(c) 铜电阻：1—塑料骨架； 2—漆包线； 3—引出线

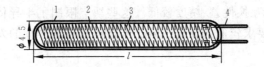

图 4-25 微型铂热电阻元件
1—套管； 2—玻璃棒； 3—感温铂丝； 4—引出线

500℃时它的支架和保护套管均由特种玻璃制成。铂丝直径为 0.04～0.05mm，绕在刻有细螺纹的圆柱型玻璃棒上，外面用直径 4.5mm 的玻璃管套封固，引出线直径为 0.5mm 的铂丝。其结构形式如图 4-25 所示。如用于工业测温则需外套以金属保护套管。

半导体热敏电阻温度计结构形式列举两例，示于图 4-26。图(a)为带玻璃保护管的；图(b)为带密封玻璃柱的。电阻体为直径 0.2～0.5mm 的珠状小球，铂丝引线直径为 0.1mm。

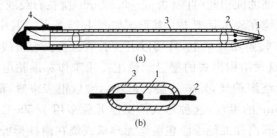

图 4-26
(a) 带玻璃保护管的； (b) 带密封玻璃柱的
1—电阻体； 2—引出线； 3—玻璃保护管； 4—引出线

4.2.4 热电阻值的测量

电阻阻值的测量方法很多,为人所熟知。热电阻的阻值测量,习惯上多采用不平衡电桥和自动平衡电桥。

1. 动圈式温度指示仪——XCZ—102

不平衡电桥原理图如图 4-27。其中三个桥臂 R_1,R_2,R_3 为锰铜丝绕制的固定电阻值。R_t 为电阻测温元件,随被测温度而变。供给电桥的电压 U_{ab} 维持不变。

电桥输出不平衡电压 U_{cd} 为

$$U_{cd} = U_{ab}\left(\frac{R_3}{R_1+R_3} - \frac{R_t}{R_2+R_t}\right) \qquad (4\text{-}30)$$

一般情况下固定电阻 $R_1=R_2$,那么 U_{cd} 是 R_t 的单值函数。在 c,d 输出端连接一支磁电式动圈微安表,其动圈等效电阻为 R_M,则流过 R_M 的电流 I_M 为:

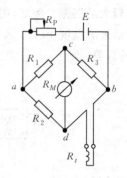

图 4-27 不平衡电阻原理图

$$I_M = U_{ab}\frac{R_1 R_t - R_2 R_3}{R_M(R_1+R_3)(R_2+R_t) + R_1 R_3(R_2+R_t) + R_1 R_t(R_1+R_3)} \qquad (4\text{-}31)$$

很显然,I_M 是 R_t 的单值函数,即动圈式微安表的指针偏转位置反映 R_t 的大小。以不平衡电桥原理为基础的 XCZ—102 型动圈式温度指示仪原理线路如图 4-28 所示。

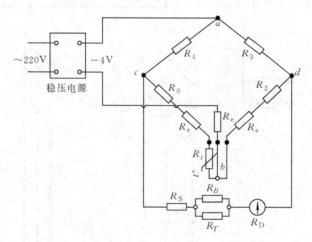

图 4-28 XCZ—102 型动圈指示仪原理线路图

其电源采用直流稳压电源,加在桥路对角线上的电压 $U_{ab}=4\text{V}$。热电阻 R_t 与 XCZ—102 温度指示仪的连接线路电阻必须严格控制,保证其等于规定值,否则将对测量结果产生影响。我国生产的 XCZ—102 温度指示仪规定连接线路电阻 R_e 有 5Ω 和 15Ω 两种规格,使用时必须注意区分。

热电阻元件和 XCZ—102 温度指示仪的连接有两种典型的接线方式——二线制和三线制。

（1）二线制接线

如图 4-29(a)所示,把 XCZ—102 温度指示仪和热电阻 R_t 之间用两条铜导线连接,导线的分布电阻分别为 r_2 和 r_3,为了满足仪表规定的线路电阻 $R_e=5$ 或 15Ω 的要求,需加以锰铜丝绕制的线路调整电阻 R_{e2} 和 R_{e3},使得 $R_{e2}+r_2=R_{e3}+r_3=R_{e1}=R_e=5$(或 15)$\Omega$。由于 r_2 和 r_3 都加在电桥的 bc 桥臂上,所以当环境温度变化而引起 r_2 和 r_3 的变化会给测量带来较大的误差。例如,用 Cu50 型铜电阻元件测温,在规定条件下铜导线电阻 $r=5\Omega$,仪表指示被测温度 40℃。若环境温度变化 10℃,那么采用二线制接线将会给测量值带来约 2℃ 的误差。

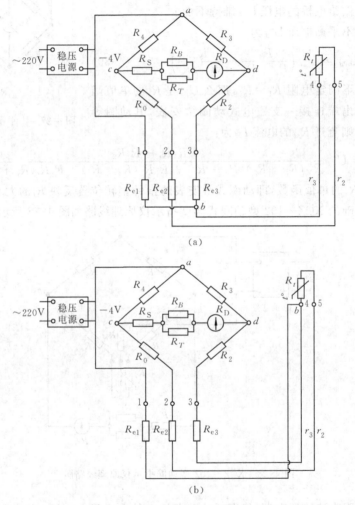

图 4-29 热电阻测温系统的接线方式
(a)两线制; (b)三线制

(2)三线制接线

如图 4-29(b) XCZ—102 温度指示仪和热电阻元件之间用三条铜导线连接,不平衡电桥的顶点 b 与二线制接线明显不同,使 r_2 和 r_3 分别分配到电桥的 bc 和 bd 两臂。一般情况下三条连接导线材料、直径、长度均相同,$r_2=r_3$。当环境温度变化时将使得两桥臂阻值同方向同增量变化,由此而产生的测量误差比二线制接线显著减小。仍引用上例,则三线制接线误差会降低到 0.1℃ 以下。远比二线制接线误差小得多。

2. 自动电子平衡电桥

XCZ—102 温度指示仪精度为 1.0 级，且不能自动记录被测参数。因此工业中重要的温度测量，凡配合有热电阻测温元件的，往往采用自动平衡电桥，它具有 0.5 级精度，可自动记录被测参数，还可带有自动调节功能。自动平衡电桥外形、电子放大器和记录系统均与自动电子电位差计相同，只是测量线路有所不同。图 4-30 是 XDD 型晶体管小型自动平衡电桥的原理图。图中较详细地画出了测量线路。

测量线路为一交流平衡电桥，交流供电电压为 6.3V，取自放大器的电源变压器。采用三线制接线方式。R_t 是热电阻元件，它与线路电阻 R_e、起始电阻 R_6、微调起始电阻 r_6 以及量程电阻 R_5、微调量程电阻 r_5 和滑线电阻 R_P、工艺电阻 R_B 并联后的左半部分组成电桥上支路的一个桥臂；上支路的另一桥臂由 R_5、r_5 和 R_P、R_B 并联后的右半部分与限流电阻 R_4 组成。下支路两个桥臂分别是 R_2+R_e 和 R_3。图中线路电阻 R_e 规定为 15Ω。当热电阻 R_t 随被测量温度变化时，测量桥路输出不平衡电压 ΔE 至电子放大器，经放大后信号可根据相位的正负驱动可逆电动机或正向或反向转动，带动滑动电阻 R_P 的滑点 b 移动，直到电桥重新平衡为止。与此同时可逆电动机带动指针和记录笔来指示和记录被测温度值。

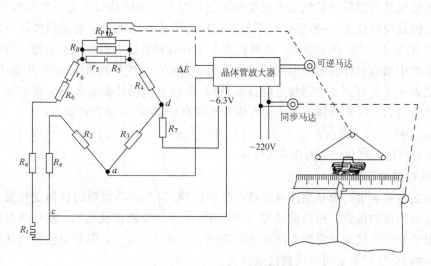

图 4-30 自动平衡电桥原理图

自动平衡电桥和前述自动电位差计型号规格和外形尺寸繁多，根据使用上的需要可以选用正面尺寸为 160mm×160mm 的小型记录仪或 400mm×400mm 的大型记录仪；根据安装方式可分为面板式、台式、便携式等类型；按被测点数量有单点记录仪，多点（3，6，12 点）记录仪；按记录笔数有单笔、双笔、四笔记录；按指针全量程运动速度分为快行程（1s）和慢行程（2.5s）；另外还有携带自动调节装置和报警系统的。各型号规格仪表的技术数据均有手册可查。

4.2.5 热电阻元件的校验及误差分析

1. 热电阻的校验

热电阻的校验一般在实验室里进行。除标准铂电阻温度计需要作定点(水三相点、水沸点、锌凝固点、银凝固点等)分度外,实验室和工业用的铂或铜电阻温度计校验方法有两种。

(1) 比较法

将标准水银温度计或标准铂电阻温度计与被校电阻温度计一起插入恒温源中,在需要的或规定的几个稳定温度下读取标准温度计和被校温度计的示值并进行比较,其偏差不得超过表 4-4 和表 4-5 所列出的最大允许误差。在校验时所使用的恒温源有冰点槽、恒温水槽、恒温油槽和恒温盐槽,可根据所需校准的温度范围选取恒温源。热电阻的测量可用测温电桥,也可以用直流电位差计测量恒电流(小于 6mA)流过热电阻和标准电阻时各自的电压降,然后用下式计算出热电阻值 R_t

$$R_t = \frac{U_t}{U_N} R_N \tag{4-32}$$

式中 R_N 为已知标准电阻阻值;U_t 和 U_N 是分别测得的热电阻上和标准电阻上的电压降。

(2) 两点法

比较法固然可以用调整恒温源温度的办法对温度计刻度值逐个进行比较校验,但这样所用的恒温源规格多,一般实验室不具备这样的条件。因此工业电阻温度计可用两点法校验其 R_0 和 R_{100}/R_0 两个参数。这种校验方法只需具备冰点槽和水沸点槽。分别在这两个恒温槽中测得被检验电阻温度计的电阻值 R_0 和 R_{100},然后检查 R_0 值和比值 R_{100}/R_0 是否满足表 4-4 和表 4-5 中所规定的技术指标,以确定温度计是否合格。在这项工作中要注意当测量 R_{100} 时需要修正当地大气压对水沸点的影响,修正公式如下:

$$t = [100 + 28.0216(p/p_0 - 1) - 11.642(p/p_0 - 1)^2 + 7.1(p/p_0 - 1)^3] \tag{4-33}$$

式中 p 为当地大气压;p_0 为标准大气压。

2. 热电阻的使用

使用热电阻测温时要特别注意线路电阻的影响,因为线路电阻的任何变化最终都将折合为被测温度的误差。所以应量准导线电阻,再绕制线路调整电阻,使导线电阻加上调整电阻恰好等于仪表规定的线路总电阻值(5 或 15Ω)。为了克服环境温度变化对导线电阻的影响,应尽可能采用三线制接线方式。

用 XCZ—102 测温仪表或自动平衡电桥作为显示仪表时;流过热电阻回路的电流均小于 6mA,设计时已考虑了要把这个电流所引起热电阻的自热误差限制在允许误差范围之内。如果自己设计测量线路,并采用直流电位差计或手动电桥测量热电阻的阻值时,应限制热电阻回路电流不超过 6mA,以避免增大自热误差。

3. 热电阻测温系统误差分析

如图 4-31 所组成的测温系统,其误差组成如下(不考虑传热误差)。

(1) 热电阻分度误差 Δ_1

标准化的热电阻分度表(附表 4-3 和附表 4-4)是对同一型号热电阻的电阻-温度特

性进行统计分析的结果,而对具体所采用的热电阻体往往因材料纯度、制造工艺而有所差异,这就形成了热电阻分度误差。分度误差的大小不能超过附表 4-3 和附表 4-4 规定的数值。

(2) 自热误差 Δ_2

这是由于测量过程中有电流流过热电阻回路,使电阻体产生温升而引起温度测量的附加误差。它与电流大小和传热介质有关。我国工业上使用热电阻限制电流一般不超过 6mA,这时将热电阻置于冰点槽中,则热电阻的自热误差不超过 0.1℃。

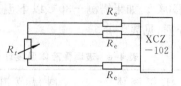

图 4-31 热电阻与 XCZ—102 所组成的测温系统

(3) 线路电阻变化带来的误差 Δ_3

参阅 4.2.4 中的例子,环境温度变化 10℃ 时,导线电阻为 5Ω,则二线制接线其误差为 2℃,三线制为 0.1℃。

(4) 显示仪表的基本误差 Δ_4

XCZ—102 温度指示仪精度为一级,基本误差是量程范围的 1%。

若该测温系统采用 P_t100 热电阻元件,XCZ—102 量程为 0~500℃,被测温度示值为 300℃ 时,则各项误差为

$$\Delta_1 = \pm (0.3 + 4.5 \times 10^{-3} t) = \pm 1.7℃$$

$$\Delta_2 = \pm 0.1℃$$

$$\Delta_3 = 2.0 \text{ 或 } 0.1℃$$

$$\Delta_4 = \pm 5℃$$

对二线制接线测温总误差为

$$\Delta = \pm \sqrt{1.7^2 + 0.1^2 + 2.0^2 + 5^2} = \pm 5.7℃$$

对三线制接线测温总误差为

$$\Delta = \pm \sqrt{1.7^2 + 0.1^2 + 0.1^2 + 5^2} = \pm 5.3℃$$

4.3 其他接触式测温仪表

4.3.1 玻璃管液体温度计

玻璃管液体温度计是利用液体体积随温度升高而膨胀的原理制作而成。最常用的液体有水银和酒精两种。

图 4-32 是玻璃管液体温度计示意图。由于液体膨胀系数比玻璃大得多,因此当温度增高时储存在温包里的液体膨胀而沿毛细管上升。为防止温度过高时液体胀裂玻璃管,在毛细管顶端留有一膨胀室。

这种温度计的特点是测量准确、读数直观、结构简单、价格低廉、使用方便,因此应用得很广泛;但有易碎、信号不能远传和不能自动记录等缺点。液体介质采用水银的好处是水银不易氧化变质、纯度高、熔点和沸点的间隔大,且其常压下在 -38~356℃ 范围保持液态,特别是在 200℃ 以下体膨胀系数具有较好的线性度,所以普通水银温度计常用于

－30~300℃。如果在水银面上充以惰性气体,测温上限可以高达750℃。如果需测－30℃以下温度,可用酒精、甲苯等作为工作介质,见表4-6。

表4-6 玻璃管液体温度计液体工质与测温范围　　℃

工作液体	测温范围	备注
水 银	－30~750	上限依靠充气加压获得
甲 苯	－90~100	
乙 醇	－100~75	
石油醚	－130~25	
戊 烷	－200~20	

温度计的玻璃管均采用优质玻璃,对温度刻度超过300℃的用硅硼玻璃,500℃以上则需用石英玻璃。

玻璃液体温度计按用途可分为标准、实验室用、工业用和特殊用途等4类温度计。

标准水银温度计分为一等和二等两种,均成组提供,一等标准每组13支,每支刻度范围为27~35℃不等,最小分度值0.05℃;二等标准每组7支,每支刻度范围50℃左右,最小分度值0.1℃。均为全浸入式,即使用时将测值以下全部刻度浸入被测介质中。它可以用来校验实验室用或工业用的玻璃温度计、热电偶或热电阻等,也可用于精密测量之用。其基本技术数据见表4-7。

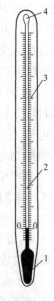

图4-32 玻璃管液体温度计示意图
1—玻璃温包; 2—毛细管;
3—刻度标尺; 4—膨胀室

表4-7 标准水银温度计基本技术数据　　℃

等级	温度值	最小分度值	新温度计允许基本误差	已使用过的温度计允许基本误差	检定点间隔
一等	－30~100	0.05	±0.1	±0.15	5
	100~200	0.05	±0.15	±0.20	10
	200~300	0.05	±0.20	±0.25	10
二等	－30~100	0.1	±0.15	±0.20	5
	100~200	0.1	±0.20	±0.25	10
	200~300	0.1	±0.25	±0.40	10

实验室用的玻璃温度计通常做成全浸入和部分浸入两种形式。全浸入式使用方法和标准温度计相同;部分浸入式在使用时只插入一定深度,外露部分处于规定的温度条件下。若外露部分的环境温度与分度规定的条件温度不相同,其示值应作如下修正:

$$\Delta t = \gamma n(t_B - t_A) \text{ (℃)} \tag{4-34}$$

式中　　γ——感温液体的视膨胀系数,水银为0.00016;

n——外露部分的水银柱高度(℃);

t_B——分度条件下外露部分空气温度（℃）；
t_A——使用条件下外露部分空气温度（℃）。

全浸式温度计在使用时未能全浸，则应对外露部分所带来的系统误差作如下修正：

$$\Delta t = \gamma n(t_B - t_A) \text{（℃）} \tag{4-35}$$

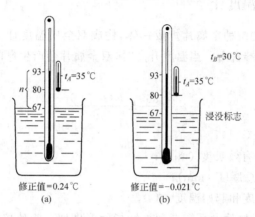

图 4-33 玻璃管水银温度计的温度修正
(a) 全浸式温度计在未全浸使用时的修正；
(b) 半浸式温度计在使用环境温度与分度环境温度不同时的修正

参照图4-33，可方便地计算出上述两项修正值。图(a)为全浸入式温度计而未能全浸，其示值为93℃，浸入部分至67℃，外露水银柱平均高度80℃处的空气温度为35℃，则按式(4-35)得修正值 $\Delta t = +0.24$℃。图(b)为部分浸入式温度计，插入深度符合使用要求，但外露部分的空气温度 $t_A = 35$℃，而分度时空气温度 $t_B = 30$℃，按式(4-34)得修正值 $\Delta t = -0.021$℃。

实验室用的水银温度计要按规程规定定期进行校验，超过表4-8所规定的基本误差则不宜继续使用。

表 4-8 实验室用水银温度计允许基本误差　　　　　　　　　　　　　℃

温度范围	标尺最小分度值			
	0.1	0.5	1	2
	允许基本误差			
−30～0	±0.3	±1.0	±1.0	—
0～100	±0.2	±1.0	±1.0	±2.0
100～200	±0.5	±1.0	±2.0	±2.0
200～300	±1.0	±2.0	±3.0	±4.0
300～400	±1.2	±3.0	±4.0	±4.0
400～500	—	—	—	±5.0

工业温度计分直形、90°角形、135°角形三种结构形式。详细技术资料可查阅热工手

册。任何水银温度计在使用前必须检查是否有"断丝"现象发生(即液柱有无断开现象)。如有,必须修复后才能使用。玻璃温包由于使用日久因骤冷骤热而变形会增加附加误差。为判断温度计的稳定性,可检查温度计零点是否发生位移。

4.3.2 双金属温度计

将膨胀系数不同的两种金属片焊成一体,构成双金属温度计。如图 4-34 所示,双金属片的一端固定,另一端自由。当温度升高时,双金属片会产生弯曲变形。其偏转角 α 反映了被测温度的数值。

$$\alpha = \frac{360}{\pi} K \frac{L(t-t_0)}{\delta} \tag{4-36}$$

其中　K——比弯曲($℃^{-1}$);
　　　L——双金属片有效长度(mm);
　　　δ——双金属片总厚度(mm);
　　　t, t_0——被测温度和起始温度(℃)。

将偏角 α 再经过一套机械放大系统带动指针指示温度值。为使仪表有更高的灵敏度,有时将双金属片做成螺旋管状,如图 4-35 所示。双金属温度计的最大优点是抗震性能好,坚固,但精度较低,只能用于工业中,精度等级为 1~2.5 级。

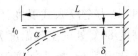

图 4-34　双金属温度计原理图

图 4-35　螺旋管形双金属片元件示意图

4.3.3 压力式温度计

这是根据封闭系统的液体或气体受热后压力变化的原理而制成的测温仪表。图 4-36 为压力式温度计的原理图,它由敏感元件温包、传压毛细管和弹簧管压力表组成。若给系统充以气体,如氮气,称为充气式压力式温度计,测温上限可达 500℃,压力与温度关系接近于线性,但是温包体积大,热惯性大。若充以液体,如二甲苯、甲醇等,温包小些,测温范围分别为 -40~200℃ 和 -40~170℃。若充以低沸点的液体,其饱和气压应随被测温度而变,如充丙酮,可用于 50~200℃。但由于饱和气压和饱和汽温呈非线性关系,故温度计刻度是不均匀的。

使用压力式温度计时,必须将温包全部浸入被测介质中,毛细管最长不超过 60m。当毛细管所处的环境温度 T_0 有较大波动时会对示值带来误差。大气压的变化或安装位置不

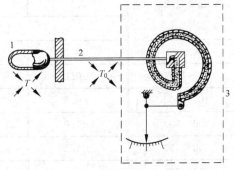

图 4-36　压力式温度计原理图
1—温包;　2—毛细导管;　3—压力计

当,例如环境温度波动大的场合,均会增加测量误差。这种仪表精度低,但使用简便,而且抗震动,所以常用在露天变压器和交通工具上,如检测拖拉机发动机的油温或水温用。

4.4 接触式测温技术及误差分析

4.4.1 流体温度测量、导热误差分析

在实验研究和工业生产过程中经常采用接触式测温元件测量管道或容器内流体介质温度。在流体管道或容器保温较好的情况下,管壁温度与流体温度相近,流体将以对流换热方式传热给测温元件,测温元件再通过导热方式沿套管向外部环境导热。图 4-37 是分析管道内流体温度测量问题的简化模型。

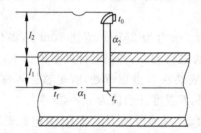

图 4-37 测量管道内流体温度示意图

根据传热学中沿细长杆导热的原理,测温元件传热误差可用下式表示:

$$t_r - t_f = \frac{t_0 - t_f}{\mathrm{ch}(m_1 l_1)\left[1 + \dfrac{m_1}{m_2}\mathrm{th}(m_1 l_1)\mathrm{cth}(m_2 l_2)\right]} \tag{4-37}$$

式中 t_r——敏感元件温度;

t_f——流体介质温度;

t_0——测温元件保护套管外露部分周围介质温度;

l_1, l_2——保护套管插入管内和外露部分的长度。

$$m_1 = \sqrt{\frac{\alpha_1 C_1}{\lambda_1 A_1}} \qquad m_2 = \sqrt{\frac{\alpha_2 C_2}{\lambda_2 A_2}}$$

α_1, α_2——管道内、外介质与测温元件保护套管之间的对流传热系数;

λ_1, λ_2——管道内、外部分测温元件套管的导热系数,对于均质套管 $\lambda_1 = \lambda_2$;

C_1, C_2——套管插入和外露部分的外圆周长;

A_1, A_2——套管插入和外露部分的截面积。

显然,这项误差 $\Delta t = t_r - t_f$,主要考虑温度计的枢轴导热,忽略了其他因素影响。欲使测温误差减小,提高测量精度可从以下两方面进行。

1. 温度计的安装方式

① 使 $|t_0 - t_f|$ 尽可能地减小。具体办法是把管道和套管外露部分一起进行保温。使套管外露部分温度接近管道温度。

② 增大 l_1,减少 l_2,即增大温度计的插入深度、减小外露部分。具体实施办法是利用

管道的弯头或斜向插入。若管道过细，不便于斜插或无弯头可利用，那么管道要局部加粗然后斜插。

③ 增加 α_1。通常使温度计迎着气流方向插入，敏感元件头部置于管道中心线上，以得到最大的对流换热系数 α_1。

2. 温度传感器材料和结构

① 减小温度计套管的导热系数 λ。即不宜采用高导热系数的材料作套管。但 λ 过低将会增加测温动态误差。

② 增加套管的外圆周长和截面积之比 C/A。

$$C/A = \frac{4}{d_1[1-(d_2/d_1)^2]}$$

其中 d_1 和 d_2 分别为套管外直径和内直径。因此在强度允许条件下可采用薄壁或小直径的套管。

例 4-1 如图 4-38 所示，压力为 3MPa，流速 30m/s，温度 $t_f=386℃$ 的蒸汽流过管道，采用 5 种不同的安装方法进行测温，各温度计的示值如下：

① 采用铂电阻温度计，安装在管道拐弯处，有足够插入深度，温度计迎着气流，管道及套管外露部分保温，此情况下温度计示值为 $t_{r1}=386℃$。

② 采用玻璃管水银温度计，垂直气流方向插入，温包处于管道中心线位置，外露部分短，且套管的外露部分保温。温度计示值为 $t_{r2}=385℃$。

③ 除温度计套管直径更大，管壁更厚外，其他各条件同②，示值 $t_{r3}=384℃$。

④ 与②基本上一样，只是插入深度较浅，温度计示值 $t_{r4}=371℃$。

⑤ 采用铂电阻温度计，垂直于气流方向插入管道中心，外露部分较长且管道及外露部分均未保温。温度计示值 $t_{r5}=341℃$。其误差达 $-45℃$！

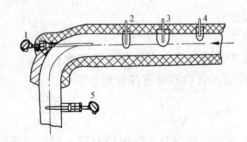

图 4-38 温度计不同安装方式的误差比较示意图

4.4.2 高温气体温度测量、辐射误差分析

随被测气体温度的增高，温度传感器与周围容器壁的辐射换热相对于对流和导热换热所占比例增大。尤其当测温元件周围有低温吸热面时，导致测温元件对冷壁面辐射热较大，使得温度计示值低于实际气体温度，造成以辐射为主的测温误差。下面通过图 4-39 对高温烟气温度测量误差进行分析。

设烟气温度为 t_g，用热电偶测温，其示值为 t_r，烟道四壁冷壁面温度为 t_s，其传热分析如下：

① 高温烟气主要以对流方式传热给热电偶,忽略烟气对热电偶的导热和辐射换热,则传热量为

$$Q_\alpha = \alpha A(t_g - t_r) \tag{4-38}$$

式中 α 是烟气对热电偶的对流传热系数;A 是热电偶的传热表面积。

② 沿热电偶保护套管导出的热量

$$Q_\lambda = -\lambda f \left(\frac{\partial^2 t}{\partial x^2}\right) \tag{4-39}$$

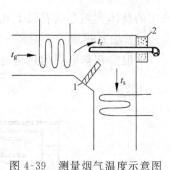

图 4-39 测量烟气温度示意图
1—挡板; 2—绝缘层

式中 λ——热电偶套管材料的导热系数;
　　f——热电偶套管的截面积;
　　x——热电偶枢轴的方向;
　　t——热电偶套管沿枢轴方向的温度分布。

③ 热电偶与周围冷壁面的热交换,主要以辐射方式进行

$$Q_R = \varepsilon_n A \sigma \left[(t_r + 273)^4 - (t_s + 273)^4\right] \tag{4-40}$$

式中 ε_n 为系统的辐射率(黑度系数);σ 为玻耳兹曼常数,约为 5.67×10^{-8} (W/(m² · K⁴))。

④ 由于被测温度随时间变化而引起热电偶的动态吸热量

$$Q_t = \rho c V \frac{\partial t}{\partial \tau} \tag{4-41}$$

式中 ρ, c, V 是热电偶测温元件的密度、比热容、体积。

综合式(4-38)~式(4-41),热电偶的热平衡方程式可写成

$$Q_\alpha = Q_R + Q_\lambda + Q_t$$

即

$$\alpha A(t_g - t_r) = \varepsilon_n A \sigma \left[(t_r + 273)^4 - (t_s + 273)^4\right] - \lambda f \frac{\partial^2 t}{\partial x^2} + \rho c V \frac{\partial t}{\partial \tau} \tag{4-42}$$

当热电偶测温达到稳态时,则 $\frac{\partial t}{\partial \tau} = 0$。若测温元件使用合理、安装正确,其导热误差也可忽略。则方程式(4-42)可简化为

$$\alpha(t_g - t_r) = \varepsilon_n \sigma \left[(t_r + 273)^4 - (t_s + 273)^4\right]$$

热电偶的测温误差为

$$\Delta t = t_r - t_g = \frac{\varepsilon_n \sigma}{\alpha} \left[(t_s + 273)^4 - (t_r + 273)^4\right] \tag{4-43}$$

当热电偶周围冷壁表面积比热电偶元件表面积大得多时,系统辐射率 ε_n 就接近热电偶的辐射率 ε。

例 4-2 当温度 $t_g = 750$℃ 的烟气流过测温热电偶时,四周冷表面温度 $t_s = 400$℃,热电偶的辐射率 $\varepsilon = 0.8$。如果气流对热电偶的对流换热系数 $\alpha = 30, 40, 50$ W/(m² · K)。根据式(4-43),仪表示值 t_r 分别为 $506, 524, 540$℃。其辐射测温误差 Δt 竟分别为 $-244, -226, -210$ ℃!因此对高温气流进行温度测量,设法减少辐射误差是一个十分重要的问题。

对公式(4-43)进行分析可以看出降低辐射误差的主要途径有 3 个:① 提高热电偶周围冷表面的温度 t_s;② 加大对流换热系数 α;③ 降低热电偶的黑度系数 ε。目前已被

采用的具体实施办法有以下几种：

(1) 加遮热罩

一般是在热电偶的热端套上1~3层薄壁同心圆筒状的遮热罩，如图4-40所示。

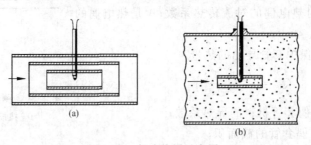

图4-40 加遮热罩示意图
(a) 3层遮热罩示意图； (b) 1层遮热罩示意图

加遮热罩后测温热电偶和冷壁面被隔离开，温度传感器不直接对冷壁面进行热辐射，而是对温度高的遮热罩进行辐射散热，从而减少了测温误差。

例如图4-40(b)加装一层遮热罩，被测对象仍为$t_g=750℃$，$t_s=400℃$，$\alpha=30W/(m^2·K)$，方程式(4-43)写为

$$T_g - T_r = \frac{\varepsilon_1 \sigma}{\alpha}(T_r^4 - T_{s1}^4) \tag{4-44}$$

式中　　T_{s1}——遮热罩的温度(K)；

ε_1——热电偶和遮热罩内壁之间的辐射率。

为了尽量减少辐射误差，一般情况下遮热罩内壁光亮镀镍，以降低ε_1。

遮热罩和冷壁面之间的换热方程式为

$$\alpha_{s1} F_{s1}'(T_g - T_{s1}) + \varepsilon_1 A(T_r^4 - T_{s1}^4) = \varepsilon_{s1} \sigma F_{s1}(T_{s1}^4 - T_s^4) \tag{4-45}$$

式中　　α_{s1}——烟气对遮热罩的对流换热系数；

F_{s1}'——遮热罩内外壁的总表面积；

F_{s1}——遮热罩外壁的表面积，约为F_{s1}'的一半；

ε_{s1}——遮热罩与冷壁面间的辐射率；

ε_1——热电偶和遮热罩内壁的总辐射率。

假设$\alpha_{s1}=\alpha=30W/(m^2·K)$，$\varepsilon_1=0.1$，$\varepsilon_{s1}=0.8$，$F_{s1}/A=50$，根据式(4-44)和式(4-45)可得其测温误差

$$\Delta t = t_r - t_g = -70℃$$

当遮热罩增加为两层时，根据上述原理，测温误差降为$-18℃$左右，即为T_g的2%~2.5%。如果增加为3层遮热罩，误差会继续有所降低，如图4-40(a)。

虽然依靠增加遮热罩的层数可以降低测温误差，但实际上隔热罩层数越多，工艺上越困难和不可靠。在使用中隔热罩也会被污染或磨损而失去光亮，使辐射率变大，从而使得测温误差比理想条件有所增加。一般来说多层隔热罩层与层之间的空间必须足够大以确保气体流通达到良好的对流换热。对圆筒状遮热罩借增加其长度与直径比可减少两端开口处未屏蔽部分的热辐射，但若超过4：1则收效不再增加。

采用电热式单层屏蔽罩也能达到很好的测温效果。电热屏蔽罩上装有附加温度传感器,调节加到屏蔽罩上的电流,使测温传感器温度和附加温度传感器温度相同,所测温度即为流体真实温度。屏蔽罩对冷壁面的热辐射由电加热器来补偿。

(2) 双热电偶

如图 4-41 所示,双热电偶由两支材料相同、丝径不同、测量端裸露的热电偶组成,可通过这两支热电偶的测量示值计算出被测高温气体的温度。

设两支材料相同而直径分别为 d_1 和 d_2,且 $d_1 > d_2$ 的热电偶插入被测气流中,裸露的测量端处在相近的位置。气流对测量端的对流传热系数分别为 α_1 和 α_2。若被测气体温度为 T_g,周围冷壁面温度为 T_s,两支热电偶的辐射率相同,即 $\varepsilon_1 = \varepsilon_2$。热电偶安装正确

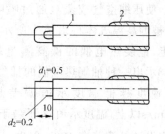

图 4-41 双热电偶示意图
1—四孔瓷管; 2—耐热钢外套

则导热误差可以忽略。它们的测温指示值分别为 T_1 和 T_2。按式(4-44)其辐射误差为

$$T_g - T_1 = \frac{\varepsilon_1 \sigma}{\alpha_1}[T_1^4 - T_s^4]$$

$$T_g - T_2 = \frac{\varepsilon_2 \sigma}{\alpha_2}[T_2^4 - T_s^4]$$

如果热电偶垂直于气流方向安装,根据传热学原理可知在一定流速范围内其对流换热系数 $\alpha = K d^{m-1}$,其中 K 为常数,所以 $\alpha_1/\alpha_2 = (d_1/d_2)^{m-1}$。若在实际使用时满足 T_1^4 和 $T_2^4 \gg T_s^4$ 的条件,那么根据上两式很容易计算出气体温度为

$$T_g = T_1 + \frac{T_2 - T_1}{1 - (d_1/d_2)^{m-1}(T_2/T_1)^4} \tag{4-46}$$

实际应用双热电偶时应满足 $4 > d_1/d_2 > 2$;对于高温烟气介质 m 约在 $0.37 \sim 0.41$ 间,对于空气或淡烟气 $m \approx 0.5$。

例 4-3 已知双热电偶的丝直径分别为 $d_1 = 0.5$ 和 $d_2 = 0.2$ mm,用于测量高温烟气温度,其示值分别为 $T_1 = 1283$ K,$T_2 = 1356$ K,且知 $T_s^4 \ll T_g^4$,根据介质性质取 $m = 0.4$,根据公式(4-46)烟气温度为 $T_g = 1544$ K。

(3) 抽气式热电偶

从公式(4-43)可知,增加测温元件和被测气体之间的对流换热系数 α 可以减少辐射

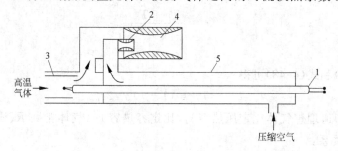

图 4-42 抽气式热电偶原理图
1—铠装热偶; 2—喷嘴; 3—遮热罩; 4—混合室扩张管; 5—外金属套管

误差,因此在工业试验中常用抽气式热电偶,它使热电偶测量端局部流速提高。抽气式热电偶工作原理图示于图4-42。

使压缩空气或蒸汽通过喷嘴2,在喷嘴处造成负压,被测高温气体将沿箭头所示的方向以较高流速被抽走,铠装热电偶的裸露测量端处于该流速下。图4-43示出一种抽气热电偶的抽气速度与温度示值的关系,速度越低温度示值偏差越大,当速度增加到100m/s以上,温度示值逐渐趋于稳定。因此一般情况下应设计其流速在100~200m/s范围内。

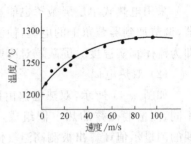

图4-43 抽气速度与温度示值关系

4.4.3 高速气流温度测量、速度误差分析

当气流速度的马赫数$Ma>0.2~0.3$时,速度对于气体温度测量的影响就必须加以考虑了。在高速气流中气体分子同时进行无规则的热运动和有规则的定向运动。这种分子的无规则运动表现为分子运动的平均动能,用"静温"来度量,记作T_0;而定向有规则的运动则用"动温"来度量,记作T_v。T_0和T_v之和称为"总温",又称为"滞止温度",记作T^*。

$$T^* = T_0 + T_v = T_0 + v^2/2c_p \tag{4-47}$$

式中 v——气流速度(m/s);

c_p——气体定压比热容(J/(kg·K))。

从式(4-47)可见,以速度v运动的气体,当其滞止后动能会无损失地全部转换成内能,这时气体的静温即是总温。一般情况下人们需要知道气体的静温T_0,因为气体的物理性质取决于该温度。但如果直接测量静温T_0就需使测温传感器随同流体以相同速度运动,这显然是不实际的。

实际上处于高速气流中固定安装的测温传感器,如热电偶或热电阻,对高速气流只有一定的滞止作用,并非完全绝热滞止。因此传感器既不能直接指示静温,也不能简单地测量总温。传感器实际的指示值被称为有效温度,记作T_r。如果不考虑测温元件的对外散热损失,用(T_r-T_0)表示气流被传感器滞止恢复为内能的部分。定义

$$r = \frac{T_r - T_0}{T^* - T_0} \tag{4-48}$$

r为恢复系数。

由式(4-47)和式(4-48)可得

$$T^* - T_r = (1-r)v^2/2c_p \tag{4-49}$$

由热力学知道理想气体比定压热容c_p、比定容热容c_V、气体常数R、质量热容比γ和音速a_0有如下关系:

$$c_p - c_V = R, \quad c_p/c_V = \gamma, \quad a_0 = \sqrt{\gamma R T_0}$$

于是式(4-47)和式(4-49)分别为

$$T^* = T_0\left(1 + \frac{\gamma-1}{2}Ma^2\right) \tag{4-50}$$

和
$$T^* - T_r = (1-r)T^*\left(\frac{\gamma-1}{2}Ma^2\right)\bigg/\left(1+\frac{\gamma-1}{2}Ma^2\right) \tag{4-51}$$

从式(4-50)可见,对于空气 $T^* = T_0(1+0.2Ma^2)$。当马赫数 $Ma<0.22$ 时,T^* 和 T_0 之偏差不超过 1%。

如果温度传感器的导热和辐射误差很小,允许忽略,则定义高速气流测温传感器的示值 T_r 和总温 T^* 之间的差值为速度误差 ΔT_s,根据式(4-51)

$$\Delta T_s = (r-1)T^*\left(\frac{\gamma-1}{2}Ma^2\right)\bigg/\left(1+\frac{\gamma-1}{2}Ma^2\right) \tag{4-52}$$

从上式可见,传感器的恢复系数越低,马赫数 Ma 越高,速度误差就越大。实验表明,恢复系数不仅与被测气体性质和 Ma 数有关,还与测温传感器的结构和安装方式有关。对于裸露热电偶传感器,r 的数据在 0.6～0.9 范围内,具体值取决于热电偶热结点的形式(如对接、铰接或球形焊点)和方向(热偶丝平行于气流或垂直于气流)。为获得高 r 值并使 r 值与气流条件(如气流速度和方向)无关,应专门对传感器进行设计和实验研究,以使其接近理想滞止条件,并要求传感器具有如下特点:

① 传感器热容低,以求快速响应;
② 为使导热损失最小,温度传感器引线要足够长;
③ 要求其辐射屏蔽罩具有低导热和低辐射率;
④ 通气孔能使滞止室连续地充满流体,以补充导热和辐射热损失,同时,气流又应保持足够小。以使滞止条件基本上得到维持;
⑤ 在超音速气流条件下钝的形状引起的正冲击波能减少非准直的影响,同时也使边界层温度增加并减少传感器的热损失。

图 4-44 是实验室用的传感器实例二则。

应该指出,恢复系数为 1 的传感器是很难做到的。因此对每个测温传感器的恢复系数应实验测定。测定工作是在校准风洞中进行的,其装置如图 4-45 所示。

气流在稳压箱中的流速很低,热电偶 3 测出的温度是总温 T^*,被测定的热电偶 2 处于绝热喷管出口的高速气流中,测得有效温度 T_r,则热电偶 2 的恢复系数为

$$r = 1 - \frac{T^* - T_r}{T^*\left(\frac{K-1}{2}Ma^2\right)\bigg/\left(1+\frac{K-1}{2}Ma^2\right)} \tag{4-53}$$

由流体力学知

$$Ma = \sqrt{\frac{2}{k-1}\left[\left(\frac{p^*}{p}\right)^{\frac{k-1}{k}} - 1\right]}$$

$$r = 1 - \frac{T^* - T_r}{[1-(p/p^*)^{\frac{k-1}{k}}]T^*} \tag{4-54}$$

式中 p 和 p^* 分别为静压和总压。对于亚音速气流喷嘴出口处的静压为大气压力,可由当地大气压力计读取。总压可由总压管 4 和压力指示仪 5 测出。

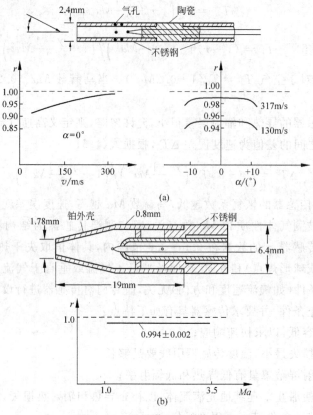

图 4-44 测量滞止温度传感器
(a) 较低 Ma 时；(b) 较高 Ma 时

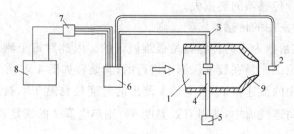

图 4-45 恢复系数 r 测定装置
1—稳压箱；2—试验热电偶传感器；3—总温热电偶；4—总压管；
5—压力计；6—冰点瓶；7—切换开关；8—电位差计；9—喷管

4.4.4 动态测温法

当被测气体温度很高以致超过所使用的热电偶测温上限时，以上各种以热平衡法为基础的测量方法已不实用，有时可采用动态测温法。动态测温法的基本原理是热电偶突然接触高温介质，当热电偶尚未到达使用极限温度时就脱离高温介质。热电偶接触与脱离高温介质可以根据被测对象的特点采用插入和拔出热电偶的机械办法，或者用冷却气体保护热电偶不被加热和停止冷却气体使高温气体流过热电偶测量端的办法。

如果忽略热电偶的导热和辐射误差,所用的热电偶为裸露的,其动态数学模型可用一阶微分方程来描述

$$T\frac{\mathrm{d}t_r}{\mathrm{d}\tau} + t_r = t_g \tag{4-55}$$

方程解为

$$t_r = t_{r0} + (t_g - t_{r0})(1 - e^{-\tau/T}) \tag{4-56}$$

式中 T——热电偶时间常数;

τ——时间;

t_g——被测气体的温度;

t_r——热电偶随时间变化的示值;

t_{r0}——热电偶尚未与被测介质接触前的指示值。

根据热电偶接触到高温介质的短时间内记录得到的 t_r 和 τ,求解被测介质的温度 t_g 是很方便的。但是值得注意的是用动态方法所测量出的温度其误差是相当大的。一方面因为时间常数 T 并非是一个常数而是温度的函数;另一方面在很多情况下辐射误差不能忽略,因此提出如下的修正方程:

$$t_g = t_r + T_0(1 + at_r)\frac{\mathrm{d}t_r}{\mathrm{d}\tau} + \frac{\varepsilon\sigma}{\alpha}\left[(t_r + 273)^4 - (t_s + 273)^4\right] \tag{4-57}$$

式中 $t_s, \varepsilon, \sigma, \alpha$——见(4-38)~(4-43)等式说明;

T_0——0℃时热电偶的时间常数;

a——热电偶比热修正常数, $c_p = c_{p0}(1 + at)$。

4.4.5 壁面温度测量

在工程上和科学实验中往往需要测量某些物体表面温度,由于被测对象的材料性质、大小、形状和测温范围等因素不同,采用的测量方法也不尽相同。但常用的是接触式和非接触式两种。本节只介绍用热电偶测量表面温度的方法,这种方法具有热接触点小,热损失少,测温范围大,精度较高,相对比较方便等优点。特别是薄膜式热电偶的发展,更给壁面温度测量带来方便。至于用性能稳定的热敏电阻和特制的薄片形热电阻元件测量壁面温度,当视具体条件而定。

热电偶与被测表面接触方式基本上有4种,如图4-46所示。图(a)所示为点接触,热电偶的测量端直接与被测表面相接触。图(b)所示为面接触,先将热电偶的测量端与导热性能良好的金属薄片(如铜片)焊在一起,然后再与被测表面接触。图(c)所示为等温线接触,热电偶测量端固定在被测表面后沿被测表面等温线绝缘敷设至少20倍线径的距离,再引出。图(d)所示为分立接触,两热电极分别与被测表面接触。

不管哪种接触方式,引起测量误差的主要原因是沿热电偶丝的导热损失。热电偶的热接触点从被测表面吸收热量后,其中一部分热量沿热偶丝导出逸散到周围环境之中,而使热接触点温度低于被测表面的实际温度。人们采用安装系数 Z 来衡量测量的准确性。

$$Z = \frac{T_s - T_r}{T_s - T_0} \tag{4-58}$$

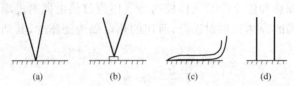

图 4-46 热电偶与被测表面的接触方式
(a) 点接触； (b) 面接触； (c) 等温线接触； (d) 分立接触

式中 T_s——被测表面的实际温度；
T_0——环境温度；
T_r——热电偶的指示温度。

显然 Z 的数值与热电偶材料性质、尺寸、安装方法及被测物体表面材料性质等因素有关。Z 表示测量误差 (T_s-T_r) 是表面温度和环境温度之差 (T_s-T_0) 的几分之一。

图 4-46 中 4 种接触方法以图(c)所示的误差最小，因为热电偶丝沿等温线敷设，热接点的导热损失达到最小；图(b)所示方式次之，热电偶丝的热损失由导热良好的金属片补充；图(a)所示的误差最大，因为导热损失全部集中在一个接触点上，热量不能得到充分的补充。而图(d)有两个接触点，其误差将小于图(a)但劣于图(b)和图(c)。

如果在相同的敷设方式下，若热电偶直径越粗，则沿热电偶丝轴向导热热损失大，使测量误差增加；若被测对象面积大、壁厚，则热容量大，测量误差相对减小；若热接点附近气流扰动大，对流放热系数大，测量误差也相应增大；若被测材料的导热系数大，热电偶丝从热接点导出的热量容易得到补充，使得测量误差越小。

几种实用的安装方式如图 4-47 所示，表 4-9 列举几种材料的表面温度实测结果以供实际应用时参考。

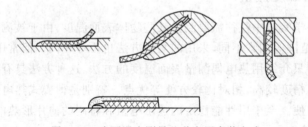

图 4-47 壁面温度测量几种实用安装方式

表 4-9　　　　　　　　　　　　　　　　　　　　　　　　　　　　　　　　　　℃

热电偶安装方式	指示温度（在环境温度为15℃时）		
	软　木	木	铜
点接触	22.9	25.5	31.8
面接触	32.3	34.2	34.4
等温线接触	35.3	35.3	35.4

归结起来壁面温度测量应优先考虑下列问题：

① 在强度允许条件下应尽量采用直径小、导热系数低的热电偶；
② 优先考虑等温线敷设；
③ 被测材料为非良导热体可用面接触方式；
④ 如被测材料允许,表面开槽敷设对提高测量精度更为有利。

4.4.6 平均温度的接触式测量及其误差

对于温度不均匀的表面、流通截面或容积空间,如果需要且条件允许,则可用几支同型热电偶分布在不同的部位将热电偶串联或并联,测出热电势得到平均温度。对圆形面积可按等环面分布测点,矩形则可以等面积分布测点。

如果布置 n 个测点,且 n 支同型热电偶内阻相同,当热电偶串联接线时,其平均热电势为

$$E_\mathrm{m} = \frac{1}{n}\sum_{i=1}^{n} E_i$$
$$= \frac{1}{n} E_\mathrm{s}$$

式中　E_i 为各支热电偶的热电势；E_s 为 n 支热电偶串接后测得的总热电势。

若被测各点温度虽不完全相同,但都比较接近平均值 E_m,则每支热电偶的极限误差 ΔE_i 也必然很相近。设它们均接近于 ΔE_m,则串接后的极限误差为

$$\Delta E = \sqrt{\sum_{i=1}^{n} \Delta E_i^2}$$
$$= \sqrt{n}\,\Delta E_\mathrm{m}$$

相对极限误差为

$$\frac{\Delta E}{E_\mathrm{s}} = \frac{\sqrt{n}\,\Delta E_\mathrm{m}}{n E_\mathrm{m}} = \frac{\Delta E_\mathrm{m}}{\sqrt{n}\,E_\mathrm{m}}$$

如果采用并联,只要各热电偶内阻相同,则测出热电势就是平均热电势,即 $E_\mathrm{m} = \sum_{i=1}^{n} E_i / n$,和串联原理相同。如果各热电偶极限误差 ΔE_i 相近,则并联后的极限误差和相对极限误差分别为

$$\Delta E = \sqrt{\sum_{i=1}^{n} (\Delta E_i/n)^2} = \frac{\Delta E_\mathrm{m}}{\sqrt{n}}$$

$$\frac{\Delta E}{E_\mathrm{m}} = \frac{\Delta E_\mathrm{m}}{\sqrt{n}\,E_\mathrm{m}}$$

4.5 非接触式温度测量

接触式测温方法是利用测温传感器与被测对象直接接触,且大多情况下要使测温元件和对象处于热平衡状态下进行测量。这意味着传感器必须经得起被测温度条件下各种气氛的腐蚀、氧化、污染、还原、甚至振动等考验。对于小的被测对象插入测温元件后还会

较大地歪曲了温度的原始分布。对于有些运动着的物体，几乎无法用接触方式实现其温度的连续测量和监视控制。在接触式温度传感器不能承受的高温条件下，温度测量方法必须另辟新径。因此基于热辐射原理的非接触式光学测温仪器得到了较快发展和应用。非接触式温度测量仪大致分成两类。一类是通常所谓的光学辐射式高温计，包括单色光学高温计、光电高温计、全辐射高温计、比色高温计等。另一类是红外辐射仪，包括全红外辐射型、单色红外辐射型、比色型等。

4.5.1 热辐射的理论基础

任何物体的温度高于绝对零度时就有能量释出，其中以热能方式向外发射的那一部分称为热辐射。不同的温度范围其热辐射波段不同，图 4-48 示出了黑体在不同温度下 90% 的总辐射能所集中的波长区域。

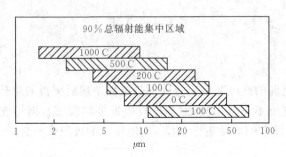

图 4-48 不同温度下黑体辐射的波长范围

可见光光谱段很窄，约为 $0.3 \sim 0.72 \mu m$，红外光谱一般定义为 $0.72 \mu m$ 到大约 $1000 \mu m$ 范围。热辐射温度探测器所能接受的热辐射波段约为 $0.3 \sim 40 \mu m$。因此热辐射温度探测器大多工作在可见光和红外光的某波段或波长下。

绝对黑体的单色辐射强度 $E_{0\lambda}$ 随波长的变化规律由普朗克定律确定：

$$E_{0\lambda} = C_1 \lambda^{-5} [\exp(C_2/\lambda T) - 1]^{-1} \tag{4-59}$$

式中　C_1——普朗克第一辐射常数，$C_1 = 37413 \text{ W} \cdot \mu m^4/cm^2$；
　　　C_2——普朗克第二辐射常数，$C_2 = 14388 \ \mu m \cdot K$；
　　　λ——辐射波长，μm；
　　　T——黑体绝对温度，K。

采用上述单位后 $E_{0\lambda}$ 的单位为 $W/(cm^2 \cdot \mu m)$。

温度在 3000K 以下普朗克公式可用维恩公式代替，误差在 0.3K 以内。维恩公式为

$$E_{0\lambda} = C_1 \lambda^{-5} \exp(-C_2/\lambda T) \tag{4-60}$$

普朗克公式的函数曲线示于图 4-49。由曲线可见当温度增高时，单色辐射强度随之增长，曲线的峰值随温度增高向波长较短的方向移动。单色辐射强度峰值处的波长 λ_m 和温度 T 之间的关系由维恩偏移定律表示为

$$\lambda_m T = 2897 \mu m \cdot K \tag{4-61}$$

普朗克公式只给出了绝对黑体单色辐射强度随温度变化的规律，若要得到波长 $\lambda = 0 \sim \infty$ 的全部辐射能量的总和 E_0，则须作如下积分

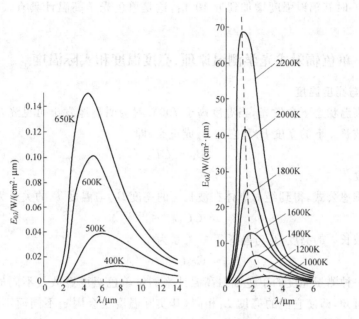

图 4-49 辐射强度与波长和温度的关系曲线

$$E_0 = \int_0^\infty E_{0\lambda} d\lambda$$
$$= \int_0^\infty C_1 \lambda^{-5} (e^{(c_2/\lambda T)} - 1)^{-1} d\lambda = \sigma_0 T^4 \tag{4-62}$$

式中 σ_0——斯蒂芬-玻尔兹曼常数,$\sigma_0 = 5.67 \times 10^{-12} \text{W}/(\text{cm}^2 \cdot \text{K}^4)$。

式(4-62)被称为绝对黑体的全辐射定律。如果物体的辐射光谱是连续的,而且它的单色辐射强度 $E_\lambda = f(\lambda)$ 和同温度下的绝对黑体的相应曲线相似,即在所有波长下都有 $E_\lambda / E_{0\lambda} = \varepsilon$($\varepsilon$ 为小于 1 的常数),则称该物体为"灰体"。该灰体的全部辐射能为 $E = \int_0^\infty E_\lambda d\lambda$,同样有 $E/E_0 = \varepsilon$。称该物体的特征参数 ε 为"相对辐射能力"、"辐射率"、"黑度"或"黑度系数"。自然界实际存在的物体既非绝对黑体,大多数也非灰体。物体的 ε 与温度和表面特性都有关。单色黑度系数还随波长而变。关于常用工程材料的 ε 可参阅本章末附表 4-5。

当温度变化时,将 $E_{0\lambda}$ 和 E_0 随温度变化的曲线画在图 4-50 中,图中虚线表示当 $\lambda = 0.65\mu\text{m}$ 时 $E_{0\lambda}$ 随温度变化曲线,实线表示 E_0 随温度变化的曲线。由图可见当温度升高时单色辐射强度要比全辐射能的增长快得多。这就是将要讲到的单色辐射光学高温计要比全辐射高温计灵敏度高的原因。从虚线还可以看出当温度由 1000K

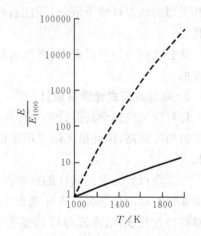

图 4-50 波长 $\lambda = 0.65\mu\text{m}$ 单色辐射强度和全辐射能量与温度的关系曲线

增加到1800K时其辐射强度增加到近10^5倍,这是单色光学高温计具有较高测量精度的理论依据。

4.5.2 单色辐射式光学测温原理、亮度温度和实际温度

1. 亮度与亮度温度

物体在高温状态下会发光,当温度高于700℃就会明显地发出可见光,具有一定的亮度。物体在波长λ下的亮度B_λ和它的E_λ成正比,即

$$B_\lambda = CE_\lambda$$

C为比例常数。

再根据维恩公式,得到绝对黑体在波长λ的亮度$B_{0\lambda}$与温度T_s的关系为

$$B_{0\lambda} = CC_1\lambda^{-5}e^{-(C_2/\lambda T_s)} \tag{4-63}$$

实际物体在波长λ的亮度B_λ与温度T的关系为

$$B_\lambda = C\varepsilon_\lambda C_1\lambda^{-5}e^{-(C_2/\lambda T)} \tag{4-64}$$

如果用一种测量亮度的单色辐射高温计来测量单色黑度系数ε_λ不同的物体的温度,由式(4-64)可知,即使它们的亮度B_λ相同,其实际温度也会因ε_λ不同而不同。为了使其具有通用性,对这类高温计作如下规定:单色辐射光学高温计的刻度按绝对黑体($\varepsilon_\lambda=1$)进行。用这种刻度的高温计去测量实际物体($\varepsilon_\lambda \neq 1$)的温度时,所得到的温度示值叫做被测物体的"亮度温度"。亮度温度的定义是:在波长为λ的单色辐射中,若物体在温度T时的亮度B_λ和绝对黑体在温度T_s时的亮度$B_{0\lambda}$相等,则把绝对黑体温度T_s称为被测物体在波长λ时的亮度温度。按此定义根据式(4-63)和式(4-64)可推导出被测物体实际温度T和亮度温度T_s之间的关系为

$$\frac{1}{T_s} - \frac{1}{T} = \frac{\lambda}{C_2}\ln\frac{1}{\varepsilon_\lambda} \tag{4-65}$$

由此可见使用已知波长λ的单色辐射高温计测得物体亮度温度后,必须同时知道物体在该波长下的黑度系数ε_λ,才可知道实际温度。可用式(4-65)计算,也可由和图4-51的相类似曲线查得修正值,但须注意图4-51的修正值只适用于$\lambda=0.65\mu m$的特定波长条件。

从公式(4-65)可以看出,因为ε_λ总是小于1,所以测到的亮度温度总是低于物体真实温度的。

2. 灯丝隐灭式光学高温计

灯丝隐灭式光学高温计是一种典型的单色辐射光学高温计,在所有的辐射式温度计中它的精度最高,因此很多国家用来作为基准仪器,复现金或银的凝固点温度以上的国际温标。

灯丝隐灭式光学高温计的原理图如图4-52所示。高温计的核心元件是一只标准灯3,其弧形灯丝的加热采用直流电源E,用滑线电阻器7调整灯丝电流以改变灯丝亮度。标准灯经过校准,电流值与灯丝亮度关系成为已知。灯丝的亮度温度由毫伏表6测出。物镜1和目镜4均可调整沿轴向移动,调整目镜位置使观测者能清晰地看到标准灯的弧形灯丝;调整物镜的位置使被测物体成像在灯丝平面上,在物像形成的发光背景上可以看

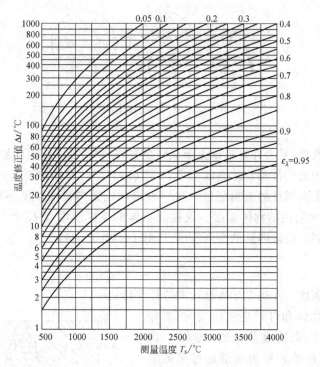

图 4-51 光学高温计修正曲线

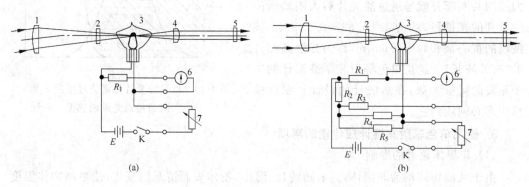

图 4-52 灯丝隐灭式光学高温计原理图
(a) 电压式； (b) 电桥式
1—物镜； 2—吸收玻璃； 3—高温计标准灯； 4—目镜； 5—红色滤光片； 6—测量电表； 7—滑线电阻

到灯丝。观测者目视比较背景和灯丝的亮度,如果灯丝亮度比被测物体的亮度低,则灯丝在背景上显现出暗的弧线,如图 4-53(a)所示；若灯丝亮度比被测物体亮度高,则灯丝在相对较暗的背景上显现出亮的弧线,如图 4-53(b)所示；只有当灯丝亮度和被测物体亮度相等时,灯丝才隐灭在物像的背景里,如图 4-53(c),此时由毫伏计指示的电流值就是被测物体亮度温度对应的读数。

在图 4-52 所示的光学高温计原理图中 2 是灰色吸收玻璃,它的作用是在保证标准灯泡钨丝在不过热的情况下能增加高温计的测量范围。当亮度温度超过 1400℃时,钨丝开

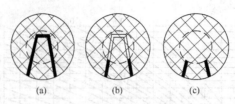

图 4-53 灯丝亮度调整图
(a) 灯线太暗; (b) 灯丝太亮; (c) 隐丝(正确)

始升华使其阻值改变,且会在灯泡壁上形成暗黑膜,从而改变了灯丝的温度-亮度特性,给测量造成误差。为此当被测物体亮度温度高于 1400℃ 时,光路中要加入吸收玻璃,以减弱辐射源进入光学高温计的辐射强度。这样可以利用最高亮度温度不超过 1400℃ 的钨丝灯去测量比 1400℃ 高的物体温度。设被测物体的亮度温度 T 高于 1400℃,经过吸收玻璃使其亮度减弱。设减弱后的亮度温度 T_0 低于 1400℃,则定义

$$A = \frac{1}{T_0} - \frac{1}{T} \tag{4-66}$$

为吸收玻璃的减弱度。A 是光学高温计的特征参数之一。

在进行被测物体和灯丝亮度比较时,必须加入红色滤光片 5,以造成单色光(红光)。图 4-54 画出的是红色滤光片的光谱透过系数 τ_λ 曲线和人眼睛的相对光谱敏感度 ν_λ 曲线。两条曲线的共同部分就是透过滤光片后人眼睛所能感觉到的光谱段,约为 $\lambda = 0.62 \sim 0.72 \mu m$。该波段的重心波长,$\lambda \approx 0.65 \mu m$,称为光学高温计的"有效波长"。这是单色辐射光学高温计的一个重要的特征参数,在高温计的设计和温度换算中都必须用到它。

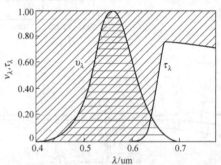

图 4-54 红色滤光片光谱透过系数 τ_λ 和人眼睛相对光谱敏感度 ν_λ 曲线

3. 使用单色辐射高温计应注意的事项

(1) 非黑体辐射的影响

由于被测物体均为非黑体,其 ε_λ 随波长、温度、物体表面情况而变化,使被测物体温度示值可能具有较大误差。为此人们往往把一根具有封底的细长管插入到被测对象中去,管底的辐射就近似于黑体辐射。光学高温计测得的管子底部温度就可以视为被测对象的真实温度。

(2) 中间介质

理论上光学高温计与被测目标间没有距离上的要求,只要求物像能均匀布满目镜视野即可。实际上其间的灰尘、烟雾、水蒸气和二氧化碳等对热辐射均可能有散射效应或吸收作用而造成测量误差。所以实际使用时高温计与被测物体距离不宜太远,一般在 1~2m 比较合适。

(3) 被测对象

光学高温计不宜测量反射光很强的物体;不能测量不发光的透明火焰;也不能用光学

高温计测量冷光的"温度"。

4. 工业光学高温计的误差估计

灯丝隐灭式的基准光学高温计往往用来作为国家基准仪器,复现黄金或白银凝固点温度,在 1000~1400℃ 有不超过 ±1℃ 的误差。用基准光学高温计可以依次传递至一等和二等标准仪器。二等标准器如标准钨带灯的误差为 ±5℃;用二等标准器对工业用光学高温计进行分度或校准,分五次读数,其读数误差为 ±2℃。指示仪器刻度范围 800~1400℃,精度等级为 1 级,则基本误差 ±6℃,所以工业光学高温计的分度误差约为

$$\Delta T = \pm \sqrt{5^2 + 2^2 + 6^2} = \pm 8℃$$

用校准过的光学高温计测量物体的亮度温度,亮度平衡误差 ±4℃,毫伏指示仪误差 ±6℃,则在 800~1400℃ 范围内单次测量误差为

$$\Delta T = \pm \sqrt{8^2 + 4^2 + 6^2} = \pm 10℃$$

如果测量 1400℃ 以上的亮度温度,应加入吸收玻璃。吸收玻璃减弱度的测量误差 ΔA 通常是 $\pm 1 \times 10^{-6}$。对式(4-66)微分即可得相应的温度误差

$$\Delta T = \frac{\Delta A}{A} \cdot \frac{T}{T_0}(T - T_0)$$

则在 2000℃ 时该项误差为 ±5℃;

3000℃ 时该项误差为 ±10℃。

由于 800~1400℃ 低量程分度误差 ±8℃ 而引起高量程的误差,可通过对式(4-66)微分求得

$$\Delta T = \left(\frac{T}{T_0}\right) \Delta T_0$$

对于 2000℃ 时该项误差为 ±15℃;

3000℃ 时该项误差为 ±31℃。

所以高量程的分度误差为

2000℃ 时为 $\pm \sqrt{15^2 + 5^2} = \pm 16℃$

3000℃ 时为 $\pm \sqrt{31^2 + 10^2} = \pm 33℃$

用高量程范围测物体亮度温度时考虑到单次测量的亮度平衡和指示仪表的误差,则高量程的测温误差可达

2000℃ 时为 ±18℃

3000℃ 时为 ±40℃

上面误差分析均系测量亮度温度时所具有的误差。如果要知道被测物体的实际温度必须测知 ε_λ,而 ε_λ 的大小又与温度有关,所以在选择 $\varepsilon_{\lambda T}$ 时,其误差往往不小于 10%,折合到温度误差值中

$$\Delta T = -\frac{\lambda}{C_2} T^2 \frac{\Delta \varepsilon_{\lambda T}}{\varepsilon_{\lambda T}}$$

那么该项误差在温度 1100℃ 时为 ±4.5℃;

2000℃ 时为 ±18℃;

3000℃ 时为 ±40.5℃。

4.5.3 光电自动平衡法测温

灯丝隐灭式光学高温计是由人的眼睛来判断亮度平衡状态,带有测量人员的主观性。同时由于测量温度是不连续的,使得难以做到被测温度的自动记录,因此,能自动平衡亮度和自动连续记录被测温度示值的光电式高温计得以发展和应用。光电高温计用光电器件作为敏感元件感受辐射源的亮度变化,并将其转换成与亮度成比例的电信号,再经过电子放大器放大,最后输出被测温度值,并将其自动记录下来。图 4-55 是 WDL 型光电高温计的工作原理示意图。

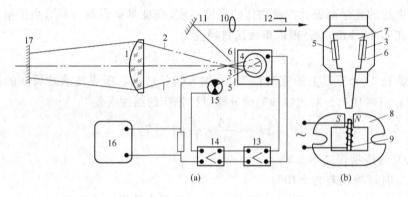

图 4-55 光电高温计工作原理图
(a) 工作原理示意图; (b) 光调制器
1—物镜; 2—光栏; 3,5—孔; 4—光电器件; 6—遮光板; 7—调制片;
8—永久磁钢; 9—激磁绕组; 10—透镜; 11—反射镜; 12—观察孔; 13—前置放大器;
14—主放大器; 15—反馈灯; 16—电子电位差计; 17—被测物体

被测物体 17 发射的辐射能量由物镜 1 聚焦,通过光栏 2 和遮光板 6 上的窗口 3,再透过装于遮光板内的红色滤光片(图上未示出)射至光电器件——硅光电池 4 上。被测物体发出的光束必须盖满孔 3。这可由瞄准透镜 10、反射镜 11 和观察孔 12 所组成的瞄准系统来进行观察。

从反馈灯 15 发出的辐射能量通过遮光板 6 上的窗口 5,再透过上述的红色滤光片也投射到光电器件 4 上。在遮光板 6 前面放置着光调制器。光调制器的激磁绕组 9 通以50Hz 交流电,所产生的交变磁场与永久磁钢 8 相互作用而使调制片 7 产生 50Hz 的机械振动,交替地打开和遮住窗口 3 和 5,使被测物体和反馈灯的辐射能量交替地投射到硅光电池上。当两辐射能量不相等时,光电器件就产生一个脉冲光电流 i,它与这两个单色辐射能量之差成比例。脉冲光电流被送至前置放大器 13 和主放大器 14 依次放大。主放大器由倒相器、差动相敏放大器和功率放大器组成,功放输出的直流电流 I 流过反馈灯。反馈灯的亮度决定于 I 值。当 I 的数值使反馈灯的亮度与被测物体的亮度相等时,脉冲光电流为零。电子电位差计 16 则用来自动指示和记录 I 的数值,其刻度为温度值。由于采用了光电负反馈,仪表的稳定性能主要取决于反馈灯的"电流—辐射强度"特性关系的稳定程度。

有些型号的光电高温计不是采用上述机械振动式光调制器,而是采用同步电动机带动一只转动圆盘作为光调制器,圆盘上开有小窗口以使被测物体和反馈灯的光束交替通过投至光电池上。调制频率为400Hz。其他部分的原理同前述。

使用光电高温计时所应注意的事项和灯丝隐灭式光学高温计相同。不过,由于反馈灯和光电器件的特性有较大分散性,使器件互换性差,因此在更换反馈灯和光电池时需要重新进行调整和分度。

4.5.4 全辐射式测温原理——全辐射光学高温计

根据绝对黑体全辐射定律的原理公式(4-62)而设计的高温计称为全辐射高温计。当测出黑体的全辐射强度 E_0 后就可知其温度 T。图4-56为全辐射高温计原理示意图。

被测物体波长 $\lambda=0\sim\infty$ 的全辐射能量由物镜1聚焦经光栏2投射到热接受器4上,这种热接受器多为热电堆结构。热电堆是由4~8支微型热电偶串联而成,以得到较大的热电势。热电堆的测量端贴在类十字形的铂箔上,铂箔涂成黑色以增加热吸收系数。热电堆的输出热电势接到显示仪表或记录仪器上。热电堆的参比端贴夹在热接受器周围的云母片中。在瞄准物体的过程中可以通过目镜6进行观察,目镜前有灰色玻璃5用来削弱光强,以保护观察者的眼睛。整个高温计机壳内壁面涂成黑色以便减少杂光干扰和尽量造成黑体条件。

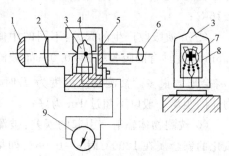

图4-56 全辐射高温计原理图
1—物镜; 2—光栏; 3—玻璃泡;
4—热电堆; 5—灰色滤光片; 6—目镜;
7—铂箔; 8—云母片; 9—二次仪表

全辐射高温计是按绝对黑体对象进行分度的。用它测量辐射率为 ε 的实际物体温度时,其示值并非真实温度,而是被测物体的"辐射温度"。辐射温度即是:温度为 T 的物体全辐射能量 E 等于温度为 T_p 的绝对黑体全辐射能量 E_0 时,则温度 T_p 称为被测物体的辐射温度。按 ε 的定义, $\varepsilon=E/E_0$,则有

$$T = T_p \sqrt[4]{1/\varepsilon} \tag{4-67}$$

由于 ε 总是小于1,所以测到的辐射温度总是低于实际物体的真实温度。

使用全辐射高温计应注意的事项:

① 全辐射的辐射率 ε 随物体成分、表面状态、温度和辐射条件有着较大范围的变化,因此应尽可能准确地得到被测物体的 ε,有关数据可参阅本章末附表4-6。或者创造人工黑体条件,例如将细长封底氧化铝管插入被测对象,以形成人工黑体;

② 高温计和被测物体之间的介质,如水蒸气、二氧化碳、尘埃等对热辐射有较强的吸收,而且不同介质对各波长的吸收率也不相同,为此高温计与被测物体之间距离不可太远;

③ 使用时环境温度不宜太高,以免引起热电堆参比端温度增高而增加测量误差。虽然设计高温计时对参比端温度有一定补偿措施,但还做不到完全补偿。例如被测物体温度为1000℃、环境温度为50℃时,高温计指示值偏低约5℃;环境温度为80℃时示值偏低10℃,环境温度高于100℃时则必须加冷却水套以降温;

④ 被测物体到高温计之间距离 L 和被测物体的直径 D 之比(L/D)有一定限制。当比值太大时,被测物体在热电堆平面上成像太小,不能全部覆盖住热电堆十字形平面,使热电堆接收到的辐射能减少,温度示值偏低;当比值太小时,物像过大,使热电堆附近的其他零件受热,参比端温度上升,也造成示值下降。例如 WFT—202 型高温计规定:当 $L=0.6m$ 时,L/D 为 15;$L=0.8m$ 时,L/D 为 19;当 $L>1m$ 时,L/D 为 20,如果此时采用 $L/D=18$,在 900℃ 时则将增加 10℃ 误差。

全辐射高温计测温过程中误差来源及分析:

① 分度误差:工业用辐射高温计是利用互换器件组装成的仪器,器件特性会有一定分散性,因此出厂时需用标准黑体热辐射源单独进行分度,分度后 1000℃ 时误差约为 $\pm 16℃$;

② 介质吸收产生的误差:不同的中间介质对辐射能有不同的吸收率。例如空气,每 0.5m 厚度具有的吸收率 $\alpha=0.03$;如被测物体为烟气,含有 H_2O 和 CO_2 等 3 原子气体,α 将会增大很多。被测物体温度为 T 时,高温计示值 $T'=T\sqrt[4]{1-\alpha}$,为此高温计和被测物体间距离一般以不超过 1m 为好;

③ 被测物体辐射率引起的误差:被测物体的辐射率 ε 的测定带有较大误差,例如未氧化的镍金属在 1200℃ 时 $\varepsilon=0.063$,如果氧化了的则为 0.85。一般情况下,ε 的相对变化 $\Delta\varepsilon/\varepsilon$ 总在 10% 以上,如果 $\Delta\varepsilon/\varepsilon=10\%$,则在 $t=1000℃$ 时由 $\Delta\varepsilon$ 引起的测温误差为

$$\Delta T = \frac{1}{4} \cdot T \cdot \frac{\Delta\varepsilon}{\varepsilon} = 32℃$$

④ 使用时环境条件所带来的误差:如环境温度过高;L/D 选择不当;或更换零件后未进行校准等。

总之,全辐射高温计不宜用来进行精确测量,多用于中小型炉窑的温度监视。该高温计的优点是结构简单,使用方便,价格低廉。时间常数约为 4~20s。

近年来,全辐射高温计的热接受器除了热电堆之外,还采用热敏电阻、硅光电池等器件,除热接受器的输出电路有所变化外,其他光学系统无变化。

4.5.5 比色测温法与比色温度

根据维恩偏移定律,当温度增高时绝对黑体的最大单色辐射强度向波长减小的方向移动,使两个固定波长 λ_1 和 λ_2 的亮度比随温度而变化。因此,测量其亮度比值即可知其相应温度。若绝对黑体的温度为 T_c,则相应于波长 λ_1 和 λ_2 的亮度分别为:

$$B_{0\lambda 1} = CC_1\lambda_1^{-5}\exp(-C_2/\lambda_1 T_c)$$
$$B_{0\lambda 2} = CC_1\lambda_2^{-5}\exp(-C_2/\lambda_2 T_c)$$

两式相比后,可求得

$$T_c = \frac{C_2[(1/\lambda_2)-(1/\lambda_1)]}{\ln(B_{0\lambda 1}/B_{0\lambda 2})-5\ln(\lambda_2/\lambda_1)} \tag{4-68}$$

如果波长 λ_1 和 λ_2 是确定的,那么测得该两波长下的亮度比 $B_{0\lambda 1}/B_{0\lambda 2}$,根据式(4-68)就可求出 T_c。

若温度为 T 的实际物体在两个不同波长下的亮度比值与温度为 T_c 的绝对黑体在同

样两波长下的亮度比值相等,则把 T_c 称为实际物体的比色温度。根据比色温度的这个定义,再应用维恩公式,就可以推导出物体实际温度 T 和比色温度 T_c 的关系为

$$\frac{1}{T} - \frac{1}{T_c} = \frac{\ln(\varepsilon_{\lambda 1}/\varepsilon_{\lambda 2})}{C_2(1/\lambda_1 - 1/\lambda_2)} \tag{4-69}$$

式中波长 $\varepsilon_{\lambda 1}$ 和 $\varepsilon_{\lambda 2}$ 分别为实际物体在辐射波长为 λ_1 和 λ_2 时的单色辐射率。

根据公式(4-69),可分析比色法光学测温有如下特点:

① 对于绝对黑体因为 $\varepsilon_{\lambda 1}=\varepsilon_{\lambda 2}=1$,所以 $T=T_c$;对于灰体由 $\varepsilon_{\lambda 1}=\varepsilon_{\lambda 2}\neq 1$,同样 $T=T_c$;对于一般物体,$\varepsilon_{\lambda 1}\neq\varepsilon_{\lambda 2}$,则 $T\neq T_c$;但一般物体 $\varepsilon_{\lambda 1}$ 和 $\varepsilon_{\lambda 2}$ 的比值变化相对要比 ε_λ 和 ε 的单值变化小得多,因此 T_c 与 T 之差要比 T_s 与 T 之差小得多,同样也比 T_p 与 T 之差小得多。

② 对于金属物体,一般是短波的 $\varepsilon_{\lambda 1}$ 大于长波的 $\varepsilon_{\lambda 2}$,则 $\ln(\varepsilon_{\lambda 1}/\varepsilon_{\lambda 2})>0$,比色温度将高于物体实际温度。对于其他物体,视 $\varepsilon_{\lambda 1}$ 和 $\varepsilon_{\lambda 2}$ 的大小而定。

③ 中间介质如水蒸气、二氧化碳、尘埃等对 λ_1 和 λ_2 的单色辐射均有吸收,尽管吸收率不一定相同,但对单色辐射强度比值的影响相对比较小。

图 4-57 是按照比色测温原理设计和实现的单通道光电比色高温计的工作原理图。

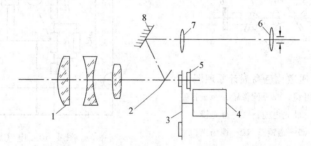

图 4-57 单通道光电比色高温计原理图
1—物镜组; 2—通孔成像镜; 3—调制盘; 4—同步电机;
5—硅光电池接收器; 6—目镜; 7—倒像镜; 8—反射镜

被测物体的辐射能量经物镜组 1 聚焦,经过通孔成像镜 2 而到达硅光电池接收器 5。同步电动机 4 带动圆盘 3 转动,圆盘上装有两种不同颜色的滤光片,可允许两种波长的光交替通过。接受器 5 输出两个相应的电信号。对被测对象的瞄准通过反射镜 8、倒像镜 7 和目镜 6 来实现。

单通道光电比色高温计的结构框图如图 4-58 所示。接受器输出的电信号经变送器 2 完成比值运算和线性化后输出统一直流信号 0～10mA。它既可接模拟仪表也可以接数字式仪表,来指示被测温度值。为使光电池工作稳定,它被安装在一恒温容器内,容器温度由光电池恒温电路自动控制。

单通道比色高温计的测温范围为 900～2000℃,仪表基本误差为 ±1%。如果采用 PbS 光电池代替硅光电池作为接受器,则测温下限可到 400℃。

双通道比色高温计不像单通道那样采用转动圆盘进行调制,而是采用分光镜把辐射能分成不同波长的两路。图 4-59 为其原理图。

被测物体的辐射能经物镜 1 聚焦于视场光栏 10,再经透镜 9 到分光镜 7,红外光能

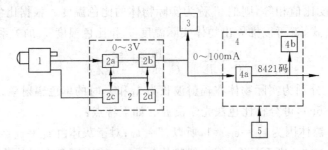

图 4-58 单通道比色高温计结构框图
1—接受器；2—变送器；2a—比值运算电路；2b—线性化电路；
2c—光电池恒温电路；2d—变速器电源；3—显示记录仪表；4—温度数字显示仪；
4a—模数转换器；4b—数字显示器；5—显示仪电源

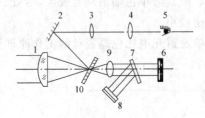

图 4-59 双通道比色高温计原理图
1—物镜；2—反射镜；3—倒像镜；4—目镜；
5—人眼；6—硅光电池；7—分光镜；
8—硅光电池；9—透镜；10—视场光栏

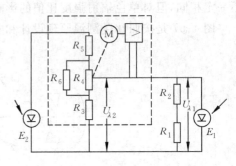

图 4-60 电气原理图

透过分光镜投射到硅光电池 6 上；可见光则被分光镜反射到另一硅光电池 8 上。在 6 的前面设有红色滤光片可将少量可见光滤去，在硅光电池 8 的前面设有可见光滤光片可将少量长波辐射能滤去。两个硅光电池的输出信号分别为电动势 E_1 和 E_2。电气原理图如图 4-60 所示，硅光电池 8 输出的 E_2 在 R_3，R_4，R_5 上的分压 $U_{\lambda 2}$ 和硅光电池 6 输出的 E_1（即 $U_{\lambda 1}$）被同时输入至放大器，进行电压放大和功率放大。当两个输入信号不相等时，放大后的信号推动可逆电动机 M 转动，使沿线电阻 R_4 上的滑点移动，直至 $U_{\lambda 1}=U_{\lambda 2}$ 为止。R_4 的滑点位置则能反映出被测物体的比色温度值。

这种双通道式比色高温计结构简单，使用方便，但两个光电池要保持特性一致且不随时间发生变化是比较困难的。

4.6 红外与激光技术在温度场测量中的应用

4.6.1 红外测温仪

辐射式温度计的测温范围，向高温延伸理论上是不受上限限制的。同样也可向中温范围（0～700℃）延伸，只是在这个温度段已不是可见光而全是红外辐射了，需要用红外敏感元件来检测。图 4-61 示出红外测温仪的工作原理图。

它和光电高温计的工作原理有类同之处,都为光学反馈式结构。被测物体 S 和参考源 R 产生的红外辐射,经圆盘调制器 T 调制后输至红外敏感检测器 D。圆盘调制器由同步电动机 M 所带动。检测器 D 的输出电信号经放大器 A 和相敏整流器 K 至控制放大器 C,控制参考源的辐射强度。当参考源和被测物体的辐射强度一致时,参考源的加热电流可代表被测温度,由显示器 I 显示出被测物体的温度值。

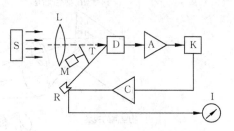

图 4-61　红外测温仪工作原理图
S—目标；　L—光学系统；　D—红外探测器；
　　A—放大器；　K—相敏整流；
C—控制放大器；　R—参考源；　M—电动机；
　　　I—指示器；　T—调制盘

红外测温仪的光学系统有透射式和反射式两种。透射式光学系统的透镜采用能透过被测温度下热辐射波段的材料制成。如被测温度在 700℃ 以上时主要波段在 0.76～3μm 近红外区,可用一段光学玻璃或石英等材料制作透镜;100～700℃ 主要波段在 3～5μm 中红外区,多采用氟化镁、氧化镁等热压光学材料制作透镜;低于 100℃ 温度的波段主要是 5～14μm 中、远红外波段,多采用锗、硅、热压硫化锌等材料做透镜。反射式光学系统多采用凹面玻璃反射镜,表面镀金、铝、镍或铬等对红外辐射反射率很高的材料。

4.6.2　热像仪

热像仪主要是利用红外技术进行温度场的测量。因为任何物体只要其温度高于绝对零度都会因分子的热运动而发射红外线,且发出的红外辐射能量与物体绝对温度的四次方成正比。热像仪就是依据这一特性来测量物体的温度场。它是一种非接触式的测温技术,不会破坏被测温度场。对测量物体表面温度分布,具有比其他测温技术更为显著的优越性。

1. 热像仪的工作原理

热像仪是利用红外扫描原理测量物体表面温度分布的。它可以摄取来自被测物体各部分射向仪器的红外辐射通量的分布。利用红外探测器,按顺序直接测量物体各部分发射出的红外辐射,综合起来得到物体发射红外辐射通量的分布图像,这种图像称为热像图。由于热像图本身包含了被测物体的温度信息,也有人称之为温度图。

图 4-62 为扫描式热像仪原理示意图。它由光学会聚系统、扫描系统、探测器、视频信号处理器、显示器等几个主要部分组成。目标的辐射图形经光学系统会聚和滤光,聚焦在焦平面上。焦平面内安置一个探测元件。在光学会聚系统与探测器之间有一套光学-机械扫描装置,它由两个扫描反射镜组成,一个用作垂直扫描,一个用作水平扫描。从目标入射到探测器上的红外辐射随着扫描镜的转动而移动,按次序扫过物空间的整个视场。在扫描过程中,入射红外辐射使探测器产生响应。一般来说,探测器的响应是与红外辐射的能量成正比的电压信号,扫描过程使二维的物体辐射图形转换成一维的模拟电压信号序列。该信号经过放大、处理后,由视频监视系统实现热像显示和温度测量。

2. 基本热像仪系统的组成

不同的热像仪,其实施方法可以很不相同,最简单的热像仪只沿一个坐标轴方向扫

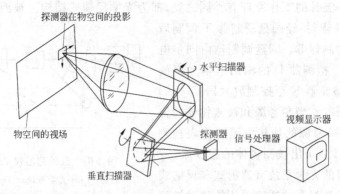

图 4-62 扫描热像仪原理示意图

描,另一维扫描由被测物体本身的移动来实现。这类热像仪只适用于测量运动着或转动着的物体出射红外辐射的分布。对一般物体,需要进行两维的扫描才能获得被测物体的热像图。最近发展起来的热像仪,功能更为全面,不仅可以摄取热像图,而且能够进行热像的分析、记录。可以满足许多热测量问题的需要。

图 4-63 是基本热像仪系统的组成方框图。

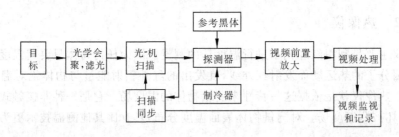

图 4-63 基本热像仪系统框图

(1) 光机扫描系统

扫描系统是热像仪的主要组成部分之一,其作用是使红外探测器按顺序地接收被测物体表面各微元面积上的红外辐射。为了获得二维分布的热像,必须进行二维扫描。在原理上,就是须构成一个如图 4-64 所示的光学系统。红外探测器位于系统的焦点。图中,$abcd$ 是目标物所在的区域。即被测目标出射红外辐射通量分布的区域。红外探测器在某一瞬间只能看到目标很小的部分(图中划斜线的部分),通常称为"瞬时视场"。光学

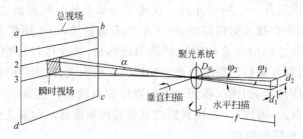

图 4-64 光机扫描成像系统

系统能够在垂直与水平两个方向上转动。水平转动时,瞬时视场在水平方向上横扫过目标区域的一条带。光学系统垂直转动与水平转动相配合,在瞬时视场水平扫过一条带之后,垂直转动恰好使它回到这一横带之下的区域,接着扫出的一条横带与前者相衔接的带。经过多次水平方向扫描,瞬时视场扫完整个 abcd 面积后,机械运动使它回到原来的起始位置 a 处。如果探测器的响应足够快,那么,它对任一瞬时视场都会产生一个与接收到的入射红外辐射通量成正比的输出信号。在整个扫描过程中,探测器的输出将是一个强弱随时间变化且与各瞬时视场出射的红外辐射通量变化相应的序列电压信号。扫描方式有以下两种。

(1) 物扫描方式　扫描光学系统放置在聚光光学系统之外,摆动或者转动扫描光学系统,实现所谓物扫描,图 4-65 是物扫描方式的工作原理示意图。在物扫描方式中,由于聚光系统在扫描镜之后,要提高聚光后光的强度,光束需要增大,扫描镜也随之增大,因而扫描速度受到限制。

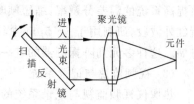

(2) 像扫描方式　像扫描方式的原理如图 4-66(a)所示。在这种扫描方式中,扫描光学系统插在聚光系统和探测器之间,摆动和转动扫描光学系统,实

图 4-65　物扫描方式的原理示意图

现所谓像扫描。像扫描方式扫描速度高,但扫描角度有限制。图 4-66(b)是应用于 AGA—780 热像仪中像扫描方式的实例。在此例中,聚光光学系统中间插入两个平行平面棱镜。来自目标的红外辐射能量由红外透镜聚集后,进入垂直棱镜。垂直棱镜以 180r/min 的转速旋转,进行垂直像扫描;水平棱镜以 18000r/min 的转速旋转,进行水平像扫描。从水平棱镜输出的光通过透镜最终被聚焦到红外探测元件上。

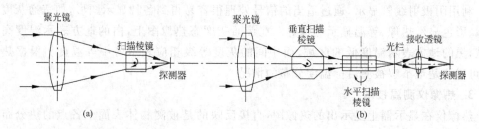

图 4-66　像扫描原理与实践示意图

(2) 红外探测器

感受红外辐射能量并把它变换成一种便于接收的物理量(通常是电量)的器件称为红外探测器。它的光谱响应特性、时间常数及探测率,直接影响到热像仪的性能。在热像仪中,除根据被测物体的辐射特性和大气传输特性选择探测器外,总希望探测器具有高的探测率和小的时间常数,以使热像仪具有良好的灵敏度和短的帧时。尽管红外辐射的各种效应都可以用来制造红外探测器,但目前真正实用的是热探测器和光电探测器。在热像仪中,光电探测器已得到广泛的应用。其中最常用的是光伏锑化铟、光伏锑锡铅、光导锑镉汞以及锗、硅掺杂等探测器。它们的优点是比热探测器更为灵敏,并具有小得多的时间常数,能够适应高速扫描的要求。缺点是光谱范围有限,而且为了得到最佳灵敏度,光电

探测器需要制冷。AGA—780型热像仪短波（3~5.6μm）系统中使用的是锑化铟探测器，它与装有液氮的杜瓦瓶构成一个整体，可被制冷到液氮温度（77K），其响应时间也短于热像仪扫描速度所要求的1μs。但锑化铟对信号波长响应限制在小于5.6μm的范围。AGA—780型热像仪长波（8~14μm）系统采用的是锑镉汞，它在液氮温度下对8~14μm光谱范围内的信号有很好的响应。

已发展起来的多元列阵探测器有希望被应用于热像仪中。它在焦平面或焦平面附近采用电荷转移器件（主要是电荷耦合器件CCD和电荷注入器件CID）进行多路调制与信息处理，使实际的红外焦平面上具有上千个红外探测器。多元列阵电荷转移成像器件具有自扫描、动态范围大、噪声低等特点。如果能在热像仪系统中成功地采用这种器件，必将提高系统的温差分辨率，缩短帧时。目前，这种多元列阵电荷转移探测器还只能应用于近红外波段，研制用于3~5μm中红外波段的多元列阵电荷转移探测器也取得了显著的进展。这种多元列阵探测器的进一步研究将为热像仪的发展展现出更美好的前景。

(3) 视频监视与记录系统

热像仪视频监视与记录系统的作用是把红外探测器提供的顺序变化电信号转换成可见图像。基本的显示方法有两种。一种是把探测器输出的信号放大，去调制光源（如辉光放电管、发光二极管等）的辉度，利用和摄像头光学扫描同步的第二光学扫描系统，直接在普通的感光胶片上扫描成像；另一种是用阴极射线管（CRT）显示图像。在后一种显示方式中，探测器输出的顺序电压信号经过放大处理后，可作为显示器的视频信号。显示器的扫描系统可用同步脉冲保持与目标扫描系统同步，产生全部水平扫描线，这些水平扫描线的起点都在同一垂线上，并在垂直方向上依次下移，在荧光屏上显示出目标的图像。目前，多数热像仪都采用这种显示方式。

利用阴极射线管显示，通过适当的信号处理很容易得到各种显示图形，如普通灰度态热像、彩色显示热像、等温显示热像等。在普通灰度态热像图上，白的地方表示温度高的区域，黑的地方表示温度低的区域，而中间的灰度等级相应表示各中等温度。根据热像图，可以清楚地了解被测目标温度分布的情况。

3. 热像仪测温技术

热像仪在显示器上显示出的热像图，直接反映的是被测物体表面上各点的热分布状况，即红外辐射通量分布状况。任何温度高于绝对零度的物体，都会发出红外辐射。物体所发射的红外辐射功率与其本身的温度之间的关系可用斯蒂芬-玻耳兹曼全辐射定律确定

$$E = \varepsilon \sigma T^4$$

式中　　ε——物体的比发射率；

　　　　σ——玻耳兹曼常数。

因此，反映红外辐射通量分布的热像图也同样反映了被测物体表面温度分布情况。然而，由于热像仪所接收到的红外辐射与目标温度之间呈非线性关系，而且还要受到目标表面比发射率、大气衰减及目标所处环境反射辐射等因素的影响，热像图只能给出物体表面温度分布情况的定性描述，测量者要想根据热像图获得被测物体绝对温度值，必须采用与基准黑体温度相比较的方式来标定绝对温度值。多数热像仪的输出是以等温单位为单

位的,这样可以适应较大测量范围的多种热测量问题的需要。

热像仪接收并检测到的红外辐射的数字量度常被称为热值,用等温单位来表示,这是一个任选的测量单位。热像图上某点的测量热值是由等温标尺上标记的读数和测量者所选定的热范围、热电平(等温标尺零点所对应的热度值)决定的。热值与仪器所接收到的光子辐射之间的关系是线性的。然而,热值与目标温度之间的关系是非线性的,这个关系就是所谓标定函数。标定函数可以以标定曲线的形式给出,也可以以计算程序的形式给出。用热像仪进行温度测量的基本方法就是利用标定函数把热像仪输出的热值转换成被测物体的绝对温度值。

(1) 标定曲线

描述测量热值与温度之间关系的标定曲线通常由实验方法来确定。标定曲线的实际形状依赖于热像仪扫描光学系统中实际光圈的大小以及所采用的滤光镜。

标定曲线可以精确地用如下的数学模型来描述

$$I = \frac{A}{C\exp(B/T) - 1} \tag{4-70}$$

式中 I 为对应于温度 T 的热值;T 是绝对温度(K),A,B,C 为标定常数,取决于实际光圈、滤光镜和扫描器类型。标定时,用热像仪对着不同温度下的基准黑体热源进行测量,再用最小二乘法拟合测量数据,得到一条热值-温度关系的最佳拟合曲线作为标定曲线,同时也可以求出描述标定曲线的数学模型中各项标定常数的数值,得到具体的数学模型。一般情况下,热像仪都附有典型标定曲线,但为了提高精度,有时仍需测量者单独进行标定。

(2) 温度测量技术

使用热像仪测量目标温度一般有两种方法。一种是直接测量法,另一种是对比测量法。直接测量法是利用热像仪内部的基准黑体或者钳位电位,在不使用外界温度参考体的情况下测量目标温度值。对比测量则是利用有已知温度和发射率的外界温度参考体来测量目标温度值。

如果被测物体可视为绝对黑体,在理想条件下,热像仪测得的热值可以直接利用标定曲线转换成被测物体的温度值。采用直接测量方法时,只要测量者得到热像仪输出的测量热值 I_0,并在标定曲线的纵坐标上标出它的数值,那么,就很容易在标定曲线的横坐标上得到目标的温度值。如图 4-67 所示。

直接测量法简单,但精度不易保证。在精度要求较高的场合,只要条件允许,而且在可以得到外界温度参考体的情况下,此时采用对比测量法更合适。外界参考体的选择,取决于要求的测量精度和实际的测量条件。一个理想的参考体,其温度应尽量接近于被测物体的温度,发射率应与目标的发射率相同,并且最好放置在目标周围。如果被测物体表面上某一点的温度准确已知,那么用它作为外界温度参考体是很理想的。在进行对比测量时,测量者可以从热像仪的输出中得到目标与温度参考体的热差值 ΔI,热差值可正可负。然后,在标定曲线上找出参考体温度 t_r 所对应的热值 I_r,再把热差值 ΔI 加到参考体热值 I_r 上,给出目标热值 I_0。最后,借助于同一标定曲线,可以得到目标的温度值。对比测量过程可参见图 4-68。

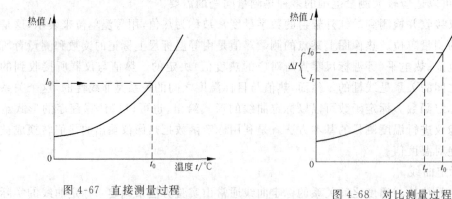

图 4-67 直接测量过程　　　　　　图 4-68 对比测量过程

实际测量中,被测物体的发射率 $\varepsilon<1$,而且测量过程中总会存在一些不可忽略的外界因素的影响。这就使得测量者在利用标定曲线将目标热值(或热差值)转换成绝对温度值时,须首先对目标的非黑体性质和干扰因素的影响进行计算修正。外界干扰因素的影响主要表现在以下几个方面:

① 目标周围环境的影响　不透明的漫反射表面的反射率 $\zeta=1-\varepsilon$。因此,对非黑体目标,来自周围环境的干扰红外辐射也会因目标的反射而进入热像仪扫描器,使热像仪输出热值中含有相应的影响分量,这个分量的大小与环境温度有关。

② 目标透明性的影响　有些目标可以或多或少的透过红外辐射,从这类目标接收的红外辐射将包括来自目标背后的无关辐射。

③ 大气影响　红外辐射在大气中传输时,大气中某些成分对红外辐射有吸收作用,会减弱目标到热像仪的红外辐射。在另一些情况下,大气本身的发射率也将对测量产生影响,这也须加以考虑。引入大气修正系数 τ,可以修正大气对红外辐射的影响。修正系数可以测定,也可以采用某种大气模型来计算。

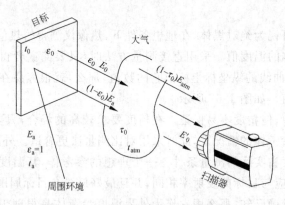

图 4-69　一般测量条件下的辐射情况

图 4-69 描述了一般测量条件下的辐射情况。目标产生的红外辐射和目标反射的周围环境各有关表面的红外辐射,通过大气衰减后,进入热像仪扫描器。与此同时,大气所产生的红外辐射也进入扫描器。这样,热像仪扫描器所接收到的红外辐射应是目标辐射、

目标对环境辐射的反射辐射以及大气辐射的总和。如果目标的温度为 t_0，周围环境各有关表面具有相同的温度 t_a，且发射率 $\varepsilon \approx 1$（这对大多数实际情况是很好的近似），大气温度为 t_{atm}，那么，热像仪扫描器通过大气从目标表面所接收到的红外辐射 E'_0 可用下式表示

$$E'_0 = \tau_0 \varepsilon_0 E_0 + \tau_0 (1-\varepsilon_0) E_a + (1-\tau_0) E_{atm} \tag{4-71}$$

式中 E_0, E_a, E_{atm} 分别是温度为 t_0, t_a, t_{atm} 的黑体发射的红外辐射；ε_0 为目标的发射率；对不透明的目标，$(1-\varepsilon_0)$ 是目标的反射率；τ_0 为扫描器和目标之间的大气修正系数，即作为系统光谱响应修正的大气透射率，$(1-\tau_0)$ 则是大气发射率。

由于热值与接收到的红外辐射呈线性关系，可以把式(4-71)所表达的辐射关系直接转换成热值关系

$$I'_0 = \tau_0 \varepsilon_0 I_0 + \tau_0 (1-\varepsilon_0) I_a + (1-\tau_0) I_{atm} \tag{4-72}$$

式中 I'_0 为测量得到的目标热值（即与扫描器通过大气从目标表面接收到的红外辐射相应的热像仪读数）。I_0, I_a, I_{atm} 是温度分别为 t_0, t_a, t_{atm} 时，由标定曲线标定的热值。式(4-72)是热像仪测量温度的通用测量公式，它表达了如何把测量热值 I'_0 与测量过程中 3 个基本辐射源连同它们的有关参数联系起来。各辐射项可表达为黑体热值，它们分别由各辐射源温度及标定函数确定。

对直接测量，可由式(4-72)求得与目标温度 t_0 相应的热值 I_0

$$I_0 = \frac{I'_0}{\tau_0 \varepsilon_0} - \left(\frac{1}{\varepsilon_0} - 1\right) I_a - \frac{1}{\varepsilon_0}\left(\frac{1}{\tau_0} - 1\right) I_{atm} \tag{4-73}$$

进而直接由标定函数求得被测物体的温度值 t_0。

对具有已知温度参考体的对比测量，可由式(4-72)分别得到

$$I'_0 = \tau_0 \varepsilon_0 I_0 + \tau_0 (1-\varepsilon_0) I_{a0} + (1-\tau_0) I_{atm} \tag{4-74}$$

$$I'_r = \tau_r \varepsilon_r I_r + \tau_r (1-\varepsilon_r) I_{ar} + (1-\tau_r) I_{atm} \tag{4-75}$$

式中 I'_r 为测量得到的温度参考体热值；I_r 是温度为 t_r 时，由标定曲线标定的热值，t_r 是参考体温度；I_{a0}, I_{ar} 分别是由标定曲线标定的相应于目标环境温度 t_{a0} 和参考体环境温度 t_{ar} 的热值；ε_r 为温度参考体的发射率；τ_r 是扫描器和温度参考体之间的大气修正系数。在实际测量中，假定被测目标与温度参考体放在一起（如果有可能，总是这样），那么

$$\tau_r = \tau_0$$
$$I_{a0} = I_{ar} = I_a$$

式(4-74)与式(4-75)相减，可得测量热差值

$$\Delta I = I'_0 - I'_r = \tau_0 \varepsilon_0 I_0 - \tau_0 \varepsilon_r I_r + \tau_0 (\varepsilon_r - \varepsilon_0) I_a \tag{4-76}$$

测量热差值 ΔI 可由热像仪输出得到。由式(4-76)可见，利用接近被测目标的温度参考体进行对比测量时，大气发射的红外辐射对测量结果没有影响。根据式(4-76)，可求得与目标温度 t_0 相应的热值

$$I_0 = \frac{\Delta I}{\tau_0 \varepsilon_0} + \frac{\varepsilon_r}{\varepsilon_0} I_r + \left(1 - \frac{\varepsilon_r}{\varepsilon_0}\right) I_a \tag{4-77}$$

进而根据标定函数求出目标温度值 t_0。特别是，当目标与参考体的发射率近似相等时，例如，选择目标上温度已知的某一部分作为温度参考体表面，就有可能实现这一条件。则公式(4-77)将被化简为

$$I_0 = \frac{\Delta I}{\tau_0 \varepsilon_0} + I_r \tag{4-78}$$

总的测量精度因此而得到改善。

在特定条件下,式(4-74)和式(4-76)都可大为化简。例如,若所有测量中涉及的 ε 和 τ 都接近于 1,那么
$$I_0 \approx I_0'$$
及
$$I_0 \approx \Delta I + I_r$$
这正好对应于理想条件下的直接测量和对比测量。

热像仪测量被测物体表面温度的范围,视具体的热像仪系统而定。对同一热像仪,温度测量范围与采用的扫描器种类、测量时选择的光圈以及选择的滤光镜有关。例如,AGA—780 型热像仪,选择不同的光圈可以测量 $-20 \sim 800℃$ 的目标而不必加滤光镜。光圈愈小,能观测的温度也就愈高。加入滤光镜,可进一步扩大测温范围,把测温上限提高到 $800 \sim 1600℃$。

利用热像仪不仅可以测量被测物体表面温度的分布及确定其温度值,而且还可以用来解决多种其他的热测量问题。例如,在目标温度已知,但其发射率未知的情况下,式(4-73)和式(4-77)经过适当的变换,可以测量目标的发射率。

4.6.3 用全息干涉技术测量温度场

激光全息摄影是近几年发展起来的一种非接触式测量技术,在热工参数场(如流动场、温度场、浓度场等)的测量中有着重要应用前景。本节仅就用全息干涉技术对温度场进行测量的原理做一简要介绍。

1. 全息摄影术的基本原理

全息摄影是根据物理光学的原理,利用光波的干涉现象,在底片上同时记录下被测物体反射光波或透过被测物体光波的振幅和位相,即把物光的全部信息都记录下来。这个记录的过程叫做拍摄全息图像的过程。再经显影和定影处理后成为可以保存的全息底片。然后根据光的衍射原理,用拍摄时的相干光去照射底片,就会再现出物体的空间立体图像,这个过程叫做再现物像过程。

(1) 拍摄全息图像

如图 4-70 所示,激光光源 1 发出单色平行光,经分光镜 2 分成相等的两束。其中一束经反光镜 3、扩束镜 4、准直镜 5 作为物光透过被测物体 6 而达全息底片 7;另一束经反射镜 8、扩束镜 9、准直镜 10 作为参考光抵达全息底片 7。两束相干光在底片上产生干涉,形成干涉图样。于是记录下了物光相对于参考光在底片处振幅和位相的变化。

全息照相过程的数学表达式如下:

物光复振幅 $\quad A_0 = a_0 e^{i\varphi_0} \tag{4-79}$

参考光复振幅 $\quad A_R = a_R e^{i\varphi_R} \tag{4-80}$

式中 a_0, a_R 分别为物光和参考光波的最大振幅;φ_0, φ_R 分别为两光波的位相。两列光在感光

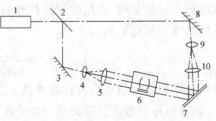

图 4-70 拍摄全息图像的原理图

底片上的光强分布应为：

$$I = (A_0 + A_R) \cdot (A_0 + A_R)^*$$
$$= A_0 \cdot A_0^* + A_R \cdot A_R^* + A_0 \cdot A_R^* + A_R \cdot A_0^*$$
$$= a_0^2 + a_R^2 + a_0 a_R \exp[i(\varphi_0 - \varphi_R)] + a_0 a_R \exp[-i(\varphi_0 - \varphi_R)]$$
$$= a_0^2 + a_R^2 + 2a_0 a_R \cos(\varphi_0 - \varphi_R) \tag{4-81}$$

式中 A_0^* 和 A_R^* 是 A_0 和 A_R 的共轭值。

从式(4-81)可见感光底片上的光强分布有两部分组成，一部分为振幅项($a_0^2 + a_R^2$)，是一个常量；另一部分为位相项 $2a_0 a_R \cos(\varphi_0 - \varphi_R)$，是一个周期性变化量。该位相项变量决定了底片上记录到的明暗相间变化的干涉条纹的特征。这些条纹就是被测对象的稳态或拍摄时瞬态的参数信息。

(2) 再现物像过程

将拍摄的全息底片经显影和定影处理后，可以观察到，干涉图样是一种条纹极细、间距不等、弯曲畸变的光栅条纹。把全息底片复位到原拍摄时的支架上，用原参考光作为再现光照射底片，底片上的条纹相当于一块透过率不均匀的障碍物，再现光经过时发生衍射，在全息底片的背面会出现原物体的空间像，如图4-71所示。

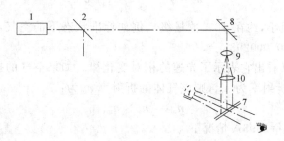

图4-71 全息图像的再现过程

用再现光作为入射光照射全息底片时，一部分入射光透过底片而产生衍射。把透射光波的复振幅与入射光波的复振幅之比定义为全息底片的振幅透射率，并记以 T。在一定的曝光范围内可以假定振幅透射率与全息底片上条纹的光强分布成正比。即

$$T = \beta I \tag{4-82}$$

β 为比例常数。

由于采用拍摄过程的参考光作为再现过程的再现光，所以有：

$$T = \frac{A_{RT}}{A_R}$$

其中 A_{RT} 为再现光透射过底片部分的复振幅。

$$A_{RT} = \beta A_R I$$
$$= \beta A_R (A_0 \cdot A_0^* + A_R \cdot A_R^* + A_0 \cdot A_R^* + A_R \cdot A_0^*)$$
$$= \beta [(A_0 \cdot A_0^* + A_R \cdot A_R^*) A_R + (A_R \cdot A_R^*) A_0 + A_R^2 \cdot A_0^*]$$
$$= \beta [(a_0^2 + a_R^2) a_R e^{i\varphi_R} + a_R^2 a_0 e^{i\varphi_R} + a_R^2 e^{i2\varphi_R} \cdot a_0 e^{-i\varphi_0}] \tag{4-83}$$

由式(4-83)可以看出，如果参考光是均匀的，a_R^2 在整个全息图上近似为常数，等号右边第

一项就是入射光照射底片时沿入射光方向透射的光波,是入射光的衰减光波,其方向不变,称为零级光波。第二项为 $\beta a_R^2 a_0 e^{i\varphi_0}$,表明入射光沿原来物光方向传播,具有原物光所具有的性质。如果迎着这个光波观察就会看到在原物体位置有一个物像,这就是原物体的再现。这个光波叫 +1 级衍射光波,是发散波,成像为虚像。第三项亦含有物光光波的振幅和位相信息,但它与物光的前进方向不同,与原物光在位相上是共轭的,它是会聚波,成像为实像。这个光波叫 -1 级衍射光波。

2. 流体的折射率

用激光全息干涉术测量流体的温度,实际上是确定被测介质的折射率场。因为在一定压力下,温度场决定了流体介质的密度场,而密度场又决定了折射率场。所以温度和介质的折射率有着确定的函数关系。下面以气体介质为例。

气体的折射率 n 是指真空中的光波传播速度 c 和气体中光波传播速度 v 的比值

$$n = \frac{c}{v}$$

实验研究证明气体中光速略小于真空中光速 c,

$$c = v + \Delta v$$

所以

$$n = 1 + \frac{\Delta v}{v} = 1 + \delta \tag{4-84}$$

各种气体的 δ 值均很小,约在 10^{-4} 数量级。例如标准状态下的空气,当透过光波波长为 $\lambda=5893Å$ 时,其 $\delta=0.000293$。

从 δ 的定义可以看出它表示了光速的相对变化律。如果空气的折射率为 n_a,某种气体 m 相对于空气的折射率为 n_{ma},则该气体的折射率 n_m 为:

$$n_m = n_a \times n_{ma}$$

在标准状态和 $\lambda=5893Å$ 情况下

$$n_m = 1.000293 n_{ma}$$
$$\delta_m = \delta_{ma} + 0.000293$$

由经典电动力学知气体的折射率和气体的密度之间的定量关系可由格拉德斯通-戴尔(Gladstone-Dale)公式确定

$$n - 1 = K\rho \quad \text{或} \quad \delta = K\rho \tag{4-85}$$

其中　ρ——气体密度;

K——Gladstone-Dale 常数。

表 4-10 中列出空气在温度为 288K 状态下的不同波长时的 K 值。

表 4-10

K 值/cm³/g	波长/Å	K 值/cm³/g	波长/Å
0.2239	9125	0.2281	4801
0.2250	7034	0.2290	4472
0.2255	6440	0.2304	4079
0.2259	6074	0.2316	3803
0.2264	5677	0.2330	3562
0.2274	5097		

对于混合气体，Gladstone-Dale 公式可以写成

$$n - 1 = \sum_i K_i \rho_i \qquad (4\text{-}86)$$

其中　K_i——混合气体中组分的 Gladstone-Dale 常数；

ρ_i——混合气体中组分的密度。

确定混合气体的 Gladstone-Dale 常数可由下式求得

$$K = \sum K_i \frac{\rho_i}{\rho} = \sum K_i a_i \qquad (4\text{-}87)$$

其中 a_i 为混合气体组分的质量百分比。

常用的几种气体的 K 值列于表 4-11（温度 273K）。

表　4-11　　　　　　　　　　　　　　　　　　　　　　　　　　　　　　cm³/g

气　体	K 值		
	$\lambda = 5893$Å	$\lambda = 5145$Å	$\lambda = 6328$Å
O_2	0.190	0.191	0.189
N_2	0.238	0.240	0.238
He	0.196	0.196	0.195
CO_2	0.229	0.229	0.227
Ar	—	0.175	0.158

根据气态方程知：气体的密度 ρ、温度 T 和压力 p 存在如下关系：

$$\rho = \frac{p}{RT}$$

R 为气体常数。

于是气体折射率 n（或 δ）和热力学状态参数存在确定的关系为：

等压过程　　$\delta_T = \delta_0 \dfrac{T_0}{T}$　　或　　$(n_T - 1) = (n_0 - 1) \dfrac{T_0}{T}$　　(4-88)

式中　δ_T——温度 T 时的 δ 值；

n_T——温度 T 时的折射率；

δ_0——参考状态 T_0 时的 δ 值；

n_0——T_0 时的折射率。

由式(4-88)可见，如果测得气体的折射率场，再给定一个参考状态，就能比较方便地得知温度场的分布。

3. 全息干涉法测量介质的温度场

(1) 离轴全息照相的两次曝光法

全息干涉照相多采用离轴系统，基本光路如图 4-70 所示。所谓"离轴"指物光与参考光是分开的，最后在全息底片上相交成一定夹角。

用全息干涉法测量介质的温度场一般采用两次曝光法。第一次曝光是在测量对象不被加热条件下进行的，底片上记录无扰动状态下物光的振幅和位相。第二次曝光是在对

原光路系统中被测对象加热的条件下进行的,底片上记录有测试扰动的物光振幅和位相。第二次曝光时因测量对象被加热而改变了物光光路中介质的密度,引起物光光程和位相的变化,它和第一次曝光的物光产生干涉。因此底片上记录了所测的干涉条纹。

如果第一次和第二次曝光时物光的复振幅分别为:
$$A_1 = a_1 \exp[i(2\pi l_1/\lambda_0)]$$
$$A_2 = a_2 \exp[i(2\pi l_2/\lambda_0)]$$

式中 l_1 和 l_2 分别为第一次和第二次曝光时光波经过测量介质时的各自的光程,两者之光程差为 Δl;λ_0 为真空中光波波长。

两次曝光在底片上的光强分布为
$$I = (A_1 + A_2) \cdot (A_1 + A_2)^*$$

因两次曝光为同一光源,振幅 $a_1 = a_2$。并将其定为单位振幅,根据式(4-81)有
$$I = 2\left\{1 + \cos\frac{2\pi}{\lambda_0}(l_1 - l_2)\right\}$$
$$= 2\left\{1 + \cos\frac{2\pi}{\lambda_0}\Delta l\right\}$$

光波每行进 dZ 距离其位相变化应为
$$d\Delta = \frac{\omega dZ}{v} = \frac{\omega n dZ}{c} \tag{4-89}$$

式中 v 和 c——光在介质和真空中的行进速度;

ω——光波的圆频率。

式(4-89)说明虽然光束行进的几何距离相同,但由于所经介质的折射率不同,在行进中会产生位相差。所以几何距离和折射率之乘积 ndZ 就是光程。于是两次曝光的光程差为
$$\Delta l = \int_0^L (n_1 - n_2) dZ$$

式中 L 为光波通过的几何距离。

两次曝光的位相差为
$$\Delta = \int_0^L \frac{\omega n_1}{c} dZ - \int_0^L \frac{\omega n_2}{c} dZ$$
$$= \int_0^L \frac{2\pi}{\lambda_0} n_1 dZ - \int_0^L \frac{2\pi}{\lambda_0} n_2 dZ = \frac{2\pi}{\lambda_0} \Delta l \tag{4-90}$$

此式表达了光程差和位相差的关系。每当 $\Delta l/\lambda_0$ 或 $\Delta/2\pi$ 在数值上相差为 1 时,就表示在干涉图上干涉条纹变化了一条。因此表示条纹的位移数 N 为
$$N = \frac{\Delta l}{\lambda_0} = \frac{\Delta}{2\pi} \tag{4-91}$$

(2) 对干涉条纹进行计算的方法

图 4-72 示出一竖直平板加热后边界层温度分布的全息干涉图。

假定壁面边界层的温度分布是一个理想的二元场,在垂直于竖直壁面的任一横断面上等温线平行于 Z 轴,温度分布只是 Y 的函数。在干涉条纹以远处温度为 T_0。第一次曝光时因试件未被加热,各处温度均匀,且均为 T_0,气体折射率为 n_0。第二次曝光时试件

被加热气体折射率为 n。两次曝光的光移差为

$$\Delta l = \int_0^L (n_0 - n)\mathrm{d}Z = (n_0 - n)L$$

根据 Gladstone-Dale 公式

$$n = K\rho + 1; \quad n_0 = K\rho_0 + 1$$

代入式(4-91)得

$$N = \frac{K}{\lambda_0}(\rho_0 - \rho)L \tag{4-92}$$

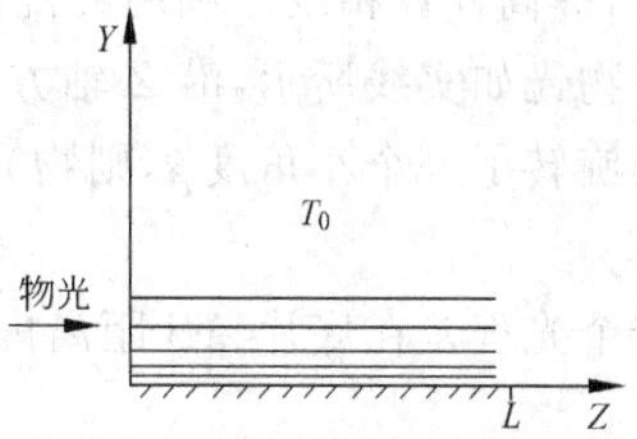

图 4-72 竖壁横断面干涉条纹

在定压条件下进行测量,则气态方程为

$$\rho T = \rho_0 T_0$$

代入式(4-92),则

$$N = \frac{L}{\lambda_0}(n_0 - 1)\left(1 - \frac{T_0}{T}\right) \tag{4-93}$$

或

$$T = \frac{T_0}{1 - N\lambda_0/L(n_0 - 1)}$$

由式(4-93)可知,在 T_0,n_0 已知条件下,可以求得各干涉条纹的温度值。

例如处于空气介质中的测量段长度为 $L=300\mathrm{mm}$ 立式平板加热体,不受热扰动时的温度为 $T_0=293\mathrm{K}$。采用 He-Ne 激光器,$\lambda_0=6328\mathrm{Å}$。根据式(4-93)可以求出每一相邻的条纹温度差约为 $\Delta T=2.1℃$。

如果介质为混合气体(如燃烧产物),问题就复杂得多。应该根据混合气体的成分比求得混合气体的折射率。总折射率的变化包括了混合气体成分变化和温度变化的两重效果。需要时可查阅有关文献。

(3) 背景条纹

拍摄全息图时为了使干涉条纹清晰易辨,计算方便,经常加上背景条纹,如图 4-73 中所示具有平行的等间隔的水平条纹。

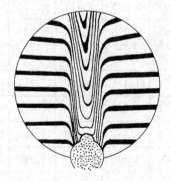

图 4-73 具有背景条纹的全息干涉图形

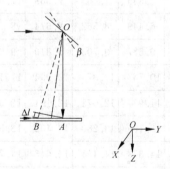

图 4-74 转镜法产生背景条纹的原理

取得这种背景条纹有多种方法。其中最简单的是采用转镜法。所谓转镜法是在第二次曝光之前将某一反射镜(例如图 4-74 中的反射镜)沿一定方向转动一个小角度,使两次曝光之间形成一个固定的光程差,这样在两次曝光之后不受热扰动的区域将在底片上出现等间距的平行干涉条纹。由于转角很小,所以干涉条纹间隔较宽且清晰,可以增加分辨

率,提高计算精度。利用转镜法产生背景条纹的简单原理如图 4-74 所示。设第一次曝光时物光如实线所示,沿 Z 轴方向(OA)投射到底片的 A 点。第二次曝光时反射镜已沿 X 轴旋转了一个小角度 β,则物光将沿虚线(OB)投射到底片的 B 点。两次曝光的光程差为

$$\Delta l = AB\sin\beta \approx AB \cdot \beta$$

这个光程差在底片 AB 距离内形成的干涉条纹数为

$$N = \frac{\Delta l}{\lambda_0}$$

因为是绕 OX 轴转镜,所以形成的条纹是平行于 OX 轴的。该组条纹不是折射率变化引起的,而是由一个固定转角引起的,因而是等间隔的。

4.7 附 表

附表 4-1 铂铑$_{10}$-铂热电偶分度表(分度号为 S,冷端温度为 0℃)   mV

温度/℃	0	10	20	30	40	50	60	70	80	90
0	0.000	0.055	0.113	0.173	0.235	0.299	0.465	0.433	0.502	0.573
100	0.646	0.720	0.795	0.872	0.950	1.029	1.110	1.191	1.273	1.357
200	1.441	1.526	1.612	1.698	1.786	1.874	1.962	2.052	2.141	2.232
300	2.323	2.415	2.507	2.599	2.692	2.786	2.880	2.974	3.069	3.164
400	3.259	3.355	3.451	3.548	3.645	3.742	3.840	3.938	4.036	4.134
500	4.233	4.332	4.432	4.532	4.632	4.732	4.833	4.934	5.035	5.137
600	5.239	5.341	5.443	5.546	5.649	5.753	5.857	5.961	6.065	6.170
700	6.275	6.381	6.486	6.593	6.699	6.806	6.913	7.020	7.128	7.236
800	7.345	7.454	7.563	7.673	7.783	7.893	8.003	8.114	8.226	8.337
900	8.449	8.562	8.674	8.787	8.900	9.014	9.128	9.242	9.357	9.472
1000	9.587	9.703	9.819	9.935	10.051	10.168	10.285	10.403	10.520	10.638
1100	10.757	10.875	10.994	11.113	11.232	11.351	11.471	11.590	11.710	11.830
1200	11.951	12.071	12.191	12.312	12.433	12.554	12.675	12.796	12.917	13.038
1300	13.159	13.280	13.402	13.523	13.644	13.766	13.887	14.009	14.130	14.251
1400	14.373	14.494	14.615	14.736	14.857	14.978	15.099	15.220	15.341	15.461
1500	15.582	15.702	15.822	15.942	16.062	16.182	16.301	16.420	16.539	16.658
1600	16.777	16.895	17.013	17.131	17.249	17.366	17.483	17.600	17.717	17.832
1700	17.947	18.061	18.174	18.285	18.395	18.503	18.609			

附表 4-2　镍铬-镍硅热电偶分度表（分度号为 K，冷端温度为 0℃）　　　mV

温度/℃	0	10	20	30	40	50	60	70	80	90
0	0.000	0.397	0.798	1.203	1.612	2.023	2.436	2.851	3.267	3.682
100	4.096	4.509	4.920	5.328	5.735	6.138	6.540	6.941	7.340	7.739
200	8.138	8.539	8.940	9.343	9.747	10.153	10.561	10.971	11.382	11.795
300	12.209	12.624	13.040	13.457	13.874	14.293	14.713	15.133	15.554	15.975
400	16.397	16.820	17.243	17.667	18.091	18.516	18.941	19.366	19.792	20.218
500	20.644	21.071	21.497	21.924	22.350	22.776	23.203	23.629	24.055	24.480
600	24.905	25.330	25.755	26.179	26.602	27.025	27.447	27.869	28.289	28.710
700	29.129	29.548	29.965	30.382	30.798	31.213	31.682	32.041	32.453	32.865
800	33.275	33.685	34.093	34.501	34.908	35.313	35.718	36.121	36.524	36.925
900	37.326	37.725	38.124	38.522	38.918	39.314	39.708	40.101	40.494	40.885
1000	41.276	41.665	42.053	42.440	42.826	43.211	43.595	43.978	44.359	44.740
1100	45.119	45.497	45.873	46.249	46.623	46.995	47.367	47.737	48.105	48.473
1200	48.838	49.202	49.565	49.926	50.286	50.644	51.000	51.355	51.708	52.060
1300	52.410	52.759	53.106	53.451	53.795	54.138	54.479	54.819		

附表 4-3　铂热电阻分度表（$R_0=100\Omega$，$\alpha=0.003850\ ℃^{-1}$，分度号为 Pt100）　　　Ω

温度/℃	0	10	20	30	40	50	60	70	80	90
−100	60.25	56.19	52.11	48.00	43.87	39.71	35.53	31.32	27.08	22.80
−0	100.00	96.09	92.16	88.22	84.27	80.31	76.33	72.33	68.33	64.30
0	100.00	103.90	107.79	111.67	115.54	119.40	123.24	127.07	130.89	134.70
100	138.50	142.29	146.06	149.82	153.58	157.31	161.04	164.76	168.46	172.16
200	175.84	179.51	183.17	186.32	190.45	194.07	197.69	201.29	204.88	208.45
300	212.02	215.57	219.12	222.65	226.17	229.67	233.17	236.65	240.13	243.59
400	247.04	250.48	253.90	257.32	260.72	264.11	267.49	270.86	274.22	277.56
500	280.90	284.22	287.53	290.83	294.11	297.39	300.65	303.91	307.15	310.38
600	313.59	316.80	319.99	323.18	326.35	329.51	332.66	335.79	338.92	342.03
700	345.13	348.22	351.30	354.37	357.42	360.47	363.50	366.52	369.53	372.52
800	375.51	378.48	381.45	384.40	387.34	390.26				

附表 4-4 铜热电阻分度表 ($R_0=50\Omega$, $\alpha=0.004280℃^{-1}$, 分度号为 Cu50)   Ω

温度/℃	0	10	20	30	40	50	60	70	80	90
-0	50	47.85	45.70	43.55	41.40	39.24				
0	50.00	52.14	54.28	56.42	58.56	60.70	62.84	64.98	67.12	69.26
100	71.40	73.54	75.68	77.83	79.98	82.13				

附表 4-5 各种材料在 $\lambda=0.65\mu m$ 下的单色辐射率 ε_λ

材料名称	ε_λ	材料名称	ε_λ	材料名称	ε_λ
铂铑10	0.27	碳钢(未氧化)	0.44	铜	0.11
康铜	0.35	碳钢(氧化)	0.80	液体铜	0.15
镍铬合金(未氧化)	0.35	铬钢及铬钼钢(氧化)	0.70	铂	0.38
镍铬合金(氧化)	0.78	陶瓷	0.25～0.50	碳(1300～3000K)	0.90～0.81
镍硅合金(未氧化)	0.37	耐火土	0.7～0.8	镍	0.36
镍硅合金(氧化)	0.87	氧化铝	0.30	液体渣	0.65
生铁(非氧化)	0.37	金	0.14		
生铁(氧化)	0.70	液体金	0.22		

附表 4-6 各种材料辐射率 ε

材料名称	温度/℃	ε	材料名称	温度/℃	ε
表面磨光的铝	225～575	0.039～0.057	熔解铜	1075～1275	0.16～0.13
在600℃时氧化后的铝	200～600	0.11～0.19	钼线	725～2600	0.096～0.292
表面磨光的铁	425～1020	0.144～0.377	在600℃时氧化后的镍	200～600	0.37～0.48
未加工处理的铸铁	925～1115	0.87～0.95	铬镍	125～1034	0.64～0.76
表面磨光的钢铸件	770～1040	0.52～0.56	磨光的纯铂	225～625	0.054～0.104
研磨后的钢板	940～1100	0.55～0.61	铂带	925～1115	0.12～0.17
在600℃时氧化后的钢	200～600	0.82	磨光的纯银	225～625	0.0198～0.0324
在600℃时氧化后的生铁	200～600	0.64～0.78	铬	100～1000	0.08～0.26
氧化铁	500～1200	0.85～0.95	表面粗糙的上釉硅砖	1100	0.85
磨光的金	225～635	0.018～0.035	上釉的粘土耐火砖	1100	0.75
在600℃时氧化后的黄铜	200～600	0.57～0.87	碳丝	1040～1405	0.526

第5章 压力测量

压力是重要的热工参数之一。为了热力系统与设备的安全和经济运行,必须对压力加以监测和控制。要具体了解热力机械的运行状况及深入研究其内部的工作过程,也须知道其特定区域的压力分布。

由于地球表面存在大气压力,物体受压的情况也各有不同,因此不同场合下的压力应有不同的表示方法,如:绝对压力、相对压力、负压或真空、压差等。

由于依据的测压原理不同,可以把压力测量的方法分为如下几类。

① 利用重力与被测压力平衡测压力。此方法是按照压力的定义,通过直接测量单位面积所承受的垂直方向上的力的大小来检测压力,如液柱式压力计和活塞式压力计。

② 利用弹性力与被测压力平衡测压力。弹性元件感受压力后会产生弹性变形,形成弹性力,当弹性力与被测压力相平衡时,弹性元件变形的多少反映了被测压力的大小。据此原理工作的各种弹性式压力计已在工业上得到了广泛的应用。

③ 利用物质其他与压力有关的物理性质测压力。一些物质受压后,它的某些物理性质会发生变化,通过测量这种变化就能测量出压力。据此原理制造出的各种压力传感器,往往具有精度高、体积小、动态特性好等优点,成为近年来压力测量的一个主要发展方向。其中,半导体压阻式传感器和压电式传感器发展得更为迅速。

5.1 常规测压方法与仪表

5.1.1 以压力与重力相平衡为基础的压力测量方法与液柱式压力计

1. 液柱式测压仪表

是利用液柱所产生的压力与被测压力平衡,并根据液柱高度来确定被测压力大小的压力计。所用液体叫做封液,常用的有水、酒精、水银等。常用的液柱式压力计有U型管压力计、单管压力计和斜管微压计。它们的结构形式如图5-1所示。

U型管压力计两侧压力 p_1,p_2 与封液液柱高度 h 间有如下关系

$$p_1 - p_2 = gh(\rho - \rho_1) + gH(\rho_2 - \rho_1) \tag{5-1}$$

式中 ρ_1,ρ_2,ρ——左右侧介质及封液密度;

H——右侧介质高度;

h——液柱高度;

g——重力加速度。

当 $\rho_1 \approx \rho_2$ 时,式(5-1)可简化为

$$p_1 - p_2 = gh(\rho - \rho_1) \tag{5-2}$$

若 $\rho_1 \approx \rho_2$,且 $\rho \gg \rho_1$,则有

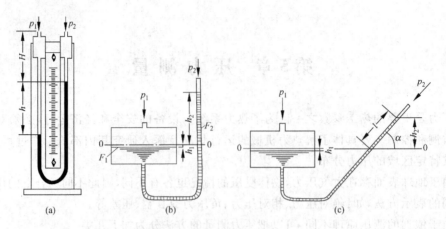

图 5-1 液柱式压力计
(a) U 型管压力计；(b) 单管压力计；(c) 斜管微压计

$$p_1 - p_2 = \rho g h \tag{5-3}$$

单管压力计两侧压力 p_1，p_2 与封液液柱高度 h_2 之间的关系为

$$p_1 - p_2 = g(\rho - \rho_1)(1 + F_2/F_1)h_2 \tag{5-4}$$

式中　F_1，F_2——容器和单管的截面积。

若 $F_1 \gg F_2$，且 $\rho \gg \rho_1$，则

$$p_1 - p_2 = \rho g h_2 \tag{5-5}$$

斜管微压计两侧压力 p_1，p_2 和液柱长度 l 的关系可表示为

$$p_1 - p_2 = \rho g l \sin\alpha \tag{5-6}$$

式中　α——斜管的倾斜角度。

2. 液柱式压力计的测量误差及其修正

在实际使用时，很多因素都会影响液柱式压力计的测量精度。对某一具体测量问题，有些影响因素可以忽略，有些则必须加以修正。

(1) 环境温度变化的影响

当环境温度偏离规定温度时，封液密度、标尺长度都会发生变化。由于封液的体膨胀系数比标尺的线膨胀系数大 1～2 个数量级，因此对于一般的工业测量，主要考虑温度变化引起的封液密度变化对压力测量的影响，而精密测量时还需要对标尺长度变化的影响进行修正。

环境温度偏离规定温度 20℃后，封液密度改变对压力计读数影响的修正公式为

$$h_{20} = h[1 - \beta(t - 20)] \tag{5-7}$$

式中　h_{20}——20℃封液液柱高度；
　　　h——温度为 t 时封液液柱高度；
　　　β——封液的体膨胀系数；
　　　t——测量时的实际温度。

(2) 重力加速度变化的修正

仪器使用地点的重力加速度 g_φ 由下式计算：

$$g_\varphi = \frac{g_N[1-0.00265\cos(2\varphi)]}{(1+2H/R)} \tag{5-8}$$

式中　H,φ——使用地点海拔高度(m)和纬度(°)；

　　　g_N——9.80665m/s²，标准重力加速度；

　　　R——6356766m，地球的公称半径(纬度45°海平面处)。

$$h_N = h_\varphi g_\varphi / g_N \tag{5-9}$$

式中　h_N——标准地点封液液柱高度；

　　　h_φ——测量地点封液液柱高度。

(3) 毛细现象造成的误差

毛细现象使封液表面形成弯月面，这不仅会引起读数误差，而且会引起液柱的升高或降低。这种误差与封液的表面张力、管径、管内壁的洁净度等因素有关，难以精确得到。实际应用时，常常通过加大管径来减少毛细现象的影响。封液为酒精时，管子内径 $d \geqslant$ 3mm；水、水银作封液时 $d \geqslant$ 8mm。

此外液柱式压力计还存在刻度、读数、安装等方面的误差。读数时，眼睛应与封液弯月面的最高点或最低点持平，并沿切线方向读数。U型管压力计和单管压力计都要求垂直安装，否则将会带来较大误差。

5.1.2　以压力与弹力相平衡为基础的压力测量方法与弹性式压力计

常用的弹性元件有弹簧管、膜片和波纹管，相应的压力测量工具有弹簧管压力计、膜式压力计和波纹管式压差计。弹性元件变形产生的位移较小，往往需要把它变换为指针的角位移或电信号、气信号，以便显示压力的大小。

1. 弹簧管压力计

如图 5-2 所示，弹簧管压力计由弹簧管、齿轮传动机构、指针、刻度盘组成。

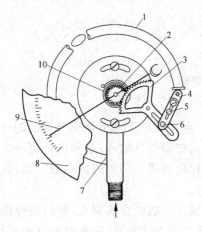

图 5-2　单圈弹簧管压力计

1—弹簧管；2—小齿；3—扇形齿轮；
4—拉杆；5—连杆调节螺钉；6—放大调节螺钉；
7—接头；8—刻度盘；9—指针；10—游丝

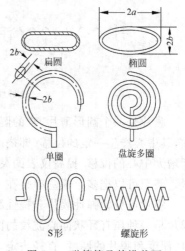

图 5-3　弹簧管及其横截面

弹簧管是弹簧管压力计的主要元件。各种形式的弹簧管如图 5-3 所示。弯曲的弹簧管是一根空心的管子，其自由端是封闭的，固定端焊在仪表的外壳上，并与管接头相通。弹簧管的横截面呈椭圆形或扁圆形。当它的内腔接入被测压力后，在压力作用下它会发生变形。短轴方向的内表面积比长轴方向的大，因而受力也大。当管内压力比管外大时，短轴要变长些，长轴要变短些，管子截面趋于更圆，产生弹性变形。由于短轴方向与弹簧管圆弧形的径向一致，变形使自由端向管子伸直的方向移动，产生管端位移量，通过拉杆带动齿轮传动机构，使指针相对于刻度盘转动。当变形引起的弹性力与被测压力产生的作用力平衡时，变形停止，指针指示出被测压力值。

单圈弹簧管自由端的位移量不能太大，一般不超过 2～5mm。为了提高弹簧管的灵敏度，增加自由端的位移量，可采用回形（S形）弹簧管或螺旋形弹簧管。

齿轮传动机构的作用是把自由端的线位移转换成指针的角位移，使指针能明显地指示出被测值。它上面还有可调螺钉，用以改变连杆和扇形齿轮的铰合点，从而改变指针的指示范围。转动轴处装着一根游丝，用来消除齿轮啮合处的间隙。传动机构的传动阻力要尽可能小，以免影响仪器的精度。

单圈弹簧管压力表的精度，普通的是 1～4 级，精密的是 0.1～0.5 级。测量范围从真空到 10^9 Pa。为了保证弹簧管压力表的指示正确和能长期使用，应使仪表工作在正常允许的压力范围内。对于波动较大的压力，仪表的示值应经常处于量程范围的 1/2 附近；被测压力波动小，仪表示值可在量程范围的 2/3 左右，但被测压力值一般不应低于量程范围的 1/3。另外，还要注意仪表的防振、防爆、防腐等问题，并要定期校验。

2. 膜式压力计

膜式压力计分膜片压力计和膜盒压力计两种。前者主要用于测量腐蚀性介质或非凝固、非结晶的粘性介质的压力，后者常用于测量气体的微压和负压。它们的敏感元件分别是膜片和膜盒，膜片和膜盒的形状如图 5-4 所示。

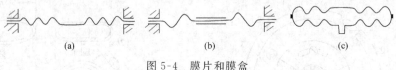

图 5-4 膜片和膜盒
(a) 弹性膜片； (b) 挠性膜片； (c) 膜盒

膜片是一个圆形薄片，它的圆周被固定起来。通入压力后，膜片将向压力低的一面弯曲，其中心产生一定的位移（即挠度），通过传动机构带动指针转动，指示出被测压力。为了增大中心的位移，提高仪表的灵敏度，可以把两片金属膜片的周边焊接在一起，成为膜盒。甚至可以把多个膜盒串接在一起，形成膜盒组。

膜片可分为弹性膜片和挠性膜片两种。弹性膜片一般由金属制成，常用的弹性波纹膜片是一种压有环状同心波纹的圆形薄片，其挠度与压力的关系，主要由波纹的形状、数目、深度和膜片的厚度、直径决定，而边缘部分的波纹情况则基本上决定了膜片的特性，中部波纹的影响很小。挠性膜片只起隔离被测介质的作用，它本身几乎没有弹性，是由固定在膜片上的弹簧的弹性力来平衡被测压力的。

膜式压力计的传动机构和显示装置在原理上与弹簧管压力计基本相同。图 5-5 为膜盒式压力计的结构示意图。

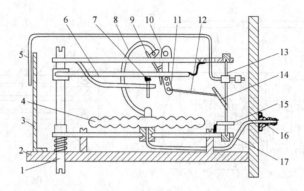

图 5-5　膜盒式压力计

1—调零螺杆；2—机座；3—刻度板；4—膜盒；5—指针；6—调零板；
7—限位螺丝；8—弧形连杆；9—双金属片；10—轴；11—杠杆架；12—连杆；
13—指针轴；14—杠杆；15—游丝；16—管接头；17—导压管

　　膜式压力计的精度一般为 2.5 级。膜片压力计适用于真空或 $0 \sim 6 \times 10^6 \mathrm{Pa}$ 的压力测量，膜盒压力计的测量范围为 $0 \sim \pm 4 \times 10^4 \mathrm{Pa}$。

3. 波纹管式压力计

　　波纹管是外周沿轴向有深槽形波纹状皱褶，而可沿轴向伸缩的薄壁管子。其外形如图 5-6 所示。它受压时的线性输出范围比受拉时的大，故常在压缩状态下使用。为了改善仪表性能，提高测量精度，便于改变仪表量程，实际应用时波纹管常常和刚度比它大几倍的弹簧结合起来使用。这时，其性能主要由弹簧决定。

　　波纹管式压差计以波纹管为感压元件来测量压差信号，有单波纹管和双波纹管两种，主要用作流量和液位测量的显示仪表。下面以双波纹管压差计为例来说明这类压差计的工作原理。

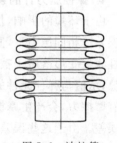

图 5-6　波纹管

　　图 5-7 为双波纹管压差计的结构示意图。连接轴 1 固定在波纹管 B_1，B_2 端面的刚性端盖上，B_1，B_2 被刚性地连接在一起。B_1，B_2 通过阻尼环 11 与中心基座 8 间的环形间隙，以及中心基座上的阻尼旁路 10 相通。量程弹簧组 7 在低压室，它两端分别固定在连接轴和中心基座上。接入被测压差后，B_1 被压缩，其中的填充液就通过环形间隙和阻尼旁路流向 B_2，B_2 伸长，量程弹簧 7 被拉伸，直至压差在 B_1，B_2 两个端面上形成的力与量程弹簧及波纹管产生的弹性力相平衡为止。这时连接轴系统向低压侧有位移，挡板 3 推动摆杆 4，带动扭力管 5 转动，使一端与扭力管固定在一起的心轴 6 发生扭转，此转角反映了被测压差的大小。

　　波纹管 B_3 有小孔和 B_1 相通，当温度变化引起 B_1，B_2 内填充液的体积变化时，由于 B_1，B_2 的体积基本不变，多余或不足部分的填充液就会通过小孔流进或流出 B_3，起到温度补偿作用。

　　阻尼阀 9 起控制填充液在阻尼旁路 10 中的流动阻力的作用，以防仪表迟延过大或压

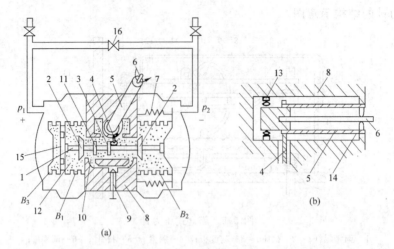

图 5-7 双波纹管压差计结构示意图
(a) 内部结构； (b) 扭力管组织
1—连接轴； 2—单向受压的保护阀； 3—推板； 4—摆杆； 5—扭力管； 6—心轴；
7—量程弹簧组； 8—中心基座； 9—阻尼阀； 10—阻尼旁路； 11—阻尼环；
12—填充液； 13—滚针轴承； 14—玛瑙轴承； 15—隔板； 16—平衡阀

差变化频繁引起系统振荡。单向保护阀 2 保护仪表在压差过大或单向受压时不致损坏。

4. 弹性压力计的误差及改善途径

由于环境的影响，仪表的结构、加工和弹性材料性能的不完善，会给压力测量带来各种误差。相同压力下，同一弹性元件正反行程的变形量会不一样，也因而存在迟滞误差。弹性元件变形落后于被测压力的变化，引起了弹性后效误差；仪表的各种活动部件之间有间隙，示值与弹性元件的变形不完全对应，会引起间隙误差；仪表的活动部件运动时，相互间有摩擦力，会产生摩擦误差；环境温度改变会引起金属材料弹性模量的变化，会造成温度误差。由于这些误差的存在，一般的弹性压力计要达到 0.1% 的精度是极为困难的。

提高弹性压力计精度的主要途径有：

① 采用无迟滞误差或迟滞误差极小的"全弹性"材料和温度误差很小的"恒弹性"材料制造弹性元件，如合金 Ni42CrTi，Ni36CrTiA，这些是用得较广泛的恒弹性材料，熔凝石英是较理想的全弹性材料和恒弹性材料；

② 采用新的转换技术，减少或取消中间传动机构，以减少间隙误差和摩擦误差，如电阻应变转换技术；

③ 限制弹性元件的位移量，采用无干摩擦的弹性支承或磁悬浮支承等；

④ 采用合适的制造工艺，使材料的优良性能得到充分的发挥。

5.1.3 其他形式测压仪表

1. 压阻式压力传感器

电阻丝在外力作用下发生机械变形，它的几何尺寸和电阻率都会发生变化，从而引起电阻值变化。

若电阻丝的长度为 l，截面积为 A，电阻率为 ρ，电阻值为 R，则有

$$R = \rho \frac{1}{A} \tag{5-10}$$

设在外力作用下，电阻丝各参数的变化相应为 $dl, dA, d\rho, dR$，对式(5-10)求微分并除以 R，可得电阻的相对变化：

$$\frac{dR}{R} = \frac{d\rho}{\rho} + \frac{dl}{l} - \frac{dA}{A} \tag{5-11}$$

对于金属材料，电阻率的相对变化 $d\rho/\rho$ 较小。影响电阻相对变化的主要因素是几何尺寸的相对变化 dl/l 和 dA/A。对半导体材料而言，dl/l 和 dA/A 两项的值很小，$d\rho/\rho$ 为主要的影响因素。

物质受外力作用，其电阻率发生变化的现象叫压阻效应。利用压阻效应测量压力的传感器叫压阻式压力传感器。自然界中很多物质都具有压阻效应，但以半导体晶体的压阻效应较明显，常用的压阻材料是硅和锗。一般意义上说的压阻式压力传感器可分两种类型，一类是利用半导体材料的体电阻做成粘贴式的应变片，作为测量中的变换元件，与弹性敏感元件一起组成粘贴型压阻式压力传感器，或叫应变式压力传感器；另一类是在单晶硅基片上用集成电路工艺制成扩散电阻，此基片既是压力敏感元件，又是变换元件，这类传感器叫做扩散型压阻式压力传感器，通常也简称作压阻式压力传感器或固态压力传感器。

压阻效应的强弱用压阻系数表示。压阻系数与材料的性质、扩散电阻的形状及环境温度等因素有关。此外，单晶硅是各向异性材料，即使在同样大小的外力作用下，同一基片在不同晶向上的压阻系数也是不同的。一般应沿压阻系数最大的晶向扩散电阻，以提高传感器的灵敏度。为了把电阻的变化方便地转变为电压或电流的变化，通常在基片上扩散 4 个电阻，组成一个不平衡电桥。扩散电阻在基片上的位置，应使得基片感受压力时，一组相对臂的电阻增加，而另一组减小。根据薄板弯曲理论，四周固定的圆形平膜片受压弯

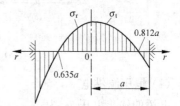

图 5-8 圆平膜片的应力分布

曲时，各点的径向应力 σ_r 和切向应力 σ_t 如图 5-8 所示，a 为膜片的有效半径。

图 5-9 为两种典型硅膜片扩散电阻分布的示意图，图(a)利用了膜片中央和边缘应力最大而方向相反的特点，图(b)利用了同一基片上晶向不同压阻系数不同的特点，都达到了尽量提高电桥灵敏度的目的。

扩散电阻沿径向的电阻变化 $(\Delta R/a)_r$ 和沿切向的电阻变化 $(\Delta R/a)_t$ 可分别表示为

$$\left(\frac{\Delta R}{a}\right)_r = \pi_{/\!/} \sigma_r + \pi_\perp \sigma_t \tag{5-12}$$

$$\left(\frac{\Delta R}{a}\right)_t = \pi_{/\!/} \sigma_t + \pi_\perp \sigma_r \tag{5-13}$$

式中 $\pi_{/\!/}$、$\pi_\perp$——基片的纵向压阻系数和横向压阻系数；
σ_r, σ_t——基片的径向应力和切向应力。

σ_r 和 σ_t 都正比于基片感受的压力 p，所以径向电阻变化和切向电阻变化也正比于 p。

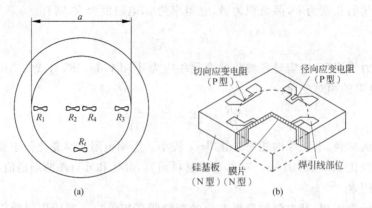

图 5-9 两种硅膜片扩散电阻的分布

如图 5-10 所示,电桥的电源分为恒压源和恒流源两种,R 为各扩散电阻的初值,ΔR 为它们在压力作用下电阻的变化量,ΔR_t 为温度偏离定值后引起的阻值变化。

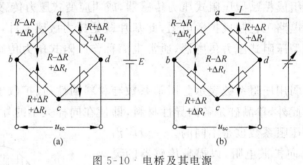

图 5-10 电桥及其电源
(a)恒压源供电; (b)恒流源供电

(1) 恒压源供电

电桥的输出电压 u_{sc} 为:

$$u_{sc} = E \frac{\Delta R}{R + \Delta R_t} \tag{5-14}$$

即电桥的输出不仅和被测压力有关,而且受到温度变化和电源电压的影响。

(2) 恒流源供电

设电路两个支路的电阻相等,即 $R_{abc} = R_{adc} = 2(R + \Delta R_t)$,则有 $I_{abc} = I_{adc} = I/2$,电桥的输出为

$$u_{sc} = I \Delta R \tag{5-15}$$

若保持电桥的电流 I 不变,则 u_{sc} 只与 ΔR 成正比,而与温度无关。与恒压源供电相比,这是恒流源供电的优点。但实际上难以做到两个支路的电阻完全相等,而且温度的变化会引起压阻系数的改变和电桥零位的飘移,可见,要得到较高的测量精度,必须对温度的变化进行补偿。

压阻式压力传感器的灵敏度高,比金属丝式应变片的灵敏度大 50~100 倍;精度高,可达 0.1%~0.02%;频率响应好,可测量 300~500kHz 以下的脉动压力;工作可靠,耐冲

击,耐振动,抗干扰;可微型化、智能化、功耗小、寿命长、易批量生产。但其温度误差较大,使用时应进行温度补偿;另外,电桥供电电源的精度和稳定性对其输出电压有较大影响。

2. 压电式压力传感器

一些电介质材料在一定方向上受外力作用而产生变形时,在它们的表面上会产生电荷;当外力去掉后,它们又重新回到不带电状态,这种现象称为压电效应。压电式压力传感器就是利用物质的压电效应把压力信号转换为电信号,达到测量压力的目的。

能产生压电效应的材料可分为两类,一类是天然或人造的单晶体,如石英、酒石酸钾钠。另一类是人造多晶体——压电陶瓷,如钛酸钡、铬钛酸铅。石英晶体的性能稳定,其介电常数和压电系数的温度稳定性很好,在常温范围内几乎不随温度变化。

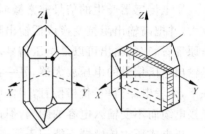

图 5-11　石英晶体

另外,它的机械强度高,绝缘性能好,但价格昂贵,一般只用于精度要求很高的传感器中。压电陶瓷受力作用时,在垂直于极化方向的平面上产生电荷,其电荷量与压电系数和作用力成正比。压电陶瓷的压电系数比石英晶体的大,且价格便宜,因此被广泛用作传感器的压电元件。

理想石英晶体的结构如图 5-11 所示。在直角坐标系中,纵向的 Z 轴称为光轴,过棱线而垂直于光轴的 X 轴称为电轴,垂直于 XZ 平面的 Y 轴称为机械轴或中性轴。光线沿 Z 轴方向通过晶体时,不产生双折射,沿此方向受力也不产生压电效应;沿 X 轴方向对晶体施加压力或拉力时,在垂直于 X 轴方向的晶面上产生电荷,在 Y 轴方向上只产生机械变形。压电传感器中常用的晶体切片方式如图 5-11 中阴影部分所示。沿电轴方向施加作用力 F_X,则在与电轴垂直的晶面上产生电荷量 q_X,其大小为

$$q_X = kF_X \tag{5-16}$$

图 5-12 是一个水冷式石英晶体压电传感器的结构图。被测压力将通过膜片 1 及传力件 2 和底座 3 到石英片 4 上。石英片一共 3 片,下面的石英片起保护作用,使上面的不致被挤破。上面两个工作石英片之间的金属箔 6 把负电位导出到导电环 5。工作石英片的正极通过壳体接地。导线穿过胶玻璃导管 8 及玻璃导管 7 与导电环 5 连接;导线的另一端接到外部引出端 9 上。冷却水的流通情况如箭头所示。两个工

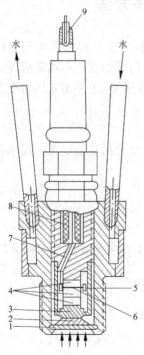

图 5-12　石英晶体压电传感器构造
1—弹性膜片;　2—传力件;　3—底座;
4—石英片(3片);　5—导电环;　6—金属箔;
7—玻璃导管;　8—胶玻璃导管;
9—引出导线插头

作石英片既是感压的弹性元件,又是机电变换元件,在脉动压力的作用下它们作轴向强迫振动,同时产生变化的电荷。将它们并联连接,是为了提高传感器的电荷灵敏度;若串联连接,则可提高电压灵敏度。石英传感器的自振频率很高,可测量 10~20kHz 的脉动压力。

压电传感器产生的信号非常微弱,输出阻抗很高,必须经过前置放大,把微弱的信号放大,并把高输出阻抗变换成低输出阻抗,才能为一般的测量仪器接受。从压电元件的工作原理看,它的输出可以是电压信号,也可以是电荷信号。所以,前置放大器有两种,一种是输出电压信号的电压放大器,另一种是输出电荷信号的电荷放大器。二者的主要区别在于,前者电路简单,价格便宜,工作可靠,但对输入电容的变化很敏感;后者可用很长的连接电缆而不受输入电容的影响,但价格高,电路复杂,调整困难。

压电式压力传感器不能用于静态压力测量。被测压力变化的频率太低或太高,环境温度和湿度的改变,都会改变传感器的灵敏度,造成测量误差。压电陶瓷的压电系数是逐年降低的,以压电陶瓷为压电元件的传感器应定期校正其灵敏度,以保证测量精度。电缆噪声和接地回路噪声也会造成测量误差,应设法避免。采用电压前置放大器时,测量结果会受测量回路参数的影响,所以不能随意更换出厂配套的电缆。

5.2 压力信号的电变送方法

在需要远传压力信号时,为了安全、方便和减少迟延,广泛采用把当地压力仪表弹性元件的位移或力转换成电信号的方法。常用的远传压力信号的仪表有电阻应变式压力传感器、电容式压力传感器、电感式压力传感器、霍尔压力变送器、力平衡式压力变送器等。

5.2.1 电阻应变式压力传感器

电阻应变式压力传感器通过粘结在弹性元件上的应变片的阻值变化来反映被测压力值。它主要由弹性元件和应变片组成。

单根电阻丝受力产生机械变形,由式(5-11)知道

$$\frac{dR}{R} = \frac{d\rho}{\rho} + \frac{dl}{l} - \frac{dA}{A}$$

由材料力学可知,$dl/l=\varepsilon$,dl/l 叫轴向应变,简称应变;dA/A 叫横向应变。两者的关系为

$$\frac{dA}{A} = -2\mu\varepsilon$$

式中 μ——材料的泊松系数。

引入上述符号后,式(5-11)可改写为

$$\frac{dR}{R} = \left[(1+2\mu) + \frac{d\rho/\rho}{\varepsilon}\right]\varepsilon = K_0\varepsilon \tag{5-17}$$

式中,K_0 称为单根电阻丝的灵敏系数,其意义为单位应变所引起的电阻的相对变化。K_0 是通过实验获得的,在弹性极限以内,大多数金属的 K_0 是常数。一般金属材料的 K_0 为 2~6,半导体材料的 K_0 值可高达 180。

当用金属丝制作成电阻应变片后,电阻应变片的灵敏系数 K 将不同于单根金属丝的

灵敏系数 K_0，需要重新通过实验测定。实验证明，应变片电阻的相对变化与应变的关系在很大范围内仍然是线性的，即

$$\frac{\mathrm{d}R}{R} = K\varepsilon \tag{5-18}$$

从式(5-18)可见，在 K 是常数时，只要测量出应变片电阻值的相对变化，就可以直接得知其应变量，进而求得被测压力。

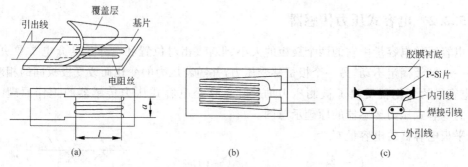

图 5-13 电阻应变片
(a) 丝绕式； (b) 箔式； (c) 半导体

应变片由应变敏感元件、基片和覆盖层、引出线三部分组成。其典型结构如图 5-13 所示。应变敏感元件是应变片的核心部分，一般由金属丝、金属箔或半导体材料组成，由它把弹性压力敏感元件的机械应变转换成电阻的变化。基片和覆盖层起固定和保护应变敏感元件、传递应变和电气绝缘的作用。

箔式应变片具有工作电流大、寿命长、易成批生产等优点，应用越来越广泛。半导体应变片的灵敏系数比金属应变片的大几十倍，且体积小、机械滞后小，但其热稳定性比金属应变片差，应变较大时非线性严重。

应变片的电阻受温度影响很大。应变敏感元件的电阻会随着温度的变化而变化；弹性元件和应变片的线膨胀系数很难完全一样，但它们是粘贴在一起的，温度变化时就产生

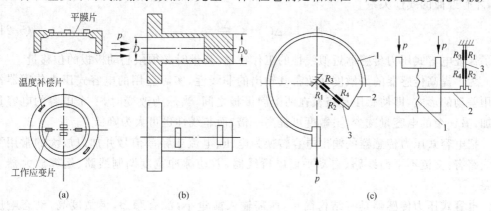

图 5-14 电阻应变式压力传感器
(a) 膜片式； (b) 筒式； (c) 组合式
1—弹性元件； 2—连杆(推杆或拉杆)； 3—悬臂梁； R_1,R_2,R_3,R_4—应变片

附加应变。因此,电阻应变式压力传感器要采取各种温度补偿措施。

电阻应变式压力传感器通过不平衡电桥把电阻的变化转换为电流或电压的信号输出。由于信号很微弱,要经过多级放大才能驱动各种显示或记录仪表,常用的配套仪表是动态应变仪。

电阻应变式压力传感器的主要结构型式有膜片式、筒式、组合式3种,它们的原理性结构示意图如图5-14中的(a)、(b)、(c)所示。

5.2.2 电容式压力传感器

电容器的电容量由它的两个极板的大小、形状、相对位置和电介质的介电常数决定。如果一个极板固定不动,另一个极板感受压力,并随着压力的变化而改变极板间的相对位置,电容量的变化就反映了被测压力的变化。这是电容式压力传感器的工作原理。图5-15为电容式压力传感器的原理示意图。

平板电容器的电容量 C 为

$$C = \frac{\varepsilon S}{\delta} \quad (5-19)$$

式中　ε——极板间电介质的介电常数;
　　　S——极板间的有效面积;
　　　δ——极板间的距离。

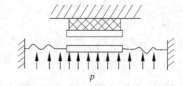

图5-15　电容式压力传感器原理图

若电容的动极板感受压力产生位移 $\Delta\delta$,则电容量将随之改变,其变化量 ΔC 为

$$\Delta C = \frac{\varepsilon S}{\delta - \Delta\delta} - \frac{\varepsilon S}{\delta} = C \frac{\Delta\delta/\delta}{1 - \Delta\delta/\delta} \quad (5-20)$$

可见,当 ε,S 确定之后,可以通过测量电容量的变化得到动极板的位移量,进而求得被测压力的变化。电容式压力传感器的工作原理正是基于上述关系。

输出电容的变化 ΔC 与输入位移 $\Delta\delta$ 间的关系为非线性的,只有在 $\Delta\delta/\delta \ll 1$ 的条件下,才有近似的线性关系

$$\Delta C = C \frac{\Delta\delta}{\delta} \quad (5-21)$$

为了保证电容式压力传感器近似线性的工作特性,测量时必须限制动极板的位移量。

为了提高传感器的灵敏度和改善其输出的非线性,实际应用的电容式压力传感器常采用差动的形式,即使感压动极板在两个静极板之间,当压力改变时,一个电容的电容量增加,另一个的电容量减少,灵敏度可提高一倍,而非线性也可大为降低。

把电容式压力传感器的输出电容转换为电压、电流或频率信号并加以放大的常用测量线路有:交流不平衡线路、自动平衡电桥线路、差动脉冲宽度调制线路、运算放大器式线路。

电容式压力传感器具有结构简单,所需输入能量小,没有摩擦,灵敏度高,动态响应好,过载能力强,自热影响极小,能在恶劣环境下工作等优点,近年来受到了重视。影响电容式压力传感器测量精度的主要因素是线路寄生电容、电缆电容和温度、湿度等外界干扰。没有极良好的绝缘和屏蔽,它将无法正常工作。这正是过去长时间限制了它的应用

的原因。集成电路技术的发展和新材料新工艺的进步,已使上述因素对测量精度的影响大大减少,为电容式压力传感器的应用开辟了广阔的前景。

常见的电容式压差传感器的结构型式如图5-16所示。

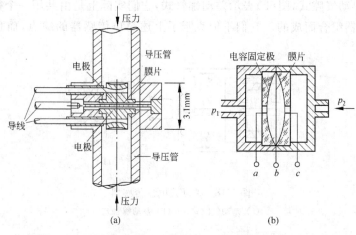

图 5-16 电容式压差传感器

5.2.3 电感式压力传感器

电感式压力传感器以电磁感应原理为基础,利用磁性材料和空气的导磁率不同,把弹性元件的位移量转换为电路中电感量的变化或互感量的变化,再通过测量线路转变为相应的电流或电压信号。

图5-17(a)为气隙式电感压力传感器的原理示意图。线圈2由恒定的交流电源供电后产生磁场,衔铁1、铁芯3和气隙组成闭合磁路,由于气隙的磁阻比铁芯和衔铁的磁阻大得多,线圈的电感量L可表示为

$$L = \frac{N^2 \mu_0 S}{2\delta} \quad (5-22)$$

式中 N——线圈的匝数;
　　μ_0——空气的磁导率;
　　S——气隙的截面积;
　　δ——气隙的宽度。

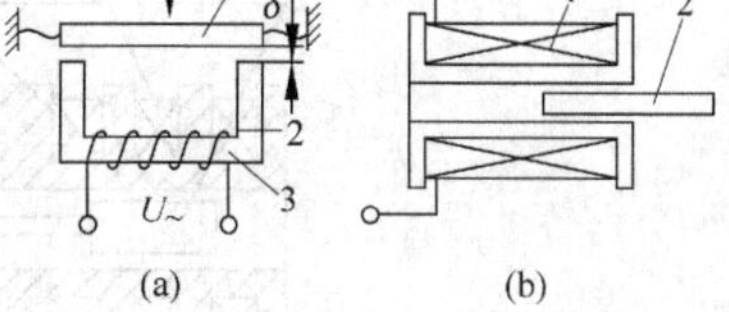

图 5-17 电感传感器原理示意图
(a) 气隙式; (b) 螺管式

弹性元件与衔铁相连,弹性元件感受压力产生位移,使气隙宽度δ产生变化,从而使电感量L发生变化。

在实际应用时,N,μ_0,S都是常数,电感L只与气隙宽度δ有关。由于L与δ成反比关系,因此,为了得到较好的线性特性,必须把衔铁的工作位移限制得较小。若δ_0为传感器的初始气隙,$\Delta\delta$为衔铁的工作位移,则一般取

$$\Delta\delta = (0.1 \sim 0.2)\delta_0。$$

当弹性元件的位移较大时,可采用图5-17(b)所示的螺管式电感传感器。它由绕在骨架上的线圈1和可沿线圈轴向移动并和弹性元件相连的铁芯2组成。它实质上是个调

感线圈。

上述传感器虽然结构简单,但存在驱动衔铁或铁芯的力较大、线圈电阻的温度误差不易补偿等缺点,所以实际应用较少,而往往采用如图 5-18 所示的差动式电感传感器。其中图(a)表示差动气隙式,图(b)表示差动螺管式,它们实际上是由共用一个衔铁或铁芯的两个简单传感器组合而成的。它们不但克服了上述简单传感器的缺点,而且增大了线性工作范围。

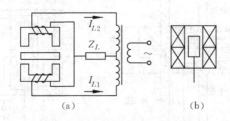

图 5-18　差动式电感传感器
(a) 差动气隙式；　(b) 差动螺管式

在各种电感式压力传感器中,以差动变压器式的应用最广泛。图 5-19 为差动变压器的工作原理示意图。两个次级线圈对称地分布在初级线圈的两边,它们的电气参数相同,几何尺寸一样,并按电势反向串接在一起。圆柱形铁芯一端与感压弹性元件相连,可在线圈架中心沿轴向移动。当初级线圈接上频率、幅度一定的交流电源后,次级线圈即产生感应电压信号。由于差动变压器输出的是两个次级线圈的感应电压之差,因此输出电压的大小和正负则反映了被测压力的大小和正负；被测压力为零时,铁芯处于中间位置,输出为零；当弹性元件感受压力产生位移,引起铁芯位置改变,进而使互感变化时,两个次级线圈的感应电压也发生相应变化,它们之差反映了被测压力的大小和正负。

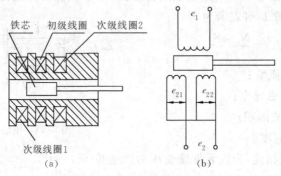

图 5-19　差动变压器的工作原理
(a) 差动变压器结构；　(b) 电路简图

电感式压力传感器的特点是灵敏度高、输出功率大、结构简单、工作可靠,但不适合于测量高频脉动压力,且较笨重。精度一般为 0.5～1 级。

其二次仪表为毫伏计或自动平衡电子差动仪,也可把输出信号转换为统一的电流或电压信号,与电动单元组合仪表联用。

外界工作条件的变化和内部结构特性的影响,是电感式压力传感器产生测量误差的主要原因,如环境温度的变化,电源电压和频率的波动,线圈的电气参数、几何参数不对称,导磁材料的不对称、不均质等。

5.2.4 力平衡式压力变送器

力平衡式压力变送器或压差变送器是根据力平衡的原理工作的:被测压力或压差介质导入变送器,弹性元件感受压力或压差后产生的集中力与输出电流经由反馈装置产生的反馈力在杠杆系统内形成力矩平衡,这时输出电流值反映了被测压力或压差的大小。

图 5-20 为 DDZ—III 型力平衡式差压变送器的原理结构图。弹性元件 3 把两侧压差转换为一集中力,此力作用于主杠杆 5 的下端,以轴封膜片 4 为支点,传递给矢量机构 6 一个水平方向的力 F_1。矢量机构把 F_1 分解为垂直方向的力 F_2 和沿矢量角 θ 方向的力 F_3。F_3 被固定支点的反作用力所平衡,对副杠杆不起作用;F_2 作用在以十字簧片 M 为支点的副杠杆 10 上,产生一个力矩,使副杠杆绕 M 点沿逆时针方向转动。它一转动,立刻改变了检测片 8 与差动变压器 9 之间的距离,差动变压器的输出发生变化,此变化被放大器 11 放大为 4~20mA 直流信号输出。输出电流流经置于永久磁钢内的反馈动圈,产生反馈力 F_f,形成一个使副杠杆绕 M 点沿顺时针方向转动的反馈力矩,使副杠杆趋于回复到原来的位置;当反馈力与集中力作用在副杠杆上的力矩大小相等时,杠杆系统处于一个新的力平衡状态。此时输出的直流电流与被测压差信号成正比。

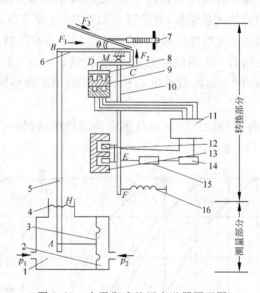

图 5-20 力平衡式差压变送器原理图

1—低压室; 2—高压室; 3—测量元件(膜盒、膜片); 4—轴封膜片;
5—主杠杆; 6—矢量机构; 7—量程调整螺钉; 8—检测片;
9—差动变压器; 10—副杠杆; 11—放大器; 12—反馈动圈;
13—永久磁钢; 14—电源; 15—负载; 16—调零弹簧

由于采用了放大倍数极高的位移检测放大器,弹性元件的位移和杠杆的偏转角度都非常小,而且,整个弹性系统的刚度也设计得很小,弹性力对平衡状态建立的作用可以忽略。这样可以降低对弹性材料性能的要求,有利于提高变送器的测量精度。

影响力平衡式变送器测量精度的因素主要有:各元、部件的非线性造成的非线性误差;环境温度变化引起的放大器零点漂移;各元、部件性能改变而产生的温度附加误差。

力平衡式变送器的测量精度高,可达 0.5 级,但结构复杂,体积较大,由于使用了杠杆等质量部件而使得弹性系统刚度小,其动态性能较差。

5.3 气流的压力测量

当气体以较高速度流动时,测量其中的压力要受到气体流动速度的影响,所以,气流中的压力测量是一类特殊的压力测量问题。

测量气流的压力,主要是测量气流的总压和静压。最常用的仪器是以空气动力测压法为基础的总压管和静压管。用总压管和静压管测压时,偏流角的存在对测量结果有很大影响,在实际使用中应特别注意。由于工艺误差的存在和马赫数 Ma 的影响,每支总压管和静压管在使用前必须经过风洞校准。本节只讲述亚音速气流的总压、静压测量。

5.3.1 总压测量与总压管

气流的总压就是气流等熵滞止后的压力,也叫滞止压力。用于总压测量的测压管叫总压管。为了得到满意的测量结果,要求管口无毛刺,壁面光洁,并要求感受孔轴线对准来流方向。前者在制造加工时能够做到,后者在使用上会有困难。因此,实用上希望感受孔轴线相对于气流方向有一定的偏流角 α 时,它仍能正确地反映气流的总压。习惯上取使测量误差达速度头的 1‰ 时的偏流角 α,作为总压管的不敏感偏流角 α_p,α_p 范围越大,对测量越有利。

图 5-21 表明了几种典型的总压管对气流方向的敏感情况,p_α^*,p^* 分别是气流总压的测量值和真实值。

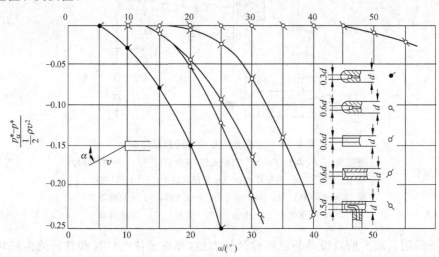

图 5-21 不同型式总压管对气流偏斜的敏感性

图 5-22 为某一总压管的角度特性。在使用总压管测压时,如果偏流角 α 超出不敏感偏流角 $α_p$,就应由其角度特性曲线找出相应的真实总压值。

各种总压管的不敏感偏流角 $α_p$ 不同程度上还受着马赫数 Ma 的影响,偏流角 α 不大时,Ma 的受影响情况不显著;当 α 增大时,随着 Ma 的增大,总压的测量误差也越来越大。

选用总压管时,要根据气流的速度范围、流道的条件和对气流方向的不敏感性,决定所用总压管的结构型式。在满足要求的前提下,其结构型式越简单越好,同时,在保证一定的结构刚度的前提下,总压管应具有较小的尺寸,以减少对流场的干扰。

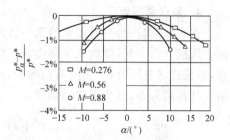

图 5-22 总压管角度特性

1. L 型总压管

如图 5-23 所示,它制造方便,使用、安装简单,支杆对测量结果影响小,是最常见的总压管。其缺点是不敏感偏流角 $α_p$ 较小,一般为 $±(10°\sim15°)$。

2. 圆柱型总压管

如图 5-24 所示,圆柱型总压管可以做成很小的尺寸,工艺性能好,制造容易,使用方便,但不敏感偏流角较小。它的不敏感偏流角有两个:在过孔口轴线而与支杆垂直的平面内,气流方向与孔口轴线的夹角 $α_p$ 约为 $±(10°\sim15°)$;在孔口轴线与支杆轴线构成的平面内,气流方向与孔口轴线的夹角 $β_p$ 约为 $±(2°\sim6°)$。若将孔口处加工成一往里凹进去的球面形,可以提高 $α_p$ 和 $β_p$ 的值,这种总压管又叫球窝型总压管。

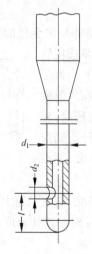
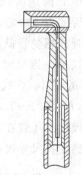

图 5-23 L 型总压管　　图 5-24 圆柱型总压管　　图 5-25 带导流套的总压管

3. 带导流套的总压管

如图 5-25 所示,在 L 型总压管管口处增加一个导流套,导流套进口处的锥面为收敛段,气流经过导流套后被整流,使总压管的不敏感偏流角 $α_p$ 大大提高,可达 $±(30°\sim45°)$。

它的缺点是 α_p 随 Ma 数的变化较明显;头部尺寸较大,对流场影响大。

4. 多点总压管

在实际测量中,有时需要沿某一方向同时测出多点的总压。把若干单点总压管按一定方式组合在一起,就构成了多点总压管。如图 5-26 所示,各单点总压管沿支杆轴向分布,组成梳状总压管,常见的有凸嘴型、凹窝型和带套型。如图 5-27 所示,各单点总压管沿支杆径向分布,组成耙状总压管。

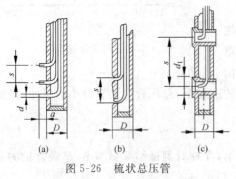

图 5-26 梳状总压管
(a) 凸嘴型; (b) 凹窝型; (c) 带套型

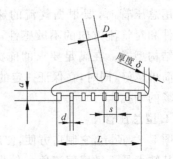

图 5-27 耙状总压管

多点总压管能同时测出多点的总压,但制造较复杂,对流场干扰大。梳状凸嘴型总压管和耙状总压管的不敏感偏流角 α_p 较小;凹窝型的 α_p 较大,但测量精度受气流扰动的影响较大;带套型的 α_p 最大,但结构较复杂。在实际使用时要根据具体情况选用。

5. 附面层总压管

附面层内的气流总压比主流内的总压小很多,而附面层本身又很薄,这就需要用专门的附面层总压管去测量。

附面层内的速度梯度很大,而且是非均匀变化的,造成总压管感受的总压平均值总是大于其测压孔几何中心处的总压值,即总压管的有效中心向速度较高的一侧移动了。为了使总压管的有效中心尽量靠近几何中心,附面层总压管的感受管截面常做成扁平的形状,感受孔往往是一道窄缝。图 5-28 是一种附面层总压管的结构型式。一般取 $h = 0.03 \sim 0.1$ mm,$H = 0.1 \sim 0.18$ mm。

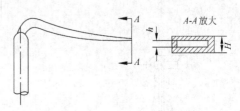

图 5-28 附面层总压管

附面层总压管在使用前要仔细校准,而且只能用于和校准时同样的雷诺数范围内。由于其感受孔尺寸极小,使用时还要特别注意其示值滞后的现象。

5.3.2 静压测量与静压管

气流的静压就是运动气流里气体本身的热力学压力,当感受器在气流中与气流以相同的速度运动时,感受到的就是气流的静压。静压测量对偏流角、Ma 数、感受器的结构参数等影响测量精度的因素更为敏感,所以静压测量比总压测量困难得多。实际采用的静压测量方法有壁面静压孔法和静压管法两种。

1. 壁面静压孔

这是测量气流静压的最方便的方法。感压孔的位置应选在流体流线是直线的地方，这里整个截面上的静压基本相等，在静压孔设计合理、加工符合要求的前提下，对气流的干扰小，具有较高的测量精度。要求开孔处有足够的直管段，管道内壁面要光滑平整。否则，即使静压孔的设计加工正确，也会引起1‰～3‰的误差。

壁面开静压孔后，对流场的干扰是不可避免的，为了减少干扰，提高测量精度，对静压孔的设计加工有严格的技术要求。主要有：

① 静压孔的开孔直径一般以 0.5～1.0mm 为宜。若 Ma 数为 0.8，由此引起的误差约为 0.1‰～1.0‰。静压孔过大过小都不好，孔径越大，其附近的流线变形越严重，误差也就越大；孔径太小会增加加工上的困难，易被堵塞，也会增加滞后时间；

② 静压孔的轴线应和管道内壁面垂直；孔的边缘应尖锐，无毛刺，无倒角；孔的壁面应光滑，否则这些因素会引起很大测量误差；

③ 若静压孔的深度为 l，直径为 d，一般应取 $l/d \geqslant 3$，太浅了会增加流线弯曲的影响；

④ 连接静压孔与导压管的管接头要固定在流道壁上，只要流道壁厚度允许，螺纹连接的方法比焊接的方法好，可以避免热应力使壁面变形，并干扰流场。

2. 静压管

当需要测量气流中某点的静压时，就要使用静压管。置于气流中的静压管对气流的干扰较大，为了减少测量误差，在满足刚度要求的前提下，它的几何尺寸应尽量小。静压管也应对气流方向的变化尽量不敏感。静压孔轴线应垂直于气流方向。下面介绍3种常用静压管。

(1) L 型静压管

如图 5-29 所示，L 型静压管结构简单，加工容易，性能也不错，应用较广，主要缺点是轴向尺寸较大。气流速度系数 λ 是 Ma 的函数，可查气体动力函数表获得。

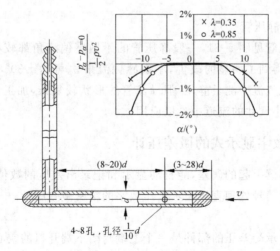

图 5-29 直角型（L 型）静压管

气流流过输压管头部获得加速，静压降低，支杆则对气流有阻碍作用，流速降低，静压升高。在L型静压管的头部和支杆之间选择适当的位置设置静压孔,可以得到接近真实静压的测量值。

气流方向与头部轴线的夹角为L型静压管的偏流角 α,α 的存在往往难以避免,这就要引起测量误差。为了减少此影响,一般在其表面沿圆周方向等距离开 2～8 个静压孔。

L型静压管的管径常取 1～2mm。孔径常取 0.3～0.4mm。实验数据表明,雷诺数在 $500\sim3\times10^5$ 的范围内对静压测量值没有影响。

(2) 圆盘型静压管

这种静压管见图 5-30。测量时,它应和气流的流动方向垂直,使圆盘平面平行于气流方向,其静压孔感受到的就是气流的静压。圆盘型静压管的测量值对与圆盘平面平行的气流方向变化不敏感,但对气流与其轴向的夹角(称为 β 角)的变化却极敏感,一般要求小于($1°\sim2°$)。所以它的加工精度要求高,特别要求支杆与圆盘平面垂直;使用时要特别注意 β 角的影响,并避免损坏圆盘,即使轻微的损伤也会降低测量精度。

测量的误差及对 β 角的敏感性常随圆盘直径的减小而增大,但直径过大又增加了对气流的干扰,圆盘直径常取 15～20mm。

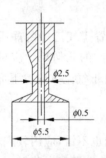

图 5-30 圆盘型静压管

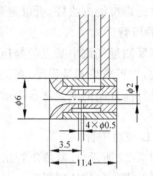

图 5-31 带导流管的静压管

(3) 带导流管的静压管

带导流管的静压管见图 5-31,一般静压管的不敏感偏流角都较小,在静压孔外加了导流管后,这种状况得到了明显的改善,不敏感偏流角 α_p 可达 $\pm30°$,β_p 可达 $\pm20°$。这种静压管可用于在三元气流中测量静压,但导流管的形状较复杂,加工也较困难,其头部尺寸难以做得很小,在小尺寸的流道中难以应用。

5.3.3 一种数字显示式的微差压计

为了消除人眼判读引起的误差,能自动显示和记录出差压的数值是应做到的。这里介绍一种可以经过电信号处理直接显示差压数字的精密微差压计——钟罩式微差压计。

1. 结构及原理

钟罩式微差压计承受差压的部件是一个上端封闭下端开口的空心圆筒。因为它的样子像为防止灰尘进入时钟内而扣在时钟上的罩子,故称为钟罩。还有一种用来标定气体流量的精密装置也叫做钟罩,它们的结构形状也相似。

钟罩式微差压计的结构原理如图 5-32 所示。在黄铜制成的厚壁外壳内,装有一钟

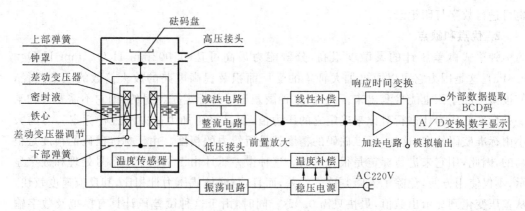

图 5-32 钟罩式微差压计原理图

罩。钟罩经轴与差动变压器的铁心固接在一起。轴的上下与特殊的弹簧(板簧)相联,使钟罩在密封液内呈悬浮状态。轴的上端有一校正用盘,可在盘内放置砝码对仪器进行校准。钟罩下部浸泡在低粘度的密封液内,从而隔断上下受压孔的通路。使用时,上受压孔接受高压(毕托管的总压),下受压孔接受低压(毕托管的静压)。钟罩在此差压作用下向下移动,直到差压与弹簧的弹力平衡为止。与此同时,固定在钟罩轴上的铁心与钟罩共同下移。于是,差动变压器的二次线圈输出电压。这样,就把差压信号转变成了电信号。

设铁心对差动变压器的位移为 Δy,二次线圈输出的电压为 e_1-e_2,则有关系

$$e_1-e_2=k\Delta y$$

式中 k 为常量,取决于差动变压器的材料、一次线圈与二次线圈的圈数及构造等。

若作用在钟罩上的差压为 Δp,钟罩受压面积为 A,在小位移的情况下,钟罩的位移 Δy 与所受的力 $\Delta p \cdot A$ 成正比。因此,上式可变为

$$\Delta p = c(e_1-e_2)$$

式中 c 是一常量,它与 k 和 A 以及弹簧的弹性系数有关。于是,上式给出了差压与输出电压的线性关系。

但是,随着位移量增加,到某一限度后,这种线性关系就不存在了。其特性如图 5-33 所示。由于仪器必须工作在线性部分,所以它的差压量程是有限的。

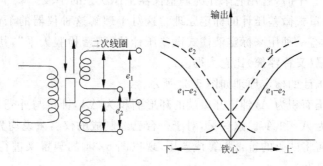

图 5-33 输出特性

由二次线圈输出的电压,经过适当的放大器放大,再经模数转换可由数字仪表显示,

也可进行数字打印记录。

2. 优点和缺点

钟罩式微差压计的灵敏度很高,分辨能力最高可达 $0.002mm\ H_2O$($1mm\ H_2O = 9.8Pa$)。这是因为它可以通过加大钟罩的受压面积及提高电路的放大倍数的双重途径,使极微小的差压也能检测出来。此外,这种微差压计的标定是绝对的,即它不需要去和某一种标准的压力计进行对比来确定它的压力值,而只需用加力的办法进行标定。力的大小由标准砝码给定,这样,标准砝码的精度就是所给力的精度。由于标准砝码的精度是很高的,因此,用它来进行标定是很可靠的。这种微差压计由于采用了电信号处理和数字显示,不仅使用方便,免除了人眼判读的误差,而且,与液柱式压力计相比,其反应速度较快。从差压变化到显示出数值,最快只需 0.06s。同时,由于这种微差压计具有模拟及数字输出功能,可以根据需要用微型计算机作进一步的运算处理。

这种微差压计的缺点是量程小。例如,当分辨能力为 $0.002mm\ H_2O$ 时,其最大量程只有 $5mm\ H_2O$。当最大量程扩大到 $50mm\ H_2O$ 时,分辨能力却下降到只有 $0.01mm\ H_2O$。产生这一缺点的原因是差动变压器铁心的位移不能太大,太大了就不满足输出与位移的线性关系。另外,悬挂钟罩的弹簧也只有在小位移条件下才与差压成正比。在允许位移量的限制下加大弹簧的刚度,量程可以扩大,但分辨能力必然降低。这是一切差动变压器共有的问题。

3. 标定方法及其原理

钟罩式微差压计的标定方法是,将标准砝码加到与钟罩固结在一起的校正用盘内,使钟罩受到一个已知力的作用,这个外加的已知力可化为与其相当的差压。于是,就可以根据这一外加的已知差压来标定差压计应有的输出读数。例如,对于某一制成的钟罩式微差压计,预先设计好每克砝码加到砝码盘上相当于 $0.5mm\ H_2O$ 差压作用在钟罩上。那么,标定时,将 40g 砝码加到砝码盘上时,仪器输出就应该是 $20mm\ H_2O$。如果不是这一显示,就要进行调准。在仪器正常的情况下应该是能调准出来的,否则仪器就存在误差。调准以后,还要检查其显示是否线性,将砝码逐渐减为 20,15,10,5…,仪器应该按比例地显示 10,7.5,5,2.5…$mm\ H_2O$。只有这样才能表明仪器工作在正常状态。否则,就表明仪器有了故障或受到损伤,须经检查或修理后才能使用。钟罩式微差压计的标定比较方便,可以经常进行。平时,就用它来作为调整仪器工作状态的手段。

下面,讨论钟罩式微差压计的标定原理。这对于理解这种仪器的工作原理是有帮助的。顺便提一下,有一种用来标定液柱式微差压计的"精密检验天平",其原理与此相同,只不过所用的钟罩(又称浮筒)比它大得多。

钟罩式微差压计的标定原理如图 5-34 所示。

设钟罩的受压面积为 A,钟罩开口端的环形面积为 ΔA,钟罩与外壳及内壳之间的间隙环形面积分别为 A_1 和 A_2。这些量,对于一台已经制成的仪器来说均为已知量。

为了分析如何将砝码的重量折算成差压,现以图 5-34 的装置来进行分析(实际标定时并不需要如此复杂)。

首先,将微差压计置于开放状态,即钟罩不受差压作用。这时,密封液液面处于图中 0-0 位置。为了平衡钟罩及其他部件的重量 W 以及弹簧张力、表面张力等铅垂方向的总

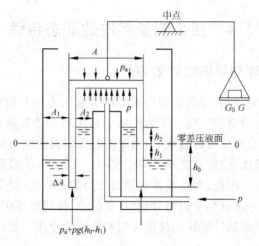

图 5-34 标定原理图

分量 R_y，天平的另一端须加砝码 G_0。由平衡条件得

$$G_0 = W + R_y + p_a A - p_a(A - \Delta A) - (p_a + \rho g h_0)\Delta A \tag{5-23}$$

式中 p_a 为大气压力；ρ 为密封液的密度；g 为重力加速度。

为了造成差压，从下受压孔抽气，使钟罩内变为负压，并设这一压力为 p。这时，钟罩受到差压 $\Delta p = p_a - p$ 的作用。与此同时，钟罩内产生了液面高度差如图 5-34 所示。为了平衡，天平另一端的砝码须换成 $G(G > G_0)$。加了砝码 G 以后，钟罩仍回到原来的位置。因此，弹簧张力等力的垂直分量 R_y 不变。根据此时的平衡又有以下关系

$$G = W + R_y + p_a A - p(A - \Delta A) - [p_a + \rho g(h_0 - h_1)]\Delta A \tag{5-24}$$

由式(5-24)减式(5-23)得

$$G - G_0 = (p_a - p)(A - \Delta A) + \rho g h_1 \Delta A \tag{5-25}$$

根据液体静力学的连通器原理，有

$$p_a - p = \rho g(h_2 + h_1) \tag{5-26}$$

因为液体不可压缩，钟罩外面下降的液体体积应与钟罩内上升的液体体积相等，于是有

$$h_1 A_1 = h_2 A_2 \tag{5-27}$$

由式(5-25)、式(5-26)、式(5-27)消去 h_1, h_2，并令 $p_a - p = \Delta p$，于是得到最后结果

$$\Delta p = \frac{G - G_0}{\left(A - \dfrac{A_1 \Delta A}{A_1 + A_2}\right)} \tag{5-28}$$

这就是将砝码折算成差压的公式。

对于一台仪器来说，$A, \Delta A, A_1, A_2$ 都是确定了的已知常量，因此砝码的重量与差压成正比。有了这一公式，就可以算出多重的砝码相当于多大的差压。而且，对某一台仪器来说其具有不变的比例常数。

当用砝码来校准钟罩式微差压计时，实际上不需要抽气，也不需要另用一台天平来提升钟罩，只要在砝码盘内放上砝码，看仪器是否正确指示出此砝码所相当的差压就行了。

5.4 压力测量系统的动态特性

5.4.1 动态原理测量的空腔效应

仪表感压元件前的空腔和导压管的存在必然引起压力信号的衰减和相位滞后，这种效应称作动态压力测量的空腔效应。压力传感器是按动态参数测量的要求设计制造的，它的固有频率很高，响应速度可以很快，但由于空腔效应而使整个测量系统的响应速度大大低于传感器的响应速度，使得动态特性降低很多。实际上，测量系统的动态特性往往由传感器以外的部分决定。因此，为了改善测量系统的动态特性，除了选用固有频率很高的传感器外，更应注意使导压管尽量的短，内径尽量的小，传感器感压元件前的空腔尽量小。

可用下面近似公式来估计感压元件前空腔和导压管合在一起后的固有频率。

$$f = \frac{3ad}{\pi\sqrt{(l+\delta+0.85d)V}} \tag{5-29}$$

式中 a——气体在工作温度下的音速；

d——导压管的内径；

l——气柱长度；

δ——空腔高度；

V——空腔体积。

由式(5-29)可见，空腔的容积越大，导压管越长，内径越大，固有频率越低。在动态压力测量中若对导压管的空腔效应不加注意，就很可能得不到可信的测量结果。

5.4.2 压力传输管道的数学模型和频率特性

压力传输管道的空腔容积大小、导压管的粗细和长短将在动态压力测量中影响测量结果。其实质上是个阻容系统。若设被测压力为 p_0，空腔压力为 p_1，在稳态时，则有 $p_{00} = p_1$，而在动态测量时，因空腔和导压管的存在，使测量结果产生滞后，$p_0 \neq p_1$。

对空腔内的压力和密度变化，设

$$p_0 = p_{00} + \Delta p_0$$
$$p_1 = p_{10} + \Delta p_1$$
$$\Delta p = \Delta p_0 - \Delta p_1$$
$$\Delta p = p_0 - p_1$$

上式中 p_{00} 和 p_{10} 是稳态时的被测压力和空腔压力

由质量平衡可得到以下的微分方程

$$V_1 \frac{d\rho_1}{dt} = \Delta G \tag{5-30}$$

式中 V_1——空腔的体积；

ρ_1——空腔内气体的密度；

ΔG——由于压差 Δp 的存在所引起的对空腔的充气量。

由于密度 ρ_1 难以测量，人们希望能用压力 p_1 的变化表示 ρ_1 的变化。当把充气过程看

成是多变过程时，有下式成立，

$$p_1 \rho_1^{-n} = 常数$$

式中　n——多变指数

对上式两边微分可得到

$$d\rho_1 = \frac{\rho_1}{np_1}dp_1$$

由气态方程：$p_1 = \rho_1 R T_1$ 可得

$$d\rho_1 = \frac{1}{nRT_1}dp_1 \tag{5-31}$$

式中　R——气体常数；
　　　T_1——空腔内的温度。

充气流量 G 的大小和压差的大小 Δp 成正比，此外还和导压管的流阻 R 有关。

定义：流阻 $R = \dfrac{d(\Delta p)}{dG}$

则

$$\Delta G = \frac{\Delta p_0 - \Delta p_1}{R} \tag{5-32}$$

将式(5-26)和式(5-27)代入式(5-25)中，得

$$C\frac{dp_1}{dt} = \frac{\Delta p_0 - \Delta p_1}{R}$$

式中　C——气体的容积，$C = \dfrac{V_1}{nRT_1}$

则

$$RC\frac{d\Delta p_1}{dt} = (\Delta p_0 - \Delta p_1)$$

用增量相对值的无因次量表示上述方程，定义

$$\frac{\Delta p_1}{p_{10}} = x_{p1}, \qquad \frac{\Delta p_0}{p_{00}} = x_{p0}$$

则

$$T\frac{dx_{p1}}{dt} = (x_{p0} - x_{p1}) \tag{5-33}$$

式中　T——时间常数，$T = RC$

式(5-33)的传递函数方程为

$$\frac{x_{p1}}{x_{p0}} = \frac{1}{Ts + 1} \tag{5-34}$$

显然，这是一个惯性环节，其时间常数的大小反映了测量时的滞后程度。时间常数 T 的大小由流阻 R 和气容 C 的大小决定。导压管细长时，流阻 R 大，测压空腔 V_1 大时气容大，则时间常数大。测量时的压力滞后较大，直接影响动态测量。

第6章 气流速度测量

气流速度是热力机械中工质运动状态的重要参数之一。要具体了解热力机械的运行状况及其内部的工作过程,往往需要测量其中的气流速度。速度是矢量,它具有大小和方向。

随着现代科学技术的发展,各种测量气流速度的方法也越来越多,但在热能动力方面,目前世界上最常用的方法还是空气动力测压法,其典型仪器就是各种测压管。按用途分,测压管可分为总压管、静压管、动压管、方向管和复合管。这种方法利用了气流的速度和压力的关系,依据的是流体力学和热力学的基本理论,其中,伯努利方程是最基本的方程。一些常用的基本公式列举如下。

可压缩气体等熵流动的伯努利方程为

$$\frac{\kappa}{\kappa-1}\frac{p}{\rho}+\frac{v^2}{2}=常数 \quad (6-1)$$

不可压缩气体稳定流动的伯努利方程为

$$p+\frac{1}{2}\rho v^2 = 常数 \quad (6-2)$$

式中 κ——绝热指数;

p——气流的静压力;

ρ——静压、静温下的气体密度;

v——气体的运动速度。

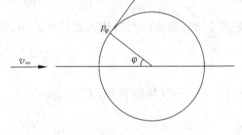

图 6-1 理想流体绕流圆柱体

伯努利方程对同一条流线有效,只有在进口均匀的流场中才对整个流场有效。

不可压缩理想流体绕流无限长圆柱体,如图 6-1 所示,圆柱表面任意点上径向速度 v_r 和切向速度 v_φ 分别为

$$v_r = 0$$
$$v_\varphi = 2v_\infty \sin\varphi$$

压力 p_φ 和压力系数 C_p 分别为

$$p_\varphi = p + \frac{1}{2}\rho v_\infty^2(1-4\sin^2\varphi)$$

$$C_p = \frac{p_\varphi - p}{\frac{1}{2}\rho v_\infty^2} = 1 - 4\sin^2\varphi \quad (6-3)$$

式中 φ——圆柱截面上过任意点的半径与无限远处气流速度方向的夹角;

p_φ——圆柱面上与 φ 角相应的点处的压力;

v_∞——无限远处气流的速度。

不可压缩理想流体绕流球体,同理有

$$v_r = 0$$

$$v_\varphi = \frac{3}{2}v_\infty \sin\varphi$$

$$p_\varphi = p + \frac{1}{2}\rho v_\infty^2\left(1 - \frac{9}{4}\sin^2\varphi\right)$$

$$C_p = 1 - \frac{9}{4}\sin^2\varphi$$

式中　φ——无限远处气流速度方向与连接球面上任意点的半径的夹角。

各种测压管的感压孔的边缘应尖锐,无毛刺,除总压管外,还应无倒角;孔的壁面应光滑。由于制造工艺上总会存在误差,所有测压管在使用前都必须经过校准。

6.1　测压管与测速技术

6.1.1　气流速度测量

测量气流速率就是测量气流速度的大小。在气流速度小于音速时,伯努利方程给出了同一流线上气流速率和气流其他状态参数的关系。

气体流速低,不考虑其可压缩性,由(6-2)式

$$p + \frac{1}{2}\rho v^2 = p^*$$

即
$$v = \sqrt{\frac{2}{\rho}(p^* - p)} \tag{6-4}$$

式中　p^*——气流的总压。

气体流速高,考虑其可压缩性,由(6-1)式

$$\frac{\kappa}{\kappa - 1}\frac{p}{\rho} + \frac{v^2}{2} = \frac{\kappa}{\kappa - 1}\frac{p^*}{\rho^*}$$

即
$$v = \sqrt{2\frac{\kappa}{\kappa - 1}\left(\frac{p^*}{\rho^*} - \frac{p}{\rho}\right)} \tag{6-5}$$

式中　ρ^* 为气体在总温总压下的密度。

利用气体绝热过程的状态方程,由(6-5)式得

$$v = \sqrt{2\frac{\kappa}{\kappa - 1}RT\left[\left(\frac{p^*}{p}\right)^{\frac{\kappa-1}{\kappa}} - 1\right]} \tag{6-6}$$

或
$$v = \sqrt{2\frac{\kappa}{\kappa - 1}RT^*\left[1 - \left(\frac{p}{p^*}\right)^{\frac{\kappa-1}{\kappa}}\right]} \tag{6-7}$$

为了比较气体的可压缩性的影响,由式(6-6)、音速 a 的表达式和马赫数 Ma 的定义可得

$$p^* = p\left[1 + \frac{\kappa - 1}{2}Ma^2\right]^{\frac{\kappa}{\kappa-1}}$$

把上式右侧展开,得到

$$p^* - p = \frac{\rho v^2}{2}\left[1 + \frac{1}{4}Ma^2 + \frac{2-\kappa}{24}Ma^4 + \cdots\right] = \frac{\rho v^2}{2}(1 + \varepsilon) \tag{6-8}$$

即
$$v = \sqrt{\frac{2(p^* - p)}{\rho(1+\varepsilon)}} \qquad (6-9)$$

式中 ε 为气体的压缩性修正系数，它表示了气体的压缩效应的影响。

ε 与 Ma 的关系如表 6-1。

表 6-1 ε 与 Ma 的关系

Ma	0.1	0.2	0.3	0.4	0.5	0.6	0.7	0.8	0.9	1.0
ε	0.0025	0.0100	0.0225	0.0400	0.0620	0.0900	0.1280	0.1730	0.2190	0.2750

一般情况测量气流速率时，$Ma > 0.3$ 以后，就应考虑气体的压缩效应。

常用于测量气流速率的测压管是动压管。总压与静压之差叫动压。L 型动压管是最常用的。所以又称为标准动压管，或称毕托管。为了满足一些特殊的要求，还有其他型式的动压管。设计动压管时主要应满足静压测量的要求，整个动压管不敏感偏流角由静压孔的不敏感偏流角决定。

1. L 型动压管

为了测量方便，L 型动压管把静压管和动压管同心地套在一起，如图 6-2 所示。

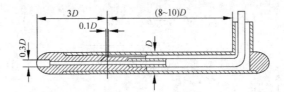

图 6-2 直角型(L 型)动压管

它的总、静压孔不是在同一点上，甚至不在流道的同一截面上，所以得到的读数不能准确地反映出气流速率的大小，而应加以修正。

$$v = \sqrt{\frac{2}{\rho}(p^* - p)} = \sqrt{\frac{2}{\rho}(p^{*'} - p')\xi} \qquad (6-10)$$

式中 $p^{*'}$ 和 p'——动压管总压和静压的读数；

ξ——动压管的校准系数。

$$\xi = \frac{p^* - p}{p^{*'} - p'} \qquad (6-11)$$

当考虑气体的压缩效应时，应为

$$v = \sqrt{\frac{2(p^{*'} - p')}{\rho(1+\varepsilon)}\xi} \qquad (6-12)$$

图 6-2 为标准 L 型动压管的几何尺寸。它测量的动压和真实的动压值较接近；ξ 可保持在 1.02～1.04 之间，而且在较大的 Ma 数和 Re 数范围内为定值；其不敏感偏流角约为 $\pm 10°$。

L 型动压管不适用于沿气流方向速度急剧变化的地方。

2. T 型动压管

图 6-3 所示为 T 型动压管。它由两根弯成 L 型的细管焊接而成，而总压、静压分别

由管口迎着气流方向和背着气流方向的管子引出。它的校准系数 ξ 小于 1。它的优点是结构简单，制造容易，横截面积小；缺点是不敏感偏流角小，轴向尺寸大，不适于在轴向上速度变化较大的场合应用。

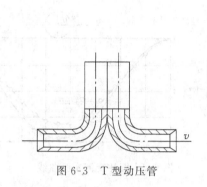

图 6-3　T 型动压管

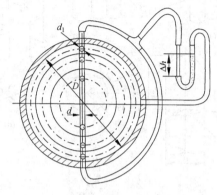

图 6-4　笛形动压管

3. 笛形动压管

它主要用于测量大尺寸流道内的平均动压，以得到平均流速。图 6-4 为其一种结构型式。按一定规律开孔的笛形管垂直安装在流道内，小孔迎着气流方向，得到气流的平均总压。静压孔开在流道壁面上，与笛形管一起组成了笛形动压管。在保证刚度的前提下，笛形管的直径 d 要尽量小，常取 $d/D=0.04\sim0.09$。总压孔的总面积一般不应超过笛形管内截面的 30%。

6.1.2　平面气流的测量

平面气流的测量包括气流方向的测量和气流速率的测量。测量气流速度的依据是不可压缩理想流体对某些规则形状物体的绕流规律。常用的测压管有二元复合测压管和方向管。

为了准确测出气流的方向，要求方向管或复合管对气流方向的变化尽量敏感，这恰恰与总压管、静压管的要求相反。

常用的方向管或复合管如图 6-5 所示。

1. 圆柱三孔型复合测压管

图 6-5(c) 为其结构示意图。在一个车制的圆柱体上沿径向钻三个小孔，中间的总压孔的压力由圆柱体的内腔引出，两侧方向孔的压力由焊接在孔上的针管引出。它结构简单，制造容易，使用方便，得到广泛的应用。

两方向孔对气流方向的变化越敏感越好。图 6-6 为圆柱表面压力系数 C_p 的理论曲线和实验曲线，它反映了圆柱表面压力分布与中心角 φ 的关系。理论分析和实验都表明：中心角为 45° 时，方向孔对气流方向的变化最敏感。所以，二方向孔应在垂直于测压管轴线的平面内沿径向开孔，夹角为 90°；总压孔应开在二方向孔夹角的角平分线上。为了消除测压管端部对测量的影响，测孔应离开端部一定距离。

在实际应用时可对角度的正负和孔号作出各种规定，但为解释方便，对角度的正负和

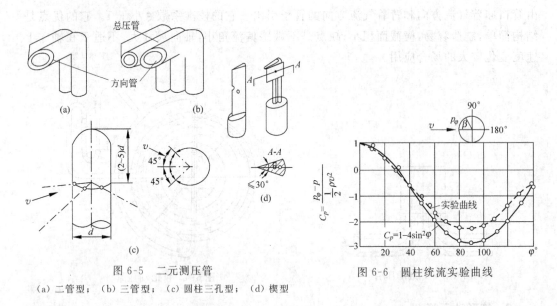

图 6-5 二元测压管
(a) 二管型；(b) 三管型；(c) 圆柱三孔型；(d) 楔型

图 6-6 圆柱绕流实验曲线

孔号规定如图 6-7 所示。通常都在测压管上焊接一方向块，焊接时尽量使方向块的平面与总压孔 2 的轴线相平行，方向块的平面就作为测压管的原始位置，即几何轴线。测压管垂直插入均匀平行的气流中，三孔迎着气流方向，1 孔和 3 孔的压力相等时。在三个孔决定的平面内，过测压管截面的圆心而和气流方向平行的方向，就是测压管的气动轴线。在使用时，几何轴线和气动轴线各相应于坐标架刻度盘上的一个读数，几何轴线与气动轴线的夹角叫校正角 α_c，它和校正曲线一样，是在校正风洞上得到的。由于工艺上的原因，气动轴线、几何轴线及 2 孔的轴线三者不一定平行。气流方向与气动轴线的夹角叫气流偏

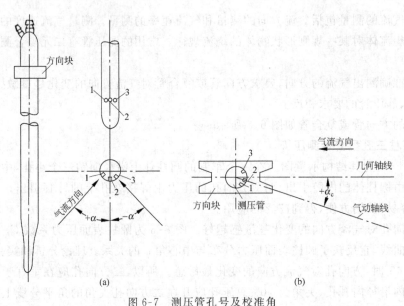

图 6-7 测压管孔号及校准角
(a) 孔号及 α 符号；(b) 校准角

角 α,角度的正负是这样规定的:气流方向在基准方向的左侧,此角取正号;气流方向在基准方向的右侧,取负号。α_c 以几何轴线为基准方向,α 以气动轴线为基准方向。

圆柱三孔复合测压管只适于测量平面气流。当气流方向不平行于和测压管轴线垂直的平面时,气流方向和平面的夹角,叫俯仰角 β。β 不为零虽然不影响气流在上述平面内方向的测量,但在测量气流的总压和静压时,会引起较大的误差。例如,$\beta>5°$ 时,测得的静压的误差将大于 1%。

每根测压管一般应有方向特性、总压特性和速度特性三条校准曲线。常见型式的校准曲线的基本原理都相同。下面推荐一组特性曲线。

方向特性

$$X_\alpha = \frac{p_1 - p_3}{2p_2 - p_1 - p_3} = f_1(\alpha) \tag{6-13}$$

总压特性

$$X_0 = \frac{p^* - p_2}{2p_2 - p_1 - p_3} = f_2(\alpha) \tag{6-14}$$

速度特性

$$X_v = \frac{p^* - p}{2p_2 - p_1 - p_3} = f_3(\alpha, Ma) \tag{6-15}$$

式中 p^* 和 p——校准风洞中的总压和静压;

p_1, p_2, p_3——被校测压管 1,2,3 孔感受的压力。

速度特性受气流 Ma 数影响较大,但在 $Ma<0.3$ 时,可不考虑 Ma 数的影响,即

$$X_v = \frac{p^* - p}{2p_2 - p_1 - p_3} = f_3(\alpha) \tag{6-16}$$

当 $Ma>0.3$ 时,可采用

$$p_3/p_2 = f(p/p^*, \alpha) \quad (\alpha > 0)$$

或

$$p_1/p_2 = f(p/p^*, \alpha) \quad (\alpha \leqslant 0)$$

相应的校准曲线如图 6-8。

2. 三管型复合测压管

三管型测压管比圆柱三孔管的头部小,可用于气流 Ma 数更高、横向速度梯度更大的场合。

把三根弯成一定形状的小管焊接在一起,就组成了三管型复合测压管。如图 6-5(b)所示。两侧方向管的斜角要尽可能相等;斜角可以向外斜,也可以向内斜;总压管可以在两方向管之间,也可以在它们的上方或下方。在相同条件下外斜的测压管比内斜的灵敏度高。总压管和气流方向应在两方向管决定的平面的同一侧,若不知道气流方向偏于哪一侧,则总压管应安排在二方向管之间,但这样容易增加方向测量的误差。为了加强测压管的刚度,可以焊上加强筋。为了避免对流场的干扰,各测孔到杆柄和加强筋的距离要分别大于 6 倍和 12 倍的管子外径。

三管型复合测压管的特性和校准曲线与圆柱型三孔复合测压管的类似。其不足是:刚性较差;由于方向管斜角的存在,气流较易产生脱流,在偏流角 α 较大时示值不易稳定。

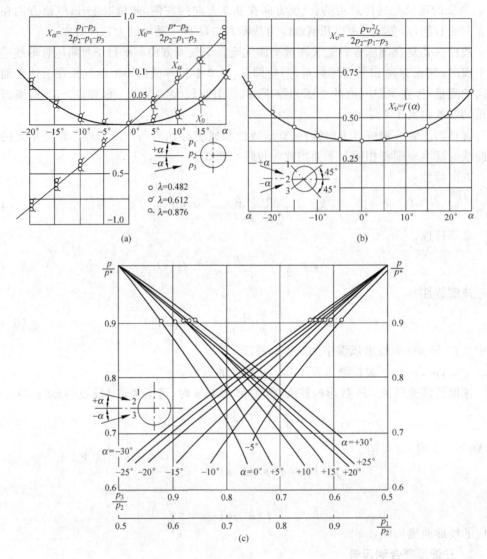

图 6-8 圆柱三孔测压管特性曲线
(a) 方向、总压特性； (b) 速度特性($Ma<0.3$)； (c) 速度特性($Ma>0.3$)

3. 楔型测压管

其结构如图 6-5(d)所示。与圆柱型三孔复合测压管比较，它的总压孔对气流偏斜角的敏感性要小些，两方向孔对位置偏差的敏感性也小得多。其表面出现激波时的临界 Ma 数比圆柱三孔型和三管型的较高。气流 Ma 数越大，其楔角应越小。楔角减小还有利于减小气流横向速度梯度的影响，但却降低了测压管的灵敏度。它对俯仰角 β 的不敏感性也较大。它的缺点是：气流 Ma 数小时灵敏度较低。

4. 两管型方向管

在只需要测量气流方向的场合，可用两根针管制成两管型方向管。其斜角在 45°～60°之间，两管要尽量对称，以斜角向外斜的较常用。其结构形式如图 6-5(a)所示。两方

· 168 ·

向孔的距离小，测量结果受气流横向速度梯度的影响也小，但刚性差。方向管的使用方法大致与复合管相同。

5. 二元复合测压管的使用

有对向测量和不对向测量两种方法。无论应用哪种测量方法，都要注意气流横向速度梯度和 Ma 数的影响，并注意连接管路的泄漏、堵塞等问题。角度的正负号和压力的正负号也要认真注意，稍一疏忽就会造成粗大误差。

（1）对向测量

这种方法要求在测量过程中反复转动测压管，使 $p_1 = p_3$。把测压管垂直插入被测气流中，使三孔迎着气流，三孔所在平面与被测气流平面一致，记录方向块在此位置时测压管夹具刻度盘的读数 α_q。一般情况下 $p_1 \neq p_3$。须反复转动测压管，直至 $p_1 = p_3$，并记录刻度盘的读数 α_0 和 p_2，p_1 或 p_3。这时气流方向和气动轴线的方向重合。从总压特性曲线和速度特性曲线可分别得到总压 p^* 和静压 p

$$p^* = X_0(2p_2 - p_1 - p_3) + p_2$$
$$p = p^* - X_v(2p_2 - p_1 - p_3)$$

知道 p^*，p 和气温后，可解算出气流速率。

对向测量的结果较准确，但须反复调整测压管使 $p_1 = p_3$，较费时间。

（2）不对向测量

这种方法不要求严格的 $p_1 = p_3$。把测压管垂直插入被测气流中，三孔迎着气流，并尽量使气动轴线方向与气流方向一致，记录三孔的压力 p_1，p_2，p_3。根据 p_1，p_2，p_3 算出 X_0，再从方向特性曲线上查出被测气流方向与测压管气动轴线的夹角 α，再根据测压管的校准角 α_c，得到气流方向和测压管几何轴线的夹角 $\alpha + \alpha_c$，从而知道气流的方向。根据偏角 α，可在总压特性曲线上查出 X_0，从而解算出 p^*。在 Ma 数较小时，可在速度特性曲线上根据 α 查得 X_v，算出静压 p；Ma 数较大时，就须根据压力比 p_1/p_2 或 p_3/p_2，从速度特性曲线上查出 p/p^*，算出静压 p。再知道气体温度后可算出气流的速率。

不对向测量可节省实验时间，但要反复查对校准曲线，容易产生误差。

6.1.3 空间气流的测量

空间气流速度的测量和平面气流速度的测量在原理上是一样的，所用的三元测压管实质上相当于两个组合在一起的二元复合测压管。常用的三元测压管结构型式如图 6-9 所示。

1. 三元测压管

（1）球型五孔测压管

它的球部直径一般为 5~10mm，测量孔的直径为 0.5~1.0mm。中间孔轴线和侧孔轴线的夹角在 30°~50°之间，常为 45°。支杆的直径约 2.5~3mm。支杆的轴线一般指向球心或向后偏斜。实践表明：支杆和球的相对位置会明显影响测压管的方向特性，支杆越向球的后部偏移，方向特性曲线的不对称性越小。

（2）五管三元测压管

其感受头的尺寸较小，支杆离感受头也较远，它对气流的扰动比球型五孔管要小，用

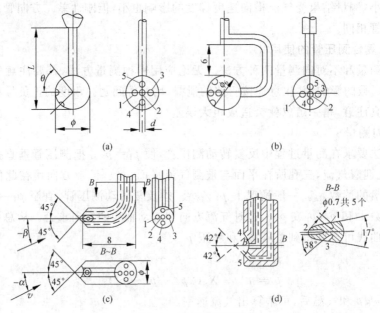

图 6-9 三元测压管

(a),(b) 球型五孔； (c) 五管； (d) 楔型五孔

于测量不均匀流场的参数时精度较高,制造简单。但是它较脆弱,微小的损伤就会改变其特性。使用时要特别小心。

(3) 楔型五孔测压管

它的尺寸比球型五孔测压管小,1 孔和 3 孔的距离较近,适用于气流横向速度梯度较大的场合。

2. 三元测压管的使用和校准曲线

1,2,3 孔决定了垂直于支杆轴线的赤道平面,4,2,5 孔决定了平行于支杆轴线的子午平面。气流方向在赤道平面内的偏角为 α,在子午平面内的偏角为 β。

空间气流速度的测量就是确定气流速度在这两个互相垂直的平面内的大小和方向。由于对向测量方法和不对向测量方法存在各种实际问题,因此应用中主要采用半对向测量的方法:在赤道平面内采用对向测量,在子午平面内采用不对向测量。这实质上把空间气流的测量转换成平面气流的测量。

不同的测量方法需要不同的校准曲线。半对向测量的校准曲线有两种形式,第一种和二元测压管的完全相同,只是把图 6-8 中的"α"换成"β",脚码"1"、"3"分别换成"5"、"4";第二种见图 6-10。在校准风洞中,在一个确定的角 β 下,使测压管绕其支杆的轴线转动,直至 $p_1=p_3$,记录 β 角和各孔的压力,得到一组数据;改变 β 角,同样操作,可得多组数据。根据这些数据和已知的 p^*、p,可整理出上述校正曲线。由于工艺的原因,在不同 β 角下测压管球部的绕流特性会有所改变,校准角 α_c 会发生一些变化,所以,还应做出 α_c 随 β 角变化的曲线。

利用第一种校准曲线进行测量,方法和二元测压管的对向测量方法基本相同,即:转动赤道平面,使 $p_1=p_3$,可以得到 α 角;再从 p_5、p_2、p_4 和校准曲线得到 β 角,p^* 和 p,从而得到气流速度的大小和方向。

在第二种校准曲线中,方向特性为

$$K_\beta = \frac{p_5 - p_4}{p_2 - p_3} = f_1(\beta)$$

速度特性为

$$K_{v1} = \frac{p_5 - p_4}{p^* - p} = f_2(\beta)$$

或

$$K_{v2} = \frac{p_2 - p_3}{p^* - p} = f_3(\beta)$$

静压特性

$$K_p = \frac{p_2 - p}{p^* - p} = f_4(\beta)$$

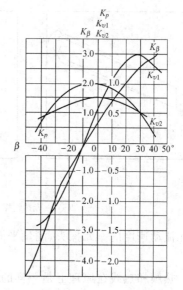

图 6-10 球形五孔测压管校正曲线

测量时,得到各孔的压力,据此算出 K_β,查方向特性曲线得到 β 角。由 β 角查速度特性曲线可得 K_{v1} 或 K_{v2},算出 $p^* - p$,从而算出气流速率。气流方向由 α,β 得到。通过静压特性曲线和计算,也可方便地得到静压 p 和总压 p^*。K_{v1} 或 K_{v2} 是用于互相校对动压 $p^* - p$,测量准确时应有

$$\frac{p_5 - p_4}{K_{v1}} = \frac{p_2 - p_3}{K_{v2}}$$

若二者的误差在 2%~3% 之内,可按平均值计算

$$p^* - p = \frac{1}{2}\left(\frac{p_5 - p_4}{K_{v1}} + \frac{p_2 - p_3}{K_{v2}}\right)$$

如果二者之差超过 3%,应重新测量和计算。

三元测压管的尺寸较大,对流场干扰大,测量精度较低。

6.2 热线、热膜风速仪

用测压管测量气流速度,由于滞后大,不适用于测量不稳定流动中的气流速度。即使在脉动频率只有几 Hz 的不稳定气流中测量流速,也不能获得满意的测量结果。热线风速仪具有探头尺寸小,响应快等特点,其截止频率可达 80kHz 或更高,所以它可在测压管难以安置的地方使用,主要用于动态测量。热线风速仪由热线探头和伺服控制系统组成。如果与数据处理系统联用,可以简化繁琐的数据整理工作,扩大热线风速仪的应用范围。

热线探头的结构型式有热线和热膜两种,常见的热线探头如图 6-11 所示。热线是直径很细的铂丝或钨丝,最细的只有 3μm,典型尺寸是直径为 3.8~5μm,长度 1~2mm。为了减少气流绕流支杆带来的干扰,热线两端常镀有合金,起敏感元件作用的只有中间部分。热膜是用铂或铬制成的金属薄膜,用熔焊的方法将它固定在楔形或圆柱形石英骨架上。热线的几何尺寸比热膜小,因而响应频率更高,但热线的机械强度低,不适于在液体或带有颗粒的气流中工作,而热膜的情况正相反。热线探头还可根据它的用途分为测量

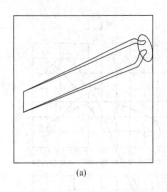 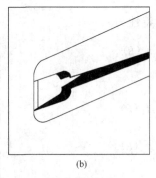 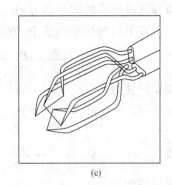

图 6-11 热线探头

(a) 一元热线探头; (b) 热膜探头; (c) 三元热线探头

一元流动速度的一元探头、测量平面流动速度的二元探头和测量空间流动速度的三元探头。

热膜和热线在原理上是一样的,下面以热线为例说明。

6.2.1 工作原理与热线方程

1. 基本原理

热线风速仪是利用通电的热线探头在流场中会产生热量损失来进行测量的。如果流过热线的电流为 I,热线的电阻为 R,则热线产生的热量是

$$Q_1 = I^2 R$$

当热线探头置于流场中时,流体对热线有冷却作用。忽略热线的导热损失和辐射损失,可以认为热线是在强迫对流换热状态下工作的。根据牛顿公式,热线散失的热量为

$$Q_2 = \alpha F(t_w - t_f)$$

式中 α——热线的对流换热系数;

F——热线的换热表面积;

t_w——热线温度;

t_f——流体温度。

在热平衡条件下,有 $Q_1 = Q_2$,因此可写出热线的能量守恒方程如下

$$I^2 R = \alpha F(t_w - t_f) \tag{6-17}$$

R 是热线温度的函数;对于一定的热线探头和流体条件,α 主要与流体的运动速度有关;在 t_f 一定的条件下,流体的速度只是电流和热线温度的函数,即

$$v = f(I, t_w) \tag{6-18}$$

因此,只要固定 I 和 t_w 两个参数中的任何一个,都可以获得流速 v 与另一参数的单值函数关系。若电流 I 固定,则 $v = f(t_w)$,可根据热线温度 t_w 来测量流速 v,此为热线风速仪的恒流工作方式;若保持热线温度 t_w 为定值,则 $v = f(I)$,可根据流经热线的电流 I 测量流速,此为热线风速仪的恒温工作方式或恒电阻工作方式。此外,还可以始终保持 $t_w - t_f$ 为常数,同样可以根据热线电流 I 来测量流速,这叫做恒加热度工作方式。无论采用哪种工作方式,都需要对流体实际温度 t_f,偏离热线标定时的流体温度 t_0 进行修正,这种修正可

通过适当的温度补偿电路自动实现。

热线风速仪的基本原理是基于热线对气流的对流换热,所以它的输出和气流的运动方向有关。当热线轴线与气流速度的方向垂直时,气流对热线的冷却能力最大,即热线的热耗最大,若二者的交角逐渐减小,则热线的热耗也逐渐减小。根据这一现象,原则上可确定气流速度的方向。

2. 热线方程

假定热线为无限长、表面光滑的圆柱体,流体流动方向垂直于热线。由传热学知道

$$\alpha = \frac{Nu\lambda}{d} \tag{6-19}$$

式中　Nu——努塞尔数;
　　　λ——流体的导热系数;
　　　d——热线直径。

由于热线的直径极小,即使流速很高,例如 $Ma=1$,以 d 为特征尺寸的雷诺数 Re_d 也很小,热丝散热属于层流对流换热。根据传热学的经验公式,有

$$Nu = a + bRe_d^n \tag{6-20}$$

式中　a, b——与流体物性有关的常数;
　　　n——与流速有关的常数。

$$Re_d = \frac{vd}{\nu} \tag{6-21}$$

式中　ν——流体的运动粘度。

将式(6-20)、式(6-21)代入式(6-19),得

$$\alpha = a\frac{\lambda}{d} + b\frac{\lambda d^{n-1}}{\nu^n}v^n \tag{6-22}$$

将式(6-22)代入式(6-17),有

$$I^2 R = \left(aF\frac{\lambda}{d} + bF\frac{\lambda d^{n-1}}{\nu^n}v^n\right)(t_w - t_f) \tag{6-23}$$

当热线已经确定,流体的 λ, ν 已知时,上式可化简为:

$$I^2 R = (a' + b'v^n)(t_w - t_f) \tag{6-24}$$

式中的 a'、b' 为与流体参数和探头结构有关的常数,分别为

$$a' = aF\frac{\lambda}{d}$$

$$b' = bF\frac{\lambda d^{n-1}}{\nu^n}$$

式(6-24)为热线的基本方程。

另外,热线电阻 R 随温度变化的规律为

$$R = R_0[1 + \beta(t_w - t_0)]$$

式中　t_0——校验热线风速仪时流体的温度;
　　　R_0——热线在 t_0 时的电阻值;
　　　β——热线材料的电阻温度系数。

式(6-24)还可写为

$$I^2 = \frac{(a'+b'v^n)(t_w - t_f)}{R_0[1+\beta(t_w - t_0)]} \quad (6-25)$$

对于恒流工作方式,目前还没有对热线的热惯性找到简单易行的补偿办法,这种方式很少用于流速测量。恒温工作方式和恒加热度工作方式的控制线路较简单,精度较高,可广泛用于流速的测量,尤其是用于脉动气流的测量。

在恒温工作方式下,由于热线温度 t_w 维持恒定,并且对流体温度 t_f 偏离 t_0 进行修正,式(6-25)有如下形式

$$I^2 = a'' + b''v^n \quad (6-26)$$

式中的 a'', b'' 是流体温度有别于 t_0 时的附加修正系数的常数。

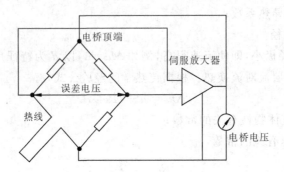

图 6-12 恒温式热线风速仪工作原理图

在测量线路中,热线探头是惠斯顿电桥的一臂。实际测量时,测量的不是流过热线的电流 I,而是电桥的桥顶电压 E,如图 6-12 所示。这时有

$$E^2 = A + Bv^n \quad (6-27)$$

式中的 A, B 是与 a'', b'' 性质相似的常数。此式称为金氏定理,指数 n 的推荐值为 0.5。金氏定理是对热线风速仪在恒温工作方式下测量流速的工作原理的一种近似描述,但这是讨论热线应用的一个基础。

6.2.2 平均流速的测量

实际的热线既非无限长,其表面也非完全光滑;在制造过程中,其几何尺寸会存在误差;通过支杆的导热损失和支杆对气流的影响也总是存在;所以实际使用时金氏定理的误差较大。采用下面公式,可使误差得以减小。

$$E^2 = A + Bv_R^n + Cv_R \quad (6-28)$$

式中 A——$A = E_0^2$,E_0 是流体速度为零时热线电桥的桥顶电压;

B, C, n——根据试验数据和式(6-28)用最小二乘法确定的常数,$n = 0.5 \sim 0.9$;

v_R——当量冷却速度,简称冷速度。

冷速度 v_R 的意义是:如果速度为 v 的气流对热线的冷却作用与在支杆平面内且垂直于热线的气流速度 v_R 的冷却作用相同,则 v_R 叫做 v 的"冷速度"。应该注意 v_R 并不是流速 v 在支杆平面内垂直于热线方向上的投影。如果气流速度 v 在空间直角坐标系的三个轴 x,

y,z 上的分量分别为 v_x,v_y,v_z,支杆平面与 xoy 平面重合,它对平行于 ox 轴的热线的冷却作用与 v_R 相同,则它们之间的关系为

$$v_R^2 = K_1^2 v_x^2 + v_y^2 + K_2^2 v_z^2 \tag{6-29}$$

式中的 K_1,K_2 是通过风洞校准得到的常数,其大小由支杆的结构型式及尺寸决定,一般情况下,$K_1 \approx 0.15, K_2 \approx 1.02$。$K_1$ 很小是由于 v_x 和热线平行且受支杆影响的缘故。作为一个特例,当气流方向落在支杆平面上且垂直于热线时,有 $v_x = v_z = 0, v_R = v_y = v$。

热线探头的实际特性曲线必须通过风洞校准试验求得。图 6-13 是典型的热线探头校准曲线。图 6-13(a) 是热线探头的速度特性曲线,它给出了流速 v 在支杆平面内且与热线垂直时,桥顶电压 E 与 v_R(在这种特定情况下,$v = v_R$)之间的关系。图 6-13(b) 是热线探头的方向特性曲线,它给出了桥顶电压 E 与气流对热线的冲角 θ 之间的关系。

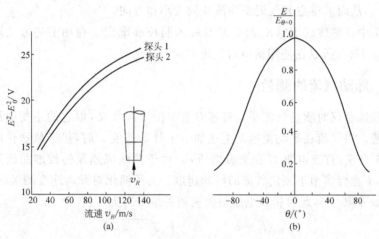

图 6-13 典型的热线探头校准曲线
(a) 速度特性; (b) 方向特性

从热线探头的速度特性和方向特性曲线中发现,在一定流速范围内它们之间有如下关系:在冲角为 θ 时,桥顶电压为 $E(\theta)$,当用 $E(\theta)$ 值查找 $v_R(\theta)$ 时,有

$$\frac{v_R(\theta)}{v_R(\theta=0)} = a + b\cos\theta \tag{6-30}$$

式中 a,b 为常数,由热线探头的型式和尺寸决定,通常,$a = 0.15 \sim 0.20, b = 0.80 \sim 0.85$。

用热线风速仪测量平面气流平均流速的大小和方向,分直接测量和间接测量两种方法,测量过程中都要始终保持流速 v 和支杆平面重合。

直接测量平面气流:转动热线探头以改变来流对热线的冲角,直到桥顶电压 E 达到最大值。此时,来流的方向与热线垂直,速度 v 的大小可根据测得的桥顶电压 E 和热线探头速度特性曲线求得。从其方向特性可看出,θ 角较小时,曲线较平坦,方向灵敏度小。因此,用直接测量法确定来流方向误差较大。

间接测量平面气流:放入热线探头后可测得桥顶电压 E_1,将探头转过一个已知角度 $\Delta\theta$ 后,得到桥顶电压 E_2,查速度特性曲线可得 v_{R1} 和 v_{R2},由式(6-30)可得联立方程

$$\begin{cases} v_{R1} = v(a + b\cos\theta) \\ v_{R2} = v[a + b\cos(\theta + \Delta\theta)] \end{cases}$$

从而解得 v 和 θ,v 为平均流速。

测量空间气流常用三元热线探头,它由三根互相垂直的热线组成。每根热线有各自的校准曲线。测量时将探头置于测点上,并使三根热线都面对来流,以减少支杆对热线的影响。记录下各热线的桥顶电压 E_1, E_2, E_3,根据各自的校准曲线,可以方便地查得相应的冷速度 v_{R1}, v_{R2}, v_{R3},解方程组

$$\begin{cases} v_{R1}^2 = K_1^2 v_x^2 + v_y^2 + K_2^2 v_z^2 \\ v_{R2}^2 = K_2^2 v_x^2 + K_1^2 v_y^2 + v_z^2 \\ v_{R3}^2 = v_x^2 + K_2^2 v_y^2 + K_1^2 v_z^2 \end{cases}$$

得到 v_x, v_y, v_z,从而求得空间气流平均流速的大小和方向。

三元探头中各热线的 K_1, K_2 值必须经过风洞校准确定。利用上述方法求得的气流方向可能相差 $180°$,所以在使用前应对气流方向有所估计。

6.2.3 脉动气流的测量

尽管热线风速仪对测量气流平均流速有重要的实际意义,但它的主要应用是测量气流的脉动流速。当气流在平均流速 $\bar{v}$ 上迭加一个脉动速度 $\tilde{v}$ 时,热线风速仪的桥顶电压 E 就含有两个分量:直流电压 $\bar{E}$ 和交流电压 e。由于热线风速仪的校准曲线是在稳定气流中得到的,不能直接用于测定气流的脉动速度。为了简化对脉动速度测量的讨论,金氏定理中的指数 n 取 0.5,此时桥顶电压与流速的关系可写为

$$(\bar{E} + e)^2 = A + B\sqrt{\bar{v}_R + \tilde{v}}$$

展开得

$$\bar{E}^2 + 2\bar{E}e + e^2 = A + B\sqrt{\bar{v}^2} + \frac{1}{2}B\frac{\tilde{v}_R}{\sqrt{\bar{v}_R}} + \cdots \tag{6-31}$$

对平均流速,有

$$\bar{E}^2 = A + B\sqrt{\bar{v}_R^2} \tag{6-32}$$

用式(6-31)减式(6-32),并忽略高阶无穷小量 e^2,可得

$$\tilde{v}_R = \frac{4\bar{E}\sqrt{\bar{v}_R}}{B}e \tag{6-33}$$

当 $B, \bar{E}, \bar{v}_R$ 已知时,上式可写成

$$\tilde{v}_R = Le \tag{6-34}$$

式中

$$L = \frac{4\bar{E}\sqrt{\bar{v}_R}}{B}$$

这样,测到 e 后就可方便地得到 $\tilde{v}_R$。由于在热线风速仪上读出的是交流电压 e 的时间均方根值 $\bar{e}$,令脉动速度 $\tilde{v}$ 的时间均方根值为 w,则(6-34)式还可表示为

$$w^2 = L^2 \bar{e}^2 \tag{6-35}$$

测量脉动流速一般采用三元热线探头,对于三根热线,应有

$$\begin{cases} w_1^2 = L_1^2 \bar{e}_1^2 \\ w_2^2 = L_2^2 \bar{e}_2^2 \\ w_3^2 = L_3^2 \bar{e}_3^2 \end{cases}$$

在分别求得 w_1^2, w_2^2, w_3^2 之后,按照求空间气流平均流速的同样方法,写出下列联立方程

$$\begin{cases} w_1^2 = K_1^2 w_x^2 + w_y^2 + K_2^2 w_z^2 \\ w_2^2 = K_2^2 w_x^2 + K_1^2 w_y^2 + w_z^2 \\ w_3^2 = w_x^2 + K_2^2 w_y^2 + K_1^2 w_z^2 \end{cases}$$

解方程组,可得脉动速度各分量的均方值 w_x^2, w_y^2, w_z^2,从而求出脉动速度的时间均方根值

$$w = \sqrt{w_x^2 + w_y^2 + w_z^2}$$

6.2.4 热线风速仪的动态特性

热线风速仪用于非稳定气流的速度测量时,应考虑热线的热惯性。由于热线具有一定的质量,当气流速度变化时,热线温度的变化需要一定的时间,不能立即跟随气流状态所确定的平衡值,因而造成输出电压的相位滞后和幅值减小。特别是当气流速度脉动频率很高时,热线的热惯性会使测量造成很大误差,甚至不能输出脉动信号,使非稳定气流速度测量失去意义。

热线是一个惯性环节。在动态测量时其正弦传递函数 $G(j\omega)$ 为

$$G(j\omega) = \frac{K}{1 + jT\omega} \tag{6-36}$$

式中　ω——角频率;

　　　K——热线的静态灵敏度;

　　　T——热线的时间常数,是描述热线动态特性的参数。它取决于热线本身的物性参数、几何尺寸及流体参数。

由于热惯性而产生的相位滞后和幅值减小可用下述相频特性与幅频特性来表示

相频特性: $$\varphi(\omega) = \tan^{-1} T\omega \tag{6-37}$$

幅频特性: $$\frac{e}{v}(\omega) = \frac{K}{\sqrt{1 + T^2 \omega^2}} \tag{6-38}$$

由热线的频率特性可见,电压 e 一阶滞后于流速 v。实际使用中,热线时间常数 T 为毫秒量级,因而其截止频率不会超过 $160Hz$。这样的幅频特性不适用于测量高频脉动气流。利用电子动态补偿电路,例如在测量线路中串接这样一个环节,使其频率响应正好补偿热线本身引起的动态响应误差,可以使整个系统成为一个线性比例环节,从而完全消除了动态响应误差。使用这种补偿技术的主要困难在于:准确的补偿依赖于准确地了解热线时间常数 T 值,然而 T 值难以确切知道,且随流动条件的变化而变化。因此,这种补偿方案目前尚未达到满意的效果。

目前广泛采用的恒温型热线风速仪,不需进行复杂的电子补偿而使仪器具有良好的频率特性。在恒温工作方式中,速度脉动引起的测量桥路不平衡误差信号,经过放大,并按一定相位关系反馈到桥路顶端,调整桥路供电电压,使测量桥路自动平衡。这种负反馈

作用使整个系统的时间常数比热线的时间常数小500倍,或者更小,从而大大地拓宽了测量气流脉动的频率范围。

6.3 激光多普勒测速技术

激光技术在热工测量中比较成熟的一种应用当属激光多普勒测速技术。激光多普勒测速用于流体速度测量,不需要探头与流体接触就可以测量流体的速度场,这为一些特殊对象的流速测量开辟了一条新途径。激光多普勒测速是一种非接触测量技术,不干扰流动,具有一切非接触测量所拥有的优点。尤其是对小尺寸流道流速测量、困难环境条件下(如低温、低速、高温、高速等)的流速测量,更加显示出它的重要价值。目前,激光多普勒测速仪已经应用或正在应用于某些流体力学的研究中,如火焰、燃烧混合物中流速的测量、旋转机械中的流速测量等。此外,激光多普勒测速仪还有动态响应快、测量准确、仅对速度敏感而与流体其他参数(如温度、压力、密度、成分等)无关等特点。

然而,激光多普勒测速也有其局限性。它对流动介质有一定光学要求,要求激光能照进并穿透流体;信号质量受散射粒子的影响,要求粒子完全跟随流体流动,这使得它的使用范围目前还主要限制在实验室中。

6.3.1 多普勒频移

利用激光多普勒效应测量流体速度,基本原理可以简述如下:当激光照射到跟随流体一起运动的微粒上时,激光被运动着的微粒散射。散射光的频率和入射光的频率相比较,有正比于流体速度的频率偏移。测量这个频率偏移,就可以测得流体速度。

1. 基本多普勒频移方程

任何形式的波传播,由于波源、接受器、传播介质的相对运动,会使波的频率发生变化。奥地利科学家多普勒(Doppler)于1842年首次研究了这个现象,后来人们把这种频率变化称作多普勒频移。

如果有一个波源(例如声波)是静止的,如图6-14中的S点。P点为观察者。观察者以v的速度移动,波的速度为c,波长为λ。如果P离开S足够远(和λ相比时),可把靠近P点的波看做平面波。

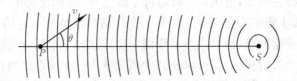

图6-14 移动观察者感受到的多普勒频移

单位时间内P朝着S方向运动的距离为$v\cos\theta$,θ是速度向量和波运动方向之间的夹角,因此单位时间内比起P点为静止时多拦截$v\cos\theta/\lambda$个波。对于移动观察者感受的频率增加为:

$$\Delta\nu = \frac{v\cos\theta}{\lambda} \tag{6-39}$$

因 $c=\nu\lambda$，ν 是 S 发射的频率或由静止观察者测量的频率，频率的相对变化为：

$$\frac{\Delta\nu}{\nu} = \frac{v\cos\theta}{c} \tag{6-40}$$

这就是基本的多普勒频移方程。

2. 移动源的多普勒频移

如果波源是移动的，观察者是静止的，如图 6-15。

现在来研究 t 时刻相继的两个波前上的一小部分 AB 和 CD，它们分别是由波源 S_1 和 S_2 在时刻 t_1 和 t_2 发射出来的。由此

$$S_1A = c(t-t_1) \text{ 及 } S_2D = c(t-t_2) \tag{6-41}$$

其中 c 是波运动的速度。相继两个波前之间在波源处的时间间隔为发送波运动时的周期。

$$t_2 - t_1 = \tau = \frac{1}{\nu} \tag{6-42}$$

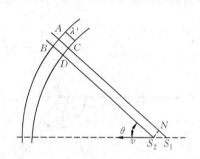

图 6-15　波源移动的多普勒频移现象

ν 是波源处的频率。在此时间间隔内波源从 S_1 移动到 S_2，因此

$$S_1S_2 = v\tau \tag{6-43}$$

则观察到的波长，AB 和 CD 的间隔为

$$\lambda' = AC = S_1A - S_2D - S_1S_2\cos\theta \tag{6-44}$$

θ 是 S_1A 和速度矢量 v 之间的角度。如前所述，离波源足够远处可把波前作为平面波来处理。利用方程式(6-41)、式(6-42)、式(6-43)和式(6-44)，可得出

$$\lambda' = c\tau - v\tau\cos\theta \tag{6-45}$$

由于 $c=\nu'\lambda'$，ν' 是接收到的频率，因此相对多普勒频移为

$$\frac{\Delta\nu}{\nu} = \frac{\nu' - \nu}{\nu} = \frac{(v/c)\cos\theta}{1 - \left(\dfrac{v}{c}\right)\cos\theta} \tag{6-46}$$

这个公式和(6-40)不同，虽然这两种情况中波源和观察者的相对运动是一样的。特别要注意的是，假如 $v>c$，移动波源的 $\Delta\nu$ 可变为无限大。对于移动观察者来说，这是不可能发生的。然而，当速度很小时，可把(6-46)式展成 v/c 的幂级数：

$$\frac{\Delta\nu}{\nu} = \frac{v}{c}\cos\theta + \frac{v^2}{c^2}\cos^2\theta + \cdots \tag{6-47}$$

该公式中的 v/c 的一次项和式(6-40)一样，在这种近似中，频移只依赖于波源和观察者的相对速度，而与介质无关。

3. 散射物的多普勒频移

如光源和观察者是相对静止的，而散射物是移动的，可以把这种情况当作一个双重多普勒频移来考虑，先从光源到移动的物体，然后由物体到观察者。这样将问题简化为光程长度变化的计算或光源和观察者之间经散射物后的波数的计算。

假如 n 是沿从光源到观察者的光路上的波数或周期数,由图 6-16 可清楚地看出到达观察者 Q 处的外加周期数等于从路程 $SP-PQ$ 波数的变化。因此

在无限小的时间间隔 δt 中,假定 P 移动到 P' 的距离为 $v\delta t$,在光程中周期数的减少为

$$\Delta\nu = -\frac{dn}{dt} \tag{6-48}$$

N 和 N' 分别是 P' 向 SP 和 PQ 作垂线和 SP,PQ 的交点,设 PP' 为无限小,λ 和 λ'' 分别是散射前后的波长。用 θ_1 和 θ_2 表示速度向量和指向光源方向及指向观察者方向的夹角,可得

$$-\delta n = \frac{v\delta t \cos\theta_1}{\lambda} + \frac{v\delta t \cos\theta_2}{\lambda''} \tag{6-49}$$

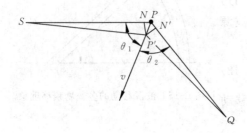 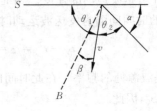

图 6-16 由光程变化计算散射多普勒频移　　　　　图 6-17 由移动物体 P 产生的多普勒频移计算简图

又 $\nu\lambda = \nu''\lambda'' = c$,利用式(6-48)和(6-49)可得到

$$\Delta\nu = \nu'' - \nu = \frac{v\nu\cos\theta_1}{c} + \frac{v\nu''\cos\theta_2}{c} \tag{6-50}$$

采用三角变换后可得

$$\Delta\nu = \frac{2\nu v}{c}\cos\frac{\theta_1+\theta_2}{2}\cos\frac{\theta_1-\theta_2}{2} \tag{6-51}$$

由图 6-17 可知

$$\alpha = \pi - (\theta_1 + \theta_2) \tag{6-52}$$

其中 α 是散射角,而且

$$\sin\frac{\alpha}{2} = \cos\frac{\theta_1+\theta_2}{2} \tag{6-53}$$

另有:

$$\frac{\theta_1-\theta_2}{2} = \beta \tag{6-54}$$

β 是速度向量和 PB 之间的夹角;PB 是 PS 和 PQ 夹角的平分线。PB 方向是散射向量的方向,这是散射理论中有用的概念,代表散射辐射的动量变化。将式(6-53)和(6-54)代入(6-51)式可得

$$\frac{\Delta\nu}{\nu} = \frac{2v}{c}\cos\beta\sin\frac{\alpha}{2} \tag{6-55}$$

由此可见,多普勒频移依赖于散射半角的正弦值和 v 在散射方向的分量 $v\cos\beta$。方程

(6-55)也可用波长 λ 表示为

$$\Delta\nu = \frac{2v}{\lambda}\cos\beta\sin\frac{\alpha}{2} \qquad (6\text{-}56)$$

这是多普勒频移方程最常用的形式。

6.3.2 激光多普勒测速原理

为了利用多普勒效应测量流速,必须使光源和接受器都固定,而在流体中加入随流体一起运动的微粒。由于微粒对于入射光的散射作用,当它接收到频率为 ν 的入射光的照射后,会以同样的频率将其向四周散射。这样,随流体一起运动着的微粒既作为入射光的接收器,接收入射光的照射,又作为散射光的光源,向固定的光接收器发射散射光波。固定的接收器所接收到的微粒散射光频率,将不同于光源发射出的光频率,二者之间会产生多普勒频移。

差动多普勒频移方法是用两束不同频率的源 $S_1,S_2(\nu_1,\nu_2)$ 同时通过散射物产生两股散射频移光,然后再测出这两股散射频移光强的差值的方法。接收散射光的方向可以是任意的,它与光源方向无关。如图 6-18 所示,两束光的夹角为 α,θ_1 和 θ_1' 是散射体里粒子运动速度 v 与入射光之间的夹角,θ_2 是 v 与观测方向的夹角。光源 S_1 在散射物上产生的多普勒频移为:

$$\Delta\nu = \frac{\nu v}{c}(\cos\theta_1 + \cos\theta_2) \qquad (6\text{-}57)$$

光源 S_2 在散射物上产生的多普勒频移为:

$$\Delta\nu' = \frac{\nu v}{c}(\cos\theta_1' + \cos\theta_2) \qquad (6\text{-}58)$$

由此,检测器观测的频差为

$$\nu_D = \Delta\nu - \Delta\nu' = \frac{\nu v}{c}(\cos\theta_1 - \cos\theta_1') \qquad (6\text{-}59)$$

也可写为

$$\nu_D = \frac{2v}{\lambda}\sin\left(\frac{\alpha}{2}\right)\cos\beta \qquad (6\text{-}60)$$

其中 $\alpha = (\theta_1' - \theta_1)$ 是两束照射光之间的夹角;$\beta = (\theta_1 + \theta_1' - \pi)/2$,是运动方向与光束夹角平分线的法线之间的夹角。

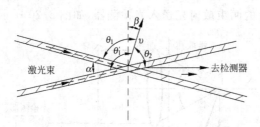

图 6-18 差动多普勒技术中照射光束的布置

特别要注意的是这个频率 ν_D 与接收方向无关。并且如果两束散射光由同一个粒子产生的,即它们有同一个光源,则对接收器没有相干限制,从而可以使用大孔径的检测器。这和参考光技术相比,具有能得到强得多的信号的优点。由于这个原因,在大多数的实际应用中,更多地采用差动多普勒技术。它特别适用于在气流中经常遇到的低粒子浓度的情况。

6.3.3 激光多普勒测速光学系统

1. 光路系统

激光多普勒测速光路系统有三种基本的型式,这就是参考光束系统、单光束系统和双光束系统。

(1) 参考光束系统

图 6-19 是参考光束系统光路图。来自同一光源的激光被分光镜分为两束,一束称为

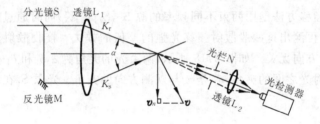

图 6-19 参考光束系统光路

参考光 K_r,另一束称为信号光 K_s,两束光强度不同。参考光通过试验段直接射到光检测器上,信号光则聚焦于测点上。使流经测点的微粒接收激光照射而产生散射光。散射光经小孔光栏及接收透镜会聚到光检测器上,光检测器接收到的参考光与散射光的差拍信号恰好是多普勒频移 ν_D,参考光与信号光入射方向之间的夹角等于信号光入射方向与微粒到光检测器散射光方向之间的夹角 α,据式(6-60)即可求测点处流体的速度分量,即

$$\nu_D = \frac{2v_n}{\lambda}\sin\left(\frac{\alpha}{2}\right)$$

(2) 单光束系统

把光源发出的激光光束 K_i 聚集于测点 A 上,流经测点的微粒接收入射光的照射,并将入射光向四周散射,在与系统轴线对称的两个地方安置接收孔,再通过反光镜和分光镜将频率分别为 ν_{D1} 和 ν_{D2} 的两束散射光送入光检测器,如图 6-20 所示。

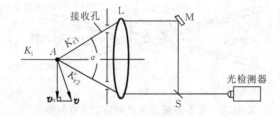

图 6-20 单光束系统光路

单光束系统要求两个接收孔的直径选择适当,过大过小都会使信号质量变坏,降低测量精度。而且,这种光路对光能利用率低,目前已较少应用。

(3) 双光束系统

图 6-21 是一个典型的双光束光路。来自同一光源的激光,由分光镜 S 及反射镜 M 分为两条相同的光束,通过透镜 L_1 聚焦在测点 A 上,流经测点的微粒接收来自两个方向、频率和强度都相同的入射光的照射后,发出两束具有不同频率的散射光,在微粒到光接收器的方向上,两束不同频率的散射光经光栏 N、透镜 L_2 会聚焦到光检测器上,光检测器接收到差拍信号。设两束入射光的交角为 α,微粒运动速度 v 在两束光的光轴法线上的分量为 v_n,则

$$\nu_D = \frac{2v_n}{\lambda}\sin\left(\frac{\alpha}{2}\right)$$

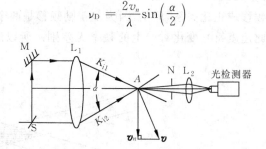

图 6-21　双光束系统光路

显然,在双光束系统中,v_n 和 ν_D 之间关系的表达式与参考光束系统、单光束系统中的表达式在形式上是完全相同的。

双光束系统具有如下的特点,即多普勒频移与接收方向无关。因此就有可能用透镜在相当大的立体角上收集光线,然后聚焦于光检测器。而且,光检测器的位置只要避开入射光的直接照射,可任意选择。在散射粒子浓度较低的情况下,和其他系统相比它有较好的信噪比。此外,双光束系统调准较容易。

在上述三种基本光路系统中,双光束法应用得较多。三种光路系统,又都可分为前向散射方式和后向散射方式。入射光路部分和接收光路部分在实验段的两侧,称为前向散射方式;入射光路部分和接收光路部分在实验段的同一侧,称为后向散射方式。一般应采用的是前向散射方式,因为在这种方式中,微粒散射强度较大。但在热工设备的流场测量中,由于实验台架较大及在实验段开测量窗口困难等原因,只能采用后向散射方式。

2. 干涉条纹

双光束系统中,差拍信号 ν_D 的测量利用了光的干涉现象。根据光的干涉原理,来自同一光源的两束相干光,当它们以角 α 相交时,在交叉部位会产生明暗相间的干涉条纹,如图 6-22 所示。只要两条相干光的波长保持不变,且交角 α 已知,那么,干涉条纹的间距 D_F 就是定值,且

$$D_F = \frac{\lambda}{2\sin\left(\frac{\alpha}{2}\right)} \tag{6-61}$$

当微粒以 v_n 的速度通过干涉条纹区时,在明纹处散射光强度增大,在暗纹处散射光

强度减弱。这样,散射光强度的变化频率为 v_n/D_F,它恰好就是光检测器所接收到的差拍信号,即

$$\frac{v_n}{D_F} = \frac{2v_n \sin\frac{\alpha}{2}}{\lambda} = \nu_D \quad (6-62)$$

可见,在双光束系统中,可以通过测出散射光强度的变化频率来确定流速分量 v_n。

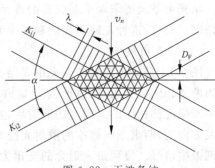

图 6-22 干涉条纹

3. 方向模糊性及解决办法

从基本多普勒频移方程式(6-40)中可以看出,速度信号与多普勒频移成正比关系,但是,因为多普勒频移是两个频率之差,故不可能知道哪一个频率高,因此速度符号变化对产生的频率无差别。所以激光多普勒测速中的

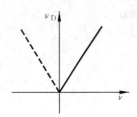

图 6-23 速度与多普勒频移的关系

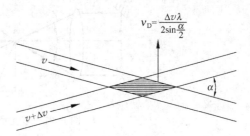

图 6-24 用不同频率的两束光相交得到运动的干涉条纹

一个基本问题是速度方向的鉴别,如图 6-23 所示。为了解决方向的模糊性问题,最通用的技术是采用光束的频移。即使入射到散射体的两束光之间的一束光的频率增加,这样散射体中的干涉条纹就不再是静止不动的了,而是一组运动的条纹系统,如图 6-24 所示。这样,在检测器检测到的一个静止的粒子产生的信号频率等于光束增加的频率 $\Delta\nu$。如果粒子运动的方向与干涉条纹运动的方向相反,则得到大于光束增加频率 $\Delta\nu$ 的多普勒频率,这时粒子运动的速度方向为正;如果粒子运动的方向与干涉条纹运动的方向相同,则得到小于光束增加频率 $\Delta\nu$ 的多普勒频率,这时粒子运动的速度方向为负。这样就解决了方向模糊的问题。频移后的速度与多

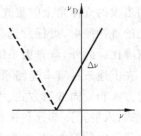

图 6-25 频移后的速度与多普勒频移的关系

普勒频移的关系见图 6-25。在现在成熟的激光多普勒测速仪中,光束增加频率 $\Delta\nu$ 多采用 40MHz。

4. 主要光学部件

在激光多普勒测速仪中,主要的光学部件有激光光源、分光器、发射透镜与接收透镜、光检测器等。它们对任何一种光路系统都是必需的,而且其性能对流速测量都有显著的影响。

(1) 激光光源

根据多普勒效应测量流速，要求入射光的波长稳定而且已知。采用激光器作为光源是很理想的。一方面，激光具有很好的单色性，波长精确已知且稳定。另一方面，激光具有很好的方向性，可以集中在很窄的范围内向特定方向传播，容易在微小的区域上聚焦以生成较强的光，便于检测。

激光光源可采用氦-氖气体激光器，波长为 6328Å，也可采用氩离子气体激光器，波长为 4880Å 或 5145Å。由微粒发出的散射光，其强度随入射光波长减小而增强，所以，使用波长较短的激光器有利于得到较强的散射光，便于检测。

(2) 分光器

双光束系统和参考光束系统都要求把同一束激光分成两束，双光束系统要求等强度分光，参考光束系统则要求不等强度分光，这些要求由分光器完成。分光器是一种高精度的光学部件。要保证被分开的两束光平行，使得这两束光经透镜聚焦后在焦点处准确相交，提高输出信号的信噪比，主要靠分光器本身的精度来实现。

(3) 发射透镜

两束入射光需要聚焦，以便更好地相交。完成提高交点处光束功率密度、减小焦点处测点体积、提高测点的空间分辨率这些任务的光学部件是发射透镜。两束光相交区的体积，或者说测点体积，直接影响测点的空间分辨率。测点的几何形状近似椭球体，如图 6-26 所示。如果以 w_m, h_m, l_m 分别表示椭球的三个轴的长度，则

$$w_m = D_m/\cos\frac{\theta}{2}$$

$$h_m = D_m$$

$$l_m = D_m/\sin\frac{\theta}{2} \tag{6-63}$$

测点体积 V_m 为

$$V_m = \pi D_m^3/3\sin\theta \tag{6-64}$$

式中，D_m 是测点上光束的最小直径。设透镜焦距为 f，每条激光光束的会聚角为 $\Delta\theta$，未聚焦时光束直径为 D_0（见图 6-26），则 D_m 可近似地表示为

$$D_m = \frac{4\lambda}{\pi\Delta\theta} = 4f\lambda/\pi D_0 \tag{6-65}$$

在测点内产生的干涉条纹数

$$N_F = \frac{w_m}{D_F} = 2\frac{D_m}{\lambda}\tan\frac{\theta}{2} = 8\frac{f}{\pi D_0}\tan\frac{\theta}{2} \tag{6-66}$$

由式(6-66)可见，入射光夹角愈小，测点体积内条纹数愈少；入射光束直径愈大，测点体积内条纹数愈少。发射透镜的焦距 f 对条纹数也有影响，但它不是一个独立的因素，因为 θ 角与 f 和两束平行光束之间的距离有关，相同的光束距离，f 愈长 θ 愈小。

(4) 接收透镜

接收透镜的主要作用是收集包含多普勒频移的散射光。通过成像，只让这部分散射光到达光检测器，而限制其他杂散光。前向散射方式工作的光路系统，需要加装单独的接收透镜，后向散射方式工作的系统，发射透镜可兼作接收透镜，使整个光路结构紧凑。接收透镜之前还可加装光栏。调节光栏孔径，以控制测点的有效体积，提高系统的空间分

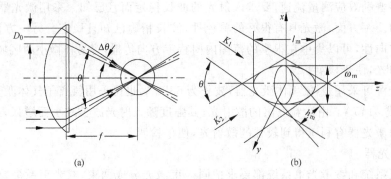

图 6-26 由透镜聚焦的交叉部位和测点形状图

辨率。

(5) 光检测器

光检测器的作用是将接收到的差拍信号转换成同频率的电信号。光检测器的种类很多,在激光多普勒测速仪中,使用较多的是光电倍增管。光检测器受光面积上收集到的光由两部分组成。在双光束系统中接收到的是第一和第二散射光,而在参考光束系统中接收到的则是散射光和参考光。

6.3.4 激光多普勒测速的信号处理系统

多普勒信号是一种不连续的、变幅调频信号。由于微粒通过测点体积时的随机性,通过时间有限、噪音多等原因,多普勒信号的处理比较困难。目前,主要使用的信号处理仪器有三类,即频谱分析仪、频率计数器和频率跟踪器。

1. 频谱分析仪

用频谱分析仪对输入的多普勒信号进行频谱分析,可以在所需要的扫描时间内给出多普勒频率的概率密度分布曲线。将频域中振幅最大的频率作为多普勒频移,从而求得测点处的平均流速,而根据频谱的分散范围,可以粗略求得流速脉动分量的变化范围。由于频谱仪工作需要一定的扫描时间,它不适于实时地测量变化频率较快的瞬时流速,只用来测量定常流动下流场中某点的平均流速。

2. 频率计数器

频率计数器是一种可以进行实时测量的计数式频率测量装置。当微粒通过干涉区时,散射光强度按正弦规律变化。在这段时间内,光检测器输出的是一个已调幅的正弦波脉冲。如果测量体积内干涉条纹数 N_F 已知(可按式(6-66)计算确定),那么,通过对一个粒子通过 N_F 个干涉条纹的时间进行计数,可计算出频率,进而求出流速分量 v_n。图 6-27 是频率计数器的原理方框图。

如图所示,来自光检测器的信号经高通滤波器滤去直流和低频分量,剩下对称于零伏线的多普勒频移信号,频率为 ν_D。过零检测器将按正弦规律变化的信号转变成为同频率的矩形脉冲,脉冲进入预置计数器。计数器输出的是单个宽脉冲,其持续时间等于输入脉冲的 N_F 个连续周期,即

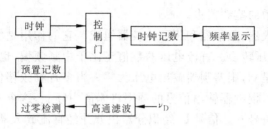

图 6-27　频率计数器原理方框图

$$t_\tau = \frac{1}{\nu_D} N_F$$

这也就是微粒通过干涉区中 N_F 个干涉条纹所需要的时间。预置计数器输出的单脉冲打开控制时钟脉冲的门电路，允许时钟脉冲通过控制门进入时钟脉冲记数器，使时钟脉冲记数器记数。当预置记数器输出的单脉冲消失时，控制门电路被封锁，时钟脉冲记数器停止记数。设时钟脉冲频率为 f，单脉冲持续时间内时钟脉冲记数器记数为 n，显然，单脉冲的持续时间应为

$$t_\tau = \frac{1}{f} n$$

所以
$$\nu_D = N_F \frac{f}{n} \tag{6-67}$$

对于一定的 N_F 和 f，时钟脉冲记数器的输出代表了多普勒频移量的大小，从而可求得流速分量 v_n。

频率计数器主要用于气流中微粒较少时的流速测量。从原理上讲，不像下面将提到的频率跟踪器那样对测量范围有限制。但噪音大时测量也比较困难，需要与适当的低通滤波器组合起来使用，实际测量范围也受到限制。

3. 频率跟踪器

频率跟踪器的功能是将多普勒频移信号转换成电压模拟量，输出与瞬时流速成正比的瞬时电压，它可以实时地测量变化频率较快的瞬时流速。

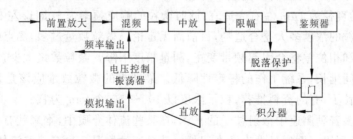

图 6-28　频率跟踪器方框图

图 6-28 是频率跟踪器系统方框图。前置放大器把微弱的、混有高低频噪音的多普勒频移信号滤波放大后，送入混频器，与电压控制振荡器输出的信号 ν_{vco} 进行外差混频，输出信号包含差频为 $\nu_o = \nu_{vco} - \nu_D$ 的混频信号。混频信号经中频放大器选频、放大，把含有差频 ν_o 的信号选出并放大，滤掉和频信号和噪音，再经限幅器消除掉多普勒信号中无用的幅

度脉动后送到一个灵敏的鉴频器去。

鉴频器由中频放大器、限幅器和相位比较器组成。它的作用是将中频频率转换成直流电压U,实现频率电压转换。直流电压的数值正比于中频频偏,也就是说,如果混频器输出的信号频率恰好是ν_0,则鉴别器输出电压为零。当多普勒频移信号由于被测流速的变化而有$\Delta \nu$的变化时,混频器输出信号的频率将偏离中频ν_0,这个差额能被鉴别器检出并被转换为直流电压信号U。信号U经积分器积分并经直流放大器放大后变成电压V,它使电压控制振荡器的输出频率相应地变化一个增量$\Delta \nu_{vco}$,以补偿由于多普勒频移增量使混频器输出信号频率重新靠近中频ν_0,再次使系统稳定下来。因此,电压V反映了多普勒频率瞬时变化值,并作为系统的模拟量输出,系统的输出可以自动地跟踪多普勒频率信号的变化。

脱落保护电路的作用是防止由于微粒浓度不够引起信号中断而产生系统失锁。具体地说,当限幅器输出的中频方波消失。或方波频率超过两倍中频,或频率低于2/3倍中频时,脱落保护电路就会起保护作用,并输出一个指令,把积分器锁住,使直流放大器输出电压保持在信号脱落前的电压值上,电压控制振荡器的输出频率也保持在信号脱落前的频率值上。当多普勒频移信号重新落在一定的频带范围内时,脱落保护电路的保护作用解除,仪器又重新投入自动跟踪。

6.3.5　激光多普勒测速中的散射粒子

利用激光多普勒效应测量流速,实际上是测量悬浮在流体中跟随流体一起运动的微粒的速度。所以,为了能准确地测量,要求流体中的散射粒子有良好的跟随性和较强地散射光的能力,这都与微粒的形状、尺寸、浓度等因素有关。微粒的形状最好是球状的。

为了得到强的散射光,微粒的直径应该大一些。而为了更好地跟随流体,微粒的直径不宜过大。在双光束系统中,为了取得良好的多普勒频移信号,微粒直径也不能过大,它必须小于干涉条纹的宽度。因为当微粒直径等于或大于干涉条纹宽度时,散射光的强度信号中没有交流分量,以致无法获得多普勒频移量。

综合上述考虑,激光多普勒测速中散射粒子都有一个合适的尺寸范围。例如在燃气中,要求微粒的直径为$1\mu m$左右为适宜,此时微粒的响应频率为$10 kHz$左右。

测点中微粒的浓度多大是合适的,目前尚无定论。微粒数量过多,测点体积内各个微粒之间速度差和相位差将会引起频带变宽,测量精度下降。微粒数量太少,会使频率跟踪器脱落保护时间延长,系统工作的稳定性降低。最理想的微粒数量应该是使测点体积内始终保持一个粒子,有的资料推荐,粒子浓度以$10^5 \sim 10^7$个$/cm^3$为宜。

关于激光多普勒测速中散射粒子的来源,在某些流体介质中,本来就有足够多的散射微粒,可以直接利用。例如日常生活中用的水就是这种情况。也有一些流体介质,例如空气,其中散射微粒较少,必须在气流中人为地添加散射粒子。

6.3.6　激光多普勒测速方法与实用举例

激光多普勒测速所测得的是流速分量v_n,要测出测点上流体真实速度的大小和方向,应该采用适当的测量方法。测量方法有两种,一种是直接测量法,另一种是间接测量法。

用直接测量法测量,是以测点为支点转动系统轴线(即由两条入射光组成的对称轴)寻求 $v_{n\max}$ 的数值。这个速度值的大小,就是流体真实速度的大小。流速的方向,可以通过系统附属的参考坐标来判断。

利用间接测量法,是通过两次测量计算出流体的流速和方向。具体地说,当系统轴线在某一初始位置时,测得 v_{n1} 的数值。并记录下此时系统轴线在参考坐标中的角度 φ。然后以测点为支点,旋转系统轴线一个确定的角度 $\Delta\theta$,再次测得新的速度分量 v_{n2},解方程组

$$\begin{cases} v_{n1} = v\cos\varphi \\ v_{n2} = v\cos(\varphi - \Delta\theta) \end{cases}$$

即可确定 v 和 φ 的数值。

利用激光多普勒测速所得到的流速方向具有 $180°$ 的不确定性。

实例:试验压气机为轴向进气二级轴流式,转速 590 r/min,一级动叶数目 55 个,叶型为 NACA65 系列,弯度 $18.2°$,安装角为 $52°$(从轴开始),压气机顶部直径 1530mm,轮毂比为 0.5,压气机垂直地面安放。

激光多普勒测速仪光学系统,采用后向散射双光束系统。激光器、光学组件、光检测器都装在一个平台上,平台可沿压气机径向移动 380mm,轴向移动 153mm,而且还能绕光束平分线(系统轴线)转动 $\pm90°$。采用氩离子脉冲激光器,峰值功率 6W,持续时间 $25\mu s$,激光波长为 5145Å。

激光多普勒测速仪信号处理系统,采用计数式频率测量装置。

测量中用喷雾器将含有少量直径为 $1\mu m$ 的聚苯乙烯颗粒的水喷入压气机入口气流中作为散射微粒。

实验结果及处理

(1) 测点上的速度

动叶通道内部一点的流速测量采用间接测量法,详见图 6-29。图中圆圈内的斜线表示干涉条纹的方向。鉴于测得的速度分量 v_n 是垂直于条纹的,所以,气流在测点处的绝

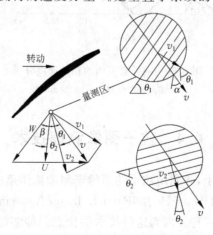

图 6-29 动叶速度矢量图及激光干涉条纹的方位

对速度 v 和气流方向角 α 可以用解联立方程得到

$$\begin{cases} v_{n1} = v\cos(\theta_1 - \alpha) \\ v_{n2} = v\cos(\alpha - \theta_2) \end{cases}$$

待解出 v 和 α 后,不难求出气流的相对速度 W 和相对气流角 β,图 6-29 中 U 是叶片线速度。

(2) 速度分布

图 6-30 示出了在动叶进口截面处,叶片到叶片的一个栅距间轴向速度分量测量结果。图中的黑三角是激光测速的结果。用热膜风速仪和旋转测区管测得的结果用实线和虚线在同一图中标出,以利比较。

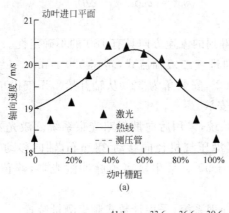

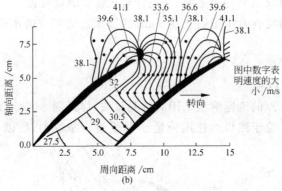

图 6-30　动叶通道内的轴向速度分布
(a) 轴向速度分布；(b) 等速度线

6.4　粒子图像测速技术

凡是在流体中投放粒子,并利用粒子的图像来测量流体速度的这一类技术,都可以称之为粒子图像测速技术(PIV)。PIV 是"Particle Image Velocimetry"的缩写,PIV 技术本质上是图像测速技术中的一种。因为这种技术的优点是能够测量瞬时速度场,能够在瞬时把整个速度场上的全部速度矢量描绘出来。每个测点的速度矢量都可以用一根箭头来表示,其中箭头的大小表示该点速度的大小,箭头的方向表示该点速度的方向。

粒子图像测速技术的分类如图 6-31 所示。

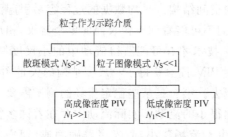

图 6-31 粒子图像测速技术的分类

这里所说的 PIV 技术,是指具有高成像密度的粒子浓度,但粒子影像又尚未在所测量的区域像内,即所谓的"查问"(Interrogation)区域内重叠的情形。而 PTV 技术为粒子跟踪测速技术,是指粒子浓度极低,粒子跟随流动的情形与单个粒子相类似。通常称之为低成像密度的 PIV 模式,简称 PTV。

从图 6-31 中可以看到上述分类方法主要根据源密度 N_S 和像密度 N_I 两个参数。

源密度 N_S 被定义为:

$$N_S = C\Delta Z_0 \frac{\pi d_e^2}{4M^2} \tag{6-68}$$

式中 C——粒子浓度;
ΔZ_0——片光源厚度;
M——照相机的放大率;
d_e——底片上粒子图像的直径。

源密度 N_S 的物理意义为:在一个与粒子等直径、高为片光源厚度 ΔZ_0 的圆柱体体积内所包含的粒子数。$N_S=1$,表示这个像是由一个粒子生成的像。如果 $N_S \gg 1$,那末它们的像就会重叠,在像平面上就将形成散斑形式。如果 $N_S \ll 1$,就成了粒子像模式。

像密度 N_I 被定义为:

$$N_I = C\Delta Z_0 \frac{\pi d_I^2}{4M^2} \tag{6-69}$$

式中的 d_I 为查问单元(Interrogation cell)的直径。

像密度 N_I 的物理意义为:在一个查问单元内有多少个粒子像。当 $N_I \gg 1$ 时,由于粒子像较多,因为不可能跟随每个粒子来求它的位移,而只能采用统计方法来处理,即采用 PIV 技术。当 $N_I \ll 1$ 时,由于成像密度极低,因而在诊断区内不能使用统计处理的方法,而应跟随每个粒子求它的位移量,所以就整场而言,速度测量是随机的,这种技术称之为 PTV 技术。

综上所述,源密度 N_S 可用来区分散斑测速模式和粒子图像测速模式,而像密度 N_I 可用来区分粒子迹线法和粒子图像测速法。

PIV 技术的产生具有深刻的科学技术发展历史背景。首先是瞬态流场测试的需要。比如燃烧火焰场、流动控制技术、自然对流等都是典型的瞬态流场。这些瞬态流场靠单点测量是不可能完成测量任务的。其次是了解流动空间结构的需要。因为只有在同一时刻记录下整个信息场才能看到空间结构。如在高湍流流动中,采用整体平均的数据不适合于反映流动中不断改变的空间结构。平均数据的过程容易引起流动图像的消失。例如强风中被风飘吹的旗帜,人们不可能看到旗帜表面的单个波纹,相反地只能看到模糊一片的结果。只有通过诸如 PIV 技术才有可能获得流动中的小尺度结构的逼真的图像。目前已有不少研究工作者使用 PIV 技术获得了小尺度结构的矢量图,其中平均速度矢量已从场信息图的每个矢量中减去。第三是某些稳定流场的测试需要。所谓稳定流动指的就是速度脉动与平均速度相比很小的流动。实际流动中存在着许多特殊情况,比如狭窄流场,其流动本身是稳定的,但由于流场狭小,激光多普勒测速(LDV)的分光束难以相交成可测状态,而热线热膜风速计(HWFA)又会破坏流场的状态,此时 PIV 技术就可以大显身手。

6.4.1 粒子图像测速原理

PIV 的基本原理是测量图像的位移 $\Delta x, \Delta y$,见图 6-32。位移必须足够小,使得 $\Delta x/\Delta t$ 是速度 u 的很好的近似。这就是说,轨迹必须是接近直线并且沿着轨迹的速度应该近似恒定。这些条件可以通过选择 Δt 来达到,使 Δt 小到可以与受精度约束的拉格朗日速度场的泰勒微尺度比较的程度。

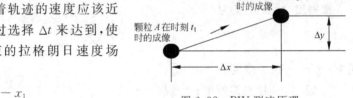

$$u = \lim \frac{x_2 - x_1}{t_2 - t_1}$$

$$v = \lim \frac{y_2 - y_1}{t_2 - t_1} \qquad (6\text{-}70)$$

图 6-32　PIV 测速原理

1. PIV 系统的组成

图 6-33 是典型的 PIV 系统。图中是用相干激光源来照明的,使用光学元件把激光束转变为片光,并且脉动地照亮流场。两个脉冲之间的时间是可变的,并且可基于被测速度来选择。光学通路要求片光源和照相机之间互相垂直。PIV 系统可分为两个主要的子系统:成像系统和分析显示系统。

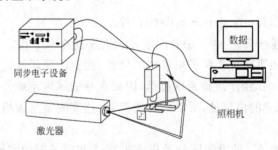

图 6-33　典型的 PIV 系统

2. PIV 的成像系统

成像系统的主要任务就是在流动中产生双曝光粒子图像场或两个单粒子图像场。成像系统包括以下各个部件:光源系统、片光光学元件、记录系统。图 6-34 是典型的 PIV 光路系统。

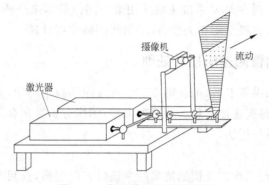

图 6-34　典型的 PIV 光路系统

PIV 的光源系统采用激光作光源。激光光源可以提供短期持续脉冲,并且发出已被准直的高能光束。常用的激光器有红宝石激光器和 Yag 激光器。红宝石激光器的波长为 699nm,每一个脉冲的脉宽为 25ns;脉冲能量在 1～10J;脉冲间隔为 1μs～10ms,可调。其优点在于脉冲光能量大,但脉冲间隔调整范围有限,对低速流动测量比较困难。另外它再次充电所需时间较长,不能连续产生脉冲光。Nd:Yag 激光器,即脉冲铱-钕石榴石激光器,波长为 532nm,每个脉冲能量为 0.2J,脉冲宽度为 15ns。它能发射连续脉冲光,频率为 10Hz 或 50Hz。一般在 PIV 系统中采用两台 Yag 激光器,并用外同步装置来分别触发激光器以产生脉冲,然后再用光学系统将这两路光脉冲合并到一处。脉冲间隔可调整的范围很大,从 1μs 到 0.1s,因而可实现从低速到高速流动的测量。其光路系统如图 6-34 所示。

片光是由柱面镜和球面镜联合产生的。准直了的光束通过柱面镜后在一个方向内发散,同时球面镜用于控制片光的厚度。典型的片光在光腰处的厚度为几个 μm 到几个 mm。光纤片光源在选择流动中所希望的照明区域上具有灵活性,但是光纤片光源仅仅运用于功率小于 5W(或 1ms 脉冲的 5mJ)的氩离子激光器。单模光纤(4～6μm 直径)可以运用到 1W,多模光纤(50～100μm 直径)可以运用到 6W。典型的 YAG 激光每一脉冲可输出 100～300mJ,光纤不可能运用到这么高的功率。

记录系统一般采用 CCD 摄像机或者胶片相机。普通胶卷的分辨率为 100～320 线/mm(Kodak Technical Pan)。一张 135 底片,拥有 3600×2400 或 11520×7680 像素。固态充电耦合装置(CCDs)摄像机是许多小的光电探测器元素的精密阵列,典型的阵列尺寸是 512×512 元素阵列,但是 2048×2048 或甚至 4096×4096 元素阵列现在也可利用。以上均属于二维的记录系统。对于三维测量要采用立体摄影,采用两个以上的照相机和全息摄影技术。

3. PIV 的分析显示系统

分析显示系统的主要任务是通过对图像的数据处理得到二维速度分布。在高像密度的 PIV 系统中,数据处理是一个很重要的环节。当 $N_i \gg 1$ 时,在查问区域内找不到粒子的可能性是很小的,它有足够的粒子可用于获得速度信息,但由于粒子像太多,一般不能用跟踪单个粒子轨迹(PTV)的方法来获得速度信息,只能用统计法来获得。对于一个高像密度的互相关 PIV 分析来讲,每一个查问区内图像密度至少应满足 $N_I > 7$,而自相关方式则要求 $N_I > 10$。现在 PIV 系统主要采用数字图像技术来分析处理数据。数字图像法包括傅里叶变换法、直接空间相关法、粒子像间距概率统计法。

6.4.2 粒子图像测速的信号处理

PIV 通过 CCD 和采集卡后,可获得 256 个灰度级的粒子图像,对其中的一小块(查问区)进行相关分析,可得到速度信息。从原理上看,图像分析算法有两种:一种是自相关分析法;另一种是互相关分析法。

1. 自相关分析

自相关分析要进行二次二维快速傅里叶变换(FFT)变换,查问区内的图像 $G(x,y)$ 被认为是第一个脉冲光所形成的图像 $g_1(x,y)$ 和第二个脉冲光所形成的图像 $g_2(x,y)$ 相叠加的结果。当查问区足够小时,就可以认为其中的粒子速度都是一样的,那么第二个脉冲光形成的图像可以认为是由第一个脉冲光形成的图像经过平移后得到的,即

$$g_2(x,y) = g_1(x + \Delta x, y + \Delta y)$$

因此对于 $G(x,y)$ 有

$$G(x,y) = g_1(x,y) + g_1(x + \Delta x, y + \Delta y) \tag{6-71}$$

(1) 第一次傅里叶变换

$$G(\omega_x, \omega_y) = \frac{1}{2\pi} \iint G(x,y) e^{i(\omega_x x + \omega_y y)} dx dy \tag{6-72}$$

将式(6-71)代入式(6-72)中,并利用傅里叶变换的平移特性,可以得到

$$G(\omega_x, \omega_y) = g_1(\omega_x, \omega_y)(1 + e^{i(\omega_x \Delta x + \omega_y \Delta y)}) \tag{6-73}$$

其中 $g_1(\omega_x, \omega_y)$ 为 $g_1(x,y)$ 的傅里叶变换

对上式求模,可以得到:

$$|G(\omega_x, \omega_y)|^2 = |g_1(\omega_x, \omega_y)|^2 4\cos^2\left[\frac{1}{2}(\omega_x \Delta x + \omega_y \Delta y)\right] \tag{6-74}$$

(2) 第二次傅里叶变换

对上式再进行一次傅里叶变换并利用其平移特性,就可以得到如下的结果:

$$G(x,y) = \frac{1}{2\pi} \iint |G(\omega_x, \omega_y)|^2 e^{-i(\omega_x x + \omega_y y)} d\omega_x d\omega_y \tag{6-75}$$

将(6-36)~(6-74)式代入(6-37)~(6-75)式,可以得到

$$G(x,y) = g(x - \Delta x, y - \Delta y) + 2g(x,y) + g(x + \Delta x, y + \Delta y) \tag{6-76}$$

其中 $G(x,y)$ 和 $g(x,y)$ 分别为 $|G(\omega_x, \omega_y)|^2$ 和 $|g_1(\omega_x, \omega_y)|^2$ 的傅里叶变换。$G(x,y)$ 在 (x,y) 点有一个最大的灰度值,而在 $(x + \Delta x, y + \Delta y)$ 和 $(x - \Delta x, y - \Delta y)$ 有两个次大值。因此提取粒子的位移问题就可以归结为在图像 $G(x,y)$ 中寻找最大灰度值和次大灰度值之间的距离 $\Delta x, \Delta y$。

实际上,由于背景噪音和其他相关量的存在,Adrian 将它们表示为由 5 个分量组成的公式:

$$R(S) = R_C(S) + R_P(S) + R_{D^+}(S) + R_{D^-}(S) + R_F(S) \tag{6-77}$$

式中 R_P——最大灰度值；

R_{D^+} 和 R_{D^-}——次大灰度值，代表位移信息；

(R_C+R_F)——随机相关量和背景噪声相关量，如图 6-35 所示。

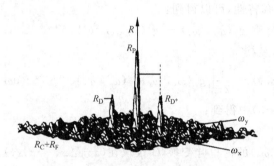

图 6-35 自相关第二次 FFT 变换

由于在峰值附近存在一个灰度的分布，所以一般用形心来确定它的最大值或次大值的位置。在某些情况下，(R_C+R_F) 的灰度值可能会超过所需要的 R_{D^+} 和 R_{D^-} 两个次大灰度值，所以在分析时，一般要多存储几个峰值的位置，以便在缺省值有错误时，可以选择另外正确的峰值位置。

2. 互相关分析

互相关分析要进行 3 次二维傅里叶变换。在查问区内，假设粒子的位移是均匀的，则第二个脉冲光形成的图像可视为第一个脉冲光形成的图像经过平移后得到的。图 6-36 是 PIV 互相关分析的示意图。

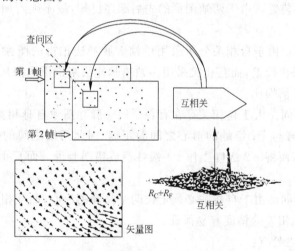

图 6-36 PIV 互相关分析示意图

(1) 第一次 FFT 变换

对第一帧图像进行 FFT 变换，得到

$$g_1(\omega_x, \omega_y) = \frac{1}{2\pi} \iint g_1(x,y) e^{i(\omega_x x+\omega_y y)} dx dy \tag{6-78}$$

(2) 第二次 FFT 变换

对第二帧图像进行 FFT 变换，

$$g_2(\omega_x, \omega_y) = \frac{1}{2\pi}\iint g_2(x,y)e^{i(\omega_x x+\omega_y y)}dxdy \tag{6-79}$$

利用傅里叶变换的平移特性，可以得到：

$$g_2(\omega_x, \omega_y) = g_1(\omega_x, \omega_y)e^{-i(\omega_x \Delta x+\omega_y \Delta y)} \tag{6-80}$$

（3）第三次 FFT 变换

$$G(x,y) = \frac{1}{2\pi}\iint g_1(\omega_x, \omega_y)g_2(\omega_x, \omega_y)e^{-i(\omega_x x+\omega_y y)}d\omega_x d\omega_y \tag{6-81}$$

将式(6-42)代入式(6-43)中得到：

$$G(x,y) = g(x+\Delta x, y+\Delta y) \tag{6-82}$$

其中 g 为 $g_1(\omega_x, \omega_y)$ 的傅里叶变换，G 仅仅在 $(x+\Delta x, y+\Delta y)$ 处有一个最大值。与自相关分析类似，由于背景噪声和其他相关量的存在，Adrian 将它们表示为由 3 个分量组成的公式：

$$R(S) = R_C(S) + R_D(S) + R_F(S) \tag{6-83}$$

式中　R_D——最大灰度值，代表位移信息；

(R_C+R_F)——随机相关量和背景噪声相关量。

互相关分析与自相关分析的相比，互相关具有如下优点：

① 空间分辨率高。由于相关图像用的是两帧粒子图像，粒子浓度可以比自相关更浓，可用更小的查问区来获得更多的有效粒子对。

② 查问区的偏移量允许有更多的有效粒子对。

③ 不需要像移装置。由于两帧图像的先后顺序已知，故不须附加的装置就可判断粒子运动方向。

④ 信噪比不同。由于自相关分析采用单帧多脉冲法拍摄的图像对背景噪声也进行了叠加，因此其信噪比较差，而互相关采用多帧单脉冲法来拍摄图像从而减少了背景噪声的相关峰值，提高了信噪比。

⑤ 测量范围不同。由于自相关存在有粒子同一脉冲图像自身相关而得到的 0 级峰，其粒子位移是 0 级峰与+1 级峰的形心之间的距离，因此两峰之间的距离不能太短以免两峰重叠不能分辨，而将+2 级峰当作+1 级峰造成错误测量。而互相关一般只有一个最高峰，容易寻找。

⑥ 测量精度不同。由于自相关必须定位两个高峰的形心，而互相关只要求定位一个高峰的形心，因此互相关的精度容易保证。

互相关的不足之处有：

① 计算量很大，需要 3 次二维互相关；

② 可测量的最大速度受捕获硬件的限制；

③ 时间分辨率受到限制。

互相关分析的分析结果由来自单个摄像画面的两组图像场相关关系，每个帧用一个激光脉冲捕捉。两帧之间的互相关仅仅是在电视摄像 PIV 情况下才是可行的。每一个帧仅使用一个激光脉冲，并且在帧与帧之间相关，速度可以在没有方向模糊的情况下测量,因为两帧之间的时间秩序是已知的。在典型的电视摄像机中帧移动速度是每秒30帧,在帧帧之间的时间为33ms的情况下,仅仅可以测量极低速度。一种可以降低Δt到1或2ms的办法是"跨帧技术",即第一个脉冲在第一帧的结尾以及第二个脉冲在第二帧的开始。但这仍然限制了最高可测速度到每秒几米。由于快速充放电CCD的发明和快速传送接口的出现,这个限制已经解除。目前最高可测速度已达600m/s以上,能够满足常用流场测试之用,因而已经成了市场上的主流产品。互相关法的主要优点有三:一是能适应低高速常见流场的使用;二是没有附加的图像漂移硬件;三是画面不需要是连续的。

6.4.3 方向模糊性及解决办法

当观察PIV照片时,第一和第二个粒子图像看起来是一样的。这和LDV相类似,存在着180°的方向模糊。如果没有反相流存在,那么流动方向可以很容易利用实际的流动条件来判别。例如管道内流动就是如此。如果有反相流存在,那么就会有方向的不确定性存在。换句话说原始照片没有办法告诉你成对粒子图像哪一个是由头一个光脉冲发生的。所以和激光多普勒测速一样,粒子图像测速技术也存在着方向模糊问题。

解决方向模糊问题的方法有很多种,下面介绍旋转镜法。

旋转镜法就是在片光源和摄像机之间加上旋转镜。这样底片上每对粒子的位置将取决于镜的角度。记录下来反射镜一个位置上的第一个图像以及反射镜被旋转后产生图像漂移情况下的第二个图像(参看图6-37),被显示的粒子图像漂移距离就等于图像漂移距离和粒子移动距离的矢量和。当向上漂移数量大于最大的向下粒子移动时,所有前向速度值可在上半平面中找到。为了测量粒子速度,应测出图像漂移距离和由于运动造成的粒子移动距离。图像漂移矢量被从所测图像位移中减去后,其结果等于由运动造成的粒子图像的位移(如图6-38所示)。当拍流动照片时,反射镜是旋转的,整个时刻照相机快门是打开的。在第一个激光脉冲以前,反射镜就开始旋转,并且继续旋转到第二个激光脉冲到来之后。在激光脉冲持续期间,反射镜的角度实际上可以认为是固定的。

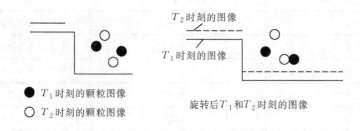

● T_1时刻的颗粒图像
○ T_2时刻的颗粒图像

旋转后T_1和T_2时刻的图像

图6-37 旋转镜法图解说明

6.4.4 示踪粒子的选择

对示踪粒子的要求可归结为对粒子的跟随性和适当的颗粒浓度的要求。

1. 粒子的跟随性

从粒子的跟随性要求来看,粒子必须有足够小的粒径,以便能够跟随流体运动;从得到良好的图像信号的要求来看,粒子还必须有足够大的粒径,以便产生足够的散射信号。

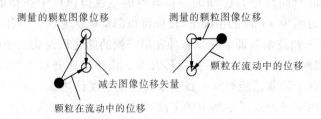

图 6-38　颗粒位移矢量图解

很明显这是两个互相矛盾的要求,只有根据实际情况进行折衷处理。粒子的跟随性指的就是粒子跟随流体运动的能力。这种能力通常是用它的空气动力直径来刻画的。粒子的空气动力直径被定义为具有同样沉降速度的单位密度球的直径。它主要取决于粒子的尺寸、密度和形状。

在流体速度微量改变以后,任何时刻 t 的粒子速度 V_p 可以用下式表示:

$$e^{-\frac{t}{\tau}} = \frac{V_g - V_p}{V_{gi} - V_{pi}} \tag{6-84}$$

式中　V_g 为速度微量改变以后的流体速度;

V_p 为时刻 t 时的粒子速度;

V_{gi} 和 V_{pi} 为速度微量改变以前的流体速度和粒子速度。

粒子的张弛时间为:

$$\tau = \frac{\varrho_p d_p^2}{18\mu} \tag{6-85}$$

下表给出了单位密度球的沉降速度和张弛时间,相同空气动力直径的粒子,其沉降速度和张弛时间也近似相同。

表 6-2　单位密度球的沉降速度和张弛时间

粒子直径/μm	沉降速度/cm/s	张弛时间/s
0.5	0.00075	0.00000077
0.6	0.0011	0.0000011
0.7	0.0015	0.0000015
0.8	0.0019	0.000002
0.9	0.0024	0.0000025
1.0	0.003	0.0000031
2.0	0.012	0.000012
3.0	0.027	0.000028
4.0	0.048	0.000049
5.0	0.075	0.000077

从上表可以看出,粒子动力直径越小,沉降速度越慢,张弛时间越短。

2. 光散射和信噪比

粒子尺寸、折射指数和粒子形状等因素会影响光散射的能力。一般地说,激光功率越高,散射信号越强,在其他条件相同的情况下,信噪比值也越大。研究表明信噪比值和颗粒直径近似地成正比关系,所以颗粒直径越大信噪比值也越大。但当信噪比值增加到一定值以后,这种关系就发生改变。粒子的形状也会影响信噪比值。正常的信噪比计算都是假定粒子是球形的。非球形粒子可以由定义一个等效直径来考虑。

粒子材料的折射指数对信号质量的影响是很大的。相对折射指数被定义为

$$相对折射指数 = \frac{粒子的折射指数}{介质的折射指数}$$

相对折射指数等于1,表示粒子相对于介质是透明的,这种粒子不能用作散射体。在实用上,我们常常选用具有较高相对折射指数的材料作示踪粒子。这在物理上可以被解释为表面磨光的情形,粒子表面越光亮,获得较好散射信号的可能性越大。下面的表6-3列出了常用材料的折射指数。

表6-3 相对折射指数

名 称	折射系数	名 称	折射系数
水	1.33	碳化硅(SiC)	2.65
二钾酸(DOP)	1.49	氟化锆(ZrF_4)	1.59
乳胶(PSL)	1.5	二氧化锆(ZrO_2)	2.2
氧化铝(Al_2O_3)	1.76	云母(滑石)	1.5
氧化镁(MgO)	1.74	氯化钠(NaCl)	1.54
二氧化钛(TiO_2)	2.65	高岭土(陶瓷土)	1.56

3. 颗粒浓度

实践表明,每个查问区内多于10个粒子对是确保测量正确位移值的必要保证。但粒子对也不能太多,否则图像就会重叠,从而形成散斑。

6.4.5 取得好结果的5条重要准则

为了对流场照片的诊断获得最好的结果,就必须认真仔细地选择诊断系统的若干参数。它们是:粒子播种密度、粒径、激光脉冲之间的时间、片光源的高度和厚度、诊断光斑的大小以及图像漂移的大小等等。这些参数中大多数是互相关联的,就是说改变其中的一个将会影响其中的另一个。

根据理论分析和大量的实践经验,选择上述参数时应该遵循以下准则:

① 诊断光斑应该足够地小,使得单个矢量能够充分地描述该区域的流动状态。这个要求实际上对单个诊断点上的速度变化率提出了限制条件。

② 为了获得较高的有效数据率,每个诊断光斑内的粒子对应该多于10对。这个要求实际上是对实验时的示踪粒子浓度提出限制条件。因为光斑内粒子对的数目取决于示踪粒子的浓度、诊断光斑的大小和激光脉冲之间的时间间隔。

③ 最大的粒子位移应该是诊断光斑大小的 25%。这个要求的主要目的是提高光斑中粒子对的百分比。当粒子图像位移增加时,诊断光斑内只有一个粒子图像的概率就会增加,光斑中粒子对的百分比就会减少。粒子移位对诊断光斑尺寸的比,可以由改变诊断光斑尺寸,使用图像漂移或改变激光脉冲之间的时间所控制。

④ 在垂直测量平面(片光平面)方向上的位移也应小于片光源厚度的 25%。这个参数是由于当只有一个粒子对图像在片光源之内时,粒子对的损耗所决定的。为了控制这个参数,可以调节片光源的厚度或激光脉冲之间的时间间隔。

⑤ 测量平面内最小的粒子图像位移应该大于 2 倍的粒子图像直径。当粒子移动小于一个直径时,一个颗粒在两个激光脉冲照射下的图像是一个单椭圆形粒子图像,而不是两个球形粒子图像。粒子图像间隔可以由使用一个较长的激光脉冲之间的间隔或使用图像漂移来增加。

第7章 流量测量

7.1 流量测量概述

7.1.1 流量

流体在单位时间内通过流道某一截面的数量称为流体的瞬时流量,简称流量。按计量流体数量的不同方法,流量可分为质量流量 G 和体积流量 Q。二者满足

$$G = \rho Q \tag{7-1}$$

式中 ρ ——被测流体的密度。

在国际单位制中,G 的单位为 kg/s,Q 的单位为 m^3/s。

因为流体的密度 ρ 随流体的状态参数而变化,故在给出体积流量的同时,必须指明流体的状态。特别是对于气体,其密度随压力、温度变化显著,为了便于比较,常把工作状态下气体的体积流量换算成标准状态下(温度为 20℃,绝对压力为 101325Pa)的体积流量,用 Q_N 表示。

在时间 t_1 到 t_2 内,对瞬时流量积分得到在 (t_2-t_1) 时间内流体流过的总量,称为累积流量。累积流量除以流通时间,得到平均流量。

7.1.2 流量测量方法

流体流动的动力学参数,如流速、动量等都直接与流量有关,因此这些参数造成的各种物理效应,均可作为流量测量的物理基础。目前,已投入使用的流量计有 100 多种,从不同的角度出发流量计有不同的分类方法。但一般均可归结为容积法、流速法和质量流量法 3 种。

1. 容积法

利用容积法制成的流量计相当于一个具有标准容积的容器,它连续不断地对流体进行度量,在单位时间内,度量的次数越多,即表示流量越大。这种测量方法受流动状态影响较小,因而适用于测量高粘度、低雷诺数的流体。但不宜于测量高温高压以及脏污介质的流量,其流量测量上限较小。椭圆齿轮流量计、腰轮流量计、刮板流量计等都属于容积式流量计。

2. 速度法

由流体的一元流动连续方程,截面上的平均流速与体积流量成正比,于是与流速有关的各种物理现象都可用来度量流量。如果再有流体密度的信号,便可得到质量流量。

在速度法流量计中,节流式流量计历史悠久,技术最为成熟,是目前工业生产和科学实验中应用最广泛的一种流量计。此外属于速度式流量计的还有转子流量计、涡轮流量计、电磁流量计、超声流量计等。

3. 质量流量法

无论是容积法,还是速度法,都必须给出流体的密度才能得到质量流量。而流体的密度受流体的状态参数影响。这就不可避免地给质量流量的测量带来误差。解决这个问题的一种方法是同时测量流体的体积流量和密度或根据测量得到的流体的压力、温度等状态参数对流体密度的变化进行补偿。但更理想的方法是直接测量流体的质量流量,这种方法的物理基础是测量与流体质量流量有关的物理量(如动量、动量矩等),从而直接得到质量流量。这种方法与流体的成分和参数无关,具有明显的优越性。但目前生产的这种流量计都比较复杂,价格昂贵,因而限制了它们的应用。

应当指出,无论哪一种流量计,都有一定的适用范围,对流体的特性以及管道条件都有特定的要求。目前生产的各种容积法和速度法流量计,都要求满足下列条件:

① 流体必须充满管道内部,并连续流动;
② 流体在物理上和热力学上是单相的,流经测量元件时不发生相变;
③ 流体的速度一般在音速以下。

众所周知,两相流动是工业过程中广泛存在的流动现象。两相流流量的测量已越来越引起人们的重视,国内外对此已进行了大量的实验研究,但目前尚无成熟的产品出现。

7.1.3 流量测量系统

流量测量系统一般由传感器、信号传输、信号转换装置和流量显示及积算装置四部分组成。如图 7-1 所示。

图 7-1 流量测量系统

传感器感受质量流量 G 或体积流量 Q,其输出为与流量有关的某个物理量,如压差、速度等,传感器输出信号用 I_1 表示。信号转换装置将 I_1 转变成相应的电信号 I_2,然后由显示积算装置直接显示瞬时流量或对瞬时流量积分得到累积流量。

一般情况下,要求整个测量系统具有线性的静态特性,但有些传感器是非线性的,如节流式传感器输出的压差与流量的平方成正比。这时可在信号转换装置中附加开方功能,使整个系统线性化。线性化的静态特性将给显示装置的刻度标记带来方便,并有利于提高有流量信号参加的自动控制系统的性能。

由于信号转换装置一般都是电子系统,其时间常数很小,故整个测量系统的动态特性主要取决于流量传感器。

7.1.4 流量计的校验与标定

流量计的标定是一件比较困难的工作,因为流量是质量或体积对时间的导数,难以按定义直接做出流量单位的标准器。一般是在流量不变的前提下,使流体连续流入容器内,精确测量流体流动的起止时间和流入容器的流体总量,用平均流量代替瞬时流量作为标准。因此,在累积时间内,必须保证流量高度稳定,并且计时和计量都要足够准确。

本章主要讨论速度式流量测量技术。最后一节,则概括介绍目前两相流流量测量的研究发展状况。

对于各种流量计,重点讨论传感器部分的工作原理和应用范围,对于信号转换和流量显示积算部分一般不作介绍。

7.2 节流式流量计

在管道中设置节流件,由于流通截面的变化,节流件前后流体的静压力不同,此静压差与流体的流量有关,利用这一物理现象制成的流量计叫节流式流量计。

节流式流量计由节流装置、压力信号管路、压差计和流量显示器 4 部分组成,如图7-2所示。

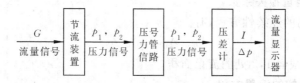

图 7-2 节流式流量计

图中节流装置包括改变流束截面的节流件和取压装置。

节流式流量计发展较早,经过长期实践,积累了可靠的试验数据和运行经验,是目前工业上广泛应用的管流流量计。另外,国内外已把最常用的孔板、喷嘴、文丘利管等节流装置标准化,称为标准节流装置。采用标准节流装置不需要进行实验标定,即可保证测量精度。

7.2.1 节流装置测量原理及流量方程

在充满流体的管道中放置一个固定的、有孔的局部阻力件(节流元件),以造成流束的局部收缩。对一定结构的节流元件,其前后的静压差与流量成一定的函数关系。节流元件、静差压取出装置和节流元件前后的直管段的组合体,称为节流装置。

图7-3是流体在节流元件前后压力和速度变化情况示意图。

截面 1 处流体未受节流件影响,流束充满管道,其直径为 D,流体压力为 p_1',平均流速为 v_1,流体密度为 ρ_1。

截面 2 是节流件后流束收缩为最小时的截

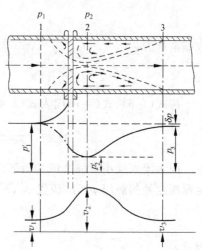

图 7-3 流体流经节流件时压力和流速的变化情况

面,其直径为 d',压力为 p_2',平均流速为 v_2,流体密度为 ρ_2。

图 7-3 中,点划线代表管道中心处静压力,实线代表管壁处静压力。由图可见,当流束未受节流件影响时,流动方向与管道中心线平行。在节流件前,流体向中心加速,至截面 2 处流束截面收缩到最小,此处流速方向又与管道中心线平行,且流速最大,压力最低。然后流束扩张,流速降低,静压升高,直到在截面 3 处流束又充满管道。由于涡流区的存在,导致流体能量损失,故在截面 3 处静压力 p_3 不等于原先的数值 p_1',而产生了压力损失 δp。

根据截面 1,2 处的压力能、动能和势能的关系,可写出伯努利方程如下

$$p_1' + C_1 \frac{\rho_1 v_1^2}{2} + Z_1 \rho_1 g = p_2' + C_2 \frac{\rho_2 v_2^2}{2} + Z_2 \rho_2 g + \xi \frac{\rho_2 v_2^2}{2} \tag{7-2}$$

式中 C_1, C_2——截面 1,2 处流速不均匀,以平均流速计算动能时采用的修正系数;

Z_1, Z_2——截面 1,2 处流体对参考水平面的距离;

g——重力加速度;

ξ——能量损失系数。

另外,根据流体流动的连续性方程,有

$$\rho_1 v_1 A_1 = \rho_2 v_2 A_2 \tag{7-3}$$

式中 A_1, A_2 分别为截面 1,2 处的流束面积。

1. 不可压缩流体的流量方程

对于不可压缩流体,$\rho_1 = \rho_2 = \rho$。另外对水平管道,$Z_1 = Z_2$,对非水平管道,因截面 1,2 距离很近,也可认为 $Z_1 = Z_2$。将以上述关系带入方程(7-2)、(7-3),得

$$p_1' + C_1 \frac{\rho v_1^2}{2} = p_2' + C_2 \frac{\rho v_2^2}{2} + \xi \frac{\rho v_2^2}{2} \tag{7-4}$$

$$v_1 A_1 = v_2 A_2 \tag{7-5}$$

设节流元件的开孔面积为 A_0,定义

$$m = \frac{A_0}{A_1} \tag{7-6}$$

收缩系数为

$$\mu = \frac{A_2}{A_0} \tag{7-7}$$

将式(7-6)、式(7-7)代入式(7-4)、式(7-5),并联立求解,得

$$v_2 = \frac{1}{\sqrt{C_2 - C_1 \mu^2 m^2 + \xi}} \sqrt{\frac{2}{\rho}(p_1' - p_2')} \tag{7-8}$$

因为流束最小截面 2 的位置随流速变化而改变,而实际取压点的位置是固定的,用固定取压点处的静压 p_1, p_2 替代 p_1', p_2' 时,须引入一个取压系数 Ψ

$$\Psi = \frac{p_1' - p_2'}{p_1 - p_2} \tag{7-9}$$

因此,

$$v_2 = \frac{\sqrt{\Psi}}{\sqrt{C_2 - C_1 \mu^2 m^2 + \xi}} \sqrt{\frac{2}{\rho}(p_1 - p_2)} \tag{7-10}$$

故流体的质量流量为

$$G = v_2 A_2 \rho = v_2 \mu A_0 \rho = \frac{\sqrt{\Psi}}{\sqrt{C_2 - C_1 \mu^2 m^2 + \xi}} \sqrt{\frac{2}{\rho}(p_1 - p_2)} \mu A_0 \rho$$

定义流量系数

$$\alpha = \frac{\mu \sqrt{\Psi}}{\sqrt{C_2 - C_1 \mu^2 m^2 + \xi}} \tag{7-11}$$

并记 $\Delta p = p_1 - p_2$，于是，

$$G = \alpha A_0 \sqrt{2\rho \Delta p} \ (\text{kg/s}) \tag{7-12}$$

流体的体积流量 Q 为

$$Q = \alpha A_0 \sqrt{\frac{2\Delta p}{\rho}} (\text{m}^3/\text{s}) \tag{7-13}$$

式(7-12)、式(7-13)即不可压缩流体的流量方程。方程中的流量系数 α 也可用流出系数 C 来代替。所谓流出系数，是指实际流量与不考虑能量损失，并取 $C_1 = C_2 = 1, \Psi = 1, \mu = 1$ 时的计算流量的比值。容易证明

$$\alpha = \frac{C}{\sqrt{1-\beta^4}} = CE \tag{7-14}$$

式中　β——节流件开孔直径 d 与管道内径 D 的比值，$\beta = \dfrac{d}{D}$。

　　　　E——渐近速度系数，$E = \dfrac{1}{\sqrt{1-\beta^4}}$。

于是，用 C 表示的流量方程为

$$G = CEA_0 \sqrt{2\rho \Delta p} \ (\text{kg/s}) \tag{7-15}$$

$$Q = CEA_0 \sqrt{\frac{2\Delta p}{\rho}} \ (\text{m}^3/\text{s}) \tag{7-16}$$

2. 可压缩流体的流量方程

对于可压缩流体，不再满足 $\rho_1 = \rho_2$。为方便起见，其流量方程仍取不可压缩流体流量方程的形式，方程中 ρ 取节流件前流体密度 ρ_1，α 或 C 仍取不可压缩流体时的数值，而把流体可压缩性的全部影响集中用一个流束膨胀系数 ε 来考虑。于是，与式(7-15)和式(7-16)相对应的可压缩流体的流量方程为

$$G = \varepsilon \alpha A_0 \sqrt{2\rho \Delta p} = \varepsilon CEA_0 \sqrt{2\rho \Delta p} \ (\text{kg/s}) \tag{7-17}$$

$$Q = \varepsilon \alpha A_0 \sqrt{\frac{2}{\rho}\Delta p} = \varepsilon CEA_0 \sqrt{\frac{2}{\rho}\Delta p} \ (\text{m}^2/\text{s}) \tag{7-18}$$

如果对不可压缩流体取 $\varepsilon = 1$，那么式(7-17)、式(7-18)便是流体流量方程的统一形式。

7.2.2　标准节流装置

流量方程中的 α（或 C），ε 受多种因素影响，须由实验求出，不同几何形状的节流元件及不同的取压方式，α，ε 各不相同，流量和压差的关系须单独标定才能使用，因此节流装置（包括节流元件及其前后管道、取样方式）使用起来很不方便，所以必须标准化。

节流装置标准化建立在下述事实的基础上：对于一定粗糙度的管道，几何相似（β 相等）的节流装置在流体动力学相似（管内流动雷诺数 Re_D 相等）的条件下，流量系数 α 相等。因此，完全可能由实验确定 α 值。1932 年国际上统一了节流元件的标准形式，其后各国相应地制定了本国的标准。其中内容包括 α 和 ε 的实验数据以及保证与试验时几何相似和流体动力学相似的具体条件，如节流元件的结构尺寸及公差、取压方式、管道条件、流体条件及流量测量误差等符合国际上规定的条件即可直接使用给出的 α，ε 值，流量与压差的关系不必校准，可在规定的误差范围内通过计算求得。这种节流装置称为标准节流装置。

我国国家标准 GB2624—81 规定的标准节流装置是：

① 标准孔板，角接取压；
② 标准孔板，法兰取压；
③ ISA1932 喷嘴（标准喷嘴），角接取压。

国际上尚有其他标准化了的节流装置，如长径喷嘴、文丘利喷嘴等。

1. 标准节流元件

(1) 标准孔板

标准孔板为中间开孔两面平整且平行的薄板，由不锈钢制成。如图 7-4 所示。

标准孔板的加工、安装要求如下：

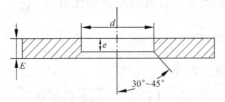

图 7-4　标准孔板

① 开孔直径 d 根据计算得到，但应大于等于 12.5mm。d 的数值应取 4 个不同位置测量值的算术平均值，任一实测值与平均值之差不应大于 0.05%。d 的加工公差与工作温度下的 β 值有关，当 $\beta<0.67$ 时，公差是 $\pm 0.001d$，当 $\beta>0.67$ 时，公差是 $\pm 0.0005d$。

② 图中 e 的尺寸为

$$0.005D < e < 0.02D$$

D 为管道直径，在各处 e 的测量值不得相差 0.001D 以上。

③ 孔板厚度 E 满足

$$e < E < 0.05D$$

当 50mm$<D<$100mm 时，允许 $E=3$mm。在各处 E 的测量值不得相差 0.005D 以上。若 $E<0.02D$，孔板可不作图 7-4 所示的圆锥形开口。

④ 上游边缘应尖锐，严格直角，无可见反光，上游与下游边缘均应无毛刺，无划痕。

⑤ 孔板加工过程中不得用刮刀或破布进行修刮和打磨。

⑥ 孔板安装必须与管道轴线垂直，其偏差不得超过 $\pm 1°$。其中心线和轴线的偏差不得大于 $0.015D(1/\beta-1)$。

(2) ISA1932 喷嘴（标准喷嘴）

ISA1932 喷嘴是一个以管道中心线为对称轴的对称体,如图 7-5 所示。

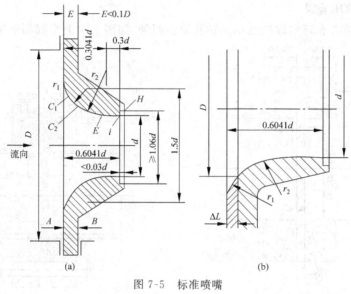

图 7-5 标准喷嘴

(a) $\beta \leqslant \frac{2}{3}$; (b) $\beta \geqslant \frac{2}{3}$

ISA1932 喷嘴的型线由进口端面 A、收缩部分第一圆弧面 C_1、第二圆弧面 C_2、圆筒形喉部 e 和圆筒形出口边缘保护槽 H 等 5 部分组成。圆筒形喉部长 $0.3d$,其直径即节流件开孔直径 d。

ISA1932 喷嘴的加工安装要求为:

① d 值应是不小于 8 个单测值的算术平均值,其中 4 个是在圆筒形喉部始端测得,另 4 个是在其终端测得,并且是在大致每隔 $45°$ 的位置上测得的。任一单测值与平均值之差不得超过 $\pm 0.05\%$。d 的加工公差同标准孔板。

② 型线 A, C_1, C_2, e 之间必须相切,不能有不光滑部分,C_1, C_2 的圆弧半径 r_1, r_2 的加工公差为

当 $\beta \leqslant 0.5$ 时,$r_1 = 0.2d \pm 0.02d$, $r_2 = \frac{1}{3}d \pm 0.03d$

当 $\beta > 0.5$ 时,$r_1 = 0.2d \pm 0.006d$, $r_2 = \frac{1}{3}d \pm 0.01d$

③ 喷嘴厚度 E 不得超过 $0.1D$。保护槽 H 的直径至少为 $1.06d$,轴向长度最大为 $0.03d$。若能保证出口边缘不受损伤,也可不设保护槽。

④ 出口边缘应尖锐,无倒角,无毛刺,无可见伤痕。

⑤ 当 $\beta > 2/3$ 时,端面 A 内圆直径 $1.5d$ 已大于 D,这时须将喷嘴上游侧切去一部分,以使 A 的内圆直径等于 D,如图 7-5(b) 所示。切去的轴向长度为

$$\Delta L = \left[0.2 - \left(\frac{0.75}{\beta} - \frac{0.25}{\beta^2} - 0.5225 \right)^{\frac{1}{2}} \right] d$$

⑥ 喷嘴的安装要求同标准孔板。

2. 取压装置

(1) 角接取压装置

角接取压装置有环室取压和单独钻孔取压两种,如图 7-6 上半部和下半部所示。

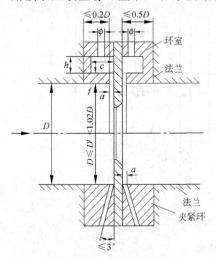

图 7-6 环室取压和单独钻孔取压装置结构
$f \geqslant 2a, \phi = 4 \sim 10 \text{mm}$

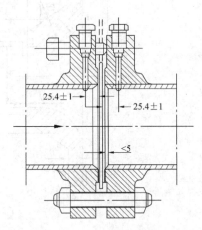

图 7-7 法兰取压装置

环室有均压作用,压差比较稳定,所以被广泛采用。但当管径超过 500mm 时,环室加工麻烦,一般都采用单独钻孔取压。

除图中标明的尺寸外,其他尺寸如下:

缝隙宽度 a,

$\beta \leqslant 0.65$ 时,$0.005D < a < 0.03D$

$\beta > 0.65$ 时,$0.01D < a < 0.02D$

对于任何 β 值,a 应在 $1 \sim 10$mm 范围内。

环室缝隙厚度 $f \geqslant 2a$。为使环室起到均压作用,环室截面 $hC \geqslant \frac{1}{2}\pi Da$。

取压孔 ϕ 取 $4 \sim 10$mm。

标准喷嘴的角接取压装置与图 7-6 类似。

(2) 法兰取压装置

法兰取压装置如图 7-7 所示。

它由一对带有取压孔的法兰组成,两个取压孔的轴线必须垂直于管道的轴线,取压孔直径不大于 $0.08D$,最好取 $6 \sim 12$mm。取压孔轴线距节流件端面距离为 25.4 ± 1mm。

3. 标准节流装置的管道条件

节流件前后直管段 l_1, l_2 的要求见附表 7-1。l_1 的长度取决于节流件上游第一个阻力件形式和节流件的 β 值,表中所列数值是管道内径 D 的倍数。如果实际的 l_1 在括号内和括号外的数字之间,则应对流量测量的极限误差算术相加上 $\pm 0.5\%$。

若节流件上游有两个阻力件,其间的直管段长度 l_0 取按上游第二个阻力件形式和 $\beta = 0.7$(不论实际 β 为多少)查附录 7-1 所得 l_1 的一半。

如节流件上游有温度计套管,它与节流件的距离应为5D(3D)(当温度计套管直径<0.03D时)或20D(10D)(当温度计套管直径在0.03D～0.13D之间时)。一般应尽可能把温度计装于节流件之后,此时要求它与节流件的距离大于5D。

如果节流件上游有直径大于2D的容器造成突然收缩或有开敞空间,其与节流件的距离不得小于30D(15D)。

如实际使用的节流件上游的阻力件的形式没有包括在附录表7-1内,或要求的三个直管段长度(l_1,l_2,l_3)有一个小于括号内的数值或有两个都在括号内外数值之间,则整套节流装置需单独标定。

在节流件上游10D和下游4D的范围内,管道内壁应没有肉眼可见的凸凹不平、沉积物或结垢。

为了得到精确的D值和满足管道圆度的要求,应在节流件上游0D,0.5D,1D,2D处取与管道轴线垂直的四个截面,对每个截面等角距地测量四个管道内径,这十六个测量值的算术平均值作为D值,并且平均值与任一单测值的偏差不大于±0.3%。对于节流件下游管道,也要在2D范围内这样测量,但要求可降低,单测值可少些,任一单测值与平均值的偏差不大于±2%即可。

4. 标准节流装置的流体条件

标准节流装置测量的流体除需满足本章第一节提出的要求外,还要求流体必须是在圆管内流动,且其密度和粘度已知,流速稳定,不存在旋涡,只允许流量缓慢变化。故不宜测量脉动流的流量。

7.2.3 标准节流装置的有关参数

1. 流量系数 α

α 除与 β,Re_D 有关外,还受管道粗糙度的影响。管道越粗糙,α 就越大。管道粗糙度用绝对粗糙度 k_c 或相对粗糙度 k_c/D 来表示。常用管道的粗糙度如附表7-2所示。

为了使用方便,准节流装置,往往在光滑管道($k_c/D<0.0004$)上,根据式(7-12)测定流量系数,称为光管流量系数或原始流量系数 α_0,并编成 $\alpha_0=f(\beta^4,Re_D)$ 的表格或曲线图,以备查用。图7-8是 $\alpha_0=f(\beta^2,Re_D)$ 的图形。

由图可见,不同的节流装置,α_0 不同。对同一节流装置,在某一 β 值时,α_0 随 Re_D 值不同而不同。但随着 Re_D 的增大,α_0 的变化越来越小。过去曾采用过界限雷诺数的概念,如图中虚线①所示。即当 Re_D 大于虚线①所对应的界限雷诺数时,认为 α_0 为常数。处理流量变化时 α_0 不同的另一种方法是限制流量的变化范围,使得在最大流量和最小流量时 α_0 的变化不超过0.5%,图7-8(b)中的虚线②,③即表示这个界限。

附表7-4,附表7-5分别给出了角接取压标准孔板和标准喷嘴在各种 β,Re_D 下的 α_0 值,此表允许线性内插。如果实际管道粗糙度符合附表7-6给出的允许限,则可直接取 α_0 作为 α 值。如果实际管道粗糙度不满足要求,则需对 α_0 进行修正。修正公式为

$$\alpha=\alpha_0 r_c \qquad (7-19)$$

式中 r_c 为管道粗糙度修正系数。

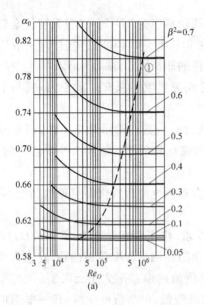 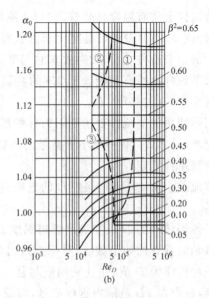

图 7-8 光管流量系数 $\alpha_0 = f(\beta^2, Re_D)$
(a) 标准孔板；(b) 标准喷嘴

$$r_c = (r_0 - 1)\left(\frac{\lg Re_D}{n}\right)^2 + 1 \tag{7-20}$$

式中　n——对于标准孔板 $n=6$
　　　　对于标准喷嘴 $n=5.5$
　　r_0——由 β 和 D/k_c 决定的对管道粗糙度的原始修正系数，见附表 7-3。

当 $\frac{\lg Re_D}{n} \geqslant 1$ 时，取 $r_c = r_0$。

2. 膨胀系数 ε

标准节流装置的 ε 值决定于值 $\frac{\Delta p}{p_1}$，β 和被测介质的等熵指数 k。

对角接取压标准孔板，ε 可由如下经验公式计算

$$\varepsilon = 1 - (0.3707 + 0.3184\beta^4)[1 - (p_2/p_1)^{\frac{1}{k}}]^{0.935} \tag{7-21}$$

由上式计算的 ε 值见附表 7-9。

对于标准喷嘴，可按等熵流动过程推导出 ε 为

$$\varepsilon = \left[\left(1 - \frac{\Delta p}{p_1}\right)^{\frac{2}{k}} \left(\frac{k}{k-1}\right) \frac{1 - \left(1 - \frac{\Delta p}{p_1}\right)^{\frac{k-1}{k}}}{\frac{\Delta p}{p_1}} \left(\frac{1 - \beta^4}{1 - \beta^4\left(1 - \frac{\Delta p}{p_1}\right)^{\frac{2}{k}}}\right)\right]^{\frac{1}{2}} \tag{7-22}$$

根据上式计算的 ε 值见附表 7-10。

3. 压力损失 δp

δp 由流体流经节流元件会产生涡流等原因引起，其大小可按下式估算

$$\delta p = \frac{1 - \beta^2 \alpha}{1 + \beta^2 \alpha} \Delta p \tag{7-23}$$

一般来说，孔板的压力损失大于喷嘴的。

7.2.4 标准节流装置的测量误差

在式(7-17)中，用直径 d 代替 A_0，则

$$G = \frac{\pi}{4} \varepsilon \alpha d^2 \sqrt{2\rho \Delta p}$$

式中各参数的测量都存在误差。因此，即使设计、制造、安装完全符合标准，所测得的流量值仍存在误差。上式中 $\varepsilon, \Delta p, \rho$ 和 d 可认为相互独立的，但 α 与 β 的相互影响必须考虑，二者可用式 $\alpha = \alpha' + 0.5\beta^4$ (α' 为常数)近似表示。

于是，根据误差传递原理，流量的相对误差可表示为

$$\frac{\sigma_G}{G} = \pm \left[\left(\frac{\sigma_\alpha}{\alpha}\right)^2 + \left(\frac{\sigma_\varepsilon}{\varepsilon}\right)^2 + 4\left(\frac{\beta^4}{\alpha}\right)^2 \left(\frac{\sigma_D}{D}\right)^2 \right.$$
$$\left. + 4\left(1 + \frac{\beta^4}{\alpha}\right)^2 \left(\frac{\sigma_d}{d}\right)^2 + \frac{1}{4}\left(\frac{\sigma_{\Delta p}}{\Delta p}\right)^2 + \frac{1}{4}\left(\frac{\sigma_\rho}{\rho}\right)^2 \right]^{\frac{1}{2}} \tag{7-24}$$

式中各项简要分析如下：

① $\frac{\sigma_\alpha}{\alpha}$ 可由标准中查取，其计算公式为：

标准孔板、角接取压

$$\frac{\sigma_\alpha}{\alpha} = \pm 0.25 \left[1 + 2\beta^4 + 100(r_c - 1) + \beta^2 (\lg Re_D - 6)^2 + \frac{1}{20D} \right]\% \tag{7-25}$$

标准喷嘴、角接取压

$$\frac{\sigma_\alpha}{\alpha} = \begin{cases} \pm 0.25 \left[1 + 3\beta^4 + 100(r_c - 1) + (\lg Re_D - 6)^2 + \frac{1}{20D} \right]\% & \beta^2 \geqslant 0.2 \\ \pm 0.25 \left[\frac{0.224}{\beta^2} + 100(r_c - 1) + (\lg Re_D - 6)^2 + \frac{1}{20D} \right]\% & 0.1 \leqslant \beta^2 < 0.2 \end{cases}$$
$$\tag{7-26}$$

② $\frac{\sigma_\varepsilon}{\varepsilon}$ 可由标准中查取，其计算公式为：

标准孔板、角接取压和法兰取压

$$\frac{\sigma_\varepsilon}{\varepsilon} = \begin{cases} \pm \left(\frac{2\Delta p}{p_1}\right)\% & 0.2 \leqslant \beta \leqslant 0.75 \\ \pm \left(\frac{4\Delta p}{p_1}\right)\% & 0.75 < \beta \leqslant 0.8 \end{cases} \tag{7-27}$$

标准喷嘴、角接取压

$$\frac{\sigma_\varepsilon}{\varepsilon} = \pm \left(\frac{\Delta p}{p_1}\right)\% \tag{7-28}$$

③ $\frac{\sigma_D}{D}$ 为管道直径相对标准误差。D 为工作温度下的数值，若按前述要求实测，$\frac{\sigma_D}{D} \approx$

$\pm 0.1\%$，若 D 取管径公称值，$\frac{\sigma_D}{D} \approx \pm (0.5 \sim 1.0)\%$；

④ $\frac{\sigma_d}{d}$ 为节流件开孔直径相对标准误差。d 为工作温度下的数值，$\frac{\sigma_d}{d} \approx \pm 0.05\%$；

⑤ $\frac{\sigma_{\Delta p}}{\Delta p}$ 为压差 Δp 的相对标准误差。主要取决于所用差压计的精度等级。其值为

$$\frac{\sigma_{\Delta p}}{\Delta p} \approx \frac{1}{3} A \frac{\Delta p_{\max}}{\Delta p} \% \tag{7-29}$$

式中　A——差压计精度等级；
　　　$\Delta p_{\max}$——差压计量程；
　　　Δp——实测压差值。

因为流量与压差的开方成比例，故小流量时 Δp 很小，$\frac{\sigma_{\Delta p}}{\Delta p}$ 将很大，因此节流式流量计测量的流量上下限之比不能大于 $(3 \sim 4):1$。

⑥ $\frac{\sigma_\rho}{\rho}$ 为节流件上游流体密度的相对标准误差。因为 ρ 可以根据被测流体的压力、温度查流体性质表得到，故 $\frac{\sigma_\rho}{\rho}$ 除物性表数据误差外，还包含温度、压力的测量误差，故估计 $\frac{\sigma_\rho}{\rho}$ 的比较复杂。对于液体，当测温条件 $\frac{\sigma_t}{t} \leqslant \pm 5\%$ 时，$\frac{\sigma_\rho}{\rho} = \pm 0.03\%$。对于蒸汽，当测温、测压条件 $\frac{\sigma_t}{t} \leqslant \pm 5\%$，$\frac{\sigma_{p_1}}{p_1} \leqslant \pm 5\%$ 时，$\frac{\sigma_\rho}{\rho} \leqslant \pm 3\%$；当 $\frac{\sigma_t}{t} \leqslant \pm 1\%$，$\frac{\sigma_{p_1}}{p_1} \leqslant \pm 1\%$ 时，$\frac{\sigma_\rho}{\rho} \leqslant \pm 0.5\%$。对于气体，当 $\frac{\sigma_t}{t} \leqslant \pm 1\%$，$\frac{\sigma_{p_1}}{p_1} \leqslant \pm 1\%$ 时，$\frac{\sigma_\rho}{\rho} \approx \pm 1.5\%$。

必须注意，以上的误差分析是在节流装置的制造、安装、使用条件符合标准时做出的。当与标准不符合时，其引起的附加误差需另外考虑。

7.2.5 标准节流装置的使用范围

标准节流装置的应用范围因节流件形式、取压方式和 β 的不同而不同，附表 7-7 列出了几种节流装置的应用范围。表中的最小雷诺数随 β 而变，更具体的数值可在标准中有关表格中查到。

选择标准节流装置时，除需满足附表 7-7 所列的应用范围外，还应考虑如下因素：

① 流体条件：测量易沉淀或有腐蚀性的流体宜采用喷嘴，这是因为，孔板流量系数受其直角入口边缘尖锐度的变化影响较大。

② 管道条件：在管道内壁比较粗糙的条件下，宜采用喷嘴。因为由附表 7-6 可知，在 β 相同的情况下，光滑管的相对粗糙度允许上限，喷嘴比孔板大。另外，标准孔板法兰取压时其光滑管的相对粗糙度允许上限较标准孔板角接取压时高。因此，较粗糙的管道采用孔板时，应考虑法兰取压方式。

③ 压力损失：在标准节流件中，孔板压力损失最大。

④ 运行精度：在高参数、大流量的生产管线上，一般不选用孔板。因为经过长期运

行,其锐角冲刷磨损严重,且易发生形变,影响精度。故通常采用喷嘴。

⑤ 在同一 β 值下,喷嘴较孔板 d 大,故测量范围大。

⑥ 与喷嘴相比,孔板的最大优点是加工方便、安装容易、省料、造价低。

7.2.6 标准节流装置的设计计算

1. 计算公式

将 $A_0 = \frac{\pi}{4} d_t^2$, $\beta = \frac{d_t}{D_t}$ 代入式(7-17)、式(7-18)可得

$$G = \frac{\sqrt{2}}{4} \pi \alpha \varepsilon \beta^2 D_t^2 \sqrt{\rho \Delta p} \quad (\text{kg/s}) \tag{7-30}$$

$$Q = \frac{\sqrt{2}}{4} \pi \alpha \varepsilon \beta^2 D_t^2 \sqrt{\frac{\Delta p}{\rho}} \quad (\text{m}^3/\text{s}) \tag{7-31}$$

D_t, d_t 分别为工作温度 t 下的管道直径和节流件开孔直径。它们可由下式求得

$$D_t = D_{20}[1 + \lambda_D(t - 20)] \tag{7-32}$$

$$d_t = d_{20}[1 + \lambda_d(t - 20)] \tag{7-33}$$

式中, D_t, d_t 分别是温度为 20℃ 时管道内径及节流件开孔直径的数值。λ_D, λ_d 为相应材料的平均线膨胀系数。可由附表 7-8 查得。

上几式中,各量均采用国际单位制。

2. 计算命题

标准节流装置的计算命题有如下两种:

(1) 已知被测介质及其温度、压力、D_{20}、d_{20}、节流件形式及材料、管道材料、压差计形式及 Δp。要求计算实际流量 G 或 Q。

由式(7-30)、式(7-31)可知,这类计算的困难之处在于 Re_D 未知。Re_D 与 G 或 Q 的关系为

$$Re_D = \frac{4G}{\pi D_t \eta} \tag{7-34}$$

或者

$$Re_D = \frac{4Q}{\pi D_t \nu} \tag{7-35}$$

式中　η——工作状态下被测介质的动力粘度,单位为 Pa·s,可由表查出;

ν——工作状态下被测介质的运动粘度,单位为 m^2/s,也可由表查出。

因为 G, Q 正是所要计算的,故不能利用式(7-34)和式(7-35)来计算 Re_D。常用的办法是先假定一个较大的 Re_D 值(一般取 $Re_D = 10^6$),然后迭代计算。整个计算步骤如下:

① 准备数据

D_t, d_t 由式(7-32)、式(7-33)计算得到,

$$\beta = \frac{d_t}{D_t}$$

ε 对不可压缩流体 $\varepsilon = 1$,对可压缩流体,查附表 7-9 或附表 7-10,查附表 7-2 可得 k_c,查附表 7-3 可得 r_0;

② 假定 $Re_D=10^6$,这是一般工业管道中水、蒸汽或粘度相当流体的代表值;

③ 由 Re_D,β 查附表 7-4 或 7-5 得 α_0;

④ 根据 r_0,Re_D 按式(7-20)计算 r_c;

⑤ 按式(7-19)计算 α;

⑥ 由式(7-30)或(7-31)计算 G 或 Q;

⑦ 按式(7-34)或式(7-35)计算 Re_D;

⑧ 返回③迭代,当相邻两次算得的 G 或 Q 相对偏差小于 $\pm 0.2\%$ 时,迭代结束。

(2) 已知工作流体及其工作状态、管道条件等,要求设计节流装置。

由流量方程可知,此时未知数较多,有 $\alpha,\beta,\varepsilon,\Delta p$ 等。通过分析可知,只要 $\beta,\Delta p$ 确定,其他未知数也可随之确定。通常的方法是先选定一个 Δp,然后迭代计算 β。故对于这种计算命题,合理地选择压差上限 Δp_{max} 是关键的一步。它的选择可从以下几个方面来考虑:

① 如果设计要求没给出 Δp_{max} 的任何限制,则常选 Δp_{max} 能使 β^2 在 0.1~0.3 之间。这时测量范围宽,α 精度高。因为 β 值较小,故要求的直管段较短;流速分布偏离标准形式造成的影响较小;输出信号较强。

由式(7-30)有

$$\Delta p_{max} = \frac{G_{max}}{0.125(\pi\varepsilon D_t^2)^2(\alpha\beta^2)^2\rho} \qquad (7-36)$$

为计算 Δp_{max},可设 $\varepsilon=1$,则给定一个 β 后,α 可由 β 和 Re_D 查表得出,于是 Δp_{max} 可以计算出来。β 越小,Δp_{max} 越大。

② 如设计要求给出了允许最大压力损失 δp,则对于标准孔板,选 $\Delta p_{max}<(2\sim2.5)\delta p$;对于标准喷嘴,选 $\Delta p_{max}<(3\sim3.5)\delta p$,即可满足要求。

③ 如现场直管段较短,为保证测量精度,可从直管段要求出发选择 Δp_{max}。这时可先使 $l_2=(5\sim6)D$,l_0 则由本节前述方法确定(它与实际 β 值无关)。若现场直管段为 l,则 $l_1=l-l_0-l_2$。根据 l_1 从附表 7-1 中查出 β,然后使 $\varepsilon=1$,再由式(7-36)算得 Δp_{max}。

④ 从限制 α_0 的变化出发选择 Δp_{max}。由流量方程可知,在测量范围内,α 必须近似为常数(例如变化不超过 0.5%),才能保证测量精度。对于同一个 β 值,α_0 随 Re_D(亦即 G)而变化。设在最大流量为 G_{max} 时雷诺数为 Re_{max},则在某一 β 值下对应的 α_0 为 α_{0max};在最小流量为 G_{min}(它由设计任务书给出或按 $G_{min}=(1/4\sim1/3)G_{max}$ 计算)时,雷诺数为 Re_{Dmin},在某一 β 值下对应的 α_0 为 α_{0min},则

$$\left|\frac{\alpha_{0max}-\alpha_{0min}}{\alpha_{0max}}\right| \leqslant 0.5\% \qquad (7-37)$$

上式左端是 β 的函数,选合适的 β 使之成立,然后令 $\varepsilon=1$,按式(7-36)计算 Δp_{max}。

另外,在按上述各种方法确定 Δp_{max} 时,应同时满足:

① 若流体为液体,为使其通过节流元件不发生汽化,应使

$$\Delta p_{max} \leqslant [p_1-(1.2\sim1.3)p_s] \qquad (7-38)$$

式中 p_s 为流体工作温度下的饱和压力;

② 若流体可压缩,为限制可压缩性对流体的影响,应使

$$\frac{\Delta p_{max}}{p_1} < 0.25 \tag{7-39}$$

下面,结合实例说明标准节流装置设计计算的具体步骤。

3. 标准节流装置设计计算举例

设计任务书由表 7-1 列出。

表 7-1　节流装置设计任务书

项　目		参　数	备　注
被测流体		过热蒸汽	
流　量	最大值 G_{max}/kg/s	70	
	常用值 G_{ch}/kg/s	55.5	
	最小值 G_{min}/kg/s	28	
流体状态	压力 p/MPa	13.5	
	温度 t_1/℃	550	流量测量数据要作经济核算用
允许压力损失 δp/Pa		$\leqslant 6\times 10^4$	
使用地点平均大气压 p_D/Pa		10^5	
管　道	内径 D_{20}/m	0.221	
	材　料	12CrMoV 新无缝管	
管路情况		节流件上游第一阻力件为 90°弯头,第二阻力件为全开闸阀	
设计要求		选择并计算节流装置,选择差压计	

(1) 选择节流装置

考虑到 δp 较小,被测介质为高温高压蒸汽,并且测量结果要用作经济核算,故选节流元件为标准喷嘴。

(2) 辅助计算

① 计算 D_t,根据管道材料和工作温度,查附表 7-8 得 $\lambda_D = 13.65 \times 10^{-6}\,℃^{-1}$,由式 (7-33),得 $D_t = 0.221[1 + 13.65 \times 10^{-6}(550 - 20)] = 0.2226$ m;

② 绝对工作压力 $p_1 = p + p_D = 13.6$ MPa;

③ 根据工作压力和温度,查水蒸汽动力粘度表,$\eta = 3.185 \times 10^{-5}$ Pa·s;

④ 根据工作压力和温度,查水蒸汽密度表,得 $\rho = 38.37$ kg/m³;

⑤ 过热蒸汽等熵指数 $\kappa = 1.3$;

⑥ 根据管道材料查附表 7-2,得 $k_c = 10^{-4}$ m,则 $\dfrac{D}{k_c} = \dfrac{0.2226}{10^{-4}} = 2226$;

⑦ 求雷诺数,由式 (7-34)

$$Re_{Dmin} = \frac{4 \times 28}{\pi \times 0.2226 \times 3.185 \times 10^{-5}} = 5.028 \times 10^6$$

$$Re_{Dch} = \frac{4 \times 55.5}{\pi \times 0.2226 \times 3.185 \times 10^{-5}} = 9.967 \times 10^6$$

(3) 确定 Δp_{max}

对于标准喷嘴,由允许压力损失 δp,取

$$\Delta p_{\max} \leqslant 3\delta p = 1.8 \times 10^5 \text{Pa}$$

为使 $\Delta p_{\max}$ 符合现有的压差计系列值,可取 $\Delta p_{\max}$ 为比 $3\delta p$ 低的一个系列值,这里取 $\Delta p_{\max} = 1.6 \times 10^5$ Pa。(如选用的压差计量程可大范围自由调整,这一步可省略)

由于被测介质为可压缩性流体,故 $\Delta p_{\max}$ 需满足式(7-39),因为

$$\frac{\Delta p_{\max}}{p_1} = \frac{1.6 \times 10^5}{13.6 \times 10^6} = 0.0118 < 0.25$$

故满足,最后选定 $\Delta p_{\max} = 1.6 \times 10^5$ Pa。

(4) 计算 G_{ch} 时的压差 Δp_{ch}

因为流量方程中的系数需按常用流量时确定,故需做这一步。因为压差与流量的平方成正比,故

$$\Delta p_{ch} = \Delta p_{\max}\left(\frac{G_{ch}}{G_{\max}}\right)^2 = 1.6 \times 10^5 \left(\frac{55.5}{70}\right)^2 = 1.0058 \times 10^5 \text{(Pa)}$$

(5) 迭代计算 $\beta, \alpha, \varepsilon$

① 令 $\varepsilon = 1, r_c = 1$,根据式(7-30)计算 $\alpha_0\beta^2$ 的第一次近似值 $(\alpha_0\beta^2)_1$;

$$(\alpha_0\beta^2)_1 = \frac{4G_{ch}}{\sqrt{2}\pi D_t^2 \sqrt{\rho \Delta p_{ch}}}$$

$$= \frac{4 \times 55.5}{\sqrt{2}\pi \times 0.2226^2 \times \sqrt{38.87 \times 1.0058 \times 10^5}} = 0.5133$$

② 由 $(\alpha_0\beta^2)_1$ 和 Re_{Dch} 查附表 7-5,得 β 和 α_0 的第一次近似值 β_1 和 α_{01}。本例中,$Re_{Dch} = 9.967 \times 10^6$,已超出附表 7-5 所列的范围。实验证明,对于标准喷嘴,当 $Re_D = 10^6$ 时,流过节流元件的流动进入自模区,$\alpha_0\beta^2$ 已不再与 Re_D 有关,而将近升高到一个极限值,故这时可利用 $Re_D = 10^6$ 查表。通过线性内插,得 $\beta_1 = 0.6921, \alpha_{01} = 1.0716$。

③ 计算管道粗糙度修正系数 r_{c1},由 $\beta_1 = 0.6921, \frac{D}{k_c} = 2226$ 查附表 7-3 得 $r_{01} = 1$,因为 $\frac{\lg Re_{Dch}}{5.5} = \frac{\lg(9.967 \times 10^5)}{5.5} = 1.27$,故取 $r_{c1} = r_{01} = 1$。

④ 求 α 的第一次近似值 $\alpha_1 = \alpha_0 = 1.0716$

⑤ 由 $\frac{p_{2ch}}{p_1} = \frac{p_1 - \Delta p_{ch}}{p_1} = \frac{13.6 \times 10^6 - 1.0058 \times 10^5}{13.6 \times 10^6} = 0.9926, k = 1.30, \beta^4 = 0.6921^4 = 0.2294$,查附表 7-10,内插得 ε 的第一次近似值 $\varepsilon_1 = 0.99401$。

⑥ 求 $\alpha_0\beta^2$ 第二次近似值 $(\alpha_0\beta^2)_2$。在迭代过程中 $G_{ch}, D, \rho, \Delta p$ 均不变,故根据流量方程(7-30),可按下式计算,

$$(\alpha_0\beta^2)_2 = \frac{(\alpha_0\beta^2)_2}{\varepsilon_1 r_{c1}}$$

$$= \frac{0.5133}{0.99401} = 0.5164 \tag{7-40}$$

⑦ 重复②,得 $\beta_2 = 0.6938, \alpha_{02} = 1.0726$。

⑧ 重复③,得 $r_{c2} = 1$。

⑨ 重复④,$\alpha_2 = \alpha_{02} = 1.0726$。

⑩ 重复⑤，得 $\varepsilon_1=0.99400$。

至此已进行一次迭代。比较 $\varepsilon_1 r_{c1}$ 和 $\varepsilon_2 r_{c2}$，其差别仅在小数点后第五位上，故迭代可以结束。判断是否结束迭代，也可直接根据下面所进行的流量验算，如相对误差小于 $\pm 0.2\%$，则可认为迭代结束。一般标准节流装置计算中，只需迭代一次即可。

(6) 求喷嘴孔径 d_{20}

先计算 $d_t=D_t\beta_2=0.2226\times 0.6938=0.1544\text{m}$；喷嘴一般用不锈钢制造，如采用 1Cr18Ni9Ti，可查附表 7-8，得 $\lambda_d=18.2\times 10^{-6}$，由式(7-33)

$$d_{20}=\frac{d_t}{1+\lambda_d(t-20)}=\frac{0.1544}{1+18.2\times 10^{-6}(550-20)}=0.1529(\text{m})$$

(7) 验算流量

$$G_{ch}=\frac{\sqrt{2}\pi}{4}\alpha\varepsilon d_t^2\sqrt{\rho\Delta p}$$

$$=\frac{\sqrt{2}\pi}{4}\times 1.0726\times 0.9940\times 0.1544^2\sqrt{38.37\times 1.0058\times 10^5}=55.4594(\text{kg/s})$$

计算误差 $\dfrac{55.5-55.4594}{55.5}=0.07\%<0.2\%$

故上述计算合格。

(8) 检验压力损失 δp

由式(7-23)

$$\delta p=\frac{1-\alpha_0\beta^2}{1+\alpha_0\beta^2}\Delta p_{\max}=\frac{1-0.5164}{1+0.5164}\times 1.6\times 10^5$$

$$=5.1026\times 10^4<6\times 10^4(\text{Pa})$$

压力损失合格。如其超出要求，需减小 $\Delta p_{\max}$，重新计算。

(9) 直管段要求，由附表 7-1，可得

$$l_2=7D\approx 1.6\text{m}$$
$$l_1=28D=6.2\text{m}$$
$$l_0=10D=2.2\text{m}$$

(10) 误差估计

① 由(7-26)式，可算得

$$\frac{\sigma_\alpha}{\alpha}=\pm 0.73\%$$

② 由(7-28)，$\dfrac{\sigma_\varepsilon}{\varepsilon}=\pm\left(\dfrac{1.0058\times 10^5}{13.6\times 10^6}\right)\%=\pm 0.007\%$

③ 取 $\dfrac{\sigma_D}{D}=\pm 0.5\%$，$\dfrac{\sigma_d}{d}=\pm 0.05\%$

④ 若压差计精度为 1%（即 $A=1$），则由(7-29)式得

$$\frac{\sigma_{\Delta p}}{\Delta p}=\frac{1}{3}\times 1\times\frac{1.6\times 10^5}{1.0058\times 10^5}\%=0.53\%$$

⑤ 假定 $\dfrac{\sigma_t}{t}\leqslant\pm 1\%$，$\dfrac{\sigma_{p_1}}{p_1}\leqslant\pm 1\%$ 时，$\dfrac{\sigma_\rho}{\rho}=\pm 0.5\%$。于是，根据式(7-24)

$$\frac{\sigma_G}{G} = \pm \left[(0.73\%)^2 + (0.007\%)^2 + 4\left(\frac{0.6938}{1.0726}\right)^2 (0.5\%)^2 \right.$$
$$\left. + 4\left(1 + \frac{0.6938^4}{1.0726}\right)^2 (0.05\%)^2 + \frac{1}{4}(0.53\%)^2 + \frac{1}{4}(0.5\%)^2 \right]^{\frac{1}{2}} = \pm 0.85\%$$

7.2.7 非标准节流元件

工业上,有时会遇到含固体颗粒、汽泡或粘度大、雷诺数低的流体,其流量不能用标准节流装置测量。因而研究了许多非标准节流装置。但它们由于 α 和 ε 的实验数据不及标准节流装置充分、完整,故测量精度较低。常用的主要非标准节流装置有圆缺孔板、1/4 圆喷嘴、锥形入口孔板等。

7.3 速度式流量计

速度式流量计种类很多,本节简要讨论工业上常用的几种。

7.3.1 涡轮流量计

1. 工作原理及结构

如图 7-9 所示,将一个涡轮置于被测流体中,流体冲动涡轮叶片转动,涡轮转速 n 与流体体积流量 Q 满足一定关系。从而测得 n 便可知体积流量。

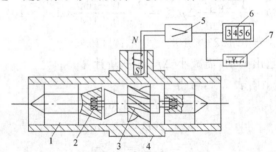

图 7-9 涡轮流量计工作原理示意图
1—导流器; 2—轴承; 3—涡轮; 4—壳体; 5—前置放大器;
6—累积流量计算器; 7—瞬时流量指示仪表

设涡轮叶片与涡轮轴线夹角为 α,如图 7-10 所示。叶轮平均半径为 r_0,叶栅流通面积为 S_0,r_0 处流体的切向速度为 v_Q,则

$$v_Q = 2\pi r_0 n \tag{7-41}$$

被测流体流过叶片时的轴向平均流速为

$$v_Z = Q/S_0 \tag{7-42}$$

则有

$$\tan\alpha = \frac{v_Q}{v_Z} = \frac{2\pi r_0 n S_0}{Q}$$

于是

$$Q = \frac{2\pi r_0 S_0}{\tan\alpha} n \quad (\text{m}^3/\text{s}) \tag{7-43}$$

当涡轮结构一定时，S_0, r_0, α 为常数，故 Q 正比于 n。

n 的测量有磁电法、光电法、霍尔效应法等。目前我国生产的涡轮流量计一般采用磁电法，其原理为：当用铁磁材料制成的叶片旋转通过固定在壳体上的永久磁钢时，磁钢磁路中磁阻发生周期性的变化，从而使在永久磁钢外部的线圈感生出交流电脉冲信号，设涡轮叶片数为 Z，则脉冲信号的频率 f 为

$$f = nZ \tag{7-44}$$

将其代入式(7-43)，有

$$Q = \frac{2\pi r_0 S_0}{\tan\alpha \cdot Z} f = \frac{1}{\xi} f \quad (\text{m}^3/\text{s}) \tag{7-45}$$

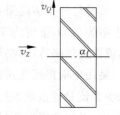

图 7-10 涡轮叶片与轴线夹角 α 示意图

式中

$$\xi = \frac{\tan\alpha \cdot Z}{2\pi r_0 S_0} \tag{7-46}$$

为涡轮流量计的流量系数。

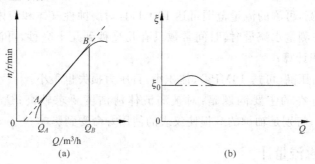

图 7-11 $Q-n$ 和 $Q-\xi$ 特性曲线
(a) $Q-n$ 特性曲线；(b) $Q-\xi$ 特性曲线

涡轮用导磁的不锈钢材料制成，其叶片数目视口径不同而不同，有三片、四片、六片等。图 7-9 所示的导流器的作用是使流体到达涡轮前先进行整流，消除旋涡，以保证仪表精度；图 7-9 中 1~5 部分做成一个整体，称为变送器；6,7 部分分别是将脉冲频率转变为电压信号的瞬时流量显示器和对脉冲计数的累积流量计算器。

2. 关于流量系数 ξ 的讨论

式(7-43)是在忽略涡轮转动过程中的机械摩擦和各种阻力的情况下导出的。实际上，流体冲击叶片产生旋转力矩时，需要克服流体沿叶轮表面流动时产生的粘滞摩擦力矩 M_1、涡轮轴与轴承间的摩擦力矩 M_2 以及电磁反作用力矩 M_3 等。因此，Q 和 n 并不是如式(7-43)那样成简单的线性关系，于是 ξ 也不是常数。n,ξ 与 Q 的关系分别如图 7-11 图 (a)、图 (b) 所示。

曲线出现峰值主要是由于反作用力矩相对增大所致。为使流量计有较宽的线性范围，除在设计流量计时保证结构参数合理以及减小轴与轴承的摩擦阻力外，流体的粘度是

一个主要考虑因素。特别是液体,粘度越大,线性范围越小。对于测量液体的流量计,制造厂给出的 ξ 值是用常温水标定的,它只适用于具有与水相似粘度(运动粘度 $\nu = 10^{-6}$ m²/s)的流体,如实际流体粘度大于 5×10^{-6} m²/s,须重新标定。

3. 涡轮流量计的安装及使用

流量计的安装应避免振动,避免强磁场及热辐射,上下游应保证有足够的直管段(一般上游为 20D,下游为 5D),否则需用整流器整流。为避免流体中杂质进入变送器损坏轴承,流体应严格清洁,必要时加装过滤器。变送器一般要求水平安装。

使用中应保证变送器前流体压力大于等于 $\delta p + p_1 + p_2$,以防止变送器内的气蚀。其中 δp 是流量计造成的压力损失,一般为 $(3.5 \sim 7) \times 10^4$ Pa,p_1 是为加速流体进入流量计所需压力,以驱动变送器涡轮旋转。它取决于流量计的结构和制造工艺,一般在额定流量下 $p_1 = (0.35 \sim 1.05) \times 10^5$ Pa。p_2 是被测液体在最高温度下的汽化压力。

温度变化会引起流量计金属材料的热胀冷缩,因而使转速变化,在夏季和冬季可相差 0.2%。故其对测量精度的影响亦须考虑。

涡轮流量计的主要优点是:

① 测量精度高,变送器的基本误差为 $\pm(0.2 \sim 1.0)\%$,精密时可达 $\pm(0.1 \sim 0.2)\%$;

② 测量范围宽,可测的流量范围可达 10:1,且对腐蚀性气体和液体都适用;

③ 响应快,在测量水流量时,时间常数只有几毫秒到几十毫秒,可测脉动流量,可进行瞬时指示和累积计算;

④ 线性好、耐压高(可达 16MPa)、体积小,且压力损失也很小。

涡轮流量计存在的主要问题是:对被测流体清洁度要求较高;适用的温度范围小(-20℃ ~ 120℃);特别是轴承的磨损使仪表的使用寿命受到影响。

7.3.2 电磁流量计

1. 工作原理及结构

电磁流量计的原理是法拉第电磁感应定律,如图 7-12 所示。

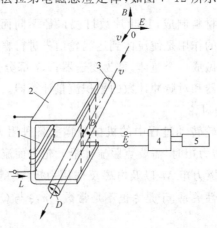

图 7-12 电磁流量计工作原理
1—励磁绕组; 2—铁芯; 3—导管; 4—转换器; 5—显示仪表

一对电极产生均匀的磁场,其磁感应强度为 B。管径为 D 的不导磁管道垂直于磁场方向,管道垂直断面上同一直径的两端安装一对电极,并在空间结构上保证磁力线、电极和管道轴线互相垂直,则当导电流体以速度 v 流过管道时,便切割磁力线,在电极上产生感生电势 E,其方向由右手定则判断,其大小为

$$E = C_1 B D v \tag{7-47}$$

式中 C_1 为常数。

由于 $Q = \frac{1}{4}\pi D^2 v$,故可得

$$Q = \frac{\pi D}{4 C_1 B} E \quad (\text{m}^3/\text{s}) \tag{7-48}$$

若采用交变磁场,即 $B = B_m \sin\omega t$,则

$$Q = \frac{\pi D}{4 C_1 B_m \sin\omega t} E \quad (\text{m}^3/\text{s}) \tag{7-49}$$

所以,当流量计口径 D 和磁场 B 一定时,体积流量 Q 与感应电势 E 成正比。图 7-12 中将 Q 转变成 E 的部分叫流量变送器,E 通过变送器 4 变成适当的电信号,再由显示仪表 5 显示出流量数值,也可进行累积。

变送器主要由磁路部分、测量导管、电极、内衬及外壳组成。磁路部分用以产生均匀的直流或交流磁场。直流磁场采用永久磁铁,结构简单。交流磁场励磁线圈和磁轭的结构形式因导管口径不同而不同。当 $D<10$mm 时,可采用变压器铁芯式;当 10mm$<D<100$mm 时,采用集中绕组磁轭式;当 $D>100$mm 时,采用分段绕组式。图 7-13 即为分段绕阻式的变造器结构。

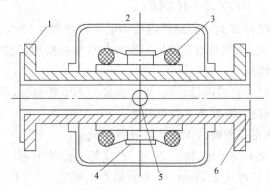

图 7-13 电磁流量计感受件结构示意图
1—导管和法兰; 2—外壳; 3—马鞍形激磁线圈; 4—磁轭; 5—电极; 6—内衬

变送器导管处于磁场中,为使磁力线通过导管时不被分路或产生涡流,导管必须由高电阻率非磁性金属或非金属材料制成,例如不锈钢、玻璃钢或某些铝合金等。

为使变送器适应被测介质的腐蚀性,并防止两电极被金属导管短路,在变送器导管内与被测液体接触处以及导管与电极之间,加有绝缘衬里。衬里材料根据介质的性质和工作温度而定。

采用直流磁场的变送器由于产生的直流电势,会使被测液体电解,在电极上产生极化

现象,破坏了原来的测量条件。为尽量避免这种现象,电极需采用极化电位很小的铂、金等贵金属及其合金,这将使仪表造价很高。另外,采用直流磁场还会使测量受接触电位差的影响。但它有响应时间快的优点,故适用于实验室等特殊场合或用来测量不致引起极化现象的非电解性液体的流量(如液态金属等)。工业用电磁流量计大都采用交变磁场。这时,电极常用不锈钢或镀铂、镀金的不锈钢制成。

采用交变磁场可以有效地消除极化现象,但会产生所谓"正交干扰"。因为交变磁场可能穿过由被测液体、电极引线和转换器形成的回路,产生干扰电势 e_t。

$$e_t = -C_2 \frac{dB}{dt} = -C_2 B_m \sin\left(\omega t - \frac{\pi}{2}\right)$$

它与有用信号 E 频率相同而相位相差 $90°$,故称正交干扰。为消除正交干扰,应尽可能使电极引线等形成的回路与磁力线平行,以防磁力线穿过此回路。仪表通常设有调零电位器,如图 7-14 所示。从其中一个电极引出两条引线,形成两个闭合回路,磁力线穿过这两个回路所产生的干扰电势方向相反,通过调零电位器,使之互相抵消。

2. 变送器的安装要求

① 为保证导管内充满液体而不产生气泡,变送器最好垂直安装,并使流体自下而上通过变送器,若现场条件只允许水平安装时,则必须保证两电极处于同一水平面上;

② 安装地点应避免有较强的交直流磁场或有剧烈震动;

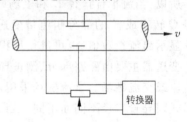

图 7-14 调零电位器示意图

③ 上游直管段大于 $5D$,下游不作要求;

④ 变送器输出的电势 E 是以变送器内液体电位为基准的,为使液体电位稳定并与变送器等电位,变送器外壳、金属管道两端应有良好的接触并接地,转换器外壳也应接地。

3. 电磁流量计的特点

① 由于变送器内径与管道内径相同,故其测量为无干扰测量,不产生压力损失;

② 因为对环流不敏感,故要求直管段较短;

③ 反应灵敏,能测正反方向的流体流量及脉动流量;

④ 测得的体积流量不受温度、压力、密度、粘度等参数的影响;

⑤ 测量范围大,管径可从 $2.5mm \sim 2.4m$,量程比可达 $100:1$;

⑥ 工作温度不超过 $200°C$,压力不超过 $4MPa$;

⑦ 被测介质必须是导电的(电导率一般要求在 $10^{-5} 1/(\Omega \cdot cm)$ 以上),不能测量气体、蒸汽及石油产品等。被测介质的导磁率应接近于1,这样流体磁性的影响才可以忽略不计,故不能测量铁磁介质,例如含铁的矿浆流量等。

7.3.3 靶式流量计

1. 工作原理及流量方程

靶式流量计是随着工业生产迫切需要解决高粘度、低雷诺数流体的流量测量而发展起来的,其敏感部分是一个圆盘形靶。流体流动时,质点冲击在靶上,使靶产生微小的位移,此微小位移(或流体对靶的作用力)反映了流量的大小,其工作原理如图7-15所示。

流体对靶的作用力有以下3种:

① 流体对靶的直接冲击力,在靶板正面中心处,其值等于流体的动压力;

② 靶的背面由于存在"死水区"和旋涡而造成"抽吸效应",使该处的压力减小,因此靶的前后存在静压差,此静压差对靶产生一个作用力;

③ 流体流经靶时,由于流体流通截面缩小,流速增加,流体与靶的周边产生粘滞摩擦力。

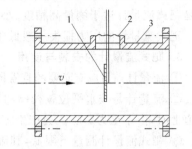

图 7-15 靶式流量计工作原理示意图
1—靶; 2—密封膜片; 3—导流管

在流量较大时,前两种力起主要作用,而且它们是在同一流动现象中产生的,二者方向一致,可看做一个力,用 F 表示,其值为

$$F = \frac{K}{2}\rho v^2 A_0 \quad (7\text{-}50)$$

式中 ρ ——流体密度;
v ——环形截面处流体的平均速度;
A_0 ——靶面积;
K ——比例系数。

记管道内径为 D,截面积 A,靶直径为 d,则

$$G = \rho v(A - A_0) = \frac{\pi}{4}\rho v(D^2 - d^2) \quad (\text{kg/s}) \quad (7\text{-}51)$$

联立式(7-50)、式(7-51),得

$$G = \sqrt{\frac{1}{K}}\sqrt{\frac{\pi}{2}}\frac{D^2 - d^2}{d}\sqrt{\rho F} \quad (7\text{-}52)$$

记 $K_a = \sqrt{\frac{1}{K}}$ 为靶式流量计的流量系数,则

$$G = 1.253 K_a \frac{D^2 - d^2}{d}\sqrt{\rho F} \quad (\text{kg/s}) \quad (7\text{-}53)$$

记 $\beta = d/D$,则

$$G = 1.253 K_a D\left(\frac{1}{\beta} - \beta\right)\sqrt{\rho F} \quad (\text{kg/s}) \quad (7\text{-}54)$$

于是将流量信号转变成了力的信号。实际上,靶式流量变送器中除靶体以外,主要是一套力电或力气转换装置。

2. 流量系数和压力损失

由流量方程可知,当被测介质密度及靶的几何尺寸确定后,流量计的精度主要取决于流量系数 K_a 的精度。流量系数 K_a 与靶的形状、管道直径 D、直径比 β 及雷诺数 Re_D 等因素有关。实验证明,对于圆盘形靶,当流量超过某一界限时,K_a 趋于恒定,此时的管道雷诺数称为临界雷诺数 Re_g,它决定了流量计的测量下限。当雷诺数低于 Re_g 时,由于粘滞摩擦力的影响相对增大,K_a 将随雷诺数的变化而改变。

国产靶式流量计的 Re_g 值可低至 2000 左右，比节流元件要求的最小雷诺数低得多，这是靶式流量计适于测量高粘度、小流量的原因。

靶式流量计的压力损失一般低于节流式流量计，约为孔板压力损失的一半。

3. 靶式流量计的安装与使用

① 流量计前后应有必要的直管段，一般表前直管段应大于 $5D$，表后直管段应大于 $3D$；

② 流量计是按水平位置校验和调整的，故一般将其水平安装。如果必须安装在垂直管道上时，由于重力影响，会产生零点漂移，故安装后要重新调整零点；

③ 靶式流量计测量下限低，其流量系数 K_a 对脏污介质不敏感，精度约为 1 级，适用管径 $0.015\sim0.2\text{m}$；

④ 在选用靶式流量计时，应确切了解产品的规范。表 7-2 给出了国产部分电动靶式流量计的规范。应当注意，表中所列数据是在介质为水的情况下测定的，故要用于测量其他介质时，对其能测量流量的最大值 G_{max} 或 Q_{max} 需进行相应的换算。

表 7-2 电动靶式流量计的型号及规范

型号	口径 D/m	β	靶径 d/m	测量范围(水) /kg/s	Re_g	K_a	靶上作用力范围 /N
DBL—814	0.025	0.8	0.02	$0\sim0.05, 0\sim2.2$	3×10^3	0.7287	0~4.9 至 0~49
DBL—824	0.05	0.7	0.035	$0\sim0.17, 0\sim9.17$	8×10^3	0.660	0~7.8 至 0~78.4
		0.8	0.04		4×10^3	0.673	
DBL—844	0.1	0.5	0.05	$0\sim5.28, 0\sim34.7$	4×10^3	0.661	0~7.8 至 0~78.4
		0.6	0.06		4×10^3	0.649	
		0.7	0.07		2×10^3	0.644	

换算的依据是保证在最大流量下靶所受的作用力不超过表中给定的数值。设水的密度为 ρ'，在测量水时最大流量为 $G'_{max}(Q'_{max})$，靶上受到的最大作用力为 F'_{max}。在测量某一密度 ρ 的其他介质时，最大流量为 $G_{max}(Q_{max})$，相应的靶上受到的最大作用力为 F_{max}。由 (7-53) 和 (7-54) 式，使 $F_{max}=F'_{max}$，可得

$$G_{max} = \sqrt{\frac{\rho}{\rho'}} G'_{max}$$

$$Q_{max} = \sqrt{\frac{\rho}{\rho'}} Q'_{max}$$

可见，当被测介质密度小于水的密度时，可测的最大流量减小，反之，可测的最大流量增大。

7.3.4 涡街流量计

1. 工作原理

在流体中垂直于流向插入一根有对称形状的非流线型柱状物体。该柱状物即成为一个漩涡发生体。当流速大于一定值时，在柱状物两侧会交替出现漩涡，两侧旋涡的旋转方向相反，并轮流地从柱体上分离出来，形成漩涡列，也称为卡门涡街，如图 7-16 所示。

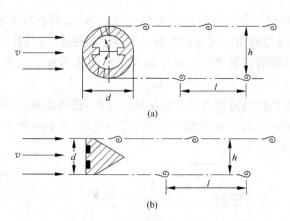

图 7-16 涡街的发生情况
(a) 圆柱体；(b) 等边三角形柱体

对于圆柱体后的卡门涡街，当涡列间隔 h 和漩涡间隔 l 之比 $h/l=0.281$ 时，涡街是稳定的。此时，所产生的单侧漩涡频率 f 和漩涡发生体两侧的流体速度 v_1 间有如下关系

$$f = Sr \frac{v_1}{d} \tag{7-55}$$

式中　d——漩涡发生体的迎流面最大宽度；

Sr——斯特劳哈尔数，无量纲。在以 d 为特征尺寸的雷诺数 Re_d 的一定范围内，Sr 为常数。因此，当柱体的形状、尺寸决定后，就可根据(7-55)式通过测定 f 来测量旋涡发生体两侧的流体流速 v_1。

根据流动连续性原理

$$A_1 v_1 = Av \tag{7-56}$$

式中　A_1——旋涡发生体两侧流通面积；

　　　A——管道流通面积；

　　　v——管道截面上流体平均速度。

定义截面比 $m=\dfrac{A_1}{A}$，则由式(7-55)、式(7-56)式可得 $v=f\dfrac{dm}{Sr}$，则流量为

$$Q = A \frac{dm}{Sr} f = \frac{\pi}{4} D^2 \frac{dm}{Sr} f \tag{7-57}$$

式中 D 是管道内径。

对于圆柱体漩涡发生体，可以计算得：

$$m = \frac{A_1}{A} = 1 - \frac{2}{\pi}\left(\frac{d}{D}\sqrt{1-\frac{d^2}{D^2}} + \arcsin\frac{d}{D}\right)$$

当 $\dfrac{d}{D}<0.3$ 时，$\arcsin\dfrac{d}{D}\approx\dfrac{d}{D}$，$\sqrt{1-\dfrac{d^2}{D^2}}\approx 1$，则有 $m\approx 1-1.25\dfrac{d}{D}$。

方程式(7-57)即涡街流量计的流量方程。

2. 涡街流量计的构造

涡街流量计由漩涡发生体、感测器和信号处理系统 3 部分组成。其中漩涡发生体是

核心，其形状、尺寸和构造要能保证产生强烈的稳定涡街，并在较宽的雷诺数范围内，Sr 为常数，以使仪表有线性输出。常见的漩涡发生体有圆柱体、方柱体和三角柱体以及这些基本形式的组合。目前研究较多的是圆柱体及三角柱体两种。前者 $Re_D=10^4\sim10^5$，$Sr=0.21$；后者 $Re_D=10^4\sim5\times10^5$，$Sr=0.16$。

涡街感测器分流体振荡感测和压力变化感测两种，感测器获得的信号经必要的处理，以模拟或数字信号输出。其中超声波感测器研究得较多，这是一种非接触式的感测方法。其原理如图 7-17 所示。

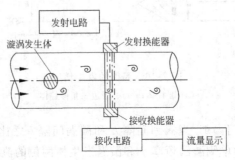

图 7-17 超声波涡街流量计的结构

发射电路产生的等幅振荡电信号加到发射换能器上，激励其中的压电晶片产生连续等幅超声波，发射到流体中，透过管壁到达接收换能器。当漩涡通过声束时，使声束产生折射和反射，引起偏转，接收换能器收到的声能减小，输出的信号幅值也明显减小。当漩涡通过后，接收换能器的输出又恢复到原先的幅值。故漩涡的频率就是超声信号被调制的频率。接收电路则检出和放大此频率信号，然后进行流量显示和累积。

3. 涡街流量计的安装

漩涡发生体下游直管段应不小于 $5D$，上游直管段要求如表 7-3 所示。

表 7-3 涡街流量计要求的上游直管段

上游管道方式及障碍	直管段长度	
	无整流器	有整流器
90°弯管	20D	15D
两个同平面的 90°弯管	25D	15D
两个不同平面的 90°弯管	30D	15D
管径收缩	20D	15D
管径扩大	40D	20D

安装漩涡发生体时，应使其轴线与管道轴线垂直。对于三角柱、梯形或柱形发生体，应使其底面向着流束，底面法线应与管道轴线重合，其夹角最大不应超过 5°。

4. 涡街流量计的特点

① 漩涡的频率只与流速有关，在一定雷诺数范围内，几乎不受流体性质（压力、温度、粘度和密度等）变化的影响，故可不需单独标定；

② 测量精度高，误差约为 $\pm1\%$，重复性约为 $\pm0.5\%$，不存在零点漂移的问题；

③ 压损小,测量范围可达100∶1,宽于其他流量计,故漩涡流量计特别适于大口径管道的流量测量。

7.4 容积式流量计

由计量流体的体积来测量流量是一种古老的方法,如翻斗式流量测量设备就是用一个容器接受液体,等该容器内液体达到一定量时,容器自动翻转而排空容器内的液体,然后重新接受液体而开始一个新循环,通过计量单位时间内容器的翻转次数来测量流量。概括地说,这种方法是用一个固定容积的容器周期性地吸入、排出等量体积的流体,来测量流体流量的。由此发展起来的连续计量流体体积的容积流量计,由于直接测量流体的体积,所测流量理论上与流体的粘性、密度和流态无关。

另外,测量流体体积是一种常用来标定一般流量计的方法,因此设计、制造精良的容积流量计具有精度高的特点,一般可达到0.1%~0.5%的精度。

由于这些特点,容积式流量计常用于流体性质变化大而测量精度要求高的石油、食品和化工行业。

7.4.1 腰轮流量计和刮板流量计

腰轮流量计又叫罗茨流量计,其工作原理如图7-18所示。在进出流量计流体的压力差的推动下,两个相同尺寸的腰轮分别绕各自的固定轴反向旋转,它们的相位差为90°。它们之间的相位差是由一对相互啮合的齿轮保证的,而两个腰轮不直接接触。具体的工作过程如图7-18所示。流体由流量计的入口进入,压力为p_1,再由出口流出,压力为p_2。腰轮B在p_1与p_2的压差作用下顺时针旋转(见图7-18(a)),并排出腰轮B与壳体之间计量空间内的流体到流量计的出口(见图7-18(b))。与此同时,腰轮B旋转运动通过两个啮合的齿轮传递到腰轮A使其反时针方向旋转。随着腰轮A旋转到图7-18(c)所示位置时,腰轮A作用和图7-18(a)时腰轮B的作用完全一样。这样两个腰轮交替将流体从流量计入口扫入它们和流量计的壳体之间的计量空间内,再排出到流量计出口。

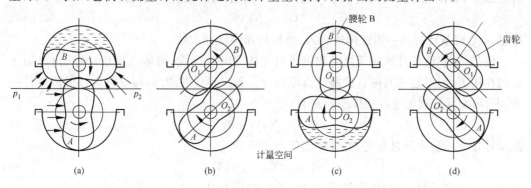

图7-18 腰轮容积流量计工作原理图

不难看到,在理想的情况下,所有流体只有通过腰轮与流量计壳体之间的计量空间才能流过流量计,而一个腰轮旋转一圈排到出口的流体体积是计量空间的容积。因此,通过测量腰轮的旋转数,可知道流过流量计的流体体积;腰轮的单位时间旋转次数乘上两倍的计量空间容积就是体积流量。

为使流量计运转的阻力小,并运转平稳,腰轮之间和腰轮与流量计壳体之间都是不接触而且有 0.1mm 左右的间隙。这样,流体会在压力差 $\Delta p = p_1 - p_2$ 的作用下,通过这些间隙从流量计入口直接流动到出口,而造成流量计量误差。

除了腰轮流量计外,在实际工程中还常用一种称作刮板流量计的体积流量计。其工作原理更直观。如图 7-19 所示,流体在流量计进、出口压差作用下,推动流量计的刮板和转子一起转动。刮板在一个固定的凸轮作用下,可以沿径向运动而伸出和收回。当某一刮板转到流量计壳体的计量空间的起始点 B 时,处于计量空间内的流体随着前一刮板正好转过计量空间的终止点 C 时,而开始排出到流量计出口;与此同时,流量计入口处的流体开始再次充满计量空间。在流量计转子旋转一周之后,有 6 倍计量空间容积的流体经过流量计。同样,测量转子的转速,可知流体的体积流量。

我们看到,上述容积流量计都有转动部件,而且转子之间和转子与壳体之间都有严格的间隙要求,因此它们只能应用于清洁流体的流量测量。为使容积流量计可被用于常含杂质,特别是含固体颗粒的工业流体,刮板可以做成是有弹性的,这种流量计叫做弹性刮板流量计。弹性刮板流量计现在广泛用于石油、能源工业领域。

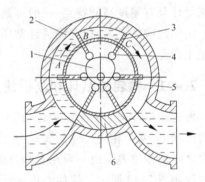

图 7-19 刮板流量计工作原理
1—凸轮; 2—壳体; 3—刮板;
4—滚子; 5—转子; 6—档块

7.4.2 容积流量计性能分析

在没有漏流的理想情况下,经过流量计的流体全部是由转子从流量计入口扫进计量空间的,然后再排出计量空间到流量计出口。设容积流量计的计量空间的容积为 V,流量计的转速为 N,则单位时间内流经流量计的流体体积,也是流体的体积流量为

$$Q_i = NnV \tag{7-58}$$

这里,n 是流量计转动一周流体被吸入、排出计量空间的次数。

但是,容积流量计的转子之间和转子与壳体之间有间隙,流体在流量计进、出口的压差的作用下,经过这些间隙直接漏流过流量计。如果单位时间内,漏过流量计的流体体积为 δV,则实际流过流量计的体积流量为:

$$Q_r = NnV + \delta V \tag{7-59}$$

流量计在使用前要经过标定,流量计流量指示值为

$$Q = aQ_i = aNnV \tag{7-60}$$

式中 a 是标定系数。此时,流量计流量计量相对误差是:

$$E = \frac{Q - Q_r}{Q} = 1 - \frac{1}{a}\left(1 - \frac{\delta V}{NnV}\right) \tag{7-61}$$

容积流量计的计量误差主要来源于漏流所产生的误差,漏流量取决于流量计结构,主要是

转子之间和转子与壳体之间间隙的几何形状、流体的流体力学性质以及流过流量计时流量计进、出口间的流体压力差。由于容积流量计的间隙都很小,间隙内的液体流动是层流流动。此外,液流流过间隙的流速较低,动压头的损失比较小。因此漏流流量可写为

$$\delta V = k \frac{\Delta p}{\mu} \tag{7-62}$$

式中 Δp——流经流量计的流体压力差;

μ——流体的动力粘度;

k——与流量计结构有关的系数。

对于气体容积流量计,气体流过间隙的速度高而气体的动力粘度低,流经间隙的流动可以是湍流,而且由气体进入和流出间隙的动压局部损失也较大,因此其漏流流量表示为

$$\delta V = k \sqrt{\frac{\Delta p}{\mu}} \tag{7-63}$$

式中 ρ 是气体的密度。

将式(7-62)代入式(7-61),则液体容积流量计的测量相对误差是

$$E = 1 - \frac{1}{a}\left(1 - \frac{k\Delta p}{NnV\mu}\right) = \left(\frac{a-1}{a}\right) - \frac{k\Delta p}{aNnV\mu} \tag{7-64}$$

在流量计量程范围内,漏流流量要比指示流量小得多,此时,$a \geqslant 1$,但非常接近 1,故式(7-64)可近似为

$$E \approx (a-1) - \frac{k\Delta p}{NnV\mu} \tag{7-65}$$

从上式可看到,流量计的相对误差取决于标定工况与使用工况的差别。当标定工况和使用工况一致时,式(7-65)中的两项数值上是相等的,即标定完全消除了漏流的影响,相对误差为零。当工况改变时,则误差产生。如工作流量比标定流量小得多时,漏流量相对要大得多,此时式中第二项的数值大于第一项,所测流量比实际流量小得多,也就是 $E < 0$。而如果工作液体的粘度比标定流体大得多时,漏流量相对小,此时在流量计量程范围内,可能有相对误差 $E > 0$。

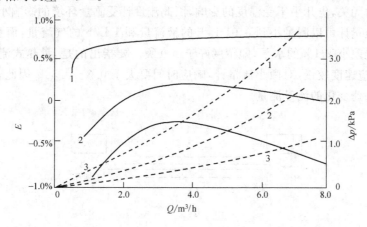

图 7-20 腰轮容积流量计相对误差(实线)和压差曲线(虚线)
1—轻柴油; 2—水; 3—酒精

从式(7-65)中,相对漏流量取决于 $\Delta p/\mu$。而 $\Delta p \propto f(\mu, Q)$,即压力损失也正比于粘度,因此对某一给定的流量计,粘度对相对漏流量影响比较小。图 7-20 是一腰轮流量计测量几种液体的误差曲线和对应的压力差,该流量计是用水标定的,在量程(1.5~8.0 m³/h)范围内的精度较高。当其用于粘度相差不太大的轻柴油或酒精时,测量误差不大。如果要用于粘度与水相差比较大的液体,而测量精度要求较高时,最好重新标定。

7.5 特殊流量测量方法

7.5.1 微小流量流量计——量热式流量计

微小流量是指流过非常细小管道的气、液流量,或者是流动非常缓慢的流量,但是其具体的流量范围没有公认的值。微小流量一般可以用特制的节流式、速度式或容积式流量计测量,其中转子流量计用 ϕ2mm 的球形浮子,可测量小到 0.01 L/h 的液流量。对于流速非常低的气流,用热线风速仪可以测量几 cm/s 的流速。尽管这些流量计可能是专门为微小流量测量而制作的,但是原理与前面讨论过的内容一样,在此不再赘述。

现在,介绍一种通过给气体加热,测量气体温升的量热式流量计。

如图 7-21 所示,一根毛细管作为气体的流道和加热元件,让气体流过毛细管时而被加热。设气体进入和流出毛细管的温差为 $\delta T = T_2 - T_1$,则给气体的加热量为

$$Q = c_p \delta T G \tag{7-66}$$

式中 c_p——气体的质量定压热容;
G——气体的质量流量。

从(7-66)式可得:

$$G = \frac{Q}{c_p \delta T} \tag{7-67}$$

由于气体的质量定压热容是已知量,当给定加热量后,去测量气体温升;或者给定温升后,去测量加热量,都可知气体的质量流量。质量定压热容对于一般常压的空气、氮气、氢气等气体与压力无关,也几乎不受温度的影响,因此流量计受测量环境的影响小。

量热式流量计可以测量小到 0.01 L/h 的液流量和 1 L/h 的气流量,而且精度较高,可达到基本误差小于 1% 的水平,即精度好于 1.0 级。要指出的是,量热式流量计由于存在热惯性,反应速度较慢,对微小流量计,响应时间要大于 0.3~0.5s。因此,量热式流量计不适用于快速变化的流量测量。

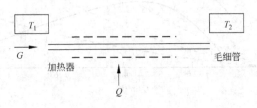

图 7-21 量热式微小流量计

7.5.2 直接式质量流量计——哥氏力流量计

哥氏力质量流量计是利用被测流体在流动时的力学性质,直接测量质量流量的装置。它的原理简单而普遍性强,能直接测得液体、气体和多相流的质量流量,并且不受被测流体的温度、压力、密度和粘度的影响,测量准确度高。

1. 基本原理和流量计结构

一个弯管哥氏力流量计的结构如图 7-22 所示。

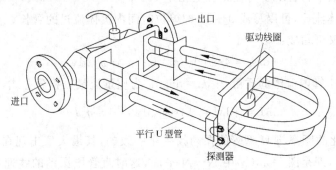

图 7-22 弯管式哥氏力流量计

两根几何形状和材料力学性质完全一致的 U 型管,牢固地焊接在流量计进出口间的支承座上,并在一驱动线圈的作用下以一定的频率绕流量计进口、出口轴线(即图 7-23 (a)中的 $O-O$ 轴)振动,被测流体从 U 型管中流过,其流动方向与振动方向垂直。两根 U 型管的振动方向相反,使流量计在有外界环境振动影响下,可以消除外界振动的影响。当一质量为 m 的物体在旋转参考系中以速度 u 运动时,将受到一个力的作用,其值为

$$\boldsymbol{F}_k = 2m\boldsymbol{\omega} \times \boldsymbol{u} \tag{7-68}$$

式中　F_k——哥氏力;

　　　u——物体的运动速度矢量;

　　　ω——旋转角速度矢量。

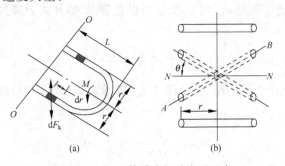

图 7-23　U 型管受力振动变形示意

流体运动哥氏力给管壁一个额外的作用,使同一 U 型管流道上进出的两根平行直管内由于流向相反,而产生相反的作用力导致一扭矩 M 作用。该扭矩是在平行直管振动下产生的,其大小直接正比于流体质量流量和振动参数。

如图 7-22 所示,如果 U 型管的两根平行直管是结构对称的,则直管上的微元长度上的扭矩为

$$dM = 2rdF_k = 4ru\omega d \tag{7-69}$$

式中 ω——角速度。如前所述,实际流量计的 U 型管并不旋转,而是以一定的频率振动,所以角速度是一个正弦规律振荡的值;

dF_k——微元 dy 管道所受哥氏力的绝对值,显然,U 型管振动时,dF_k 也是为一正弦变化值,但两根平行管所受力在相位上相差 180°;

u——流体流速,可以写成 dy/dt,即单位时间内流体流过的管长。

所以,式(7-69)又可写成:

$$dM = 4r\omega(dy/dt)dm = 4r\omega q_m dy \tag{7-70}$$

式中 dm——dy 管内流体的质量; $q_m = dm/dt$ 为质量流量。积分上式,得

$$M = \int dM = \int 4r\omega q_m dy = 4r\omega q_m L \tag{7-71}$$

扭矩 M 变化的频率与 U 型管的振动频率是一致的,其最大值出现在 U 型管通过其振动中心平面时,即是图 7-23(b)中 N—N 平面,这时直管段振动的线速度最大。此时,U 型管不仅绕 O—O 轴振动,也产生在扭矩 M 作用下的扭振,见图 7-23(b)所示。扭振的频率和 U 型管的原有振动频率相同,最大扭转角度出现在扭矩最大时,也就是 U 形管振动通过中心平面 N—N 时。

设在扭矩 M 作用下,U 型管产生的扭角为 θ(见图 7-23)。由于 θ 很小,故其与扭矩成线性正比关系,$M = K_s\theta$,其中 K_s 是 U 型管的弹性模量。将此关系代入式(7-71)有

$$q_m = \frac{K_s\theta}{4r\omega L} \tag{7-72}$$

也就是说,质量流量与扭角 θ 成正比。

如果 U 型管端在振动中心位置时垂直方向的速度为 u_p($u_p = L\omega$),而 U 型管由于扭矩作用的扭振的扭角与 U 型管原有振动的幅值相比很小,可以认为 U 型管两根直管段通过 N—N 平面时的速度就是 u_p,则 U 型管两根直管段 A,B 先后通过振动中心平面 N—N 的时间差为

$$\Delta t = \frac{2r\theta}{u_p} = \frac{2r\theta}{l\omega} \tag{7-73}$$

式中 r 是直管到扭振中心线的距离(见图 7-23 所示)。将式(7-73)的 θ 代入到式(7-72)中,有

$$q_m = \frac{K_s\theta}{4r\omega L} = \frac{K_s}{8r^2}\Delta t \tag{7-74}$$

式中 K_s 和 r 都是与流量计结构有关的量。因此质量流量与管内的流体物性、流态和其他工况无关。只要在 U 型管的直管的振动端,安装两个探测器,测量两根直管段振动通过中心平面 N—N 的时间间隔 Δt,就可由上式求得管内的流过流体的质量流量。

实际上,哥氏力质量流量计的振动情况远比上述复杂,一般式(7-74)中的系数要由实验标定。另外,哥氏力质量流量计的技术复杂、测量系统也庞大,限制了它的应用。

7.6 两相流流量测量概述

两相流(包括气固、气液、固液两相流)由于流动规律十分复杂,其流量测量要比单相流困难得多。迄今为止,尚未产生成熟的两相流流量仪表。本节仅就气液两相流的流量测量问题作一概述。

7.6.1 两相流基本性质

在能源、石油和化工工业过程中,广泛存在两相流现象。两相的流动形态和结构比单相流复杂得多。以垂直上升管中的气液两相流为例,其基本流动结构(又称为流型——Flow Pattern)有下列 5 种:泡状流(Bubbly flow)、塞状流(Slug Flow)、乱流(Churn Flow)、乱-环状流(Churn-Annular Flow)和环状流(Annular Flow)。图 7-24 是这 5 种流动结构的示意图。图 7-24 为这 5 种流动结构的演化过程。

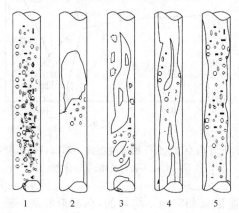

图 7-24 垂直上升气液两相流的流动结构
1—泡状流; 2—塞状流; 3—乱流; 4—乱-环状流; 5—环状流动

泡状流是最常见的流动结构之一。其特征为在液相中带有散布的细小气泡。直径小于 1mm 的气泡是球状的,直径大于 1mm 的气泡,其外形多种多样。泡状流是气体流量低时的流动状态。随着气体流量的增加,泡状流中的小气泡不断的会合而成为大气泡而最终形成气弹,气弹头部呈半球状而尾部是平的,并几乎充满整个管道截面。气弹与管壁之间的有液膜往下流动。在两个气弹之间夹有像泡状流的液体和小气泡混合物,此时流动变成了塞状流。如果此时再增加气、液流量,气弹将被激烈的湍流撕裂,气液呈现无稳定气液界面的乱流状态。在此基础上,进一步增加气体流量,气流在管道中心逐渐形成连续通道,此时管壁面上有液膜流动,管中心区有块状液体流动,而形成乱-环状流。如果气体流速高到足以将管中心区的液体破碎为小液滴,流动为环状流。

气液两相流体在水平管中的流动结构比在垂直管中的更为复杂,其主要特点为所有流动结构都不是轴对称的,这主要是由于重力的影响使较重的液相偏向于沿管子下部流动造成的。

试验研究表明,气液两相流在水平管中流动时,其基本流动结构有下列6种:泡状流、长气泡流、塞状流、光滑分层流、波状分层流和环状流。图7-25是说明水平管道内空气-水常压下流动结构随气液流量变化的流型图。

要指出的是两相流的流动结构在流动过程中总是变化的,一般不存在像单相流那样的完全充分发展的流动。竖直管中上升低速泡状流经过一定时间演化后,最终要变为塞状流。而无论是水平或竖直塞状流,气弹总是在不断变长。在海洋石油、天然气混合输送的两相流管道中,一个气弹可长达数千米,气弹之间的"液塞"也可长达几百米。

因此,两相流流动的流量测量是十分困难的,困难来源于以下几个方面:

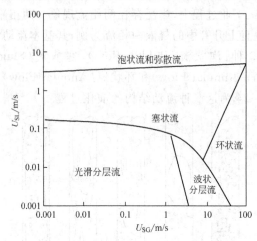

图7-25 水平管内空气-水两相流流型(0.1MPa,25℃,管径5.1cm)
U_{SL}, U_{SG} 为表观液体、气体流速

① 两相流动是时间非稳态和空间不均匀的,在流道的某一截面上各相的分布既完全不均匀又随时间剧烈变化,如塞状流,当气弹通过时,气体占据大部分流道截面,而液塞则是液体占据大部分截面,而气弹、液塞以变化范围极大的频率交替通过某一流道截面。这使得绝大多数的容积式流量计、节流式流量计和速度式流量计不能用于这样间歇性流动的流量测量。

② 相界面是以某一速度传播,而这一传播速度与各相流量间的关系现在仍是两相流研究最困难的课题。如泡状流内小气泡相对液流的上浮、稠密气固两相流固体流态化的运动、波状分层流或环状流气液界面波动的传播、塞状流中气弹的传播等。因此,由一般流道上下游两个传感器测量获得的速度是这样的传播速度,而不是各相混合物速度或者是各单相的流速。这样,近年来发展起来的互相关法通过测量两相流动速度,来测量两相流流量的做法遇到极大的困难,因为测量所获得的是相界面传播速度而不是相流速。

③ 两相流流量测量要同时测量各相流量,所要测量的参数多,比如要同时测量两相混合物的流道截面的平均速度和各相体积或质量含量。而且像前面提到的众多流型,使流型判别参数也成为一个额外的要测量的量,这个量有可能是脉动压力值或者是脉动速度等。

由于以上困难,现有的两相流量测量的基本方法是针对稳态流动的,我们将主要讨论气(汽)液两相流流量测量方法。

7.6.2 与气液两相流量有关的基本参数

1. 速度

设气液两相流在一横截面积为 A 的管道中流动,在某一横截面上,i 相($i=G$ 表示气相,$i=L$ 表示液相,下同)所占的面积为 A_i,在 A_i 的任一点 r 上,i 相的轴向速度为 v_{ir},它是 r 和时间 t 的函数。则 i 相在 A_i 上的平均轴向速度为

$$v_i = \frac{1}{A_i}\int_{A_i} v_{ir}\, dA \tag{7-75}$$

通常,液相速度 v_L 和气相速度 v_G 并不相等,即气液两相之间存在有相对运动。定义滑动比 s 来表示两相速度的差异:

$$s = \frac{v_G}{v_L} \tag{7-76}$$

2. 容积流量和质量流量

根据速度和流量的关系,可得 i 相的容积流量 Q_i 和质量流量 G_i 分别为

$$Q_i = \int_{A_i} v_{ir}\, dA = A_i v_i \tag{7-77}$$

$$G_i = \int_{A_i} \rho_i v_{ir}\, dA \tag{7-78}$$

式中 ρ_i 为 i 相在 A_i 上的密度。

两相总的容积流量 Q 和质量流量 G 分别为

$$G = G_G + G_L \tag{7-79}$$

$$Q = Q_G + Q_L \tag{7-80}$$

一般对亚音速两相流,ρ_i 在 A_i 上完全可认为是常数,这时

$$G_i = \rho_i \int_{A_i} v_{ir}\, dA = \rho_i v_i A_i = \rho_i Q_i \tag{7-81}$$

显然,以上各式中的 Q_i, Q, G_i, G 都是瞬时流量。和单相流一样,可以在时间间隔 $\left[t-\frac{T}{2}, t+\frac{T}{2}\right]$ 内取平均,得到这段时间间隔内的平均流量,

$$\overline{Q_i} = \frac{1}{T}\int_{t-T/2}^{t+T/2} Q_i\, dt \tag{7-82}$$

$$\overline{G_i} = \frac{1}{T}\int_{t-T/2}^{t+T/2} G_i\, dt \tag{7-83}$$

$$\overline{Q} = \frac{1}{T}\int_{t-T/2}^{t+T/2} Q\, dt \tag{7-84}$$

$$\overline{G} = \frac{1}{T}\int_{t-T/2}^{t+T/2} G\, dt \tag{7-85}$$

3. 含气率

含气率是分析气液两相流流量时的重要参数,根据需要,可定义如下几种含气率:

(1) 在管道内某一点 r 处的时间平均含气率 α_r

在时间间隔 $\left[t-\dfrac{T}{2}, t+\dfrac{T}{2}\right]$ 内,设气相流过点 r 的时间总和为 T_G,则定义

$$\alpha_r = \frac{T_G}{T} \tag{7-86}$$

α_r 可用针形点探头测量。

(2) 截面平均含气率 α_A

$$\alpha_A = \frac{A_G}{A} \tag{7-87}$$

式中 A_G 为气相在 A 上所占面积的总和。

(3) 容积含气率 α_Q

它定义为在某一容积内,气相体积所占的比例。α_Q 可用容积流量表示为:

$$\alpha_Q = \frac{Q_G}{Q} \tag{7-88}$$

(4) 质量含气率(干度) x

它定义为在某一定质量内,气相质量所占的比例。x 可用质量流量表示为

$$x = \frac{G_G}{G} \tag{7-89}$$

以上几种含气率中,α_r 是时间平均值,其余都是空间平均值。

由式(7-81)、式(7-88)、式(7-89)可得 α_Q 和 x 的关系:

$$\alpha_Q = Q_G/Q = Q_G/(Q_G+Q_L) = \frac{1}{1+\dfrac{Q_L}{Q_G}} = \frac{1}{1+\dfrac{G_L \rho_G}{G_G \rho_L}}$$

$$= \frac{1}{1+\dfrac{G-G_G}{G_G}\dfrac{\rho_G}{\rho_L}} = \frac{1}{1+\dfrac{G_L \rho_G}{G_G \rho_L}} = \frac{1}{1+\dfrac{\rho_G}{\rho_L}\left(\dfrac{1}{x}-1\right)}$$

即

$$\alpha_Q = \frac{\rho_L x}{\rho_L x + \rho_G(1-x)} \tag{7-90}$$

或

$$x = \frac{\rho_G \alpha_Q}{\rho_G \alpha_Q + \rho_L(1-\alpha_Q)} \tag{7-91}$$

由式(7-76)、式(7-77)、式(7-87)、式(7-88)可得 α_A 和 α_Q 的关系:

$$\alpha_A = \frac{\alpha_Q}{\alpha_Q + s(1-\alpha_Q)} \tag{7-92}$$

$$\alpha_Q = \frac{s \alpha_A}{s \alpha_A + (1-\alpha_A)} \tag{7-93}$$

由式(7-81)、式(7-88)、式(7-89)可得 α_A 和 x 的关系:

$$\alpha_A = \frac{\rho_L x}{\rho_L x + s \rho_G (1-x)} \tag{7-94}$$

$$x = \frac{s \rho_G \alpha_A}{s \rho_G \alpha_A + \rho_L(1-\alpha_A)} \tag{7-95}$$

7.6.3 两相流流量测量的基本原理

为了得到分相流量 Q_G, Q_L 或 G_G, G_L，有以下几种方法：

① 由于管横截面积 A 已知,所以可分别测得含气率 α_A 和两相速度 v_G, v_L，则可由 α_A 得到 A_G, A_L，然后按（7-77）式计算出 Q_G 和 Q_L。如果两相密度 ρ_G 和 ρ_L 可知,则又可由式（7-81）算出 G_G 和 G_L。

② 由于总流量 G, Q 和分相流量 G_i, Q_i 以及含气率之间满足如下关系：

$$Q_G = \alpha_Q Q \tag{7-96}$$

$$Q_L = Q - Q_G \tag{7-97}$$

$$G_G = xG \tag{7-98}$$

$$G_L = G - G_G \tag{7-99}$$

故分相流量 G_i 或 Q_i 可通过测量 G, x 或 Q, α_Q 得到。

在某些特殊情况下,总流量是已知的,即它可以用单相流的测量技术精确测得,这时仅需测量含气率 α_Q 或 x 即可。例如从亚临界复合循环锅炉分离器出来的湿蒸汽（汽液两相流）经过热器后变成单相的过热蒸汽,过热蒸汽的质量流量可精确测得,显然它等于湿蒸汽的总质量流量。又如在沸腾管道中的两相流总质量流量可以通过测量进入沸腾管道的水的流量而得到。但在一般情况下,总流量是未知的,这时就需要同时测量总流量和含气率两个参数才能得到分相流量。

为了得到总流量和含气率,可采用如下方法：以质量流量为例,用两种不同的流量仪表分别对两相流进行测量,仪表示值分别为 S_1 和 S_2，它们都是 G 和 x 的函数：

$$S_1 = f_1(G, x) \tag{7-100}$$

$$S_2 = f_2(G, x) \tag{7-101}$$

二式联立,即可解出 G 和 x。

要通过实验标定或严格的理论分析确定式（7-100）和式（7-101）的函数关系往往是非常困难的,最常用的方法是在对两相流动进行某些假设的基础上通过理论分析得到可用的函数关系。但当实际流动状况与假设相差较大时,便会带来很大的误差。

7.6.4 几种用于两相流流量测量的仪表

两相流流量测量目前仍在发展中,国内外许多学者曾实验研究了大量的测量方法,下面仅介绍几种研究得比较多的仪表。在各种测量流量的仪表中,通常都用到截面含气率 α_A 或干度 x。目前,测量的最成熟的方法是用 γ 射线仪。在下面讨论中,假定 α_A 已由 γ 射线仪测得,而在气液两相间无相对运动时，α_A 与 x 的关系为

$$\alpha_A = \frac{\rho_L x}{\rho_L x + \rho_G (1-x)} \tag{7-102}$$

$$x = \frac{\rho_G \alpha_A}{\rho_G \alpha_A + \rho_L (1-\alpha_A)} \tag{7-103}$$

1. 靶式流量计

靶式流量计用于单相流流量测量,技术已较成熟,但用于两相流,其特性尚未完全清

楚。一般认为,作用在靶上的总力 F 由两部分构成,一部分是气相的作用力,一部分是液相的作用力。按照与单相流体相似的作用原理,F 可表示为

$$F = \frac{K_G}{2}\alpha_A\rho_G v_G^2 A_0 + \frac{K_L}{2}(1-\alpha_A)\rho_L v_L^2 A_0 \tag{7-104}$$

式中　A_0——靶的面积;
　　　K_G 和 K_L——气相和液相的阻力系数。

由式(7-81)、式(7-87)和式(7-89)可得

$$v_G = \frac{G_G}{\alpha_A A \rho_G} = \frac{xG}{\alpha_A A \rho_G}$$

$$v_L = \frac{G_L}{(1-\alpha_A)A\rho_L} = \frac{(1-x)G}{(1-\alpha_A)A\rho_L}$$

代入式(7-104)可得

$$\begin{aligned}F &= \frac{K_G}{2}\alpha_A\rho_G A_0 \frac{x^2 G^2}{\alpha_A^2 A^2 \rho_G^2} + \frac{K_L}{2}(1-\alpha_A)\rho_L A_0 \frac{(1-x)^2 G^2}{(1-\alpha_A)^2 A^2 \rho_L^2}\\ &= \frac{A_0 G^2}{2A^2}\left[\frac{K_G x^2}{\alpha_A \rho_G} + \frac{K_L(1-x)^2}{(1-\alpha_A)\rho_L}\right]\end{aligned} \tag{7-105}$$

若 $K_G = K_L = K$,则

$$F = \frac{A_0 K G^2}{2A^2}\left[\frac{x^2}{\alpha_A\rho_G} + \frac{(1-x)^2}{(1-\alpha_A)\rho_L}\right] \tag{7-106}$$

可见,力 F 与未知参数 G,x,α_A 有关,如 α_A 已由 γ 射线仪测得,则在式(7-105)、式(7-106)中只有 G,x 未知。

进一步假定滑动比 $s=1$,则可由 α_A 按式(7-103)算出 x。此时,可得到力 F 的很简洁的表达式:

$$F = \frac{A_0 K G^2}{2A^2 \rho} \tag{7-107}$$

即

$$G = A\sqrt{\frac{2\rho F}{KA_0}} \tag{7-108}$$

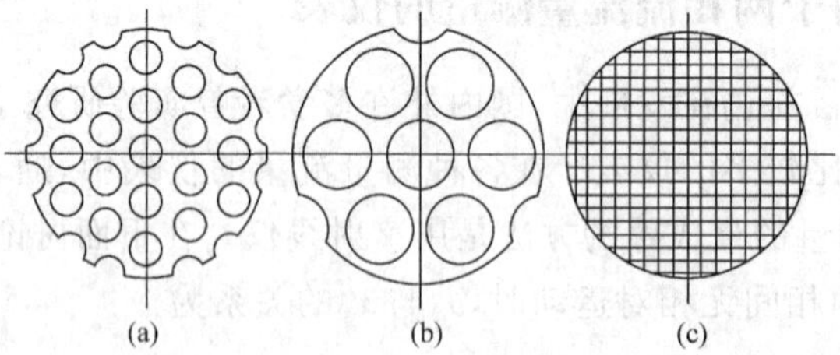

图 7-26　靶的形状
(a) 小孔圆板形; (b) 大孔圆板形; (c) 筛网形

式中 ρ 为两相流混合密度,

$$\rho = \alpha_A \rho_G + (1-\alpha_A)\rho_L \tag{7-109}$$

于是，用 γ 射线仪和靶式流量计组合，即可测得分相流量 G_G，G_L。

应当注意，式(7-108)是在 $K_G = K_L = K$ 和 $s = 1$ 的假定下得出的，如实际情况与此不符，将产生测量误差。

流体在管道截面上动量分布的不均匀性也会产生测量误差。像单相流一样，采用圆盘形靶时，有些动量较高的地区可能处于靶之外，使测量值低于实际值。为了尽量避免这种情况，一般多采用如图 7-26 所示的带孔圆板形靶和圆形筛网状靶。

Anderson 等人曾用各种靶进行实验，靶的结构参数如表 7-4 所示。

表中，流通面积比 $= (A - A_0)/A$；比例系数 K 采用单相水时的系数 $K = (A/A_0) \Big/ \left(\dfrac{1}{2} \rho_L v_L^2 \right)$，并由实验确定。

实验结果表明，采用大孔圆板形靶最好，误差为 6.8%；采用圆盘形靶最差，误差达 32%。

表 7-4 各种靶的结构参数

靶	流通面积比	比例系数 K	靶	流通面积比	比例系数 K
圆盘形	0.89	——	小孔(孔径 1.19cm)圆板形	0.67	1.65～1.75
筛网形	0.81	——	大孔(孔径 2.13cm)圆板形	0.77	1.52～1.62

2. 涡轮流量计

涡轮流量计测量的是流体的速度，用于两相流时，其测得的速度 v_t 与气相速度 v_G 和液相速度 v_L 的关系尚不清楚，有如下 3 种表示 v_t 和 v_G，v_L 关系的模型：

(1) 体积模型

$$v_t = \alpha_A v_G + (1 - \alpha_A) v_L \tag{7-110}$$

这是按照体积平衡得出的，即把 v_t 看成是总体积流量 Q 和管道横截面积 A 之比。

(2) Aya 模型

$$C_G \rho_G \alpha_A (v_G - v_t)^2 = C_L \rho_L (1 - \alpha_A)(v_t - v_L)^2 \tag{7-111}$$

(3) Rouhani 模型

$$C_G x (v_G - v_t) = C_L (1 - x)(v_t - v_L) \tag{7-112}$$

式(7-111)和式(7-112)中，C_G，C_L 分别为涡轮流量计转子对气相和液相的阻力系数。Aya 模型和 Rouhani 模型都是在动量平衡的假定下得出的，二者实际上并无区别。

把 $v_G = \dfrac{G_G}{\rho_G A_G} = \dfrac{xG}{\rho_G \alpha_A A}$ 和 $v_L = \dfrac{(1-x)G}{\rho_L (1-\alpha_A) A}$ 代入式(7-110)、式(7-111)和式(7-112)得到了上述 3 个模型量测值 v_t 和 G，x 的关系式：

$$v_t = \frac{xG}{\rho_G A} + \frac{(1-x)G}{\rho_L A} \tag{7-113}$$

$$C_G \rho_G \alpha_A \left[\frac{xG}{\rho_G \alpha_A A} - v_t \right]^2 = C_L (1 - \alpha_A) \rho_L \left[v_t - \frac{(1-x)G}{\rho_L (1-\alpha_A) A} \right]^2 \tag{7-114}$$

$$C_G x \left[\frac{xG}{\rho_G \alpha_A A} - v_t \right] = C_L (1 - x) \left[v_t - \frac{(1-x)G}{\rho_L (1-\alpha_A) A} \right] \tag{7-115}$$

上述 3 种模型都是在作了某些理想化的假设后得到的，其测量误差取决于实际的流动状况。在水平管道上的实验表明，当 $v_G < v_L$ 时，用体积模型较好；而在 $v_G > v_L$ 时，用 Aya 模型或 Rouhani 模型较好。

涡轮流量计可与 γ 射线仪和靶式流量计组合进行流量测量。例如，用一台涡轮流量计，按式(7-115)所表示的 Rouhani 模型可得（为了简单，取 $C_G = C_L = 1$）

$$v_t = \frac{G}{A}\left[\frac{x^2}{\rho_G \alpha_A} + \frac{(1-x)^2}{\rho_L(1-\alpha_A)}\right] \tag{7-116}$$

用一台靶式流量计得式(7-106)，式(7-106)和式(7-116)式都是 G, x, α_A 的函数，如果 α_A 可由 γ 射线仪测得，则将两式联立，可得

$$G = \frac{2AF}{A_0 K v_t} \tag{7-117}$$

$$\frac{x^2}{\rho_G \alpha_A} + \frac{(1-x)^2}{\rho_L(1-\alpha_A)} = \frac{A_0 K v_t^2}{2F} \tag{7-118}$$

于是，由涡轮流量计的读数 v_t 和靶式流量计的读数 F 可算得 G 和 x，从而得到分相质量流量。

应用涡轮流量计需要进一步解决两相流流型、流体的粘度、流速的分布等对测量的影响，找到一种能包括更多影响因素的模型更精确地逼近实际情况。

3. 毕托管

目前，把毕托管用于两相流测量，有两种处理方法。

(1) 假定流动是均相的，即认为两相流混合得很好。这相当于把两相流体看做一种单相流体，然后根据实际的流动状况，对测量结果加以修正。

在上述假定下，毕托管测得的动压 Δp 与流速 v 和密度 ρ 之间的关系同单相流时一样

$$v = K\sqrt{\frac{2}{\rho}\Delta p} \tag{7-119}$$

式中 K——由实验确定的系数；

ρ——两相流混合密度。由于总质量流量可表示为：

$$G = \rho v A \tag{7-120}$$

以式(7-119)代入式(7-120)，便得到

$$G = KA\sqrt{2\Delta p \rho} \tag{7-121}$$

由于两相流在管道截面上的速度分布很复杂，影响因素又很多，故实际测量中，毕托管的安装位置以及在小管径管道中毕托管直径的大小都将给结果带来较大的影响。

为了真实反映流体的速度分布，在条件许可时，可用几支毕托管置于管道截面的不同位置，对所得的结果加以平均。特别是在流动状况与均相流动差别很大时，这样做就更有意义。为了得到更精确的结果，还可以用多支毕托管和多束 γ 射线仪测量速度分布和 α_A。并用计算机处理数据。

式(7-119)也可以表示成 Δp 和 M, x 的关系。因为 $v = Q/A, \rho = G/Q$，把这两个关系代入式(7-119)，可得：

$$Q/A = K\sqrt{\frac{2\Delta p Q}{G}} \tag{7-122}$$

而 $Q = Q_G + Q_L = \frac{G_G}{\rho_G} + \frac{G_L}{\rho_L} = \frac{xG}{\rho_G} + \frac{(1-x)G}{\rho_L}$，将此关系代入式(7-122)，经整理得

$$\Delta p = \frac{G^2}{2K^2A^2}\left[\frac{x}{\rho_G} + \frac{1-x}{\rho_L}\right] \tag{7-123}$$

在已知 G 的情况下，用单支毕托管按上式进行 x 的测量结果表明，其误差很大，可以肯定，如用多支毕托管，结果将会好一些。

(2) 认为作用于毕托管探头上的力是气液两相作用力的和，其数学表达式为

$$A'\Delta p = \beta_1 \frac{\rho_G v_G^2}{2} A_G' + \beta_2 \frac{\rho_L v_L^2}{2} A_L' \tag{7-124}$$

式中 A'——全压孔面积；

A_G', A_L'——在 A' 上气相和液相所占的面积；

β_1, β_2——通过实验确定的系数。

以 $A' = A_G' + A_L'$ 代入上式，并考虑到

$$\alpha_A = \frac{A_G}{A} = \frac{A_G'}{A'}$$

$$1 - \alpha_A = \frac{A_L}{A} = \frac{A_L'}{A'}$$

可得

$$\Delta p = \beta_1 \frac{\rho_G v_G^2}{2} \alpha_A + \beta_2 \frac{\rho_L v_L^2}{2} (1 - \alpha_A) \tag{7-125}$$

假定两相间无相对运动，即 $v_G = v_L = v$，则

$$\Delta p = \frac{v^2}{2}[\beta_1 \rho_G \alpha_A + \beta_2 \rho_L (1 - \alpha_A)]$$

$$v = \sqrt{\frac{2\Delta p}{\beta_1 \rho_G \alpha_A + \beta_2 \rho_L (1 - \alpha_A)}} \tag{7-126}$$

实验表明，在 $\alpha_A < 0.7$ 时，气相成离散的小气泡分布在连续的液相中，此时 $\beta_1 = \beta_2 = 1$，于是

$$v = \sqrt{\frac{2\Delta p}{\rho_G \alpha_A + \rho_L (1 - \alpha_A)}} \tag{7-127}$$

在 $\alpha_A > 0.7$ 时，液相成离散液滴分布在气相中，此时 $\beta_1 = 1, \beta_2 = 2$，于是

$$v = \sqrt{\frac{2\Delta p}{\rho_G \alpha_A + 2\rho_L (1 - \alpha_A)}} \tag{7-128}$$

在 α_A 已用 γ 射线仪测得的前提下，由毕托管测得 Δp，即可得到 $v(v = v_G = v_L)$，再由

$$G_G = \rho_G A_G v_G = \alpha_A A \rho_G v \tag{7-129}$$

$$G_L = \rho_L A_L v_L = (1 - \alpha_A) A \rho_L v \tag{7-130}$$

即可得到分相质量流量 G_G, G_L。为了减小速度分布对测量结果的影响，也最好采用多支毕托管。Fincke 曾用一种如图 7-27 所示的梳形毕托管和 γ 射线仪组合测量 G_G 和 G_L，按

上述方法处理数据,结果表明误差不大。

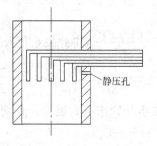

图 7-27 梳形毕托管

要指出的是,用靶式流量计或是毕托管测量两相流量,都要假定 $v=v_G=v_L$,也就是 $s=1$,即气(汽)液两相间无滑移。这只有两相密度相差不大,如气体为高压湿蒸汽,且两相混合物流速较高时或者是液流速度很高时,才是这样的流动。此时两相流近似于均相流动,性质与单相流相近。

4. 孔板

孔板用于单相流体已经标准化,但用于两相流体时,孔板两侧压差 δp 和 G,x 间的关系尚不清楚。近 20 年来,许多人在这方面进行了大量的实验研究工作,提出了许多确定 Δp 和 G,x 三者关系的模型。这些模型主要有如下 3 种:

(1) 均相流动模型

把两相流看成是均相流动,并忽略孔板中重力和摩擦力,且假定流体流经孔板时不发生相变。在这些条件下,结果与单相流时相似,为

$$\Delta p = \frac{G^2}{2\alpha_t^2 \varepsilon_t^2 A_0^2 \rho} \tag{7-131}$$

式中　α_t——两相流流经孔板时的流量系数;
　　　ε_t——两相流体膨胀系数;
　　　A_0——孔板的开孔面积;
　　　ρ——两相流混合密度,如式(7-109)。

把(7-102)式代入(7-109)式可得

$$\rho = \frac{1}{\dfrac{x}{\rho_G} + \dfrac{1-x}{\rho_L}} \tag{7-132}$$

再将式(7-132)带入式(7-131)即可把 Δp 表示为 G 和 x 的函数,此关系式与其他仪表组合,可用来确定 G 和 x。

在两相流测量中,常在 G 已知的情况下用孔板测量 x。此时,假定流量为 G 的单相水时,$\Delta p = \Delta p_{L0}$ 它可由单相流的孔板计算式算出

$$\Delta p_{L0} = \frac{G^2}{2\alpha_{tL}^2 A_0^2 \rho_L} \tag{7-133}$$

式中,α_{tL} 为水流过孔板时的流量系数。

式(7-131)与式(7-133)相除,即得到所谓孔板的全液相折算系数 Φ_{L0}^2,考虑到式(7-132),有:

$$\Phi_{L0}^2 = \frac{\Delta p}{\Delta p_{L0}} = \frac{\alpha_{tL}^2}{\alpha_t^2 \varepsilon_t^2} \rho_L \left(\frac{x}{\rho_G} + \frac{1-x}{\rho_L} \right) \tag{7-134}$$

若取 $\alpha_{tL} = \alpha_t, \varepsilon_t = 1$,则

$$\Phi_{L0}^2 = \rho_L \left(\frac{x}{\rho_G} + \frac{1-x}{\rho_L} \right) \tag{7-135}$$

令

$$\Psi_{L0} = (\Phi_{L0}^2 - 1) \Big/ \left(\frac{\rho_L}{\rho_G} - 1 \right) \tag{7-136}$$

将式(7-135)代入式(7-136)可得

$$\Psi_{L0} = x \tag{7-137}$$

上述模型,经实验证实误差很大,故在此基础上又有许多修正模型出现,如用 $\Psi_{L0} = x^n$ 代替式(7-137)(实验表明,n 取 1.5 较好)或在式(7-131)左端乘上一个系数等。

(2) 动量流动模型

忽略流体通过孔板时的重力及摩擦力,根据两相流的动量平衡,可得 Δp 和 G, x 的关系为

$$\Delta p = \frac{G^2}{2\alpha_t^2 \varepsilon_t^2 A_0^2} \left[\frac{x^2}{\alpha_A \rho_G} + \frac{(1-x)^2}{(1-\alpha_A)\rho_L} \right] \tag{7-138}$$

在已知 G 的情况下,使式(8-124)和式(8-119)相除,得

$$\Phi_{L0}^2 = \frac{\Delta p}{\Delta p_{L0}} = \frac{\alpha_{tL}^2}{\alpha_t^2 \varepsilon_t^2} \rho_L \left[\frac{x^2}{\alpha_A \rho_G} + \frac{(1-x)^2}{(1-\alpha_A)\rho_L} \right] \tag{7-139}$$

若取 $\alpha_{tL} = \alpha_t, \varepsilon_t = 1$,则

$$\Phi_{L0}^2 = \rho_L \left[\frac{x^2}{\alpha_A \rho_G} + \frac{(1-x)^2}{(1-\alpha_A)\rho_L} \right] \tag{7-140}$$

如 α_A 已由 γ 射线仪测得,则可用上式计算 x。

上述分析均采用全液相折算系数 $\Phi_{L0}^2 = \Delta p / \Delta p_{L0}$,也可用分液相折算系数 $\Phi_L^2 = \Delta p / \Delta p_L$($\Delta p_L$ 为流量为 G_L 的单相水流过孔板时产生的压差)或分气相折算系数 $\Phi_G^2 = \Delta p / \Delta p_G$($\Delta p_G$ 是流量为 G_G 的单相气流过孔板时产生的压差)。

根据 Δp_L 和 Δp_G 的定义,有

$$\Delta p_L = \frac{G_L^2}{2\alpha_{tL}^2 A_0^2 \rho_L} = \frac{G^2 (1-x)^2}{2\alpha_{tL}^2 A_0^2 \rho_L} \tag{7-141}$$

$$\Delta p_G = \frac{G_G^2}{2\alpha_{tG}^2 \varepsilon_G^2 A_0^2 \rho_G} = \frac{G^2 x^2}{2\alpha_{tG}^2 \varepsilon_G^2 A_0^2 \rho_G} \tag{7-142}$$

式中 α_{tG}——气相流过孔板时的流量系数;

ε_G——气体膨胀系数。

由式(7-138)和式(7-141)可得分液相折算系数

$$\Phi_L^2 = \frac{\Delta p}{\Delta p_L} = \frac{\alpha_{tL}^2}{(1-x)^2 \alpha_t^2 \varepsilon_t^2} \rho_L \left[\frac{x^2}{\alpha_A \rho_G} + \frac{(1-x)^2}{(1-\alpha_A)\rho_L} \right] \tag{7-143}$$

取 $\alpha_{tL} = \alpha_t, \varepsilon_t = 1$,则

$$\Phi_L^2 = \frac{1}{(1-x)^2} \left[\frac{x^2}{\alpha_A} \frac{\rho_L}{\rho_G} + \frac{(1-x)^2}{1-\alpha_A} \right] \tag{7-144}$$

记参数

$$X^2 = \frac{\Delta p_L}{\Delta p_G} = \left(\frac{1-x}{x}\right)^2 \frac{\rho_G}{\rho_L}\left(\frac{\alpha_{tG}\varepsilon_G}{\alpha_{tL}}\right) \tag{7-145}$$

若取 $\alpha_{tG}\varepsilon_G = \alpha_{tL}$，则

$$X^2 = \left(\frac{1-x}{x}\right)^2 \frac{\rho_G}{\rho_L} \tag{7-146}$$

由(7-95)得

$$\alpha_A = \frac{\rho_L x}{\rho_L x + s\rho_G(1-x)} = \frac{1}{1+s\dfrac{1-x}{x}\dfrac{\rho_G}{\rho_L}} = \frac{1}{1+sX^2\left(\dfrac{x}{1-x}\right)} \tag{7-147}$$

将其代入式(7-144)，可得

$$\Phi_L^2 = \frac{\Delta p}{\Delta p_L} = 1 + \frac{c}{X} + \frac{1}{X^2} \tag{7-148}$$

其中

$$c = \frac{1}{s}\left(\frac{\rho_L}{\rho_G}\right)^{\frac{1}{2}} + s\left(\frac{\rho_G}{\rho_L}\right)^{\frac{1}{2}} \tag{7-149}$$

如取 $s=1$，则

$$c = \left(\frac{\rho_L}{\rho_G}\right)^{\frac{1}{2}} + \left(\frac{\rho_G}{\rho_L}\right)^{\frac{1}{2}} \tag{7-150}$$

式(7-148)和式(7-150)即应用很广的奇泽姆(Chisholm)公式。

由式(7-146)、式(7-150)、式(7-141)可知，方程(7-148)的右边仅是 x 的函数，而左边是 G, x 的函数，如 G 已知，即可求出 x。

同样，亦可得到如下式所表示的分气相折算系数

$$\Phi_G^2 = \frac{\Delta p}{\Delta p_G} = X^2 + cX + 1 \tag{7-151}$$

(3) 能量流动模型

在两相流流经孔板时，如仅考虑加速压降，则可由能量平衡得到 $\Delta p, G$ 和 x 的关系

$$\Delta p = \frac{G^2}{2\alpha_t^2\varepsilon_t^2 A_0^2}\rho\left[\frac{x^3}{\alpha_A^2\rho_G^2} + \frac{(1-x)^3}{(1-\alpha_A)^2\rho_L^2}\right] \tag{7-152}$$

式中，ρ 为两相流混合密度，如式(7-109)或式(7-132)所示。将式(7-132)代入式(7-152)，得

$$\Delta p = \frac{G^2}{2\alpha_t^2\varepsilon_t^2 A_0^2}\rho\left[\frac{x^3}{\alpha_A^2\rho_G^2} + \frac{(1-x)^3}{(1-\alpha_A)^2\rho_L^2}\right]\frac{1}{\dfrac{x}{\rho_G}+\dfrac{1-x}{\rho_L}} \tag{7-153}$$

再使式(7-153)与式(7-133)相除，得全液相折算系数

$$\phi_{L0}^2 = \frac{\Delta p}{\Delta p_{L0}} = \frac{\alpha_{tL}^2}{\alpha_t^2\varepsilon_t^2}\cdot\frac{\dfrac{\rho_L^2 x^3}{\rho_G^2 \alpha_A^2} + \dfrac{(1-x)^3}{(1-\alpha_A)^2}}{\dfrac{\rho_L}{\rho_G}x + (1-x)} \tag{7-154}$$

若取 $\alpha_{tL} = \alpha_t, \varepsilon_t = 1$，则

$$\phi_{\text{L0}}^2 = \frac{\dfrac{\rho_{\text{L}}^2 x^3}{\rho_{\text{G}}^2 \alpha_{\text{A}}^2} + \dfrac{(1-x)^3}{(1-\alpha)^2}}{\dfrac{\rho_{\text{L}}}{\rho_{\text{G}}} x + (1-x)} \tag{7-155}$$

以上讨论的几种测量仪表在实际中往往组合使用，以取得更多的数据分析比较。例如，把γ射线仪、靶式流量计、涡轮流量计、热电偶、压力表等组合在一起。这种组合还可包括毕托管、孔板等。Aya 曾用上述组合测量两相流的流量 G、干度 x 和滑动比 s。也有人曾在涡轮流量计的上游和下游各装一台靶式流量计，对两台靶式流量计的信号进行相关分析以得到流体的速度，再与涡轮流量计测得的速度信号加以比较，以便得到更合理的结果。

在多种仪表组合使用时，需要考虑仪表之间的干扰。安装在上游的传感器对流体的扰动会影响下游传感器的正常工作。这种干扰在把涡轮流量计装在靶式流量计上游时特别严重。

5. 脉冲中子活化技术 PNA

脉冲中子活化技术（pulsed neutron activation technique，PNA）是测量两相流的一种新技术。上面讨论的各种方法，都对流动状况做了一些理想化的假设，这是导致它们测量误差的主要原因。而 PNA 技术利用示踪测量原理，可不受流动状况的影响，其精度高于其他方法。

（1）示踪测量原理

示踪测量原理如图 7-28 所示，在 A 点瞬时注入某种示踪物，使其和流体一起流动。当示踪物到达 B 点时，由探测器检测。于是可得到示踪物在 AB 间的渡越时间 T，若 AB 间距离为 Z_0，则流体在 AB 间的平均速度 $v = Z_0/T$。

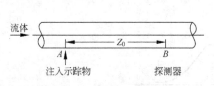

图 7-28　示踪测量原理

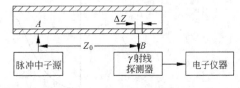

图 7-29　PNA 测量系统

为提高测量精度，要求：

① 示踪物注入时间应尽量短，至少要比 T 小得多；

② 示踪物应尽可能均匀地分布在 A 处的整个截面上。

PNA 技术能很好地满足以上两点要求，其测量系统如图 7-29 所示。

自然界许多元素，在中子照射下，都可被活化，生成各种放射性同位素。每种放射性同位素都具有特定的半衰期，并且这些放射性同位素在衰变过程中，大都会放出具有一定特征能量的 γ 射线。例如，在水和水蒸气中含有氧原子，它们在中子照射下被活化，产生放射性同位素 ^{16}N，^{16}N 的半衰期为 7.26s，在衰变过程中放出能量为 6.1MeV 的 γ 射线。据此，在图 7-29 中 A 处，安装一台脉冲中子源，在某一时刻，脉冲中子源发射一个中子脉冲，此脉冲通过流体管道，使 A 处截面的流体中的氧原子被活化，这些被活化的流体便是测量的示踪物。在图 7-29 中 B 处，开一个宽为 ΔZ 的小窗口，对着小窗口安装一台 γ 射线探测器,当被活化的流体流过时,探测器便能探测到其放射性。γ射线探测器将放射性转换成相应的电信号,电信号多为计数值,此计数值送入电子计算机进行必要的处理,以得到所需的结果。

为了使活化均匀,对于大口径管道,可以在管道周围分布几个脉冲中子源。

实际上,由于流体速度分布的不均匀,位于 A 处截面上的流体元素虽然同时被活化,但并不同时到达 B 点,故在 B 处探测到的放射性 $c(t)$(计数值)不是一个脉冲,而是一条随时间变化的曲线。

设在活化时流体的放射性为 $b(t)$(也折合成计数值),$c(t)$ 和 $b(t)$ 的关系满足如下的指数衰减规律

$$c(t) = b(t)e^{-\lambda t} \tag{7-156}$$

式中,t 为从流体被活化到在产处检测到放射性所需时间,λ 为衰减常数,它可由已知的放射性元素的半衰期 $T_{\frac{1}{2}}$ 算出

$$\frac{1}{2}b(t) = b(t)e^{-\lambda T_{\frac{1}{2}}}$$

故

$$\lambda = \ln2/T_{\frac{1}{2}} \tag{7-157}$$

把 $c(t)$ 随时间的变化折合成 $b(t)$ 随时间的变化,对于两相流动,典型曲线如图 7-30 所示。图中,$t=0$ 点对应于流体被活化的时刻,由式(7-120),若管道截面积 A 已知,只要测得两相混合密度 ρ 和平均流速 v 即可得到流量 G。

(2) 平均流速 v 的确定

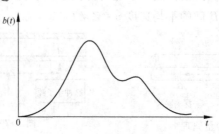

图 7-30 $b(t)$ 随时间的变化曲线

因 $v=Z_0/T$,故确定渡越时间 T,便可知平均流速。

根据图 7-30 确定 T 有如下几种方法:

①
$$\left.\frac{db(t)}{dt}\right|_{t=T} = 0 \tag{7-158}$$

②
$$\int_0^T b(t)dt = \int_T^\infty b(t)dt \tag{7-159}$$

③
$$T = \int_0^\infty b(t)t dt \bigg/ \int_0^\infty b(t)dt \tag{7-160}$$

④
$$\frac{1}{T} = \int_0^\infty \frac{1}{t}b(t)dt \bigg/ \int_0^\infty b(t)dt \tag{7-161}$$

⑤
$$\frac{1}{T} = \int_0^\infty \frac{1}{t^2} b(t) \mathrm{d}t \Big/ \int_0^\infty \frac{1}{t} b(t) \mathrm{d}t \tag{7-162}$$

在单相流测量中,曾采用式(7-158)~式(7-161),而在汽水两相流测量中则采用(7-162)式,这样得到的 v 恰为质量平均流速 v_m。

v_m 的定义为,在汽水两相流中,若中子源均匀地激活一个圆截面的氧,激活的总质量可分为无穷多个微小的质量元 $\mathrm{d}m$,$\mathrm{d}m$ 的轴向平均速度为 v_r,则质量平均流速为

$$v_m = \int_0^\infty v_r \mathrm{d}m \Big/ \int_0^\infty \mathrm{d}m \tag{7-163}$$

设 $\mathrm{d}m$ 在活化时具有的放射性为 $\mathrm{d}a$,在图 7-28 中,它通过距离 Z_0 所需时间为 t,通过探测器窗口 ΔZ 所需时间为 $\mathrm{d}t$,则

$$v_r = \frac{Z_0}{t} = \frac{\Delta Z}{\mathrm{d}t} \tag{7-164}$$

$\mathrm{d}a$ 与质量 $\mathrm{d}m$ 成正比,比例系数为 K_1

$$\mathrm{d}a = K_1 \mathrm{d}m \tag{7-165}$$

当 $\mathrm{d}m$ 到达 B 点窗口时,其放射性衰减为 $\mathrm{d}a e^{-\lambda t}$,故在 $\mathrm{d}t$ 内探测器的累计计数值 $c(t)\mathrm{d}t$ 与 $\mathrm{d}a e^{-\lambda t}\mathrm{d}t$ 成正比,比例系数为 K_2

$$c(t)\mathrm{d}t = K_2 \mathrm{d}a e^{-\lambda t}\mathrm{d}t \tag{7-166}$$

由(7-164)式可得

$$\mathrm{d}t = \frac{\Delta Z}{Z_0} t \tag{7-167}$$

以式(7-167)、式(7-165)、式(7-156)代入式(7-166),可得

$$b(t)e^{-\lambda t}\mathrm{d}t = K_1 K_2 \mathrm{d}m e^{-\lambda t} \frac{\Delta Z}{Z_0} t$$

故

$$\mathrm{d}m = \frac{Z_0}{K_1 K_2 \Delta Z} \frac{b(t)\mathrm{d}t}{t} \tag{7-168}$$

以式(7-164)、式(7-168)代入式(7-163),有

$$v_m = Z_0 \frac{\int_0^\infty \frac{1}{t^2} b(t) \mathrm{d}t}{\int_0^\infty \frac{1}{t} b(t) \mathrm{d}t} \tag{7-169}$$

可见,质量平均流速 v_m 即为 Z_0 与式(7-162)所定义的渡越时间 T 的商。将式(7-156)代入式(7-169)并使之离散化,可得实际计算 v_m 的公式

$$v_m = Z_0 \frac{\sum_{i=1}^\infty \frac{1}{t_i^2} c_i e^{\lambda t_i}}{\sum_{i=1}^\infty \frac{1}{t_i} c_i e^{\lambda t_i}} \tag{7-170}$$

用 v_m 代替式(7-120)中的 v,即用 PNA 技术计算 G 的公式,得

$$G = A \rho v_m \tag{7-171}$$

(3) 平均密度 ρ 的确定

设被活化的流体体积为 Q_A，则平均密度为

$$\rho = \int_0^\infty \mathrm{d}m / Q_A \tag{7-172}$$

因为 Q_A 取决于中子源的强度、脉冲持续时间、管道的截面积以及管道和中子源的相对位置等固定因素，故当管道和中子源一定时，它可视为常数。ρ 则可以写成

$$\rho = \beta \int_0^\infty \mathrm{d}m \tag{7-173}$$

式中 β 是一个取决于上述固定因素的系数。将式(8-154)代入上式，有

$$\begin{aligned}
\rho &= \beta \frac{Z_0}{K_1 K_2 \Delta Z} \int_0^\infty \frac{b(t)}{t} \mathrm{d}t \\
&= \frac{Z_0 \beta}{K_1 K_2 \Delta Z} \int_0^\infty \frac{1}{t} c(t) \mathrm{e}^{\lambda t} \mathrm{d}t \\
&= K \int_0^\infty \frac{1}{t} c(t) \mathrm{e}^{\lambda t} \mathrm{d}t
\end{aligned} \tag{7-174}$$

系数

$$K = \left(\frac{Z_0 \beta}{K_1 K_2 \Delta Z} \right)$$

由式(7-165)和式(7-166)，可知 K_1 决定于被活化物质的放射性，K_2 决定于探测器，故系数 K 仅取决于系统中的中子源、探测器、流体管道等固定因素，可在单相水流时进行标定而得到。

对式(7-174)离散化，得计算 ρ 的实际公式

$$\rho = K \sum_{i=1}^\infty \frac{1}{t_i} c_i \exp(\lambda t_i) \tag{7-175}$$

将式(7-170)、式(7-175)代入式(7-171)，即得到计算两相流总流量 G 的公式

$$G = A K Z_0 \sum_{i=1}^\infty \frac{1}{t_i^2} c_i \exp(\lambda t_i) \tag{7-176}$$

虽然 PNA 技术没有直接测得干度 x 的数据，但由式(7-132)，在已知 ρ 后，可算出 x

$$x = \frac{\rho_G (\rho_L - \rho)}{\rho (\rho_L - \rho_G)} \tag{7-177}$$

用 PNA 技术用于单相流测量，在实验中已得到了误差小于 1% 的良好结果。对于两相流，虽然上述推导未对流动状况作任何假定，但由于两相流速度分布的复杂性(这种复杂性可由图 7-30 所示曲线看出，对于单相流，$b(t)$ 是一条正态曲线)，故其精度劣于单相流测量。其误差来源除速度分布的复杂性外，还有活化的不均匀性、仪器的背景噪声、仪器装配的准直误差、距离 Z_0 和时间的测量误差等。

PNA 技术的测量精度高，不干扰流体，是一种很有前途的测量技术，但由上面分析可知，它所测量的是平均值，故对于稳态流动更为适用。

7.7 附　表

附表 7-1　节流件上、下游的最小直管段长度

序号	1	2	3	4	5	6	下游侧阻力件形式
	上游侧阻力件形式						
	一个90°弯头或三通	在同一平面内有多个90°弯头	在不同平面内有多个90°弯头	收缩管或扩大管	球阀(全开)	闸阀(全开)	左面所有局部阻力件形式
β	最小直管段长度 l_1/D						最小直管段长度 l_2/D
≤0.20	10(6)	14(7)	34(17)	16(8)	18(9)	12(7)	4(2)
0.25	10(6)	14(7)	34(17)	16(8)	18(9)	12(7)	4(2)
0.30	10(6)	16(8)	34(17)	16(8)	18(9)	12(7)	5(2.5)
0.35	10(6)	16(8)	36(18)	16(8)	18(9)	12(7)	5(2.5)
0.40	14(7)	18(9)	36(18)	16(8)	20(10)	12(7)	6(3)
0.45	14(7)	18(9)	38(19)	18(9)	20(10)	12(7)	6(3)
0.50	14(7)	20(10)	40(20)	20(10)	22(11)	12(7)	6(3)
0.55	16(8)	22(11)	44(22)	20(10)	24(12)	14(7)	6(3)
0.60	18(9)	26(13)	48(24)	22(11)	26(13)	14(7)	7(3.5)
0.65	22(11)	32(16)	54(27)	24(12)	28(14)	16(8)	7(3.5)
0.70	28(14)	36(18)	62(31)	26(13)	32(16)	20(10)	7(3.5)
0.75	36(18)	42(21)	70(35)	28(14)	36(18)	24(12)	8(4)
0.80	46(23)	50(25)	80(40)	30(15)	44(22)	30(15)	8(4)
其他管件							
进口骤缩(直径比≥0.5的由大变小的对称骤缩)	0.03D						30(15)
套管	套管直径≤0.03D						5(3)
	套管直径在 0.03D~0.13D 之间						20(10)
温度计	套管直径≥0.03D						l_1/D

注：① 本表适用 ISO 建议的所有标准化节流装置；
② 采用括号外的数字时，附加误差为零，上下游直管段中有一个采用括号内的数字时，则在流量测量值的极限相对误差上算术相加 0.5%。

附表 7-2 管道内壁绝对平均粗糙度的参考值

材　　质	管道内表面状况	k_c/mm
黄铜、铜、铅、塑料、玻璃	无附着物、光洁	<0.03
钢	新的、无缝管(冷拉)	<0.03
	新的、无缝管(热拉) 新的、无缝管(轧制) 新的、轴向焊接管	0.05~0.10
	新的、螺旋焊接管	0.10
	刚开始轻微生锈	0.10~0.20
	锈　　蚀	0.20~0.30
	起硬皮的	0.5~2
	严重起皮的	>2
	深沥青的、新的	0.05
	深沥青的	0.10~0.20
	镀锌钢管	0.13
铸　铁	新的铸铁管	0.25
	有锈铸铁管	1.0~1.5
	起硬皮的铸铁管	>1.5
	涂沥青的、新的	0.1~0.15
石棉水泥	新的、绝热的和不绝热的	<0.03
	一般的、无绝热的	0.05

注：k_c 由实验方法决定(使流体流过试验管道计算阻力损失,再按柯尔布洛克公式计算相对粗糙度)。

附表 7-3 标准孔板和喷嘴对管道粗糙度的原始校正系数

β	β^2	β^4	D/k_c 400	800	1200	1600	2000	2400	2800	≥3200
角接取压标准孔板									
0.3162	0.1	0.0100	1.002	1.000	1.000	1.000	1.000	1.000	1.000	1.000
0.4472	0.2	0.0400	1.003	1.002	1.001	1.000	1.000	1.000	1.000	1.000
0.5477	0.3	0.0900	1.006	1.004	1.002	1.001	1.000	1.000	1.000	1.000
0.6325	0.4	0.1600	1.009	1.006	1.004	1.002	1.001	1.000	1.000	1.000
0.7071	0.5	0.2500	1.014	1.009	1.006	1.004	1.002	1.001	1.000	1.000
0.7746	0.6	0.3600	1.020	1.013	1.009	1.006	1.003	1.000	1.000	1.000
0.8367	0.7	0.4900	1.024	1.016	1.011	1.007	1.004	1.002	1.002	1.000
ISA$_{1932}$ 喷嘴									
0.5477	0.3	0.0900	1.002	1.000	1.000	1.000	1.000	1.000	1.000	1.000
0.6325	0.4	0.1600	1.003	1.002	1.000	1.000	1.000	1.000	1.000	1.000
0.7071	0.5	0.2500	1.008	1.005	1.003	1.002	1.000	1.000	1.000	1.000
0.7746	0.6	0.3600	1.014	1.009	1.006	1.004	1.002	1.001	1.000	1.000
0.8062	0.65	0.4225	1.016	1.012	1.009	1.007	1.005	1.003	1.002	1.000

附表 7-4 角接取压标准孔板的 α_0 和 $\beta^2\alpha_0$ 与 β 和 Re_D 的关系表

Re_D		5×10^3		1×10^4		3×10^4		1×10^5		1×10^7	
β	β^4	α_0	$\beta^2\alpha_0$	α_0	$\beta^2\alpha_0$	α_0	$\beta^2\alpha_0$	α_0	$\beta^2\alpha_0$	α_0	$\beta^2\alpha_0$
0.2236	0.0025	0.6024	0.0301	0.6005	0.0300	0.5989	0.0299	0.5981	0.0299	0.5977	0.0299
0.2340	0.0030	0.6032	0.0330	0.6011	0.0329	0.5993	0.0328	0.5985	0.0328	0.5980	0.0328
0.2515	0.0040	0.6045	0.0382	0.6022	0.0381	0.6001	0.0380	0.5991	0.0379	0.5986	0.0379
0.2659	0.0050	0.6058	0.0428	0.6031	0.0426	0.6008	0.0425	0.5997	0.0424	0.5991	0.0424
0.3162	0.0100	0.6110	0.0611	0.6073	0.0607	0.6039	0.0604	0.6025	0.0603	0.6016	0.0602
0.3761	0.0200	0.6494	0.0876	0.6142	0.0869	0.6094	0.0862	0.6073	0.0859	0.6061	0.0857
0.4162	0.0300	0.6268	0.1086	0.6203	0.1074	0.6143	0.1064	0.6117	0.1059	0.6103	0.1057
0.4472	0.0400	0.6335	0.1267	0.6260	0.1252	0.6190	0.1238	0.6160	0.1232	0.6144	0.1229
0.4729	0.0500	0.6399	0.1431	0.6315	0.1412	0.6236	0.1394	0.6220	0.1387	0.6184	0.1383
0.4940	0.0600			0.6370	0.1560	0.6281	0.1539	0.6245	0.1530	0.6223	0.1524
0.5144	0.0700			0.6422	0.1699	0.6327	0.1674	0.6284	0.1663	0.6262	0.1657
0.5318	0.0800			0.6474	0.1831	0.6415	0.1802	0.6324	0.1789	0.6300	0.1782
0.5477	0.0900			0.6526	0.1958	0.6459	0.1925	0.6362	0.1901	0.6338	0.1901
0.5623	0.1000			0.6577	0.2080	0.6500	0.2043	0.6401	0.2024	0.6375	0.2016
0.5759	0.1100			0.6630	0.2499	0.6544	0.2156	0.6439	0.2136	0.6412	0.2127
0.5886	0.1200			0.6682	0.2315	0.6587	0.2267	0.6478	0.2244	0.6449	0.2234
0.6005	0.1300			0.6734	0.2428	0.6629	0.2375	0.6516	0.2349	0.6486	0.2339
0.6117	0.1400			0.6786	0.2539	0.6672	0.2480	0.6555	0.2453	0.6522	0.2440
0.6223	0.1500			0.6839	0.2649	0.6715	0.2584	0.6594	0.2554	0.6559	0.2540
0.6235	0.1600			0.6890	0.2756	0.6759	0.2686	0.6633	0.2653	0.6596	0.2638
0.6421	0.1700			0.6943	0.2863	0.6802	0.2737	0.6671	0.2751	0.6633	0.2735
0.6514	0.1800			0.6995	0.2968	0.6846	0.2886	0.6471	0.2847	0.6670	0.2830
0.6602	0.1900			0.7047	0.3072	0.6890	0.2984	0.6751	0.2943	0.6708	0.2924
0.6687	0.2000			0.7099	0.3175	0.6934	0.3081	0.6791	0.3007	0.6746	0.3017
0.6769	0.2100			0.7153	0.3278	0.6979	0.3178	0.6830	0.3130	0.6784	0.3109
0.6849	0.2200			0.7206	0.3380	0.7024	0.3273	0.6871	0.3223	0.6823	0.3200
0.6925	0.2300			0.7259	0.3481	0.7069	0.3369	0.6911	0.3314	0.6861	0.3290
0.6999	0.2400			0.7312	0.3582	0.7114	0.3403	0.6952	0.3406	0.6899	0.3380
0.8071	0.2500			0.7366	0.3683	0.7160	0.3557	0.6994	0.3497	0.6938	0.3469
0.7141	0.2600			0.7419	0.3783	0.7207	0.3651	0.7035	0.3587	0.6977	0.3558

续表

Re_D		5×10^3		1×10^4		3×10^4		1×10^5		1×10^7	
β	β^4	α_0	$\beta^2\alpha_0$	α_0	$\beta^2\alpha_0$	α_0	$\beta^2\alpha_0$	α_0	$\beta^2\alpha_0$	α_0	$\beta^2\alpha_0$
0.7208	0.2700			0.7472	0.3883	0.7255	0.3745	0.7078	0.3678	0.7017	0.3646
0.7274	0.2800			0.7526	0.3982	0.7301	0.3839	0.7121	0.3768	0.7057	0.3734
0.7338	0.2900			0.7580	0.8082	0.7349	0.3932	0.7163	0.3857	0.7096	0.3821
0.7401	0.3000			0.7635	0.4182	0.7398	0.4025	0.7206	0.3947	0.7136	0.3909
0.7462	0.3100			0.0000	0.4282	0.7446	0.4119	0.7250	0.4037	0.7177	0.3996
0.7521	0.3200			0.7690	0.0000	0.7495	0.4212	0.7294	0.4126	0.7218	0.4083
0.7579	0.3300			0.7745	0.4381	0.7547	0.4306	0.7339	0.4216	0.7259	0.4170
0.7636	0.3400			0.7885	0.4487	0.7447	0.4401	0.7385	0.4306	0.7301	0.4257
0.7692	0.3500			0.7859	0.4583	0.7597	0.4494	0.7432	0.4397	0.7343	0.4344
0.7746	0.3600			0.7947	0.4684	0.7648	0.4589	0.7476	0.4486	0.7384	0.4430
0.7799	0.3700			0.7976	0.4780	0.7699	0.4083	0.7523	0.4570	0.7426	0.4517
0.7851	0.3800					0.7752	0.4779	0.7571	0.4667	0.7470	0.4605
0.7903	0.3900					0.7805	0.4874	0.7619	0.4758	0.7513	0.4692
0.7959	0.4000					0.7864	0.4974	0.7673	0.4853	0.7561	0.4782
0.8001	0.4100					0.7924	0.5074	0.7726	0.4947	0.7609	0.4872

附表 7-5 ISA1932 喷嘴的 α_0 和 $\beta^2\alpha_0$ 与 β 和 Re_D 的关系表

Re_D		2×10^4		3×10^4		5×10^4		7×10^4		1×10^5		$1\times10^6-2\times10^6$	
β	β^4	α_0	$\beta^2\alpha_0$	α_0	$\beta^2\alpha_0$	α_0	$\beta^2\alpha_0$	α_0	$\beta^2\alpha_0$	α_0	$\beta^2\alpha_0$	α_0	$\beta^2\alpha_0$
0.3162	0.01							0.9892	0.9890	0.9895	0.0990	0.9896	0.0990
0.3761	0.02							0.9917	0.1402	0.9924	0.1403	0.9928	0.1404
0.4162	0.03							0.9945	0.1723	0.9954	0.1724	0.9960	0.1725
0.4472	0.04	0.9798	0.1960	0.9883	0.1977	0.9951	0.1990	0.9973	0.1995	0.9984	0.1997	0.9994	0.1999
0.4729	0.05	0.9822	0.2196	0.9906	0.2215	0.9977	0.2231	1.0002	0.2237	1.0015	0.2239	1.0027	0.2242
0.4949	0.06	0.9849	0.2413	0.9930	0.2432	1.0005	0.2451	1.0033	0.2458	1.0047	0.2461	1.0061	0.2464
0.5144	0.07	0.9876	0.2613	0.9956	0.2634	1.0033	0.2655	1.0064	0.2663	1.0080	0.2667	1.0095	0.2671
0.5318	0.08	0.9907	0.2802	0.9984	0.2824	1.0063	0.2846	1.0096	0.2856	1.0113	0.2860	1.0130	0.2865
0.5477	0.09	0.9939	0.2982	1.0014	0.3004	1.0093	0.3028	1.0128	0.3038	1.0147	0.3044	1.0166	0.3050
0.5623	0.10	0.9973	0.3154	1.0046	0.3177	1.0125	0.3202	1.0162	0.3214	1.0182	0.3220	1.0202	0.3226
0.5759	0.11	1.0009	0.3320	1.0080	0.3343	1.0159	0.3369	1.0196	0.3382	1.0217	0.3389	1.0238	0.3396
0.5886	0.12	1.0048	0.3481	1.0116	0.3504	1.0194	0.3531	1.0230	0.3544	1.0253	0.3552	1.0275	0.3559

续表

Re_D		2×10^4		3×10^4		5×10^4		7×10^4		1×10^5		$1\times10^6-2\times10^6$	
β	β^4	α_0	$\beta^2\alpha_0$	α_0	$\beta^2\alpha_0$	α_0	$\beta^2\alpha_0$	α_0	$\beta^2\alpha_0$	α_0	$\beta^2\alpha_0$	α_0	$\beta^2\alpha_0$
0.6005	0.13	1.0088	0.3637	1.0153	0.3661	1.0230	0.3689	1.0266	0.3702	1.0290	0.3710	1.0312	0.3718
0.6117	0.14	1.0129	0.3790	1.0192	0.3814	1.0267	0.3842	1.0303	0.3855	1.0328	0.3864	1.0350	0.3873
0.6223	0.15	1.0173	0.3940	1.0234	0.3964	1.0305	0.3991	1.0341	0.4005	1.0366	0.4015	1.0388	0.4023
0.6325	0.16	1.0219	0.4088	1.0276	0.4110	1.0345	0.4138	1.0390	0.4152	1.0405	0.4162	1.0427	0.4171
0.6421	0.17	1.0266	0.4233	1.0321	0.4255	1.0386	0.4282	1.0420	0.4296	1.0445	0.4307	1.0467	0.4316
0.6414	0.18	1.0315	0.4376	1.0367	0.4398	1.0428	0.4424	1.0461	0.4438	1.0486	0.4449	1.0507	0.4458
0.6602	0.19	1.0366	0.4518	1.0415	0.4540	1.0472	0.4565	1.0503	0.4578	1.0527	0.4589	1.0547	0.4597
0.6687	0.20	1.0418	0.4659	1.0464	0.4680	1.0517	0.4703	1.0548	0.4716	1.0569	0.4727	1.0589	0.4736
0.6769	0.21	1.0472	0.4799	1.0515	0.4819	1.0663	0.4841	1.0590	0.4858	1.0612	0.4863	1.0631	0.4872
0.6849	0.22	1.0528	0.4938	1.0567	0.4956	1.0611	0.4977	1.0636	0.4989	1.0650	0.4998	1.0674	0.5007
0.6925	0.23	1.0586	0.5077	1.0621	0.5094	1.0660	0.5112	1.0682	0.5123	1.0701	0.5132	1.0718	0.5140
0.6999	0.24	1.0645	0.5215	1.0677	0.5231	1.0710	0.5247	1.0730	0.5257	1.0746	0.5264	1.0762	0.5272
0.7071	0.25	1.0706	0.5353	1.0734	0.5367	1.0763	0.5382	1.0779	0.5390	1.0793	0.5397	1.0807	0.5404
0.7441	0.26	1.0769	0.5491	1.0792	0.5503	1.0816	0.5515	1.0830	0.5522	1.0841	0.5528	1.0854	0.5534
0.7208	0.27	1.0833	0.5629	1.0853	0.5639	1.0871	0.5649	1.0881	0.5654	1.0890	0.5659	1.0901	0.5664
0.7274	0.28	1.0899	0.5767	1.0914	0.5775	1.0928	0.5783	1.0934	0.5786	1.0941	0.5789	1.0949	0.5794
0.7338	0.29	1.0966	0.5905	1.0976	0.5911	1.0985	0.5916	1.0989	0.5918	1.0993	0.5920	1.0999	0.5923
0.7401	0.30	1.1035	0.6044	1.1039	0.6046	1.1043	0.6049	1.1045	0.6050	1.1046	0.6050	1.1049	0.6052
0.7462	0.31	1.1106	0.6184	1.1105	0.6183	1.1102	0.6181	1.1101	0.6181	1.1101	0.6181	1.1101	0.6181
0.7521	0.32	1.1179	0.6324	1.1173	0.6320	1.1164	0.6315	1.1159	0.6313	1.1106	0.6311	1.1154	0.6310
0.7579	0.33	1.1253	0.6464	1.1241	0.6458	1.1225	0.6448	1.1218	0.6444	1.1214	0.6442	1.1208	0.6439
0.7636	0.34	1.1329	0.6606	1.1312	0.6596	1.1290	0.6583	1.1279	0.6577	1.1272	0.6573	1.1264	0.6568
0.7692	0.35	1.1407	0.6748	1.1384	0.6735	1.1355	0.6718	1.1341	0.6709	1.1332	0.6704	1.1321	0.6698
0.7746	0.36	1.1486	0.6892	1.1457	0.6874	1.1423	0.6854	1.1406	0.6844	1.1394	0.6836	1.1379	0.6827
0.7799	0.37	1.1567	0.7036	1.1532	0.7015	1.1493	0.6991	1.1472	0.6978	1.1457	0.6969	1.1439	0.6958
0.7851	0.38	1.1650	0.7182	1.1609	0.7156	1.1564	0.7129	1.1540	0.7114	1.1523	0.7103	1.1501	0.7090
0.7903	0.39	1.1734	0.7328	1.1688	0.7290	1.1636	0.7267	1.1609	0.7250	1.1590	0.7238	1.1506	0.7223
0.7953	0.40	1.1821	0.7476	1.1768	0.7443	1.1711	0.7407	1.1680	0.7870	1.1660	0.7374	1.1630	0.7356
0.8002	0.41	1.1909	0.7615	1.1851	0.7588	1.1788	0.7548	1.1754	0.7526	1.1732	0.7512	1.1698	0.7490

附表 7-6 光滑管的相对粗糙度的允许值

角 接 取 压 孔 板

β	0.3	0.32	0.34	0.36	0.38	0.40	0.45	0.50	0.6	0.7	0.8
β^2	0.0900	0.1024	0.1156	0.1296	0.1444	0.1600	0.2025	0.2500	0.3600	0.4900	0.6400
β^4	0.0081	0.0105	0.0134	0.0168	0.0209	0.0256	0.0410	0.0625	0.1296	0.2401	0.4096
$10^4 \times \dfrac{k_c}{D}$	25	18.1	12.9	10.0	8.3	7.1	5.6	4.9	4.2	4.0	3.9

喷 嘴

β	0.35	0.36	0.38	0.40	0.42	0.44	0.46	0.48	0.50	0.60	0.70	0.77	0.80
β^2	0.1225	0.1296	0.1444	0.1600	0.1764	0.1936	0.2116	0.2304	0.2500	0.3600	0.4900	0.5929	0.6400
β^4	0.0150	0.0168	0.0209	0.0256	0.0311	0.0375	0.0448	0.0531	0.0625	0.1296	0.2401	0.3515	0.4096
$10^4 \times \dfrac{k_c}{D}$	25	18.6	13.5	10.6	8.7	7.5	6.7	6.1	5.6	4.5	4.0	3.9	3.9

附表 7-7 标准节流装置适用范围

标准节流装置	适用范围			
	β	Re_D	D/mm	d/mm
标准孔板角接取压	0.23～0.45 0.45～0.77 0.77～0.80	5000～10⁸ 10000～10⁸ 2×10⁴～10⁸	50～1000	≥12.5
标准孔板法兰取压	0.20～0.75	5000～10⁸	50～760	≥12.5
标准喷嘴角接取压	0.44～0.8 0.3～0.44	2×10⁴～10⁷ 7000～10⁷	50～500	

附表 7-8 常用金属材料的线膨胀系数

温度范围 ℃ ×10⁶ ℃ 材质	20～100	20～200	20～300	20～400	20～500	20～600
A3 钢	11.75	12.41	13.45	13.60	13.85	13.90
A3F、B3 钢	11.5					
10 号钢	11.60	12.60		13.00		14.60
20 号钢	11.16	12.12	12.78	13.38	13.93	14.38
45 号钢	11.59	12.32	13.09	13.71	14.18	14.67
不锈钢						
1Cr13 和 2Cr13	10.50	11.00	11.50	12.00	12.00	
Cr17	10.00	10.00	10.50	10.50	11.00	
12CrMoV	10.3	11.79	12.35	12.80	13.20	13.65
10CrMo910	12.50	13.60	13.60	14.00	14.40	14.70
Cr6SiMo	11.50	12.00		12.50		13.00

续表

温度范围 ℃ × 0⁶ ℃ 材质	20～100	20～200	20～300	20～400	20～500	20～600
X20CrMoWV121 和 X20CrMoV121	10.80	11.20	11.60	11.90	12.10	12.30
1Cr18Ni9Ti	16.60	17.00	17.20	17.50	17.90	18.20
普通碳钢	10.60～12.20	11.30～13.00	12.90～13.90	12.00～13.00		13.50～14.30
工业用铜	16.60～17.10	17.10～17.20	17.60	18.00～18.10		18.60
红 铜	17.20	17.50	17.90			
黄 铜	17.80	18.80	20.90			

附表 7-9 角接取压标准孔板的流速膨胀系数 ε 值

β^4 \ p_2/p_1	1.0000	0.9600	0.9200	0.8500	0.7500
\multicolumn{6}{c}{$k=1.20$}
0.00	1.0000	0.9815	0.9798	0.9463	0.9126
0.10	1.0000	0.9832	0.9578	0.9417	0.9051
0.20	1.0000	0.9819	0.9662	0.9871	0.8876
0.30	1.0000	0.9806	0.9627	0.9325	0.8901
0.40	1.0000	0.9792	0.9602	0.9278	0.8826
0.41	1.0000	0.9791	0.9599	0.9274	0.8819
\multicolumn{6}{c}{$k=1.30$}
0.00	1.0000	0.9356	0.9724	0.9499	0.9285
0.10	1.0000	0.9814	0.9700	0.9456	0.9112
0.20	1.0000	0.9812	0.9677	0.9418	0.9042
0.30	1.0000	0.9819	0.9653	0.9870	0.8972
0.40	1.0000	0.9807	0.9629	0.9327	0.8902
0.41	1.0000	0.9886	0.9627	0.9323	0.8895
\multicolumn{6}{c}{$k=1.40$}
0.00	1.0000	0.9856	0.9742	0.9531	0.9232
0.10	1.0000	0.9854	0.9720	0.9491	0.9100
0.20	1.0000	0.9843	0.9698	0.9450	0.9100
0.30	1.0000	0.9884	0.9676	0.9410	0.9034
0.40	1.0000	0.9820	0.9653	0.9370	0.8968
0.41	1.0000	0.9849	0.9651	0.9366	0.8961
\multicolumn{6}{c}{$k=1.66$}
0.00	1.0000	0.9865	0.9779	0.9597	0.9335
0.10	1.0000	0.9878	0.9760	0.9592	0.9278

续表

p_2/p_1 β^4	1.0000	0.9600	0.9200	0.8500	0.7500
$k=1.66$					
0.20	1.0000	0.9880	0.9741	0.9527	0.9221
0.30	1.0000	0.9888	0.9722	0.9493	0.9164
0.40	1.0000	0.9840	0.9703	0.9458	0.9107
0.41	1.0000	0.9815	0.9701	0.9455	0.9101

附表 7-10 标准喷嘴的流束膨胀系数 ε 值

p_2/p_1 β^4	1.00	0.96	0.92	0.85	0.75
$k=1.20$					
0.00	1.0000	0.9748	0.9491	0.9029	0.8349
0.10	1.0000	0.9712	0.9423	0.8913	0.8169
0.20	1.0000	0.9669	0.9341	0.8773	0.7970
0.30	1.0000	0.9313	0.9238	0.8602	0.7733
0.40	1.0000	0.9511	0.9105	0.8390	0.7448
0.41	1.0000	0.9532	0.9090	0.8366	0.7416
$k=1.30$					
0.00	1.0000	0.9787	0.9529	0.9100	0.8457
0.10	1.0000	0.9734	0.9466	0.8990	0.8294
0.20	1.0000	0.9693	0.9389	0.8859	0.8102
0.30	1.0000	0.9642	0.9292	0.8697	0.7875
0.40	1.0000	0.9575	0.9163	0.8495	0.7599
0.41	1.0000	0.9567	0.9154	0.8472	0.7569
$k=1.40$					
0.00	1.0000	0.9783	0.9562	0.9162	0.8558
0.10	1.0000	0.9753	0.9503	0.9058	0.8402
0.20	1.0000	0.9715	0.9430	0.8933	0.8219
0.30	1.0000	0.9667	0.9340	0.8780	0.8000
0.40	1.0000	0.9694	0.9223	0.8588	0.7733
0.41	1.0000	0.9596	0.9209	0.8566	0.7704
$k=1.66$					
0.00	1.0000	0.9817	0.9629	0.9288	0.8768
0.10	1.0000	0.9791	0.9578	0.9197	0.8629
0.20	1.0000	0.8759	0.9516	0.9088	0.8464
0.30	1.0000	0.9718	0.9438	0.8958	0.8265
0.40	1.0000	0.9664	0.9336	0.8783	0.8020
0.41	1.0000	0.9157	0.9324	0.8762	0.7993

第8章 气体成分分析

成分分析在工业生产及科学研究中具有广泛的用途,例如,在燃烧过程中,可以通过对烟气中的 O_2 或 CO_2 含量的分析来了解燃烧状况;在环境保护方面,分析排烟中 NO_x 含量,可以了解环境状况等。

本章仅介绍热工过程中常用的几种气体成分分析方法和仪表。

8.1 氧化锆氧量计

氧化锆氧量计是近 30 年发展起来的一种烟气氧含量分析测量仪表。它的特点是结构简单、灵敏度高、测量范围大、响应快,在烟气氧含量分析测量中得到广泛应用。

8.1.1 氧化锆测氧原理

氧化锆(ZrO_2)是一种固体电解质,具有离子导电特性。在常温下 ZrO_2 是单斜晶体,当温度升高到 1150℃时,晶体发生相变,由单斜晶体变为立方晶体;当温度下降时,相变又会反过来进行。ZrO_2 晶体中含有的氧离子空穴浓度很小,即使在高温下,虽然热激发会造成氧离子空穴,但其浓度仍十分有限,使得 ZrO_2 不足以作为良好的固体电解质。若在 ZrO_2 中掺入少量的其他低价氧化物,通常是氧化钙 CaO、氧化钇等,+2 价的钙离子 Ca^{2+} 会进入 ZrO_2 晶体而置换出 +4 价的锆离子 Zr^{4+},而在晶体中留下了一个氧离子空穴。空穴的多少与掺杂量有关。当温度上升到 800℃以上时,掺有 CaO 的 ZrO_2 便是一种良好的氧离子导体。本节讨论的氧化锆,便是这种掺入 CaO 的 ZrO_2 材料。

氧化锆测量含氧量的基本原理是利用所谓的"氧浓差电势",即在一块氧化锆两侧分别附上一个多孔的铂电极,并使其处于高温下。如果两侧气体中的含氧量不同,那么在两电极间就会出现电动势。此电动势是由于固体电解质两侧气体的含氧浓度不同而产生的,故叫氧浓差电势,这样的装置叫做氧浓差电池。

氧浓差电势产生的原理如图 8-1 所示。图中,氧浓差电池两侧分别为气体 1 和气体 2,氧浓度分别为 φ_1 和 φ_2,氧分压分别为 p_1 和 p_2。假定气体 1 中含氧量为零,即 $\varphi_1=0$,$p_1=0$。当含有氧气的气体 2 从一侧流过时,氧分子首先扩散到铂电极 2 表面吸附层内,在多孔铂电极中变成原子氧,然后扩散到固体电解质和电极界面上。由于固体电解质内有氧离子空穴,扩散来的氧原子便从周围捕获两个电子变成氧离子进入氧离子空穴,同时产生两个电子空穴。铂电极中自由电子浓度高且逸出功小,所以产生的两个电子空穴立即从铂电极 2 上夺取两个电子而达中和。当氧离子空穴被氧离子填充后,形成一个完整的晶格结构。由于电极 2 和固体电解质界面上氧离子空穴中氧离子浓度较高,在扩散作用下,进入氧离子空穴的氧离子还会跑出来,去填补更靠近电极 1 的氧离子空穴,空出来的位置又由新进入的氧离子所填补。这样,氧离子便很快移向了电极 1。最后将两个电子留在电极 1 上,还原成氧原子脱离电极 1。在整个过程中,气体 2 中的一个氧分子通过氧浓差电池进入气体 1,同时把电极 2 上的 4 个电子带到电极 1。电极 2 失去电子带正电,电极 1 得到电子带负电,形成氧浓差电势。

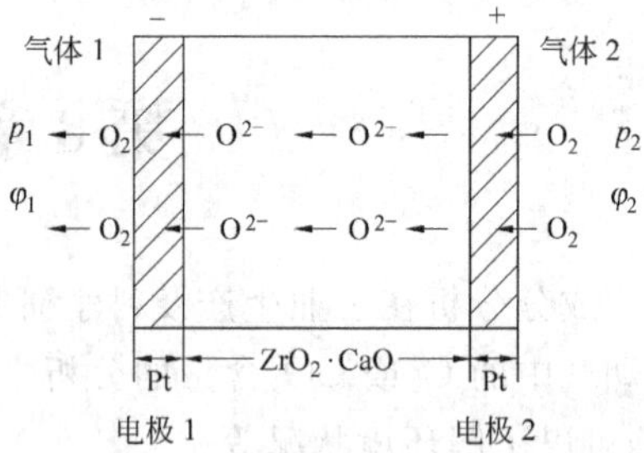

如果气体 1 的含氧量不为零,那么氧分子也会按同样的方式由气体 1 进入气体 2。设 $\varphi_1 < \varphi_2$,$p_1 < p_2$,则气体 2 中氧分子自由能大,氧分子进入气体 1 一侧的多。总体来看,氧分子仍然是由气体 2 流向气体 1,电极 2 带正电,电极 1 带负电。

图 8-1 氧浓差电势产生原理图

氧浓差电势的大小由能斯特(Nerenst)方程给出

$$E = \frac{RT}{nF} \ln \frac{p_2}{p_1} \tag{8-1}$$

式中 E——氧浓差电势(V);
  F——法拉第常数,为 96487C/mol;
  R——理想气体常数,为 8.314 J/(mol·K);
  T——热力学温度(K);
  n——一个氧分子从正电极带到负电极的电子数,$n=4$。

实际应用中,取空气做气体 2,其含氧量 φ_2 和氧分压 p_2 固定不变。气体 1 即被分析的气体。如果被分析的气体和参比气体(空气)的总压均为 p,则式(8-1)可写成

$$E = \frac{RT}{nF} \ln \frac{p_2/p}{p_1/p} \tag{8-2}$$

在混合气体中,某气体组分的分压力与总压力之比等于该组分的体积浓度,即

$$\varphi_1 = p_1/p, \quad \varphi_2 = p_2/p$$

代入式(8-2),可得

$$E = \frac{RT}{nF} \ln \frac{\varphi_2}{\varphi_1} \tag{8-3}$$

将 R,n,φ_2(空气 $\varphi_2=20.8\%$)代入式(8-3),并将自然对数变成常用对数,可得

$$E = -T(0.0338 + 0.0496\lg\varphi_1) \quad (\text{mV}) \tag{8-4}$$

由上式可见:

① 在温度 T 一定时,氧浓差电势 E 与被测气体含氧量 φ_1 成单值关系。但这个关系是非线性的,故二次仪表的刻度也是非线性的。在把氧量信号作为调节信号时,需要将其线性化。

② 氧浓差电势与温度有关,在测量系统中必须采用恒温措施或对温度变化带来的误差进行补偿。为保证一定的灵敏度,应使工作温度在 600℃以上。由于 ZrO_2 的烧结温度为 1200℃,故工作温度不能超过 1150℃。此外,温度过高会产生燃料电池效应,使输出增大。

③ 式(8-4)是在参比气体和被测气体总压相等的条件下得出的,在使用中应保持二者相等且不变。

8.1.2 氧化锆氧量计的测量系统

1. 氧化锆管

氧化锆管是测氧计的发送器,有封头式和无封头式两种,如图 8-2 所示。两个铂电极分别附在内、外壁上,并用铂丝作为电极引出线。对氧化锆管的要求是性能稳定、复制性好、孔隙小、纯度高等。铂电极应牢固地附着在氧化锆管的管壁上,且具有多孔性。

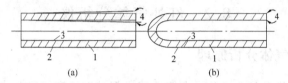

图 8-2 氧化锆管结构
(a) 无封头式; (b) 封头式
1—氧化锆管; 2—外铂电极; 3—内铂电极; 4—电极引出线

2. 补偿式测量系统

为得到氧浓差电势与被测含氧量的单一关系,方法之一就是在测量系统中加入温度补偿回路对温度的变化进行补偿。

工作时,氧化锆管直接装在温度约为 650~760℃ 处,插入深度 1.5m 左右,以满足氧化锆工作温度的要求。表 8-1 列出了在 700~800℃ 范围内氧浓差电势与温度的关系(在含氧量为 2% 时),以及在此温度范围内 K 型热电偶的热电势随温度的变化。可见,氧浓差电势和 K 型热电偶的热电势随温度的变化基本相等,二者之差基本与温度无关,由此可得到一种最简单的补偿系统,如图 8-3 所示。

表 8-1 氧化锆氧浓差电势和 K 型热电偶热电势随温度变化的情况

温度/℃	氧浓差电势/mV	热电势/mV	差值/mV
700	48.88	29.13	19.75
720	49.89	29.97	19.92
740	50.89	30.81	20.08
760	51.90	31.64	20.26
780	52.90	32.46	20.44
800	53.91	33.29	20.62

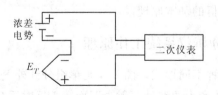

图 8-3 最简单的补偿式测量系统

在氧化锆管内装一只 K 型热电偶,使氧化锆输出的氧浓差电势和 K 型热电势反向串联,然后送至二次仪表。由表 8-1 可见,在 700℃时,二次仪表输入为 19.75mV,如果此时二次仪表指示为准确值(2%),那么当温度变到 800℃时,二次仪表输入为 20.62mV,指示值下降为 1.92%(因为随被测含氧量增大,浓差电势减小)。这种方法,虽不能完全补偿,但系统简单,在工业上应用很广。如要更精确地进行补偿,可采用更复杂的电路结构或恒温装置。

8.2　红外气体分析仪

8.2.1　红外气体分析原理

根据红外理论,许多化合物分子在红外波段都具有一定的吸收带。吸收带的强弱及所在的波长范围由分子本身的结构决定。只有当物质分子本身固有的振动和转动频率与红外光谱中某一波段的频率相一致时,分子才能吸收这一波段的红外辐射能量,将吸收到的红外辐射能转变为分子振动动能和转动动能,使分子从较低的能级跃迁到较高的能级。实际上,每一种化合物的分子并不是对红外光谱范围内任意一种波长的辐射都具有吸收能力,而是有选择性地吸收某一个或某一组特定波段内的辐射。这个特定的波段就是分子的特征吸收带。气体分子的特征吸收带主要分布在 $1\sim25\mu m$ 波长范围内的红外区。特征吸收带对某一种分子来说是确定的,如同"物质指纹"。通过对特征吸收带及其吸收光谱的分析,可以鉴定识别分子的类型;也可以通过测量这个特征带所在的一个窄波段的红外辐射的吸收情况,得到待测组分的含量。

对于一定波长的红外辐射的吸收,其强度与待测组分浓度间的关系可以由贝尔定律来描述

$$E = E_0 e^{-\kappa_\lambda cl} \tag{8-5}$$

式中　E——透射红外辐射的强度;

E_0——入射红外辐射的强度;

κ_λ——待测组分对波长为 λ 的红外辐射的吸收系数;

c——待测组分的物质的量浓度;

l——红外辐射穿过的待测组分的长度。

由式(8-5)可见,当红外辐射穿过待测组分的长度和入射红外辐射的强度一定时,由于 κ_λ 相对于某一种特定的待测组分是常数,透过的红外辐射强度仅仅是待测组分物质的量浓度的单值函数。所以,通过测定透射的红外辐射强度,可确定待测组分的浓度。此为利用红外技术进行气体分析的基本原理。

8.2.2　红外气体分析仪系统工作原理

红外气体分析仪有多种不同形式。图 8-4 是单组分红外气体分析仪系统的基本工作原理图。图中,红外光源 2 产生的红外辐射由凹面镜 1 反射后会聚成平行的红外光,一束通过样品气室 6,另一束通过参考气室 5,然后再经过聚光器 8 投射到红外探测器 9 上。聚光器与气室之间有一干涉滤光片 7,它只允许某一窄波段的红外辐射通过,该波段的中

心波长选取待测组分特征吸收带的中心波长。例如,若待测组分是CO,它在中近红外光谱区有一个以 $4.65\mu m$ 为中心的特征吸收带,故可选择这个带中的一个窄波段进行红外辐射测量。分析仪中选用的干涉滤光片,只允许中心波长为 $4.65\mu m$ 的一个窄波段内(如 $4.5\sim 5.0\mu m$)的红外光通过,红外探测器所接收的也仅仅是这个窄波段内的红外辐射。在红外光源与气室之间,有一只切光片3,如图8-5所示。切光片由同步电机4带动。适当地安排样品室、参考气室与切光片之间的相对位置,使得红外辐射在切光片的作用下,轮流通过样品气室和参考气室。红外探测器交替地接收通过样品气室的红外辐射和通过参考气室的红外辐射。

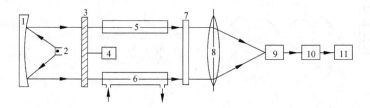
图 8-4　单组分红外气体分析仪原理示意图

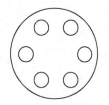
图 8-5　切光片

1—反射镜；　2—红外光源；　3—切光片；　4—马达；　5—参考气室；　6—样品气室；
7—干涉滤光片；　8—聚光镜；　9—红外探测器；　10—信号放大器；　11—显示器

　　参考气室内封有不含待测组分的气体。例如,分析烟气中CO含量时,参考气室中可封入 N_2。样品气室中通以被分析的混合气体样品。当被分析的混合气体尚未进入样品气室时,两气室中均无待测组分,红外辐射不会在选定的窄波段上被吸收。因此,红外探测器上交替接收到的红外辐射通量相等,探测器只有直流响应,交流选频放大器10输出为零。如果样品气室中通以含有待测组分的混合气体,由于待测组分在其特征吸收带上对红外辐射的吸收作用,使通过样品气室的红外辐射被吸收掉一部分,吸收程度取决于待测组分在混合气体中的浓度。这样,通过样品气室和参考气室的两束红外辐射的通量不再相等,红外探测器接收到的是变化的红外辐射,交流选频放大器输出信号不再为零。经过适当标定,可以根据输出信号的大小推测待测组分的浓度。

　　多组分红外气体分析仪与单组分分析仪的原理基本相同,其关键是信号的分离技术以及对信号间相关干扰的处理。图8-6是一种同时测定3种组分的红外气体分析仪原理示意图。图中,红外辐射源所产生的平行红外辐射光束,通过切光器、样品室被红外探测器接收。切光器上布置有6个气室。如果被分析的混合气体由3种待测组分 A,B,C 组成,那么切光器上的3个气室 R_a,R_b,R_c 分别是组分 A,B,C 的参考气室。参考气室的窗口分别安装对组分 A,B,C 无吸收作用的滤光片,室内则充以浓度为100%的相应待测组分。另外3个气室 S_a,S_b,S_c 分别是相应于 A,B,C 3种组分的分析室, S_a,S_b,S_c 中分别充有一定浓度的 B,C 组分； A,C 组分和 A,B 组分。样品室中通入被分析的混合气体。电动机带动切光器转动,红外探测器就出现6个波峰, R_a 和 S_a 峰是相应于 A 组分的参考峰和分析峰, R_b 和 S_b 峰与组分 B 相对应, R_c 和 S_c 峰则与组分 C 相对应。小灯泡和光敏二极管给放大器提供同步信号,使分离器按程序将3组信号分开并各自相减,分别在3个放大器上得到相应于待测组分 A,B,C 各自浓度的信号。

严格地讲,贝尔定律只适合于描述在某一波长上红外辐射的吸收。在红外气体分析仪中,测量得到的是在某一窄波段内红外辐射的吸收。这种情况比原理上的贝尔定律所描述的红外辐射吸收与待测组分浓度之间的关系复杂得多。因此,红外气体分析仪测定的红外辐射吸收与待测组分浓度之间的关系必须通过实际标定来确定。

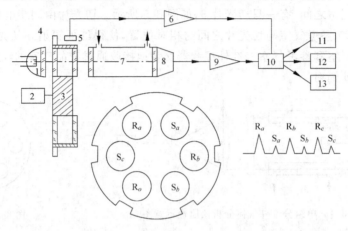

图 8-6　3 组分红外气体分析仪原理示意图

1—红外光源；　2—马达；　3—切光片；　4—光源；　5—光电二极管；　6—放大器；
7—样品室；　8—红外探测器；　9—信号放大器；　10—分离器；　11—IZ；　13—显示器

红外气体分析仪除了对单原子气体(如 He,Ne,Ar 等)和双原子气体同核分子(如 O_2,N_2,H_2 等)不能分析外,其他具有偶极矩的气体分子都可以分析。此外,它还具有精度高、灵敏度高、反应迅速等独特的优点。

8.3　气相色谱分析仪

8.3.1　概述

色谱分析仪是一种多组分的分析仪器,具有灵敏度高、分析速度快、应用范围广等特点,能够完成过去只能由红外分光光谱仪及质谱仪完成的分析任务。但结构却比后两者简单,价格也较便宜。

色谱分析方法是一种混合物的分离技术,与检测技术配合,可以对混合物的各组分进行定性或定量分析。色谱分析的基本原理是:使被分析样品在"流动相"的推动下流过"色谱柱"(内装填充物,称固定相),由于样品中各组分在流动相和固定相中分配情况不同,它们从色谱柱中流出的时间不同,从而达到分离不同组分的目的。

根据固定相和流动相的状态,色谱分析可分为气相色谱和液相色谱。前者用气体作流动相,后者用液体作流动相。固定相也可有两种状态,即固体或液体。前者是利用固体固定相对不同组分吸附性能的差别,后者则是利用不同组分在液体固定相中的溶解度的差别。烟气成分分析用色谱仪的流动相常用气体,固定相用固体颗粒,即所谓气-固色谱。本节仅讨论气相色谱分析技术。

8.3.2 色谱流出曲线及有关术语

被分析的样品在作为流动相的载气的推动下通过色谱柱的情况如图 8-7 所示。

载气不被固定相吸附或溶解,而样品中被测组分可被固定相吸附或溶解,但各组分被吸附或溶解的多少不同。现考虑其中某一组分在色谱柱中的流动过程。图 8-7 中,色谱柱流出端的检测器用来检测该组分的浓度,将其转变成电信号输出。从某一时刻 t 开始,样品处于色谱柱始端,在载气的不断推动下,样品在色谱柱中流动,检测器记录下一条随时间变化的曲线。这条曲线叫做色谱流出曲线,它反映了该组分从色谱柱流出的浓度与时间的关系。典型的色谱流出曲线是单峰对称曲线,如图 8-8 所示。色谱流出曲线是进行定性定量分析的基础。

图 8-7 色谱法基本流程

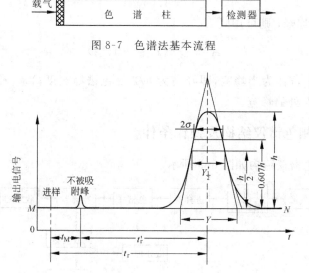

图 8-8 典型色谱流出曲线

为了便于进行分析,一般取如下一些特征参数来描述图 8-8 所示的曲线:

1. 基线

图 8-8 中 MN 线称为基线,它是在色谱柱没有被测组分流出时检测器的输出线。基线应该是一条平稳的直线,它反映了在实验操作条件下检测系统的稳定性。

2. 保留时间

表示组分在色谱柱中的滞留时间,是进行定性分析的基础,可用如下几个参数表示:

① 死时间 t_M,指不被固定相吸附的气体从进样开始到柱后出现浓度最大值所需的时间,t_M 反映色谱柱中空隙体积的大小。

② 保留时间 t_r,指被测组分从进样开始到柱后出现浓度最大值所需的时间。在操作条件不变时,同一组分的保留时间相同。保留时间具有足够的差别,是各组分得以分离的必要条件。

③ 校正保留时间 t'_r,扣除死时间的保留时间称为校正保留时间,

$$t'_r = t_r - t_M \tag{8-6}$$

t_M，t_r 和 t'_r 的大小与操作条件有关，操作条件改变，上述保留值将改变。

④ 相对保留时间 r，指被测组分与标准组分的校正保留时间之比。

$$r = \frac{t'_r}{t'_{rs}} = \frac{t_r - t_M}{t_{rs} - t_M} \tag{8-7}$$

式中，保留时间 t_{rs}，t'_{rs} 分别为标准组分的保留时间和校正保留时间。

相对保留时间 r 的大小与操作条件无关。

3. 峰宽、峰高、峰面积

峰高 h 即色谱流出曲线最高点的纵坐标；峰宽 Y 为自色谱峰两侧拐点作两条切线，与基线相交的两点间的距离；峰面积 A 是定量分析的主要依据。可用积分仪直接测定（各组分的色谱峰完全分离时），亦可计算得到。如果是对称峰，可用式

$$A \approx 1.065 h Y_{1/2} \tag{8-8}$$

计算，如果是非对称峰，则可用式

$$A \approx \frac{1}{2} h (Y_{0.15} + Y_{0.85}) \tag{8-9}$$

计算。以上二式中，$Y_{1/2}$ 为半峰宽，即峰高为 $h/2$ 处色谱峰宽度；$Y_{0.15}$ 和 $Y_{0.85}$ 分别是峰高为 $0.15h$ 和 $0.85h$ 处的峰宽。

8.3.3 气相色谱仪结构及操作条件

典型的气相色谱仪结构如图 8-9 所示。

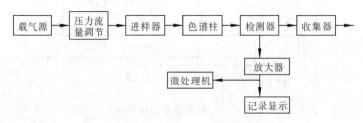

图 8-9 气相色谱典型流程图

1. 载气系统

包括载气源及压力流量调节器。载气应不被固定相吸附或溶解，通常用氦气、氢气、氮气等。

2. 进样系统

进样需在时间和体积上集中，即在瞬时内进样完毕。如果样品为液体，则进样系统还应包括气化器，把液态样品变成气态，再随载气进入色谱柱。对于工业用色谱仪，还要求能自动取样，故需进样的控制设备，使每隔一定时间进样一次。

3. 色谱柱

色谱柱管所用材料应对样品无吸附性，不起化学反应。常用的有玻璃管、不锈钢管、铜管等。形状多为 U 形或螺旋形。

固定相应根据被测组分进行选择。在气固色谱中，常用石墨化炭黑、分子筛、硅和多

孔性高分子微球等。在气液色谱中,常用液体石蜡、甘油、聚乙二醇等,并用所谓"担体"来支持固定液以扩大固定液的表面积。常用的担体有硅藻土型、四氟乙烯和玻璃。

色谱柱的温度是影响分离度的一个重要因素,一般使柱温在组分沸点附近可得到最好的效果,故色谱柱应采取恒温措施。但对于各组分沸点相差很远的情况,恒定的温度难以满足各组分的要求,这时最好采取程序升温技术,先采用低柱温,然后按一定程序升温,这样就能使低沸点的组分在低柱温下得到良好的分离,随着温度的升高,高沸点组分也能较好地分离出来。

4. 检测器与检测系统

检测系统包括检测器、放大器、显示记录器。

检测器可分为浓度型和质量型两种,前者的输出 V_i 与组分在载气中的浓度 C_i 成正比,故其灵敏度定义为

$$S_i = V_i/C_i \quad (\text{mV} \cdot \text{mL/mg}) \tag{8-10}$$

后者的输出 V_i 与组分质量成正比,其灵敏度定义为

$$S_i = V_i/(C_iQ) \quad (\text{mV} \cdot \text{s/mg}) \tag{8-11}$$

式中 Q 为载气流量,单位为 mL/s。

(1) 热导池检测器

热导池检测器属浓度型,其结构如图 8-10 所示。检测器有两个室——参比室和测量室。参比室通以纯载气,而色谱柱流出的气体通过测量室。参比室和测量室内分别置入阻值相等的热电阻(钨丝或铂丝)R_3 和 R_1,并将其作为电桥的相邻两臂。电桥另两臂为固定电阻 R_2 和 R_4。由于流过 R_3 和 R_1 的气体不同,故二者的散热情况不同。散热的差别取决于载气与色谱柱流出气体导热系数的差别,而色谱柱流出气体的导热情况又取决于它所含被测组分的浓度。于是,随着被测组分浓度的变化,R_1 的阻值发生变化,电桥输出的毫伏信号亦发生相应的变化。

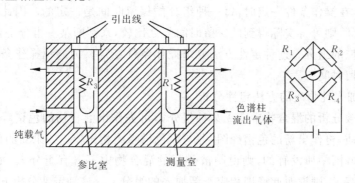

图 8-10 热导池检测器结构原理图

为提高仪器的灵敏度,可采用双臂测量桥路,即把 R_2 和 R_4 也分别置于参比室和测量室内。这样灵敏度可提高一倍。

热导池检测器是一种通用型检测器,几乎对所有组分都具有灵敏度,且简单可靠,故应用十分广泛。

(2) 氢火焰电离检测器

氢火焰电离检测器是一种专用质量型检测器,用于分析碳氢化合物组分,具有很高的灵敏度。其原理如图 8-11 所示。带有样品的载气与纯氢气混合进入检测器,从喷气口喷出。点火丝通电,点燃氢气。碳氢化合物在燃烧中产生离子和电子,其数目随碳氢化合物所含碳原子数目的增大而增大。在火焰周围的电极间加有 100~300V 的电压。在此电场的作用下,离子和电子沿不同方向运动,形成电流,其大小即反映了被测组分的浓度。

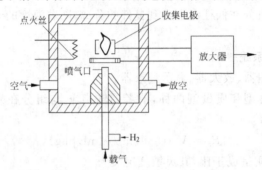

图 8-11 氢火焰电离检测器原理图

氢火焰电离检测器的灵敏度比热导池检测器高很多,但对 CO,CO_2 却几乎没有灵敏度,如果需用它分析 CO 和 CO_2,需先经转化炉将它们转化为 CH_4 再进行测量。

8.3.4 定性和定量分析

1. 定性分析

定性分析是指根据色谱峰图确定被分析的混合物中含有何种物质。常用的定性分析方法有两种:

(1) 利用保留时间定性分析

实验证明,在操作条件一定时,每一种组分的保留时间是一定的。因此,如果已知各组分的保留时间,则可将实际得到的保留时间与之比较,来判断某一组分是否存在以及每个色谱峰所对应的组分。这种定性方法要求操作条件稳定。为避免操作条件的影响,可以利用相对保留时间。

(2) 利用加入纯物质的方法定性分析

要想判断被分析的混合物中有无某种组分 i,可先作出混合物的色谱峰图,然后加入该组分的纯物质,再作出新的色谱峰图,并与原色谱峰图相比较。如果新的色谱峰图中有一峰是原色谱峰图中所没有的,则说明被分析的混合物中不含有组分 i。如果原色谱峰图中某一峰增高了,则说明此峰即相应于新加入的组分 i。这种定性分析方法简单,对操作条件的稳定性要求不高,但是如果对被分析的混合物的组成一无所知,用此定性方法较为麻烦。

利用色谱仪对被测组分进行定性分析尚没有一个迅速而准确的方法。如果被分析样品中组分较多,且无法估计,则需借助于其他方法进行定性。

2. 定量分析

定量分析的一个主要困难是色谱仪对于各种不同的组分具有不同的灵敏度,故在具

体计算前,需要进行校正,为此引进绝对校正因子 f'_i

$$f'_i = x_i/A_i \tag{8-12}$$

式中　x_i——混合物中第 i 组分的含量;

　　　A_i——该组分相对应的色谱峰面积。

因为各种组分 f'_i 不同,故在定量计算时必须首先确定。但 f'_i 受操作条件影响较大,故常用相对校正因子 f_i

$$f_i = f'_i/f'_s \tag{8-13}$$

式中　f'_s 为某种标准物质 s 的绝对校正因子。

因为组分含量 x_i 可用质量、体积或物质的量表示,故校正因子也有相应的表示方法。常用物质的校正因子,可查阅有关手册,也可由实验测定得到。

进行定量计算,常用如下 3 种方法:

(1) 归一化法

如果样品中有 n 种组分,则 i 组分的百分含量为

$$x_i\% = \frac{A_i f_i}{\sum_{j=1}^{n} A_j f_j} \times 100\% \tag{8-14}$$

归一化法的优点是简便、准确、受操作条件影响较小。缺点是对样品中全部组分都要测定其校正因子和峰面积,故在分析时需使各种组分全部流出,使用中受到一定限制。

(2) 内标法

在一定量的试样中,加入一定质量 M_a 的内标物,当出现代表被测组分和内标物的两个色谱峰时,即可进行定量计算。

记试样总质量为 M,因为

$$\frac{M_i}{M_a} = \frac{A_i f_i}{A_a f_a}$$

则

$$M_i\% = \frac{M_i}{M} \times 100\% = \frac{A_i f_i M_a}{A_a f_a M} \times 100\% \tag{8-15}$$

在工业控制分析中,每次可取同样量的试样,并加入恒定量的内标物,这时式(8-15)中,$f_i M_a/f_a M$ 为常数,故 $M_i\%$ 与 A_i/A_a 成正比。可以预先做出表示两者关系的标准曲线,即可方便地求出被测组分的含量。

(3) 定量进样校正曲线法

把被测各组分的纯样品配成不同浓度的标准试样,通过实验绘出图 8-12 所示的标准曲线。这些曲线,在理论上应为通过原点的直线。

在分析样品时,先计算峰面积,然后由定量校正曲线查出其百分含量。这种方法,不需要内标物,也不需要测定校正因子。但在测量中应保持操作条件稳定,并定时对标准曲线进行校正。

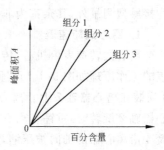

图 8-12　定量进样校正曲线

第9章 动力机械的转速、转矩和功率测量

转速、转矩和功率是描述动力机械运转状况的关键数据,是表征各种动力机械性能的重要技术参数。广泛应用于国民经济各部门的设备,如机动车辆、舰船、飞机、汽轮机、水轮机、水泵、通风机、发电机、电动机等的工作能力和工作状况都与转速、转矩和功率存在紧密的联系,这些机器或设备的研制、试验和运转监测都需要对转速、转矩和功率等参数进行准确测量。人类科学技术的不断进步带动了动力机械的高速发展,同时也对其性能参数的测量提出了更高的要求。本章结合实际生产和试验室的使用条件介绍动力机械的转速、转矩和功率的测量原理和方法。

9.1 转速测量

动力机械的转速指单位时间内转轴的转数,常常以每分钟的转数值(r/min)表示。

9.1.1 转速测量仪器、仪表分类

测量转速的仪器、仪表称为转速表或测速仪。转速测量仪表一般有 3 个部件,即转速传感器、传动机构和测量机构。其中转速传感器直接与被测量的转轴连接在一起,感应或检定转轴的转速变化;传动机构起联系转速传感器和测量机构的作用,将传感器收集的信号以确定的关系送到测量装置;而转速表的测量机构则用于指示或记录转速的数值。

转速表或测速仪的种类很多,按照转速表的使用方式可分为固定式和便携式两类;按照转速传感器的工作原理可分为离心式、定时式、振动式、频闪式、光电式、磁电式及激光式等。

9.1.2 常用的转速测量仪表

适用于试验室或生产现场的转速测量仪表很多,现在常用的主要有离心式机械转速表、频闪测速仪、光电计数式转速仪、激光转速仪及磁电式转速仪等。除了离心式转速表为接触型测量外,其余都为非接触式测量仪表。

1. 离心式转速表

离心式转速表由机心、传动部件和指示器三部分构成,其中机心即转速传感器。转速表的工作原理如图 9-1。重锤 1 利用连杆 8 与活动套环 5 和固定套环 3 连接。固定套环 3 安装在离心器轴 2 上。离心器轴通过齿轮传动装置 6 从输入轴 7 获取待测转速。当离心器轴 2 旋转时,重锤在离心力作用下离开轴心,并拉动活动套环 5。活动套环将使得弹簧 4 沿离心器的轴向被压缩,活动套环的停留位置即连杆拉力的轴向分量与弹簧作用力相互平衡时所处的位置。即

$$F_e - ZQ_1\cos\alpha = 0 \tag{9-1}$$

其中　Q_1——连杆拉力，N；

　　　Z——重锤数；

　　　α——离心器轴与重锤连杆之间的夹角；

　　　F_e——弹簧的弹力，N，$F_e=kH$，k 为弹性常数，N/m，H 为弹簧压缩长度，m。

而连杆拉力与离心力 F_c 的关系为

$$F_c - 2Q_1 \sin\alpha = 0 \tag{9-2}$$

因为离心力 F_c 为

$$F_c = mr\left(\frac{\pi n}{30}\right)^2 \tag{9-3}$$

其中　m——重锤的质量，kg；

　　　r——重锤的质心到离心器表轴的距离，m；

　　　θ——离心器表轴轴心与重锤连杆之间的夹角。

则转速 n 与弹簧压缩长度 H 的关系为

$$n = \frac{30}{\pi}\sqrt{\frac{2kH\tan\alpha}{Zmr}} \tag{9-4}$$

活动套环的运动将经由传动机构 9 将转速变化传递给转速表的表盘指针 10。经过标定的离心式转速表可直接从指针的示值读出测量结果。

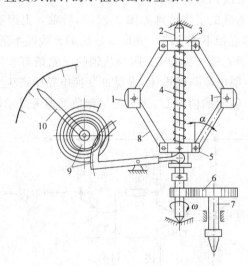

图 9-1　离心式转速表的工作原理

1—重锤；　2—离心器轴；　3—固定套环；　4—弹簧；　5—活动套环；

6—齿轮传动装置；　7—输入轴；　8—连杆；　9—传动机构；　10—表盘指针

2. 光电计数式转速仪

光电式转速传感器是利用光电元件（如光电池、光电管、光电阻等）对光的敏感性来测定转速的。光电式转速传感器由光电测速部分和脉冲变换电路组成，其测速光路有投射式和反射式两种。

投射式光电转速传感器的工作原理如图 9-2(a) 所示。通过装于旋转轴 1 上的开孔

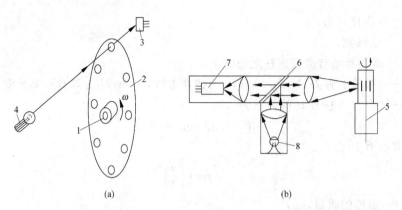

图 9-2　光电转速传感器原理
(a) 投射式；　(b) 反射式
1—轴；　2—转盘；　3—光敏三极管；　4—光源；　5—轴；　6—半透膜；　7—光敏三极管；　8—光源

圆盘(或齿盘)2 控制照射到光敏三极管 3 的光通量，从而在脉冲变换电路中产生脉冲信号来测定转轴的转速。此时脉冲电流的频率 f 与转轴转数 n 的关系是

$$f = nz/60 \tag{9-5}$$

其中 z 为圆盘上的开孔数或齿盘的齿数。

反射式光电转速传感器的工作原理如图 9-2(b)，转轴 5 上涂有相间的反光条与非反光条，所以要求被测轴的直径不能太小。光源 8 发出的光线经半透膜 6 反射到轴，再由轴反射回来经半透膜照射到光敏三极管 7。因为从轴的反光条与非反光条反射的光强度差异较大，三极管上将产生明电流与暗电流，在脉冲变换电路中产生脉冲信号。图 9-3 如示为一种脉冲变换电路图，输出的信号 U_{sc} 送至频率计数器即可显示转速值。

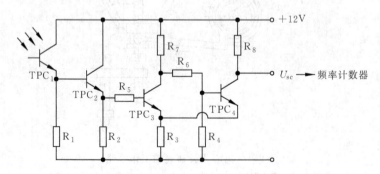

图 9-3　光电式转速仪的一种脉冲变换电路

3. 磁电式测速仪

如图 9-4 所示，磁电式测速仪的传感器主要由装有齿轮的转子 1、永磁铁 2 和绕组线圈 3 构成。当轴旋转时，转子与永磁铁之间的气隙磁阻作周期性变化，引起磁路中的磁通交变，从而在线圈中产生呈脉冲变化的电动势。线圈中的电信号频率与转轴转数的关系同式(9-1)。

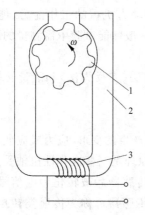
图 9-4 磁电式转速传感器的工作原理
1—转子；2—永磁体；3—线圈

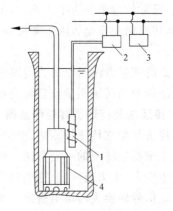
图 9-5 感应线圈法测量转速
1—线圈；2—磁电式检流计；
3—频率计；4—潜水泵

9.1.3 特殊场合的转速测量方法

对于在生产现场运行的一些动力机械,常常需要对它们的运转情况进行监测。如潜水泵、屏蔽泵等,它们工作时电动机和工作机直接连接在一起,被包容在一个机壳内,转动轴没有外露部分。而且更令人感到困难的是潜水泵工作时机器整体都淹没于水下,若采用常规方法根本无法测量其转速。这时可采用感应线圈法。

感应线圈法测量转速的原理如图 9-5 所示。在潜水泵 4 的电动机转轴附近设置一个带铁芯的线圈 1,线圈与灵敏的磁电式检流计 2 连接。电动机旋转时在该线圈中存在一定的漏磁通,而该磁通的变化将在线圈中产生感应电势,这一微电量使得检流计的指针发生偏转。同时由计时器测取检流计指针偏转若干次的时间,就可以测得每分钟内检流计指针的偏转次数 N。假设电动机的磁极对数为 P,则转差 $\Delta n = 2N/P$,电动机的实际转速 n 为

$$n = n_0 - \Delta n = n_0 - 2N/P \tag{9-6}$$

其中 n_0 为电动机的同步转速,由频率计 3 测出。

为提高对转差的检测精度,必须提高检流计对电动机转子漏磁通的灵敏性,尽量加大检流计指针的偏转幅度。因此除了使用灵敏度较高的检流计之外,通常还须选用匝数较多的感应线圈。感应线圈法测量转速的精度可达 0.5%。

9.2 转 矩 测 量

9.2.1 转矩测量方法及仪器、仪表分类

作用在机器上,使其部分元件产生旋转运动的力矩或力偶称为转矩。通常,机械元件在转矩作用下会发生扭转变形,所以转矩有时又被称为扭矩,用 T(torque) 表示。

由物理学的知识可知,力矩是一个不通过旋转中心的力对物体形成的,而力偶是一对大小相等、方向相反的平行力对物体的作用。所以转矩在数值上等于力与力臂或力偶臂

的乘积,国际计量单位为牛·米(N·m)。转矩往往与动力机械的工作能力、能量消耗、效率、运转寿命及安全等因素紧密联系,是动力机械的一般性能试验中需测量的最重要参数之一。

转矩的测量方法可以分为传递法(扭轴法)、平衡力法(支反力法)和能量转换法。其中传递法涉及的转矩测量仪器种类最多,应用也最广泛。

1. 传递法及传递类转矩传感器

传递法是指在传递转矩时,根据弹性元件如扭轴所产生的变形、应力或应变与转矩的对应关系来测量转矩的一类方法。传递法测量转矩的原理是当标准弹性扭轴受到转矩作用时产生变形、应力或应变,这些物理参数变化传递到传感器后被转化为电信号,二次仪表再将该信号转换为转矩值输出。基于传递法的转矩传感器可称为传递类转矩传感器,亦称扭轴类或转矩计类传感器。传递类转矩传感器有如下分类:

① 根据传感器所敏感的弹性参数,传递类传感器又可划分为变形型、应力型和应变型转矩传感器。变形型转矩传感器包括光电式转矩传感器、闪光转矩传感器、感应式转矩传感器、钢铉转矩传感器、电容转矩传感器及机械转矩传感器等;应力型传感器包括光弹转矩传感器、磁弹转矩传感器等;应变型转矩传感器包括小转矩电阻应变转矩传感器、圆盘转矩传感器、用电感集流环或无集流环的转矩传感器等。

② 根据传感器转矩信号的产生方式,传递类转矩传感器可划分为电阻式、光学式、光电式、感应式、电容式、钢铉式、机械式等。

③ 根据转矩信号的传输方式,传递类转矩传感器可划分为接触型和非接触型两大类。其中接触型信号传输方式含机械式、液压式、气动式、接触滑环式等;而非接触型信号传输方式含光波式、磁场式、电场式、放射线式、无线电波式及微波式等。

④ 根据转矩传感器的安装方式,传递类转矩传感器可划分成串装式和附装式两种。串装式转矩传感器内部有一根弹性扭轴,测量时只需将其两端的联轴器与动力机械的传动系统联接起来即可进行转矩测量;而附装式转矩传感器则需要将其附装到动力机械的传动轴上,通过测量该轴的扭转变形、应力或应变来确定轴上传递的工作转矩。

2. 平衡力法及平衡力类转矩测量装置

当匀速运转的动力机械的主轴受到一定大小转矩作用时,在其机壳上必然同时作用着和其方向相反的平衡力矩。通过测量机壳上的平衡力矩来确定动力机械主轴上工作转矩的方法称为平衡力法。因为该平衡力矩有时被称作支座反力矩,所以平衡力法又可称为支反力法。

平衡力法测量转矩的原理如图9-6。在平衡力法转矩测量装置中,动力机械的机壳1被安装在摩擦力矩很小的平衡支承2上,力臂杆3被固定在机壳上。力 F 通过测力机构4作用在力臂上。这时动力机械整体只有机壳和主轴与外界发生力和力矩作用。假设机械处于匀速运转状态,则通过机壳测得的平衡力矩必定与作用在主轴上的转矩 T 大小相等。

平衡力法的转矩测量装置一般由旋转机、平衡支承和平衡力测量机构组成,过去习惯上称作测功器。按照安装在平衡支承上的机器种类,平衡力法转矩测量装置可分为电力测功器、水力测功器等。平衡支承有滚动支承、双滚动支承、扇形支承、液压支承及气压支

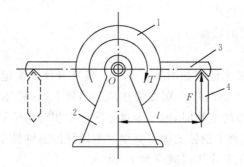

图 9-6 平衡力法转矩测量原理
1—机壳； 2—平衡支承； 3—力臂杆； 4—测力机构

承等。平衡力测量机构有砝码、游码、摆锤、力传感器等。

3. 能量转换法及能量转换型测量装置

根据其他形式能量如电能、热能参数来测量旋转机械的机械能，进而求得转矩的方法即能量转换法。其基本原理是能量守恒定律：

$$E_1 = E_2 + \Delta E \tag{9-7}$$

若按单位时间的能量，上式变为

$$P_1 = P_2 + \Delta P \tag{9-8}$$

或

$$P_2 = \eta P_1 \tag{9-9}$$

其中 E_1, P_1 ——输入能量或功率；

E_2, P_2 ——输出能量或功率；

$\Delta E, \Delta P$ ——能量转换中的能量或功率消耗；

η ——能量转换效率，$\eta = (P_1 - \Delta P)/P_1$。

对电动机、水轮机、液压马达等可提供动力的机械，$P_2 = T \cdot \omega$，转矩 T 的计算式

$$T = \eta P_1 / \omega \tag{9-10}$$

对发电机、水泵、风机需提供动力的机械，$P_1 = T \cdot \omega$，转矩 T 的计算式

$$T = P_2 / (\eta \omega) \tag{9-11}$$

从方法上讲，能量转换法实际上就是对功率和转速进行测量的方法。因为在本章中对功率和转速测量方法都有叙述，故在此不予赘述。

9.2.2 常用的转矩测量仪器

转矩测量的仪器及装置很多，往往需根据精度、使用场所等方面的要求来选择测量方法及测试装置。下面仅举几种转矩测量仪器。

1. 钢铉转矩测量仪

钢铉转矩测量仪是根据弹性扭轴的变形引起钢铉的伸缩，从而使得钢铉的固有振动频率变化来测量轴上转矩的。

钢铉的固有振动频率为

$$f = \frac{1}{2l_0}\sqrt{\frac{\sigma}{\rho}} \tag{9-12}$$

其中　l_0——钢铉的自由长度；
　　　σ——钢铉绷紧时的拉应力；
　　　ρ——钢铉的密度。

钢铉转矩传感器的基本原理如图 9-7 所示。两只卡盘 2 固定在弹性扭轴 1 上,每只盘上都有一凸臂 3,钢铉 4 的两端分别安装在两个凸臂上,这样钢铉与扭轴被相对固定。当转矩作用下扭轴发生弹性变形时,两只卡盘之间产生相对角位移,固定在卡盘凸臂上的钢铉长度发生变化,就改变了钢铉的固有频率。假设弹性扭轴处于自由状态时,测得钢铉的固有频率为 f_0,受转矩 T 作用时频率为 f,则

$$T = K'(f^2 - f_0^2) \tag{9-13}$$

其中 K' 是由弹性扭轴的刚度、钢铉的尺寸及钢铉转矩测量仪特性等决定的仪表常数。

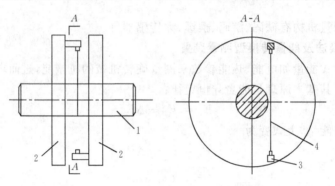

图 9-7　钢铉转矩传感器的原理
1—弹性扭轴；2—卡盘；3—凸臂；4—钢铉

钢铉转矩测量仪包括转矩传感器和测量系统两部分。测量时转矩传感器部分处于旋转状态,而测量则是静止的,传感器的原始信号一般先转换成电信号,再由碳刷集流环传输至测量系统。因此当所测量的轴转速较高或转矩有波动时,测量的精度降低。

此外还有无线电钢铉转矩测量仪、附装式钢铉转矩测量仪等形式的钢铉转矩测量仪。

2. 感应式转矩测量仪

感应式转矩测量仪是试验室常用的转矩测量仪器,也称为扭力仪。感应式转矩测量仪包括感应式转矩传感器和数字显示仪表。感应式转矩传感器是利用旋转的齿轮与磁极间的气隙磁阻变化引起磁通的变化,从而在线圈中感应出脉冲电势的原理制成的。

如图 9-8 所示,两个齿轮 2 分别固定在弹性扭轴 1 的两端,在校准筒 3 上固定着与齿轮 2 相对的内齿轮,以及一对永磁钢 4。校准筒经滚动轴承 5 安置在壳体 6 上,并可由马达 7 通过皮带驱动。在壳体上镶嵌线圈 8。当扭轴上无负载时,相对旋转的齿轮对使得磁路中气隙不停变化,在线圈 8 中感应出交变的电势。假设两端线圈中的电势分别为 U_1, U_2,则

$$U_1 = U_0 \sin(2\pi nzt) \tag{9-14}$$
$$U_2 = U_0 \sin(2\pi nzt + z\theta_0) \tag{9-15}$$

式中　n——扭轴的转速；

z——齿轮对的齿数;

θ_0——因安装误差造成的机械相位差,由空载实验测得。

当承受转矩时,扭轴两端产生一转角 θ_m,则 U_2 为

$$U_2 = U_0 \sin(2\pi nzt + z\theta_0 + z\theta_m) \tag{9-16}$$

由材料力学可知,在弹性范围内,θ_m 与转矩 T 的关系为

$$\theta_m = \frac{32}{\pi d^4 G} LT \tag{9-17}$$

其中　L——扭轴有效长度;

　　　d——扭轴标准直径;

　　　G——扭轴材料的剪切弹性模量。

因此扭轴上的转矩 T 可通过对 U_1,U_2 和 θ_m 等参数的测量测得。

通常扭力仪既可测量转矩又可测量转速。扭力仪的工作转速范围有 0～3000r/min 和 0～6000r/min 两种。当转速小于 600r/min 时,测量精度降低,这时可由马达 7 带动校准筒 3 反向旋转,使齿轮对的相对运动加快,以提高转矩的测量精度。

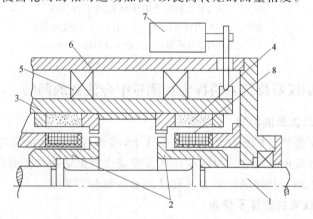

图 9-8　感应式转矩传感器的工作原理

1—扭轴;　2—齿轮;　3—校准筒;　4—永磁钢;

5—滚动轴承;　6—壳体;　7—马达;　8—线圈

感应式转矩测量仪因为重复性好,测量精度达 1～0.2 级,接二次仪表后读数直观,所以适用很广,尤其适合在各种水泵和离心式风机等动力机械的性能试验中使用。

3. 光电式转矩传感器

光电式转矩传感器属于相位转矩传感器的一种。其原理是利用扭轴两端的光学元件所反射的两组光信号的相位差经光电元件转换为电信号,再根据检测到的电信号确定主轴上的转矩。下面以差动式光电转矩传感器为例说明光电式转矩传感器的工作过程。

如图 9-9,在扭轴 1 的两圆柱面上各均匀安置着一排反射镜片 2,使光线能够被反射到光电管 3 中。当扭轴未受到转矩作用时,镜片所反射的光信号经光电管后得到两组脉冲信号 A 和 B,此时脉冲 A,B 是同相位的。脉冲信号 A 和 B 同时输入逻辑电路 4,由于它们的相位差为零,逻辑电路的控制门关闭,经同步脉冲源 5 发出的脉冲不能进入数字计数器 6。当有转矩作用时,弹性变形使得扭轴的两端产生扭转角 θ_m,则光电管接受镜片反

射光后产生的电信号之间必然存在一定的相位差,该相位差与 θ_m 成正比。脉冲 A 的前沿将控制门打开,同步脉冲进入计数器,直至脉冲 B 的前沿将控制门关闭。脉冲门的开放时间与两组脉冲的相位差呈比例关系。因此计数器所记录的脉冲数与扭轴所受的转矩也呈正比。

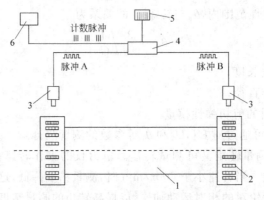

图 9-9　差动式光电转矩传感器的工作原理
1—扭轴；　2—反射镜片；　3—光电管；　4—逻辑电路；
5—同步脉冲源；　6—数字计数器

9.2.3　转矩仪器及仪表的标定及测量中应注意的问题

1. 转矩仪器及仪表的标定

对转矩测量仪表进行标定就是在规定条件下,将该仪表的指示值与标准转矩进行比较的过程。作为标准的转矩应该由标准转矩装置或比被标定物具有更高精度的转矩测量仪器及仪表所产生的。具体的标定方法及过程请参阅有关文献。

2. 转矩测量仪表的选择及使用

转矩测量仪表的主要工作性能包括转矩量程、允许的工作转速、精度等级、测量阈值、动态特性、工作寿命等。使用时还须考虑仪器的外形尺寸、重量对安装的影响。

各种动力机械要求测量的转矩在数值上差异很大。习惯上将转矩的范围分成微转矩、小转矩、中转矩及大转矩,如表 9-1 所示。转矩仪表的生产厂家将传感器的转矩量程按等比级数形成系列产品,供用户选择。使用时应根据被测量转矩的大小来选择转矩测量仪表的量程,一般要求被测值在仪器量程的 50%~100%。

表 9-1　转矩的范围及使用场合

	微转矩	小转矩	中转矩	大转矩
转矩范围/N·m	1×10^{-4}~0.1	0.1~10	10~1×10^4	1×10^4~1×10^7
使用实例	微型轴承、录音机	缝纫机、洗衣机	汽车发电机及主轴	船舰推进器、隧道掘进机

转矩测量仪表的工作转速是使用时须考虑的主要因素之一。选择中要同时考虑转矩传感器的最高工作转速、最低转速和零转速。超过允许的转速范围不仅使得测量不准确,

而且可能导致测量仪器的损坏。

安装方式对选择转矩测量仪表也很关键。不同类型的转矩传感器有不同的安装要求，使用时须加以注意。

9.3 功率测量

9.3.1 功率的测量方法

在现场或试验室的测试中，根据动力机械及配套动力机的类型和结构型式的不同，轴功率可以按以下两种基本方法进行测量：

① 动力机械由电动机直接驱动，可在电动机侧测量。即先测出电动机的输入功率，再利用损耗分析法计算电动机的输出功率，即为动力机械的轴功率。

② 用扭力仪、测功器等转矩测量仪器测量动力机械轴上传递的转矩和转速，通过计算求得动力机械的轴功率。

第一种方法通常称为电测法或损耗分析法。第二种方法为间接测功法，有时也称为测功器法，其中机械测功器、电力测功器、水力测功器及气力测功器被归入吸收型测功器，扭力仪等被归入传递型测功器。

9.3.2 功率电测法

1. 两瓦特表法

动力机械现场测试中输入功率常用的测量方法是两瓦特表法。

拖动动力机械的电动机一般是三相交流电动机。采用两瓦特表法测量三相交流电动机的输入有功功率，其原理如图 9-10 所示。

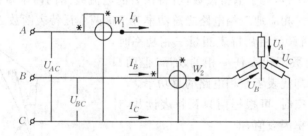

图 9-10 两瓦特表法测量三相交流电动机功率原理图

从三相交流电动机功率测量原理图可以看出，第一只单相瓦特表 W_1 的电流线圈按图示极性串接于 A 相，电压线圈的带星号端钮（称为发电机端）也接于 A 相，另一端接于 C 相；第二只单相瓦特表 W_2 的电流线圈按图示极性串接于 B 相，电压线圈的发电机端接于 B 相，另一端也接于 C 相。因此，未接入电流线圈的 C 相是两只瓦特表电压线圈的公共端，称为"公共相"或"自由相"。设负载为星形接法时，则第一只瓦特表所测功率的瞬时值为

$$W_1 = U_{AC}I_A = (U_A - U_C)I_A \tag{9-18}$$

第二只瓦特表所测功率的瞬时值为

$$W_2 = U_{BC}I_B = (U_B - U_C)I_B \tag{9-19}$$

两只功率表之和为

$$P_{in} = W_1 + W_2 = U_A I_A + U_B I_B - (I_A + I_B)U_C \tag{9-20}$$

当负载接成星形时,根据基尔霍夫定律,中点的电流之和等于零,即 $I_A + I_B + I_C = 0$。则 $I_A + I_B = -I_C$。将该关系代入(9-20)得:

$$P_{in} = W_1 + W_2 = U_A I_A + U_B I_B + U_C I_C \tag{9-21}$$

由上述分析可以看出,无论相电压是否对称,负载是否平衡,只要采用两只瓦特表按图 9-10 接线方法,所测得的功率即为三相功率之和。同理可以证明,当负载接成三角形时,两只瓦特表读数的代数和是三相电路的有功功率。

实际上,瓦特表的读数不是瞬时功率,而是一周期内的平均有功功率。用两瓦特表法测量三相交流电路的有功功率时,随着负载相位差的不同,两瓦特表之间的功率指示亦不相同,这一关系可以从负载平衡的简单情况来说明。

设负载的阻抗角为 φ,相应的三相电矢量如图 9-11 所示。每相的相电流滞后于该相的相电压,相角差为 φ。由于线电压 U_{AC} 滞后于相电压 U_A 30°,U_{BC} 超前相电压 U_B 30°。此时两瓦特表的读数分别为:

$$W_1 = U_{AC}I_{AC}\cos(U_{AC} \wedge I_A) = U_{AC}I_A\cos(30° - \varphi) \tag{9-22}$$

$$W_2 = U_{BC}I_{BC}\cos(U_{BC} \wedge I_B) = U_{BC}I_B\cos(30° + \varphi) \tag{9-23}$$

可见在对称负载的三相电路中,两个瓦特表的读数与负载的功率因数间存在着下列关系:

① 如果负载为纯电阻时,$\varphi = 0°$,则两瓦特表的读数相等;

② 如果负载的功率因数等于 0.5,即 $\varphi = \pm 60°$ 时,将有一个瓦特表的读数为零,另一只瓦特表指示出三相电路的总功率;

③ 如果负载的功率因数小于 0.5,即 $|\varphi| > 60°$ 时,其中一只瓦特表的读数为负值,此时该瓦特表指针反转,为了取得读数,应将该表的电流线圈的两个端钮调换,使瓦特表指针往正方向偏转。相应地三相电路之总功率等于这两个瓦特表读数之差。

由此可见,用两只单相瓦特表测量三相功率时,每一只瓦特表的读数不代表任一相的功率,但两只瓦特读数之代数和却代表了三相电路的总功率。

当三相负载平衡时,可根据两只瓦特表读数,计算出负载的平均功率因数值,即

$$\cos\varphi = \frac{1}{\sqrt{1 + 3\left(\dfrac{W_1 - W_2}{W_1 + W_2}\right)^2}} \tag{9-24}$$

式中 W_1,W_2 分别为两只瓦特表读数。

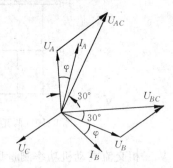

图 9-11 三相电路矢量图

当被测电动机电压较高,电流较大时,可采用仪用互感器来扩大瓦特表的量程,其接线如图 9-12 所示。

电动机输入功率为

$$P_{in} = CK_{PT}K_{CT}(W_1 + W_2) \tag{9-25}$$

式中 C 为瓦特表的仪表常数,

$$C = \frac{I_e U_e}{W_e}$$

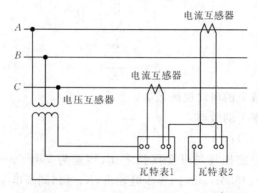

图 9-12 通过互感器的两瓦特表测功法接线图

其中　K_{PT}——电压互感器变比；

　　　K_{CT}——电流互感器变比；

　　　I_e——瓦特表电流量限，(A)；

　　　U_e——瓦特表电压量限，(V)；

　　　W_e——瓦特表满刻度值。

2. 用损耗分析法测定电动机输出功率

(1) 功率损耗的形式

电动机在将电能转化为机械能的过程中，本身要消耗一部分功率，称之为损耗，通常有如下几部分：

① 恒定损耗，有铁损耗(包括空载杂散损耗)、轴承摩擦损耗、风耗、电刷和换向器或滑环的摩擦损耗。其中后三项损耗统称为机械损耗。

② 负载损耗，有电机工作绕组中的 I^2R 损耗、电刷的电损耗(同步电动机)。

③ 励磁损耗，有励磁绕组的 I^2R 损耗(适用于同步电动机)、集电环上电刷的损耗(同步电动机)。

④ 杂散损耗(不包括空载杂散损耗)，有高频杂散损耗、基频杂散损耗。

上述各种损耗的测定方法按 GB1032《三相异步电动机试验方法》和 GB1029《三相同步电动机试验方法》进行计算。

(2) 输出功率及电动机效率计算

电动机输出功率 P_{out} 可按下式计算

$$P_{out} = P_{in} - \sum \Delta P \tag{9-26}$$

式中　$\sum \Delta P$ 为各种损耗之和。

电动机效率为

$$\eta_g = \frac{P_{out}}{P_{in}} \times 100\% = \left(1 - \frac{\sum \Delta P}{P_{in}}\right) \times 100\% \tag{9-27}$$

此外，可以从电动机产品样本或手册中查出电动机在各种输出功率时的效率，按下式计算不同负载下电动机的效率,可供现场测试时参考。

$$\eta_\beta = \cfrac{1}{1+\left(\cfrac{1}{\eta_e}-1\right)b} \qquad (9\text{-}28)$$

式中

$$b = \cfrac{\beta+\cfrac{K_2}{\beta}}{1+K_2}$$

其中 η_β ——任一负载下的电动机的效率;

η_e ——额定功率下的效率;

β ——负载率(%);

K_2 ——电动机恒定损耗与可变损耗之比,转速为750r/min以下的异步电动机, $K_2=0.5$,转速为1000~1500r/min的异步电动机, $K_2=1$,同步电动机和转速大于1500r/min的异步电动机, $K_2=2.0$。

例 9-1 某动力机械之电动机额定功率为250kW,转速为1450r/min,额定效率为0.93,当电动机以50%的额定负载运行时,求此时电动机的效率。

解:已知 $K_2=1$ $\beta=0.5$ $\eta_e=0.93$

又因为

$$b = \cfrac{\beta+\cfrac{K_2}{\beta}}{1+K_2} = \cfrac{0.5+\cfrac{1}{0.5}}{1+1} = 1.25$$

则

$$\eta_{50\%} = \cfrac{1}{1+\left(\cfrac{1}{\eta_e}-1\right)b} = \cfrac{1}{1+\left(\cfrac{1}{0.93}-1\right)\times 1.25} = 0.91$$

但是,当电动机无效率曲线可查时(只知额定负载下的效率 η_e),则可按负载率(β)查取效率修正值 K_η,如图9-13所示,然后按下式计算该负载的电机效率 η_β,

$$\eta_\beta = \eta_e \times K_\eta \qquad (9\text{-}29)$$

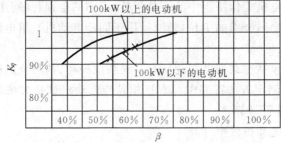

图 9-13 异步电动机通用效率曲线

9.3.3 电力测功器及水力测功器

1. 电力测功器

电力测功器的工作原理和普通发电机及电动机基本相同,即将动力机械的机械能转化为发电机的电能或将电动机的电能转化为动力机械的机械能。电力测功器工作时,电机的转子和定子以磁通为媒介,转子和定子间的作用力和反作用力大小相等、方向相反,转子与转轴固定,定子能自由摆动,并装有测功臂来测定转子上的制动力矩或驱动力矩。

电力测功器有直流电力测功器、交流电力测功器和电涡流电力测功器3种型式。下面以直流电力测功器为例说明电力测功器的工作原理。

图9-14为直流电力测功器的结构简图。其中定子外壳2由轴承7支承在基座支架8上,可以绕轴线自由摆动。在定子外壳上固定有力臂6,它与测力机构5连在一起,用于测量转矩。

当转子旋转时,电枢绕组4切割定子绕组所形成的磁场,电枢绕组中的感应电势U_E为

$$U_E = C_e \Phi n \tag{9-30}$$

其中 C_e——常数;

Φ——磁极中的磁通量;

n——电枢转速。

当电枢绕组中有电流时,它在磁场中将受到与转动方向相反的电磁力作用。若将测功器作为发电机,其电枢绕组所受的电磁力产生的电磁力矩为制动力矩;若将测功器作为电动机,电磁绕组所受的电磁力产生的电磁力矩则为驱动力矩。电磁力矩的大小T_M为

$$T_M = C_M \Phi I_a \tag{9-31}$$

其中C_M为常数,I_a为电枢电流。

则电磁功率P_M为

$$P_M = T_M \omega = U_E I_a \tag{9-32}$$

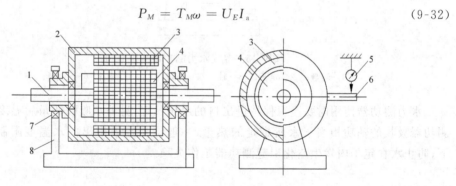

图9-14 直流电力测功器的原理图

1—转子; 2—定子; 3—激磁绕组; 4—电枢绕组;
5—测力机构; 6—力臂; 7—轴承; 8—基座支架

在理论上,电力测功器定子所受的转矩应等于主轴上输入或输出的转矩值,但由于电机有鼓风、轴承机械摩擦等方面的损失,因而存在测量误差。当电机转速较低时,主要的误差来自轴承的摩擦损失。现在普遍采用液压轴承,使得摩擦力矩大幅度降低;同时设计中考虑将电机冷却风扇的空气保持沿轴向运动,可以减轻或消除鼓风影响。通过这些措施都可以提高转矩的测量精度。

直流式电力测功机既可作发电机,又可作为电动机使用,所以其用途很广。而且直流式电力测功机工作稳定、使用方便,其负荷及转速可在较宽范围内调节,是实验室常用的

一种转矩和功率测量装置。不过,直流式电力测功机的占地面积较大,设备一次性投资也较大。

2. 水力测功器

水力测功器是利用水对旋转的转子形成的摩擦力矩来吸收并传递水轮机或汽轮机主轴上的输出功率的。

如图 9-15 所示的盘式水力测功器,转盘 1 固定在轴 3 上构成转子。转子由滚动轴承支承在定子 2 上,而定子则由轴承支承在测功器的支架 5 上。水从进水阀 6 流入定子的内腔后,与旋转的转子之间产生摩擦。水一方面被带动起来形成水环,同时运动的水体又被定子内腔的壁面所阻。这样水对转子形成一个制动力矩,而定子对水环则产生一个数值相等的反向力矩作用,该力矩可由外接测力机构平衡并测得。最后水从排出阀 4 流出。

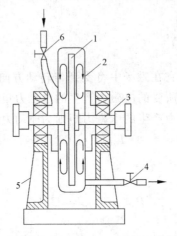

图 9-15 盘式水力测功器结构简图
1—转盘; 2—定子; 3—轴; 4—排出阀; 5—支架; 6—进水阀

水力测功器使用时要注意保持进出口的水压稳定,另外水吸收能量后温度升高,水力测功器吸收的轴功相当于水所带走的热量,一般将从定子排出的水温度限制在 60℃ 以下,防止水在定子内发生空化引起测功器工作失稳。

第 3 篇
测量信号的分析与处理

第10章 测量信号的分析与处理

10.1 信号的频域表示方法

信号可分为确定性信号和随机信号两种。前者可用确定的数学函数来描述,而后者则不遵循任何确定规律,只能用统计方法来描述。本节简要介绍确定性信号的表示方法,以便为讨论随机信号作必要的知识准备。

10.1.1 信号的频谱

一个周期为 T 的周期信号 $x(t)$,如果满足狭义赫利条件,则可展开成如下的傅里叶级数

$$\begin{aligned} x(t) &= a_0 + \sum_{n=1}^{\infty}(a_n \cos n\omega_0 t + b_n \sin n\omega_0 t) \\ &= a_0 + \sum_{n=1}^{\infty} C_n \cos(n\omega_0 t + \varphi_n) \end{aligned} \quad (10\text{-}1)$$

式中

$$\left.\begin{aligned} \omega_0 &= 2\pi/T \quad \text{为基波角频率} \\ a_0 &= \frac{1}{T}\int_{-T/2}^{T/2} x(t)\mathrm{d}t \\ a_n &= \frac{2}{T}\int_{-T/2}^{T/2} x(t)\cos n\omega_0 t\,\mathrm{d}t \quad n=1,2,\cdots \\ b_n &= \frac{2}{T}\int_{-T/2}^{T/2} x(t)\sin n\omega_0 t\,\mathrm{d}t \quad n=1,2,\cdots \\ C_n &= \sqrt{a_n^2 + b_n^2} \quad n=1,2,\cdots \\ \varphi_n &= -\tan^{-1}(b_n/a_n) \quad n=1,2,\cdots \end{aligned}\right\} \quad (10\text{-}2)$$

可见,一个周期信号,可表示成一系列频率为基波角频率整数倍的余弦信号的叠加。a_0 为 $x(t)$ 的直流分量,正实数 C_n 表示频率为 $n\omega_0$ 的分量的振幅,φ_n 表示频率为 $n\omega_0$ 分量的相位。

傅里叶级数常用如下的复数表达式表示,

$$\left.\begin{aligned} x(t) &= \sum_{n=-\infty}^{\infty} D_n \exp(\mathrm{j}n\omega_0 t) \\ D_n &= \frac{1}{T}\int_{-T/2}^{T/2} x(t)\exp(-\mathrm{j}n\omega_0 t)\mathrm{d}t \quad n=\cdots,-2,-1,0,1,\cdots \end{aligned}\right\} \quad (10\text{-}3)$$

由(10-2)和(10-3)两式不难看出复数 D_n 的物理意义,

$$D_0 = a_0$$

$$|D_n| = \frac{1}{2}C_n; \angle D_n = \varphi_n \quad n > 0 \text{ 时}$$

$$D_n = D_{-n}^* \quad (* \text{ 表示共轭})$$

$|D_n|$叫做$x(t)$的幅度谱，$\angle D_n$叫做$x(t)$的相位谱，二者合称$x(t)$的频谱。显然，周期函数具有离散的频谱。当$n<0$时，$|D_n|$表示的是负频率的情况，负频率没有实际的物理意义，它只是为处理方便而规定的。

对于非周期函数$x(t)$，可视为周期$T \to \infty$时的周期函数，此时$\omega_0 = \frac{2\pi}{T} \to 0$，频率间隔$d\omega = \omega_0 \to 0$，频率变为连续的。由(10-3)式可得

$$x(t) = \int_{-\infty}^{\infty} \frac{D(\omega)}{d\omega} e^{j\omega t} d\omega$$

$$D(\omega) = \lim_{T \to \infty} \frac{1}{T} \int_{-\infty}^{\infty} x(t) e^{-j\omega t} dt$$

用$X(\omega) = \frac{D(\omega)}{d\omega}$表示频谱密度，则有

$$\left.\begin{aligned} x(t) &= \int_{-\infty}^{\infty} X(\omega) e^{j\omega t} d\omega \\ X(\omega) &= \frac{1}{2\pi} \int_{-\infty}^{\infty} x(t) e^{-j\omega t} dt \end{aligned}\right\} \tag{10-4}$$

上式表示$x(t)$和它的频谱密度$X(\omega)$间的变换关系，称为傅里叶变换。因为描述一个信号的频谱时，仅关心各个频率分量的相对幅度，故傅里叶变换也可表示成如下形式

$$\left.\begin{aligned} x(t) &= \frac{1}{2\pi} \int_{-\infty}^{\infty} X(\omega) e^{j\omega t} d\omega \\ X(\omega) &= \int_{-\infty}^{\infty} x(t) e^{-j\omega t} dt \end{aligned}\right\} \tag{10-5}$$

傅里叶变换存在的充分条件是

$$\int_{-\infty}^{+\infty} |x(t)| dt < \infty \tag{10-6}$$

它有如下一些重要性质：

1. 线性定理

若$x_1(t) \leftrightarrow X_1(\omega), x_2(t) \leftrightarrow X_2(\omega), a, b$为常数（符号"$\leftrightarrow$"表示傅里叶变换对），则有

$$ax_1(t) + bx_2(t) \leftrightarrow aX_1(\omega) + bX_2(\omega) \tag{10-7}$$

2. 对偶定理

若$x(t) \leftrightarrow X(\omega)$，则有

$$X(t) \leftrightarrow 2\pi x(-\omega) \tag{10-8}$$

3. 时间和频率刻度定理

若$x(t) \leftrightarrow X(\omega)$，$a$为常数，则有

$$x(at) \leftrightarrow \frac{1}{|a|} X\left(\frac{\omega}{a}\right) \tag{10-9}$$

$$\frac{1}{|a|}x\left(\frac{t}{a}\right) \leftrightarrow X(a\omega) \tag{10-10}$$

4. 时移和频移定理

若 $x(t) \leftrightarrow X(\omega), t_0, \omega_0$ 为常数,则

$$x(t-t_0) \leftrightarrow \exp(-j\omega t_0)X(\omega) \tag{10-11}$$

$$\exp(j\omega_0 t)x(t) \leftrightarrow X(\omega-\omega_0) \tag{10-12}$$

5. 卷积定理

两个函数 $x_1(t)$ 和 $x_2(t)$ 的卷积定义为

$$x_1(t)*x_2(t)=x_2(t)*x_1(t)=\int_{-\infty}^{\infty}x_1(\tau)x_2(t-\tau)\mathrm{d}\tau \tag{10-13}$$

若 $x_1(t) \leftrightarrow X_1(\omega), x_2(t) \leftrightarrow X_2(\omega)$,则有

$$x_1(t)*x_2(t) \leftrightarrow X_1(\omega)X_2(\omega) \tag{10-14}$$

$$x_1(t)x_2(t) \leftrightarrow \frac{1}{2\pi}X_1(\omega)*X_2(\omega) \tag{10-15}$$

例 10-1 求图 10-1(a),(b)所示信号的频谱。

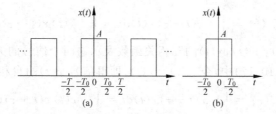

图 10-1 方波信号
(a) 周期方波；(b) 单个方波

解：图(a)为周期方波函数,其频谱由式(10-3)傅里叶级数确定：

$$D_n=\frac{1}{T}\int_{-T_0/2}^{T_0/2}A\exp(-jn\omega_0 t)\mathrm{d}t=\frac{A}{T}\left.\frac{\exp(-jn\omega_0 t)}{-jn\omega_0}\right|_{-T_0/2}^{T_0/2}=\frac{A\sin(n\omega_0 T_0/2)}{n\omega_0 T_0/2}$$

它是一个实数,其幅度谱如图 10-2(a)所示。

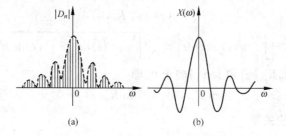

图 10-2 图 10-1 所示方波信号的频谱
(a) 周期方波的频谱；(b) 单个方波的频谱

图(b)为单脉冲函数,它可表示为

$$x(t) = \begin{cases} A & |t| < T_0/2 \\ \dfrac{A}{2} & |t| = T_0/2 \\ 0 & |t| > T_0/2 \end{cases}$$

其频谱由式(10-5)傅里叶变换确定,

$$X(\omega) = \int_{-\infty}^{+\infty} x(t)\exp(-\mathrm{j}\omega t)\mathrm{d}t = A\int_{-T_0/2}^{T_0/2} \exp(-\mathrm{j}\omega t)\mathrm{d}t$$

$$= \frac{AT_0 \sin(\omega T_0/2)}{\omega T_0/2}$$

$X(\omega)$ 的图形如图 10-2(b) 所示。

10.1.2 相关函数

满足式(10-6)的信号存在傅里叶变换,称为能量有限信号。设 $x(t), y(t)$ 均为能量有限信号,定义它们的互相关函数为

$$R_{xy}(\tau) = \int_{-\infty}^{\infty} x(t-\tau)y(t)\mathrm{d}t = \int_{-\infty}^{\infty} x(t)y(t+\tau)\mathrm{d}t \tag{10-16}$$

$$R_{yx}(\tau) = \int_{-\infty}^{\infty} y(t-\tau)x(t)\mathrm{d}t = \int_{-\infty}^{\infty} y(t)x(t+\tau)\mathrm{d}t \tag{10-17}$$

显然,$R_{xy}(\tau) \neq R_{yx}(\tau)$。$x(t), y(t)$ 的互相关函数表示这两个信号的关联程度。

在式(10-16)和(10-17)中,令 $y(t)=x(t)$,即得信号 $x(t)$ 的自相关函数 $R_x(\tau)$

$$R_x(\tau) = \int_{-\infty}^{\infty} x(t-\tau)x(t)\mathrm{d}t = \int_{-\infty}^{\infty} x(t)x(t+\tau)\mathrm{d}t \tag{10-18}$$

相关函数有如下性质:

1. 对称性

$$R_{xy}(\tau) = R_{yx}(-\tau) \tag{10-19}$$

$$R_x(\tau) = R_x(-\tau) \tag{10-20}$$

这可由相关函数的定义直接推出。可见,相关函数是偶函数。

2. 相关不等式

$$|R_{xy}(\tau)| \leqslant \sqrt{R_x(0)R_y(0)} \tag{10-21}$$

$$|R_x(\tau)| \leqslant R_x(0) \tag{10-22}$$

这可由许瓦兹不等式 $\left|\int_{-\infty}^{+\infty} x(t)y(t)\mathrm{d}t\right| \leqslant \sqrt{\int_{-\infty}^{+\infty} x^2(t)\mathrm{d}t \int_{-\infty}^{+\infty} y^2(t)\mathrm{d}t}$ 推出。

3. 当 $|\tau| \to \infty$ 时,$R_{xy}(\tau)$ 和 $R_x(\tau)$ 趋于 0,即

$$\lim_{|\tau|\to\infty} R_{xy}(\tau) = \lim_{|\tau|\to\infty} R_x(\tau) = 0 \tag{10-23}$$

4. 相关和卷积的关系

其关系为

$$R_{xy}(\tau) = x(-\tau) * y(\tau) \tag{10-24}$$

这是因为在式(10-16)中,令 $\lambda = -t$,则

$$R_{xy}(\tau) = \int_{-\infty}^{+\infty} x(-\lambda)y(\tau-\lambda)\mathrm{d}\lambda = x(-\tau) * y(\tau)$$

对于周期性信号,不满足(10-6)式,其自相关函数定义为

$$R_x(\tau) = \frac{1}{T_0}\int_{-T_0/2}^{T_0/2} x(t)x(t+\tau)\mathrm{d}t \tag{10-25}$$

式中,T_0 为周期信号 $x(t)$ 的周期。

10.1.3 离散信号

工程上的许多信号都是连续信号,但现代信号分析和处理大都在数字计算机或专用数字设备上进行。故在进行信号分析和处理之前。需先对信号进行采样,使之离散化。

设连续信号 $x(t)$ 的频谱为 $X(\omega)$,如果满足

当 $\qquad |\omega| \geqslant \omega_c$ 时,$X(\omega) = 0 \tag{10-26}$

采样间隔 $\qquad T \leqslant \dfrac{\pi}{\omega_c} \tag{10-27}$

则通过采样得到的离散信号 $x(nT)(n=0,\pm 1,\pm 2,\cdots)$ 可反映连续信号 $x(t)$ 的特性。这个结论就是有名的采样定理。

因为采样间隔 T 一般是常数,故 $x(nT)$ 可简单地用 $x(n)$ 来表示。

1. 离散信号的频谱

(1) 离散周期信号

设 $x(n)$ 是周期为 N 的离散周期信号,与连续信号一样,它也可用傅里叶级数展开,其频谱 $X(K)$ 与(10-3)式类似,为

$$\left.\begin{array}{l}x(n) = \dfrac{1}{N}\sum_{K=0}^{N-1} X(K)\exp\left(\mathrm{j}\dfrac{2\pi}{N}nK\right) \quad n = 0,\pm 1,\pm 2,\cdots \\ X(K) = \sum_{K=0}^{N-1} x(n)\exp\left(-\mathrm{j}\dfrac{2\pi}{N}nK\right) \quad K = 0,\pm 1,\pm 2,\cdots\end{array}\right\} \tag{10-28}$$

式中,K 为频率坐标。由式可见,离散周期信号的频谱也是离散的周期为 N 的周期函数。

(2) 离散非周期信号

由(10-5)式,连续信号 $x(t)$ 的傅里叶变换 $X(\omega)$ 为 $X(\omega) = \int_{-\infty}^{\infty} x(t)\mathrm{e}^{-\mathrm{j}\omega t}\mathrm{d}t$。如使 $x(t)$ 仅在 $t = n = 0,\pm 1,\pm 2,\cdots$ 处取值,则 $x(t)$ 变成离散信号 $x(n)$,式中的积分变为求和,于是有

$$X(\omega) = \sum_{n=-\infty}^{\infty} x(n)\mathrm{e}^{-\mathrm{j}\omega n} \tag{10-29}$$

显然,$X(\omega)$ 是周期为 2π 的周期函数,比较式(10-29)和式(10-3),可得

$$x(n) = \frac{1}{2\pi}\int_{-\pi}^{\pi} X(\omega)\mathrm{e}^{\mathrm{j}\omega n}\mathrm{d}\omega \quad n = 0,\pm 1,\pm 2,\cdots \tag{10-30}$$

式(10-29)和(10-30)构成一个傅里叶变换对,它表示非周期的离散信号的频谱是连续的、周期的。

(3) 有限长信号

上面讨论的周期和非周期信号都是无限长的,即 n 的取值从 $-\infty$ 到 $+\infty$。但用于实际分析的信号都是有限长的,故有必要讨论有限长信号的傅里叶变换。

设 $x(n)$ 是长度为 N 的有限长信号,即在 $n<0$ 和 $n \geqslant N$ 时 $x(n)=0$。根据 $x(n)$ 构造一个周期信号 $\tilde{x}(n)$,周期为 N,$x(n)$ 为它的一个周期,于是

$$\tilde{x}(n) = \sum_{r=-\infty}^{\infty} x(n+rN)$$

由式(10-28),可得 $\tilde{x}(n)$ 的频谱 $\widetilde{X}(K)$,为

$$\tilde{x}(n) = \frac{1}{N} \sum_{K=0}^{N-1} \widetilde{X}(K) \exp\left(j\frac{2\pi}{N}nK\right) \quad n = 0, \pm 1, \pm 2, \cdots$$

$$\widetilde{X}(K) = \sum_{n=0}^{N-1} \tilde{x}(n) \exp\left(-j\frac{2\pi}{N}nK\right) \quad K = 0, \pm 1, \pm 2, \cdots$$

故

$$x(n) = \begin{cases} \tilde{x}(n) & 0 \leqslant n \leqslant N-1 \\ 0 & \text{其他} \end{cases}$$

$$= \begin{cases} \dfrac{1}{N} \sum_{K=0}^{N-1} \widetilde{X}(K) \exp\left(j\dfrac{2\pi}{N}nK\right) & 0 \leqslant n \leqslant N-1 \\ 0 & \text{其他} \end{cases}$$

$\widetilde{X}(K)$ 也是一个周期为 N 的周期函数,令

$$X(K) = \begin{cases} \widetilde{X}(K) & 0 \leqslant K \leqslant N-1 \\ 0 & \text{其他} \end{cases}$$

于是

$$\left. \begin{aligned} x(n) &= \frac{1}{N} \sum_{K=0}^{N-1} X(K) \exp\left(j\frac{2\pi}{N}nK\right) \quad 0 \leqslant n \leqslant N-1 \\ X(K) &= \sum_{n=0}^{N-1} x(n) \exp\left(-j\frac{2\pi}{N}nK\right) \quad 0 \leqslant K \leqslant N-1 \end{aligned} \right\} \tag{10-31}$$

上式构成的傅里叶变换对叫离散傅里叶变换,记为 DFT。$x(n)$ 和 $X(K)$ 都是离散的,有限长的,适用于在计算机上进行计算。但当 N 很大时(实际情况往往如此),按(10-31)式直接计算 $x(n)$ 或 $X(K)$,计算量十分大,以至于不可能有很大的实用价值。为此,人们研究了由 $x(n)$ 计算 $X(K)$ 的快速算法,叫做快速傅里叶变换,记为 FFT(由 $X(K)$ 计算 $x(n)$ 的快速算法,叫做快速傅里叶反变换,记为 IFFT)。它大大减少了所需的运算量,使信号的频谱分析成为实际可行的一项技术。

2. 离散信号的相关

两个非周期离散信号 $x(n), y(n)$,其相关函数与式(10-16)、式(10-17)、式(10-18)相对应,为

$$R_{xy}(m) = \sum_{n=-\infty}^{\infty} x(n)y(n+m) = \sum_{n=-\infty}^{\infty} x(n-m)y(n) \tag{10-32}$$

$$R_{yx}(m) = \sum_{n=-\infty}^{\infty} y(n)x(n+m) = \sum_{n=-\infty}^{\infty} y(n-m)x(n) \tag{10-33}$$

$$R_x(m) = \sum_{n=-\infty}^{\infty} x(n)x(n+m) = \sum_{n=-\infty}^{\infty} x(n-m)x(n) \tag{10-34}$$

周期离散信号的相关函数与(10-25)式相对应,为

$$R_x(m) = \frac{1}{N}\sum_{n=0}^{N-1} x(n)x(n+m) \tag{10-35}$$

3. 离散信号的卷积

与连续卷积式(10-13)相对应,两个离散信号 $x_1(n)$ 和 $x_2(n)$ 的卷积为

$$x(n) = x_1(n) * x_2(n) = \sum_{m=-\infty}^{\infty} x_1(m)x_2(n-m) \tag{10-36}$$

如 $x(n),x_1(n)$ 和 $x_2(n)$ 的傅里叶变换分别为 $X(\omega),X_1(\omega)$ 和 $X_2(\omega)$(由式(12-29)确定),则有

$$X(\omega) = X_1(\omega)X_2(\omega) \tag{10-37}$$

即卷积定理仍然成立。

应当注意的是,如 $x(n),x_1(n)$ 和 $x_2(n)$ 的 DFT 分别为 $X(K),X_1(K)$ 和 $X_2(K)$(由式(10-31)确定),则

$$X(K) \neq X_1(K)X_2(K)$$

这是因为,当 $x_1(n)$ 和 $x_2(n)$ 均为有限长信号时(设其长度均为 N,即 $n=0,1,\cdots,N-1$),则由(10-36)式得,$x(n)$ 的长度为 $2N-1$,即 $n=0,1,\cdots,2N-1$。于是 $X(K)$ 的长度为 $2N-1$,而 $X_1(K)$ 和 $X_2(K)$ 的长度为 N,故 $X(K) \neq X_1(K)X_2(K)$。

10.2 随机信号及其描述方法

10.2.1 研究随机信号的实际意义

任何物理过程严格说来都有随机因素在起作用,于是反映这些物理过程的参数也不可避免地具有随机性,因此随机信号比确定性信号更有普遍的意义。在第 2 编所讨论的各种热工参数的测试中,把信号看成是确定性的,只是因为随机因素起的作用很小可以忽略而已。但情况并不总是如此。在许多工业过程中,测量信号的随机性将不容忽视,这时必须采取随机信号的分析处理方法才能得到有意义的结果。例如,气液两相流动是在工业过程中广泛遇到的一种流动,其中一个重要参数是流体中含有的气泡份额,图 10-3 是用简单的电导探针测量空气-水两相流中气泡份额的示意图。

图中,探针 A 是一根顶部尖锐的金属丝,除顶部外,探针的其余部分都用绝缘材料绝缘。探针、金属管壁、电池 E、电阻 R 及其间液体构成一个回路。当探针顶端无气泡时,依靠液态水的导电性,回路中有电流流过。当探针顶端接触到气泡时,回路被气泡切断,没有电流流过。这样即可在电阻两端得到探针顶端有无气泡的信号。理想情况下,这个信号如图 10-4(a)所示。

但实际上,由于探针本身的惯性以及探针与气泡接触或分离时表面张力的影响等原因,使得到的实际信号如图 10-4(b)所示。这是一种典型的随机信号,必须通过分析处理才能得到所需要的气泡份额值。

另外,在测量过程中噪声的干扰是不可避免的,没有噪声的测量仅仅是一种理想的假设。噪声的来源是多方面的,例如有伴随着被测信号进入传感器的噪声、传感器以及各种

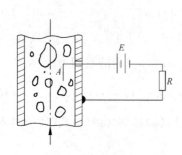

图 10-3 用电导探针测量气泡份额示意图

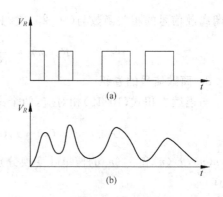

图 10-4 探针信号
(a) 理想探针信号； (b) 实际探针信号

测量仪表内部产生的噪声、信号传输过程中混入的噪声。因此，利用各种测试手段得到的数据既含有有用信号，又含有干扰噪声。在许多情况下，噪声是不能忽略的，必须从测量信号中去掉才能得到有用的数据。

噪声是随机信号，要对混有噪声的测量信号进行处理就必须研究随机信号的特性。

10.2.2 随机信号的描述方法

随机信号的内在规律只能用其统计特性来描述。设 $x(t)$ 是一个随机信号，则在 $t=t_i$ 时，$x(t_i)$ 是一个随机变量。故 $x(t)$ 可以视作 $M(M \to \infty)$ 个随机变量 $x(t_1), x(t_2), \cdots, x(t_M)$ 的集合。这样，要描述 $x(t)$，就需找出这 M 个随机变量的各维概率密度函数。但在一般情况下，这是十分困难的。故更有实际意义的是用它们的一、二阶矩来近似描述。

随机信号可分为平稳的和非平稳的信号。如果随机信号的一、二阶矩与时间的平移无关，则称为平稳的，否则为不平稳的。

一个平稳随机信号，如果一次长时间测量的时间平均值等于它的统计平均值，则称这样的随机信号为各态遍历的。本章以后讨论的信号，均认为是各态遍历的。

常用来描述随机信号 $x(t)$ 的一、二阶矩有：

1. 均值

$$E[x(t)] = \int_{-\infty}^{\infty} x(t) f(x,t) dx \tag{10-38}$$

式中 E——对其后面的变量或函数求统计平均，一般情况下，$E[x(t)]$ 是 t 的函数；

$f(x,t)$——$x(t)$ 在 t 时刻的密度函数。

若 $x(t)$ 是平稳的，则

$$E[x(t)] = \int_{-\infty}^{\infty} x f(x) dx \tag{10-39}$$

它与时刻 t 无关。

若 $x(t)$ 是各态遍历的，则可由时间平均代替统计平均，于是

$$E[x(t)] = \overline{x(t)} = \lim_{T \to \infty} \frac{1}{T} \int_0^T x(t) dt \tag{10-40}$$

式中，$\overline{x(t)}$ 表示时间平均值。

2. 方差

$$E\{x(t) - E[x(t)]\}^2 = \int_{-\infty}^{\infty} \{x(t) - E[x(t)]\}^2 f(x,t) dx \tag{10-41}$$

若 $x(t)$ 是平稳的,则

$$E\{x(t) - E[x(t)]\}^2 = \int_{-\infty}^{\infty} \{x(t) - E[x(t)]\}^2 f(x) dx \tag{10-42}$$

它与时间 t 无关。若 $x(t)$ 是各态遍历的,则用时间平均代替统计平均,有

$$E\{x(t) - E[x(t)]\}^2 = \overline{\{x(t) - E[x(t)]\}^2}$$

$$= \lim_{T \to \infty} \frac{1}{T} \int_0^T \{x(t) - E[x(t)]\}^2 dt \tag{10-43}$$

3. 相关函数

随机信号 $x(t), y(t)$ 的互相关函数定义为在 t_i 时刻的随机变量 $x(t_i)$(记为 x_i)和在 t_j 时刻的随机变量 $y(t_j)$(记为 y_j)乘积的统计平均,用符号 $R_{xy}(t_i, t_j)$ 表示。

$$R_{xy}(t_i, t_j) = E(x_i, y_j) = \int_{-\infty}^{\infty} \int_{-\infty}^{\infty} x_i y_j f(x_i, y_j, t_i, t_j) dx_i dy_j \tag{10-44}$$

式中, $f(x_i, y_j, t_i, t_j)$ 表示 x_i, y_j 的联合概率密度函数。$x(t)$ 的自相关函数为

$$R_x(t_i, t_j) = E(x_i, y_j) = \int_{-\infty}^{\infty} \int_{-\infty}^{\infty} x_i x_j f(x_i, x_j, t_i, t_j) dx_i dx_j \tag{10-45}$$

可见,相关函数是 t_i, t_j 的函数。

如果 $x(t), y(t)$ 均为平稳随机信号,且联合平稳,那么式(10-44)中 $f(x_i, y_j, t_i, t_j)$ 与 t_i, t_j 无关,只与它们的差有关。记 $t = t_i, t_i - t_j = \tau$,则平稳信号的互相关函数为

$$R_{xy}(\tau) = E[x(t)y(t+\tau)] = \int_{-\infty}^{\infty} \int_{-\infty}^{\infty} x_i y_j f(x_i, y_j, \tau) dx_i dy_j \tag{10-46}$$

平稳信号的自相关函数为

$$R_x(\tau) = E[x(t)x(t+\tau)] = \int_{-\infty}^{\infty} \int_{-\infty}^{\infty} x_i x_j f(x_i, x_j, \tau) dx_i dx_j \tag{10-47}$$

可见,平稳信号的相关函数只与时间差有关。

对于各态遍历信号,相关函数为

$$R_{xy}(\tau) = E[x(t)y(t+\tau)] = \overline{x(t)y(t+\tau)}$$

$$= \lim_{T \to \infty} \frac{1}{T} \int_0^T x(t)y(t+\tau) dt = \lim_{T \to \infty} \frac{1}{T} \int_0^T x(t-\tau)y(t) dt \tag{10-48}$$

自相关函数为

$$R_x(\tau) = E[x(t)x(t+\tau)] = \overline{x(t)x(t+\tau)}$$

$$= \lim_{T \to \infty} \frac{1}{T} \int_0^T x(t)x(t+\tau) dt = \lim_{T \to \infty} \frac{1}{T} \int_0^T x(t-\tau)x(t) dt \tag{10-49}$$

平稳信号的相关函数有与确定性信号的相关函数类似的性质,它满足(10-19)和(10-20)两式所示的对称性质以及(10-21)和(10-22)两式所示的相关不等式。

同确定性信号一样,平稳信号的相关函数随着 $|\tau|$ 的增大,数值减小,即相关程度下降。当 $|\tau| \to \infty$ 时,两信号无关,即

$$\lim_{|\tau| \to \infty} R_x(\tau) = [E(x)]^2 \tag{10-50}$$

$$\lim_{|\tau|\to\infty} R_{xy}(\tau) = E(x)E(y) \tag{10-51}$$

如果它们彼此独立,则有

$$f(x,y) = f(x)f(y) \tag{10-52}$$

如果它们不相关,则有

$$E(xy) = E(x) \cdot E(y) \tag{10-53}$$

因此,两个信号独立,则它们一定是不相关的,但反之不一定成立。两个均值为零的信号,不相关即指它们的互相关函数为零。

10.2.3 随机信号的功率谱

随机信号不满足式(10-6),不存在傅里叶变换。但随机信号的相关函数是确定性信号,并且在均值为零时,根据式(10-50)和式(10-51)有

$$\lim_{|\tau|\to\infty} R_x(\tau) = 0 \tag{10-54}$$

$$\lim_{|\tau|\to\infty} R_{xy}(\tau) = 0 \tag{10-55}$$

$R_x(\tau)$ 和 $R_{xy}(\tau)$ 的傅里叶变换是存在的,分别记为 $S_x(\omega)$ 和 $S_{xy}(\omega)$,即

$$\left. \begin{array}{l} S_x(\omega) = \int_{-\infty}^{\infty} R_x(\tau) \mathrm{e}^{-\mathrm{j}\omega\tau} \mathrm{d}\tau \\ R_x(\tau) = \dfrac{1}{2\pi} \int_{-\infty}^{\infty} S_x(\omega) \mathrm{e}^{\mathrm{j}\omega\tau} \mathrm{d}\omega \end{array} \right\} \tag{10-56}$$

$$\left. \begin{array}{l} S_{xy}(\omega) = \int_{-\infty}^{\infty} R_{xy}(\tau) \mathrm{e}^{-\mathrm{j}\omega\tau} \mathrm{d}\tau \\ R_{xy}(\tau) = \dfrac{1}{2\pi} \int_{-\infty}^{\infty} S_{xy}(\omega) \mathrm{e}^{\mathrm{j}\omega\tau} \mathrm{d}\omega \end{array} \right\} \tag{10-57}$$

在式(10-56)中,令 $\tau=0$,可得

$$R_x(0) = \frac{1}{2\pi} \int_{-\infty}^{\infty} S_x(\omega) \mathrm{d}\omega = \lim_{T\to\infty} \frac{1}{T} \int_0^T x^2(t) \mathrm{d}t \tag{10-58}$$

这里认为 $x(t)$ 是各态遍历的。

如果把 $x(t)$ 看作流经一个 1Ω 电阻的电流,那么 $R_x(0) = \lim\limits_{T\to\infty}\dfrac{1}{T}\int_0^T x^2(t)\mathrm{d}t$ 即信号 $x(t)$ 在 T 时间内的平均功率,它可视作各个频率的功率分量的叠加。故由(10-58)式可以看出,$S_x(\omega)$ 具有功率密度的物理意义,所以把 $S_x(\omega)$ 叫做 $x(t)$ 的功率谱密度函数。

两个各态遍历信号 $x(t)$,$y(t)$ 的互相关函数 $R_{xy}(\tau)$ 的傅里叶变换 $S_{xy}(\omega)$ 称做它们的互功率谱密度函数。而把 $S_x(\omega)$ 叫做 $x(t)$ 的自功率谱密度函数。

由以上分析可见,一个零均值的随机信号,虽然不满足式(10-6),不是能量有限信号,其傅里叶变换不存在,但其相关函数是能量有限的,可以进行傅里叶变换,并且其傅里叶变换具有功率谱密度的物理意义。这样的信号叫做功率型信号。

由式(10-56)和式(10-57)给出的 $S_x(\omega)$ 和 $S_{xy}(\omega)$,频率 ω 的变化范围是从 $-\infty$ 到 $+\infty$,故称为双边功率谱密度函数。在实际应用中,因为不存在负频率,因此定义单边功率谱密度函数 $G_x(\omega)$ 和 $G_{xy}(\omega)$

$$G_x(\omega) = \begin{cases} 2S_x(\omega) & \omega \geqslant 0 \\ 0 & \omega < 0 \end{cases} \quad (10\text{-}59)$$

$$G_{xy}(\omega) = \begin{cases} 2S_{xy}(\omega) & \omega \geqslant 0 \\ 0 & \omega < 0 \end{cases} \quad (10\text{-}60)$$

功率谱密度函数有如下重要性质:

① 实信号 $x(t)$ 的功率谱密度函数 $S_x(\omega)$ 是非负的实偶函数。

$S_x(\omega)$ 的非负特性可由其定义直接看出。另外由于 $R_x(\tau)$ 是实偶函数,所以

$$S_x(\omega) = \int_{-\infty}^{\infty} R_x(\tau) e^{-j\omega\tau} d\tau$$

$$= \int_{-\infty}^{\infty} R_x(\tau) \cos\omega\tau d\tau - j\int_{-\infty}^{\infty} R_x(\tau) \sin\omega\tau d\tau$$

可见,虚部积分号内是一奇函数,积分值为零,而实部积分号内是一偶函数。故 $S_x(\omega)$ 是实偶函数。这样式(10-56)可以写成

$$\left. \begin{array}{l} S_x(\omega) = \int_{-\infty}^{\infty} R_x(\tau) \cos\omega\tau d\tau \\ R_x(\tau) = \dfrac{1}{2\pi}\int_{-\infty}^{\infty} S_x(\omega) \cos\omega\tau d\omega = \dfrac{1}{\pi}\int_{0}^{\infty} S_x(\omega) \cos\omega\tau d\omega \end{array} \right\} \quad (10\text{-}61)$$

② 实信号 $x(t), y(t)$ 的互功率谱一般是一个复数,其实部是偶函数,虚部是奇函数。故有

$$S_{xy}(\omega) = S_{xy}^*(-\omega) \quad (*\text{ 表示共轭}) \quad (10\text{-}62)$$

$$S_{xy}(\omega) = S_{yx}(-\omega) \quad (10\text{-}63)$$

③ 互谱不等式

$$|S_{xy}(\omega)|^2 \leqslant S_x(\omega) S_y(\omega) \quad (10\text{-}64)$$

证明从略。

前已指出,一个随机信号,常用它的一、二阶矩来近似描述。而信号的相关函数即包含了它的一、二阶矩的全部信息,因此相关函数或它的傅里叶变换功率谱密度函数是描述随机信号的主要手段,前者是在时域里,后者是在频域里。对信号进行相关分析或功率谱分析(即由信号求取它的相关函数或功率谱密度函数)是随机信号测量中常采用的方法。

10.2.4 离散随机信号

同确定性信号一样,一个连续的随机信号 $x(t)$ 也可通过采样使之离散化。对于随机信号,采样定理也和确定性信号基本相同,只是把(10-26)式中的 $X(\omega)$ 变为 $S_x(\omega)$ 即可。

在统计意义上,离散随机信号与连续随机信号的均值、方差、相关函数是一样的,同式(10-38)、式(10-39)、式(10-41)、式(10-42)、式(10-44)、式(10-45)、式(10-46)和式(10-47)。只是在求相关函数时,时间间隔 τ 应变为离散值 m。如平稳随机信号 $x(n)$,$y(n)$ 的相关函数为

$$R_x(m) = E[x(n)y(n+m)]$$

$$= \int_{-\infty}^{\infty}\int_{-\infty}^{\infty} x_n y_{n+m} f(x_n, y_{n+m}, m) dx_n dy_{n+m} \quad (10\text{-}65)$$

式中,$x_n = x(n)$;$y_{n+m} = y(n+m)$;$f(x_n, y_{n+m}, m)$ 为 $x(n)$,$y(n+m)$ 的联合概率密度函数。

$$R_x(m) = E[x(n)x(n+m)]$$
$$= \int_{-\infty}^{\infty} \int_{-\infty}^{\infty} x_n x_{n+m} f(x_n, x_{n+m}, m) \mathrm{d}x_n \mathrm{d}x_{n+m} \tag{10-66}$$

但对于各态遍历信号,因为可用时间平均代替统计平均,故在进行时间平均时,应按离散信号来处理。其均值、方差、相关函数分别为

$$E[x(n)] = \overline{x(n)} = \lim_{N \to \infty} \frac{1}{N} \sum_{n=0}^{N-1} x(n) \tag{10-67}$$

$$E\{x(n) - E[x(n)]\}^2 = \overline{\{x(n) - E[x(n)]\}^2}$$
$$= \lim_{N \to \infty} \frac{1}{N} \sum_{n=0}^{N-1} \{x(n) - E[x(n)]\}^2 \tag{10-68}$$

$$R_x(m) = E[x(n)x(n+m)] = \lim_{N \to \infty} \frac{1}{N} \sum_{n=0}^{N-1} x(n)x(n+m) \tag{10-69}$$

$$R_{xy}(m) = E[x(n)y(n+m)] = \lim_{N \to \infty} \frac{1}{N} \sum_{n=0}^{N-1} x(n)y(n+m) \tag{10-70}$$

因为,离散随机信号的相关函数是离散的,故其功率谱密度函数应按式(10-29)、式(10-30)所表示的傅里叶变换来求取。

$$\left. \begin{array}{l} S_x(\omega) = \sum\limits_{m=-\infty}^{\infty} R_x(m) \mathrm{e}^{-\mathrm{j}\omega m} \\ R_x(m) = \dfrac{1}{2\pi} \int_{-\pi}^{\pi} S_x(\omega) \mathrm{e}^{\mathrm{j}\omega m} \mathrm{d}\omega \quad m = 0, \pm 1, \cdots \end{array} \right\} \tag{10-71}$$

$$\left. \begin{array}{l} S_{xy}(\omega) = \sum\limits_{m=-\infty}^{\infty} R_{xy}(m) \mathrm{e}^{-\mathrm{j}\omega m} \\ R_{xy}(m) = \dfrac{1}{2\pi} \int_{-\pi}^{\pi} S_{xy}(\omega) \mathrm{e}^{\mathrm{j}\omega m} \mathrm{d}\omega \quad m = 0, \pm 1, \cdots \end{array} \right\} \tag{10-72}$$

可见,离散随机信号的功率谱密度函数是周期为 2π 的连续周期函数。离散随机信号的功率谱密度函数也具有和连续随机信号功率谱密度函数类似的性质。

例 10-2 功率谱密度函数 $S_x(\omega)$ 为常数 S_0 的随机信号 $x(t)$ 称为白噪声,求它的相关函数。

解:对于连续白噪声,其自相关函数 $R_x(\tau)$ 可由式(10-56)求取,$R_x(\tau)$ 为常数 S_0 的傅里叶反变换,故有

$$R_x(\tau) = S_0 \delta(\tau)$$

对于离散白噪声,其自相关函数 $R_x(m)$ 由式(10-71)求取,则

$$R_x(m) = \frac{1}{2\pi} \int_{-\pi}^{\pi} S_x(\omega) \mathrm{e}^{\mathrm{j}\omega m} \mathrm{d}\omega$$
$$= \frac{1}{2\pi} \int_{-\pi}^{\pi} S_0 \mathrm{e}^{\mathrm{j}\omega m} \mathrm{d}\omega = S_0 \delta(m)$$

其中 $\delta(m)$ 为离散 δ 函数,它要比连续 δ 函数 $\delta(t)$ 简单得多,为

$$\delta(m) = \begin{cases} 1 & m = 0 \\ 0 & m \neq 0 \end{cases}$$

可见,白噪声的相关函数只在 τ(或 m)=0 时有值,亦即无论时差 τ(或 m)取得怎样小,$x(t)$ 和 $x(t+\tau)$(或 $x(n)$ 和 $x(n+m)$)总是不相关的。

连续白噪声的相关函数和功率谱密度函数如图 10-5 所示。

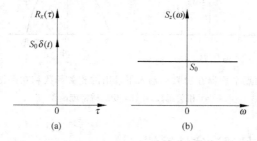

图 10-5 连续白噪声的相关函数和功率谱密度函数
(a) 相关函数; (b) 功率谱密度函数

白噪声的相关函数和功率谱密度函数具有特别简单的形式,所以对这样的信号进行分析处理非常方便。但白噪声仅是一种理想化的模型,因为其平均功率 $\int_{-\infty}^{+\infty} S_x(\omega)\mathrm{d}\omega$ 为无穷大,这在实际上是不存在的。但如果一个随机信号,在比人们感兴趣的频带宽得多的频率范围内,其功率谱密度函数保持不变,则可作为白噪声来处理。

非白噪声也叫做有色噪声。

例 10-3 有一个两点平均器,其输出 $y(n)$ 和输入 $x(n)$ 的关系为

$$y(n) = \frac{1}{2}[x(n) + x(n-1)]$$

当 $x(n)$ 为零均值白噪声序列时,求输出 $y(n)$ 的自相关函数和功率谱。

解:

$$R_y(0) = E[y(n)]^2 = E\left[\frac{x(n)+x(n-1)}{2}\right]^2$$
$$= \frac{1}{4}E[x^2(n) + x^2(n-1) + 2x(n)x(n-1)] = \frac{1}{2}\sigma_x^2$$

式中,$\sigma_x^2 = E[x(n)]^2$ 为 $x(n)$ 的方差。

$$R_y(1) = R_y(-1) = E[y(n)y(n+1)]$$
$$= E\left[\frac{x(n)+x(n-1)}{2} \cdot \frac{x(n+1)+x(n)}{2}\right] = \frac{1}{4}\sigma_x^2$$

当 $|m|>1$ 时,$R_y(m) = 0$

$$S_y(\omega) = \sum_{m=-\infty}^{\infty} R_y(m)\mathrm{e}^{-j\omega m} = R_y(-1)\mathrm{e}^{j\omega} + R_y(0) + R_y(1)\mathrm{e}^{-j\omega}$$
$$= \frac{1}{2}\sigma_x^2(1+\cos\omega)$$

$R_y(m)$ 和 $S_y(\omega)$ 如图 10-6 所示。

比较 $S_y(\omega)$ 和 $S_x(\omega)$,可见信号经过两点平均器后,其高频分量下降了,故两点平均器具有低通滤波器的特性。

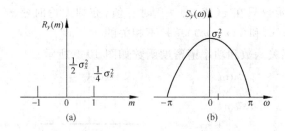

图 10-6 两点平均器在白噪声输入下输出的相关函数和功率谱密度函数
(a) 相关函数； (b) 功率谱密度函数

10.2.5 随机信号通过线性系统

一个频率特性为 $H(\omega)$ 的线性系统，其随机输入 $x(t)$ 和输出 $y(t)$ 之间满足如下关系：

$$\left.\begin{array}{l} S_y(\omega) = |H(\omega)|^2 S_x(\omega) \\ R_y(\tau) = R_x(\tau) * R_h(\tau) \\ R_{xy}(\tau) = R_x(\tau) * h(\tau) \\ S_{xy}(\omega) = H(\omega) S_x(\omega) \end{array}\right\} \quad (10\text{-}73)$$

式中　$h(\tau)$——$H(\omega)$ 的傅里叶反变换，即线性系统的冲激响应；

$R_h(\tau), R_x(\tau), R_y(\tau)$——$h(t), x(t), y(t)$ 的自相关函数；

$R_{xy}(\tau)$——$x(t), y(t)$ 的互相关函数；

$S_x(\omega), S_y(\omega)$ 分别——$x(t), y(t)$ 的功率谱密度函数；

$S_{xy}(\omega)$——$x(t), y(t)$ 的互功率谱密度函数。

读者可以根据线性系统的基本知识和相关函数、功率谱密度函数的定义自行证明上述关系。

10.3 相关函数和功率谱密度函数的估计

相关函数和功率谱密度函数分别在时域和频域里描述随机信号的特征，因此根据随机信号的测量值对它们进行估计是随机信号处理中的一项基本任务。本节针对长度有限的离散随机信号(实际情况往往如此)讨论其相关函数和功率谱密度函数的估计方法。另外假定信号的均值为零，如不为零，可先按下式估计其均值，

$$\hat{E}[x(n)] = \frac{1}{N} \sum_{n=0}^{N-1} x(n)$$

然后从测量数据中减去均值再进行相关函数和功率谱密度函数的估计。

10.3.1 相关函数的估计

1. 自相关函数的估计

离散信号 x_n 的自相关函数可由式(10-69)给出。实际上 N 是有限值，故只能利用有限个数据来求取 $R_x(m)$ 的估计值 $\hat{R}_x(m)$。估计公式为

$$\hat{R}_x(m) = \begin{cases} \dfrac{1}{N} \sum_{i=1}^{N-|m|-1} x_i x_{i+|m|} & |m| < N \\ 0 & |m| \geqslant N \end{cases} \quad (10\text{-}74)$$

式中,求和的上限是 $N-|m|-1$,而不是 $N-1$,这是因为可利用的数据点只有 N 个,即 $x_0, x_1, \cdots, x_{N-1}$,当 $i = N-|m|-1$ 时,乘积中的 $x_{i+|m|} = x_{N-1}$,使得求和上限再增大已无意义。另外,当 $|m| \geqslant N$ 时,已没有数据样本点可供利用,故设此时的相关函数为零。

下面,对这个估计作一些评价:

① 当 N 一定时,$|m|$ 越大,求和的乘积项越少,估计越不准确。故为保证估计质量,应使 $|m| \ll N$。

② $\hat{R}_x(m)$ 是偶函数,这与实际情况是一致的。

③ $\hat{R}_x(m)$ 是有偏估计,但是渐近无偏的。

因为

$$E[\hat{R}_x(m)] = \frac{1}{N} \sum_{i=0}^{N-|m|-1} E(x_i x_{i+|m|})$$

$$= \frac{1}{N} R_x(m) \sum_{i=0}^{N-|m|-1} 1$$

$$= \left(1 - \frac{|m|}{N}\right) R_x(m) \quad (10\text{-}75)$$

所以 $E[\hat{R}_x(m)] \neq R_x(m)$,估计有偏。但当 $N \to \infty$ 时,有 $E[\hat{R}_x(m)] = R_x(m)$,即渐近无偏。

如果取估计式为

$$\hat{R}'_x(m) = \begin{cases} \dfrac{1}{N-|m|} \sum_{n=0}^{N-|m|-1} x_i x_{i+|m|} & |m| < N \\ 0 & |m| \geqslant N \end{cases} \quad (10\text{-}76)$$

则估计是无偏的。但实际上,人们常用式(10-74)而不用式(10-76)。这是因为:无论哪种估计,为了使估计的方差较小,必须使 N 很大,而在 N 很大的条件下,式(10-74)估计的偏很小;在相同 N 的条件下,式(10-76)估计的方差特性不好。这两点原因将在下面的讨论中给予说明。

④ $\hat{R}_x(m)$ 是一致估计

估计的方差为

$$\text{var}[\hat{R}_x(m)] = E\{\hat{R}_x(m) - E[\hat{R}_x(m)]\}^2 = E[\hat{R}_x^2(m)] - \{E[R_x(m)]\}^2$$

式中等号后一项可由式(10-75)算出,而对于前一项,则为

$$E[\hat{R}_x^2(m)] = \frac{1}{N^2} \sum_{i=0}^{N-|m|-1} \sum_{j=0}^{N-|m|-1} E(x_i x_{i+|m|} x_j x_{j+|m|})$$

因此,要计算它,需要计算四阶矩。十分繁琐。这里假定信号 x_n 是正态的,此时四阶矩可以化作二阶矩求出

$$E(x_i x_{i+|m|} x_j x_{j+|m|}) = E(x_i x_{i+|m|}) E(x_j x_{j+|m|}) + E(x_i x_j) E(x_{i+|m|} x_{j+|m|})$$
$$+ E(x_{i+|m|} x_j) E(x_i x_{j+|m|})$$

$$= R_x^2(m) + R_x^2(i-j) + R_x(i-j-|m|)R_x(i-j+|m|)$$

于是

$$\mathrm{var}[\hat{R}_x^2(m)] = \frac{1}{N^2} \sum_{i=0}^{N-|m|-1} \sum_{j=0}^{N-|m|-1} [R_x^2(m) + R_x^2(i-j) + R_x(i-j-|m|)$$

$$\times R_x(i-j+|m|)] - \left[\left(1 - \frac{|m|}{N}\right)R_x(m)\right]^2$$

$$= \frac{1}{N^2} \sum_{i=0}^{N-|m|-1} \sum_{j=0}^{N-|m|-1} [R_x^2(i-j) + R_x(i-j-|m|)R_x(i-j+|m|)]$$

$$= \frac{1}{N^2} \sum_{r=-(N-|m|-1)}^{N-|m|-1} (N-|m|-|r|)[R_x^2(r) + R_x(r-|m|)R_x(r+|m|)]$$

$$= \frac{1}{N} \sum_{r=-(N-|m|-1)}^{N-|m|-1} \left(1 - \frac{|m|+|r|}{N}\right)[R_x^2(r) + R_x(r-m)R_x(r+m)]$$

(10-77)

由上式可分析方差 $\mathrm{var}[\hat{R}_x^2(m)]$ 和 N 的关系。当 $|r|$ 大时，式(10-77)中的 $[R_x^2(r) + R_x(r-m)R_x(r+m)] \to 0$，故一般只考虑 $|r|$ 较小的情况。此时，在 N 很大而 $|m|$ 又较小的情况下，求和号上下限趋于 $\pm\infty$，又因 $|r|$ 较小，故 $1 - \frac{|m|+|r|}{N} \to 1$，方差可近似表示为

$$\mathrm{var}[\hat{R}_x^2(m)] \approx \frac{1}{N} \sum_{r=-\infty}^{\infty} [R_x^2(r) + R_x(r-m)R_x(r+m)] \quad (10\text{-}78)$$

可见，方差与 N 成反比，满足

$$\lim_{N \to \infty} \mathrm{var}[\hat{R}_x^2(m)] = 0$$

为一致估计。

对于式(10-76)表示的无偏估计 $\hat{R}'_x(m)$，由式(10-74)和式(10-76)可知

$$\hat{R}'_x(m) = \frac{N}{N-|m|} \hat{R}_x(m)$$

故

$$\mathrm{var}[\hat{R}'_x(m)] = \frac{N^2}{(N-|m|)^2} \mathrm{var}[\hat{R}_x(m)] \quad (10\text{-}79)$$

显然，它也是一致估计，但方差要比有偏估计 $\hat{R}'_x(m)$ 的方差大，尤其是在 $|m|$ 较大时。

由上可知，不管采用哪种估计，为使结果准确，必须使 $|m| \ll N$，当 $|m|$ 和 N 处于同一数量级时，估计将有很大误差。

2. 互相关函数的估计

两个离散信号 x_n, y_n 长度相同，均为 N 点。它们的互相关函数按下式进行估计

$$\hat{R}_{xy}(m) = \begin{cases} \dfrac{1}{N} \sum\limits_{i=0}^{N-m-1} x_i y_{i+m} & 0 \leqslant m \leqslant N-1 \\ \dfrac{1}{N} \sum\limits_{i=0}^{N-m-1} x_{i=m} y_i & -(N-1) \leqslant m \leqslant 0 \\ 0 & \text{其他} \end{cases} \quad (10\text{-}80)$$

因为 $R_{xy}(m)$ 不再是偶函数，故式(10-80)在 $m>0$ 和 $m<0$ 时采用两种不同的表达式以符合实际情况，$R_{xy}(m)$ 的偏和方差性质和自相关函数的估计相同。

3. 利用傅里叶变换计算 $\hat{R}_x(m)$ 和 $\hat{R}_{xy}(m)$

按式(10-74)和式(10-80)编排程序可在数字计算机上计算 $\hat{R}_x(m)$ 和 $\hat{R}_{xy}(m)$。但当 N 很大时（实际情况往往如此），这样计算费时很多，故一般均利用快速傅里叶变换(FFT)和快速傅里叶逆变换(IFFT)进行。

对于式(10-74)表示的自相关函数估计，由于 x_n 长度为 N，即

$$x_n = 0 \quad n<0 \text{ 及 } n \geqslant N \tag{10-81}$$

故 $\hat{R}_x(m)$ 可表示为

$$\hat{R}_x(m) = \frac{1}{N}\sum_{i=0}^{N-1} x_i x_{i+m} \tag{10-82}$$

$\hat{R}_x(m)$ 的长度为 $2N-1$，故

$$\hat{R}_x(m) = 0 \quad m \geqslant N \text{ 及 } m \leqslant -N \tag{10-83}$$

由式(10-31)，记 $\hat{R}_x(m)$ 的DFT为 $\hat{S}_x(K)$，则

$$\left. \begin{aligned} \hat{S}_x(K) &= \sum_{m=-(N-1)}^{N-1} \hat{R}_x(m)\exp(-j\frac{2\pi}{2N-1}mK) \quad -(N-1) \leqslant K \leqslant N-1 \\ \hat{R}_x(m) &= \frac{1}{2N-1}\sum_{K=-(N-1)}^{N-1} \hat{S}_x(K)\exp(j\frac{2\pi}{2N-1}mK) \quad -(N-1) \leqslant m \leqslant N-1 \end{aligned} \right\} $$

$$(10\text{-}84)$$

将式(10-82)代入式(10-84)，有

$$\begin{aligned} \hat{S}_x(K) &= \frac{1}{N}\sum_{m=-(N-1)}^{N-1}\sum_{i=0}^{N-1} x_i x_{i+m}\exp(-j\frac{2\pi}{2N-1}mK) \\ &= \frac{1}{N}\sum_{i=0}^{N-1} x_i \sum_{m=-(N-1)}^{N-1} x_{i+m}\exp(-j\frac{2\pi}{2N-1}mK) \end{aligned}$$

令 $L=i+m$，则

$$\begin{aligned} \hat{S}_x(K) &= \frac{1}{N}\sum_{i=0}^{N-1} x_i \sum_{L=i-(N-1)}^{i+(N-1)} x_L \exp\left[-j\frac{2\pi}{2N-1}(L-i)K\right] \\ &= \frac{1}{N}\sum_{i=0}^{N-1} x_i \exp(j\frac{2\pi}{2N-1}iK) \sum_{L=i-(N-1)}^{i+(N-1)} x_L \exp(-j\frac{2\pi}{2N-1}LK) \end{aligned}$$

由式(10-81)

$$\begin{aligned} \hat{S}_x(K) &= \frac{1}{N}\sum_{i=0}^{N-1} x_i \exp(j\frac{2\pi}{2N-1}iK) \sum_{L=0}^{N-1} x_L \exp(-j\frac{2\pi}{2N-1}LK) \\ &= \frac{1}{N}\sum_{i=-(N-1)}^{N-1} x_i \exp(j\frac{2\pi}{2N-1}iK) \sum_{L=-(N-1)}^{N-1} x_L \exp(-j\frac{2\pi}{2N-1}LK) \\ &= \frac{1}{N} X(-K) X(K) \end{aligned}$$

式中 $X(K) = \sum_{i=-(N-1)}^{N-1} x_i \exp(-j\frac{2\pi}{2N-1}iK) = \sum_{i=0}^{N-1} x_i \exp(-j\frac{2\pi}{2N-1}iK)$ (10-85)

由于 x_n 为实数,故 $X(-K)=X^*(K)$

所以
$$\hat{S}_x(K) = \frac{1}{N}X(K)X^*(K) = \frac{1}{N}|X(K)|^2 \tag{10-86}$$

由上分析,可得计算 $\hat{R}_x(m)$ 的步骤为

① 由数据 x_n 按(10-85)式利用 FFT 计算 $X(K)$;

② 根据式(10-86)求 $\hat{S}_x(K)$;

③ 利用 IFFT 按式(10-84)求 $\hat{R}_x(m)$。

由于 $\hat{R}_x(m)$ 是偶函数,故实际计算时仅求 $m \geqslant 0$ 式的值即可。

对于式(10-80)表示的互相关函数,计算方法类似。在 $m \geqslant 0$ 时,由(10-80)式得

$$\hat{R}_{xy}(m) = \frac{1}{N}\sum_{i=0}^{N-m-1}x_i y_{i+m} = \frac{1}{N}\sum_{i=0}^{N-1}x_i y_{i+m}$$

此式与(10-82)类似。按同样的方法可得到 $\hat{R}_{xy}(m)$ 的 DFT $\hat{S}_{xy}(K)$,

$$\hat{S}_{xy}(K) = \frac{1}{N}X^*(K)Y(K) \tag{10-87}$$

其中 $X(K)$ 同式(10-85)。

$$Y(K) = \sum_{i=0}^{N-1}y_i \exp(-\mathrm{j}\frac{2\pi}{2N-1}iK) \tag{10-88}$$

$$\hat{R}_{xy}(m) = \frac{1}{2N-1}\sum_{K=-(N-1)}^{N-1}\hat{S}_{xy}(K)\exp(\mathrm{j}\frac{2\pi}{2N-1}mK) \quad 0 \leqslant m \leqslant N-1 \tag{10-89}$$

同理可得

$$\hat{S}_{yx}(K) = \frac{1}{N}X(K)Y^*(K) \tag{10-90}$$

$$\hat{R}_{yx}(m) = \frac{1}{2N-1}\sum_{K=-(N-1)}^{N-1}\hat{S}_{yx}(K)\exp(\mathrm{j}\frac{2\pi}{2N-1}mK) \quad 0 \leqslant m \leqslant N-1 \tag{10-91}$$

当 $m<0$ 时,由(10-80)式

$$\hat{R}_{xy}(m) = \frac{1}{N}\sum_{i=0}^{N-m-1}x_{i-m}y_i = \hat{R}_{yx}(-m) \tag{10-92}$$

由上述关系,可得计算 $\hat{R}_{xy}(m)$ 的步骤为:

① 按式(10-85)、式(10-88),利用 FFT 求 $X(K),Y(K)$ 并计算 $X^*(K),Y^*(K)$;

② 按式(10-87)、式(10-90)计算 $\hat{S}_{xy}(K)$ 和 $\hat{S}_{yx}(K)$;

③ 按式(10-89),利用 IFFT 得 $0 \leqslant m \leqslant N-1$ 时的 $\hat{R}_{xy}(m)$ 值,并按式(10-91),利用 IFFT 计算 $0 \leqslant m \leqslant N-1$ 时的 $\hat{R}_{yx}(m)$ 值;

④ 由式(10-92),可根据 $0 \leqslant m \leqslant N-1$ 时 $\hat{R}_{yx}(m)$ 的值得到 $-(N-1) \leqslant m \leqslant 0$ 时 $\hat{R}_{xy}(m)$ 的值。

10.3.2 功率谱密度函数的估计

估计信号的功率谱密度函数是当前信号处理中一个十分活跃的课题,目前已研究发展了许多新的方法。这里仅讨论基于傅里叶分析的经典方法,并且重点讨论自功率谱密度函数的估计。

1. 周期图

因为真实的自相关函数 $R_x(m)$ 与真实的功率谱密度函数 $S_x(\omega)$ 之间存在着傅里叶变

换的关系,故可很自然地想到用 $\hat{R}_x(m)$ 的傅里叶变换 $\hat{S}_x(\omega)$ 作为 $S_x(\omega)$ 的估计值,即

$$\hat{S}_x(\omega) = \sum_{m=-\infty}^{\infty} \hat{R}_x(m) e^{-j\omega m} = \sum_{m=-(N-1)}^{N-1} \hat{R}_x(m) e^{-j\omega m} \tag{10-93}$$

实际上 $\hat{S}_x(\omega)$ 不必通过对 $\hat{R}_x(m)$ 求反变换来计算,式(10-86)已给出 $\hat{R}_x(m)$ 的离散傅里叶变换 $\hat{S}_x(K)$ 和 $X(K)$ 的关系,同样可得

$$\hat{S}_x(\omega) = \frac{1}{N} |X(\omega)|^2 \tag{10-94}$$

其中

$$X(\omega) = \sum_{i=-\infty}^{\infty} x_i e^{-j\omega m} = \sum_{i=0}^{N-1} x_i e^{-j\omega m} \tag{10-95}$$

故 $\hat{S}_x(\omega)$ 或 $\hat{S}_x(K)$ 可直接由信号 x_n 的傅里叶变换得到。式(10-86)或式(10-94)表示的谱估计叫做周期图,其中式(10-86)适用于 FFT 计算。

(1) 周期图的偏

因为

$$E[\hat{S}_x(\omega)] = E\left[\sum_{m=-(N-1)}^{N-1} \hat{R}_x(m) e^{-j\omega m}\right]$$

$$= \sum_{m=-(N-1)}^{N-1} E[\hat{R}_x(m)] e^{-j\omega m}$$

$$= \sum_{m=-(N-1)}^{N-1} \frac{N-|m|}{N} R_x(m) e^{-j\omega m} \neq S_x(\omega)$$

可见它是有偏的。但当 $N \to \infty$ 时,

$$\lim_{N \to \infty} E[\hat{S}_x(\omega)] = \lim_{N \to \infty} \sum_{m=-(N-1)}^{N-1} \frac{N-|m|}{N} R_x(m) e^{-j\omega m}$$

$$= \sum_{m=-\infty}^{\infty} R_x(m) e^{-j\omega m} = S_x(\omega)$$

它是渐近无偏的。

(2) 周期图的方差

周期图方差的计算十分困难,且不易得到有明显意义的结果。对零均值白色平稳正态信号的周期图的分析表明(证明从略),周期图随着采样点数 N 的增大,其方差不但不减小,反而发生剧烈起伏。可见周期图为非一致估计。这种特性使得很难直接将它作为功率谱的估计,必须对它进行某些改进,下面介绍几种常用的方法。

2. 平均周期图

这种方法是将 x_n 分成若干段,分别求每一段的周期图,然后加以平均得到最后的估计。

设 x_n 的长度为 N,被分成 K 段,则每一段长度为 $M = N/K$。第 i 段用 x_n^i 表示,于是

$$x_n^i = x_{n+iM-M} \quad 0 \leqslant n \leqslant M-1, 1 \leqslant i \leqslant K \tag{10-96}$$

x_n^i 的周期图 $\hat{S}_x^i(\omega)$ 为

$$\hat{S}_x^i(\omega) = \frac{1}{M} \left| \sum_{n=0}^{M-1} x_n^i e^{-j\omega n} \right|^2 \quad 1 \leqslant i \leqslant K \tag{10-97}$$

对 K 个周期图取平均,得平均周期图 $\hat{S}_x^{Av}(\omega)$

$$\hat{S}_x^{Av}(\omega) = \frac{1}{K}\sum_{i=1}^{K}\hat{S}_x^i(\omega) \tag{10-98}$$

下面分析这种估计的性质。

(1) 偏

$$E[\hat{S}_x^{Av}(\omega)] = \frac{1}{K}\sum_{i=1}^{K}E[\hat{S}_x^i(\omega)] = E[\hat{S}_x^i(\omega)]$$

$$= \sum_{m=-(M-1)}^{M-1}\frac{M-|m|}{M}R_x(m)\mathrm{e}^{-\mathrm{j}\omega m}$$

显然,它也是有偏的,并且由于 $M<N$,故它的偏比周期图 $\hat{S}_x(\omega)$ 的偏要大。但随着 M 增大,偏减小,当 $M\to\infty$ 时,偏为零,故它是渐近无偏的。

(2) 方差

设 $m>M$ 时,$R_x(m)$ 很小,趋近于零,故可认为各段周期图之间无关。于是

$$\mathrm{var}[\hat{S}_x^{Av}(\omega)] = \frac{1}{K}\mathrm{var}[\hat{S}_x(\omega)] \tag{10-99}$$

可见,随 K 的增大,方差变小,当 $K\to\infty$ 时,$\mathrm{var}[\hat{S}_x^{Av}(\omega)]\to 0$,故它为一致估计。

3. 平滑周期图

这种估计采用窗处理技术,估记值记为 $\hat{S}_x^{sM}(\omega)$,它是这样得到的,先由 x_n 求周期图 $\hat{S}_x(\omega)$,然后对 $\hat{S}_x(\omega)$ 进行平滑处理,即在某一频率点 ω_i 处的 $\hat{S}_x^{sM}(\omega)$ 值等于 $2L+1$ 个相邻的周期图的平均值,

$$\hat{S}_x^{sM}(\omega_i) = \frac{1}{2L+1}\sum_{j=i-L}^{i+L}\hat{S}_x(\omega_j) \tag{10-100}$$

或写成连续形式(频率间隔为 $2P$)

$$\hat{S}_x^{sM}(\omega_i) = \frac{1}{2P}\int_{\omega_i-P}^{\omega_i+P}\hat{S}_x(\lambda)\mathrm{d}\lambda \tag{10-101}$$

当 $N\to\infty$ 时,由于各 $\hat{S}_x^{sM}(\omega_j)(j=i-L,\cdots,i+L)$ 之间彼此独立且分布相同,所以 $\hat{S}_x^{sM}(\omega_j)$ 的方差将比 $\hat{S}_x(\omega_j)$ 的方差减小 $2L$ 倍。

下面针对式(10-101)表示的平滑方法进行讨论。由式(10-101),可得

$$\hat{S}_x^{sM}(\omega_i) = \frac{1}{2P}\int_{\omega_i-P}^{\omega_i+P}\hat{S}_x(\lambda)\mathrm{d}\lambda$$

$$= \frac{1}{2\pi}\int_{-\pi}^{\pi}\hat{S}_x(\lambda)V(\omega-\lambda)\mathrm{d}\lambda \tag{10-102}$$

可见,$\hat{S}_x^{sM}(\omega_i)$ 为 $\hat{S}_x(\omega)$ 和 $V(\omega)$ 的卷积。式中,

$$V(\omega-\lambda) = \begin{cases} \dfrac{\pi}{P} & |\omega-\lambda|<P \\ 0 & \text{其他} \end{cases} \tag{10-103}$$

$V(\omega)$ 的图形如图 10-7(a)所示。

设 $V(\omega)$ 的傅里叶反变换为 $v(m)$,$\hat{S}_x(\omega)$ 的傅里叶反变换为 $\hat{R}_x(m)$,则根据卷积定理有

$$\hat{S}_x^M(\omega_i) = \sum_{m=-\infty}^{\infty} v(m) \hat{R}_x(m) e^{-j\omega m} \tag{10-104}$$

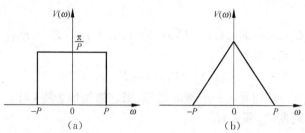

图 10-7 窗函数的频谱
(a) 矩形窗函数；(b) 三角形窗函数

由上式可见，$\hat{S}_x^M(\omega_i)$ 是先使 $\hat{R}_x(m)$ 乘以 $v(m)$，然后作傅里叶变换得到的，$\hat{R}_x(m)$ 乘以 $v(m)$ 相当于通过一个窗 $v(m)$ 来看 $\hat{R}_x(m)$，即对 $\hat{R}_x(m)$ 进行加窗处理。图 10-7(a) 所示的 $V(\omega)$ 图形为矩形，称为矩形窗。窗可有多种形状，例如图 10-7(b) 所示的三角窗。用它进行窗处理相当于在由 $\hat{S}_x(\omega)$ 求 $\omega = \omega_i$ 时的 $\hat{S}_x^M(\omega_i)$ 时，对靠近 ω_i 处的 $\hat{S}_x(\omega)$ 给以较大的加权。

4. 韦尔奇法

这种方法是把平均周期图和窗处理结合起来。先把 x_n 分段，对每一段都采用窗处理，求出各段的平滑周期图，然后对所有段的平滑周期图进行平均，得到最后的估计。

5. 互功率谱估计

同自功率谱估计一样，对于互功率谱，取 $\hat{R}_{xy}(m)$ 的傅里叶变换作为估计值。与式 (10-94) 类似，容易得到

$$\hat{S}_{xy}(\omega) = \frac{1}{N} X^*(\omega) Y(\omega) \tag{10-105}$$

这也是有偏、渐近无偏、非一致估计，需要通过平均、窗处理来减少方差。应当注意的是 $\hat{S}_{xy}(\omega)$ 是一个复数，而自功率谱估计 $\hat{S}_x(\omega)$ 是一个非负实数。

10.3.3 相关分析和谱分析的应用

1. 直接应用

对一个信号进行功率谱分析，即确定信号能量在各个频段上的分布，往往可以给出许多有用的信息。

在天文观测中，可以根据外层空间的吸收或谐振谱来确定在这些区域中是否存在有特殊的分子；在两相流测量中，可以通过流体中某些特征信号的功率谱中的频带来确定流体的形态；在各种机械振动中，可以通过求取振动的功率谱确定在哪些频率上振动能量最大，从而采取相应的减震措施。

功率谱分析也已成功地应用于工程技术的各个领域。近年来，在生物医学上也开始利用这种技术分析生物机体的功能。例如，在某些条件下脑电图的功率谱分析可以用于研究大脑的活动等。

2. 由相关函数提取随机信号的数字特征

一个随机信号，可由其相关函数求取其均值和方差。因为一个信号 $x(t)$ 的自协方差函数 $C_x(\tau)$ 为

$$C_x(\tau) = E\{x(t) - E[x(t)]\}\{x(t+\tau) - E[x(t)]\}$$

该式经过数学运算之后，得到

$$C_x(\tau) = R_x(\tau) - E^2[x(t)]$$

如果把 $x(t) - E[x(t)]$ 看成一个新的信号，则它的均值为零，而 $C_x(\tau)$ 即它的自相关函数。如果它是非周期的，那么有

$$\lim_{\tau \to \infty} C_x(\tau) = 0$$

故

$$E^2[x(t)] = R_x(\infty) \tag{10-106}$$

可见，一个均值不为零的信号，当 $\tau \to \infty$ 时其相关函数 $R_x(\tau)$ 的值即这个信号的均值的平方。

而信号的均方值

$$E[x^2(t)] = R_x(0) \tag{10-107}$$

由于

$$E[x^2(t)] = E^2[x(t)] + E\{x(t) - E[x(t)]\}^2$$

故信号的方差

$$E\{x(t) - E[x(t)]\}^2 = E[x^2(t)] - E^2[x(t)] = R_x(0) - R_x(\infty) \tag{10-108}$$

3. 信号的相关接收

把一个已知波形的信号发送到某种介质里，然后接收反射回来的信号，这是通讯和回波测距的一个基本问题。在这种情况下，接收的信号波形虽没有改变，但已混入了噪声，为了能检测到这个信号，可以采用相关技术。

设接收到的信号为 $x(t)$，它由两部分组成，一部分是已知波形的有用信号 $s(t)$，另一部分是干扰噪声 $v(t)$。

$$x(t) = s(t) + v(t) \tag{10-109}$$

为了从 $x(t)$ 中检测出 $s(t)$，使 $s(t)$ 和 $x(t)$ 进行互相关，得

$$\begin{aligned}
R_{xs}(\tau) &= E[x(t)s(t+\tau)] \\
&= E\{[s(t) + v(t)]s(t+\tau)\} \\
&= E[s(t)s(t+\tau)] + E[v(t)s(t+\tau)] \\
&= R_s(\tau) + R_{vs}(\tau)
\end{aligned}$$

一般说来，信号 $s(t)$ 和噪声 $v(t)$ 无关，即 $R_{vs}(\tau) = 0$，所以

$$R_{xs}(\tau) = R_s(\tau) \tag{10-110}$$

可见，互相关函数 $R_{xs}(\tau)$ 与噪声无关，达到了检测的目的。

上述方法需要已知信号 $s(t)$，因此这种方法对于未知信号的检测是不能使用的。然而对于检测未知的周期信号，应用自相关技术是非常有效的。设接收到的信号仍如 (10-109) 式所示，其中 $s(t)$ 是有用的周期信号，$v(t)$ 为非周期噪声，为从 $x(t)$ 中检测 $s(t)$，作 $x(t)$ 的自相关

$$\begin{aligned}
R_x(\tau) &= E[x(t)x(t+\tau)] \\
&= E\{[s(t) + v(t)][s(t+\tau) + v(t+\tau)]\}
\end{aligned}$$

$$= R_s(\tau) + R_{vs}(\tau) + R_{sv}(\tau) + R_v(\tau)$$

由于信号和噪声不相关,故上式中 $R_{vs}(\tau) = R_{sv}(\tau) = 0$,而且 $\lim_{\tau \to \infty} R_v(\tau) = 0$,因此

$$\lim_{\tau \to \infty} R_x(\tau) = R_s(\tau) \tag{10-111}$$

周期函数 $s(t)$ 的自相关函数 $R_s(\tau)$ 仍为同周期的周期函数,故由(10-111)式,不但可以检测信号 $s(t)$ 的有无,还可以得到它的周期。

以上讨论的检测问题,目的是检测信号的有无,而不是求取信号的实际波形。实际上仅由信号的自相关函数是不能恢复信号的波形的。

4. 速度和流量测量

利用相关技术测定速度已获得了广泛的应用,其基本原理如图 10-8 所示。

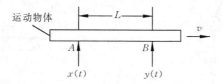

图 10-8 相关测速原理

某物体以速度 v 运动,如果这个运动的物体携带有某种特征信号,此信号也以同样的速度 v 传播,在相距 L 的 A,B 两点分别测量这个特征信号。设在 A 点测得的为 $x(t)$,在 B 点测得的为 $y(t)$。那么 $y(t) = x(t-\lambda)$,λ 为特征信号从 A 点传播到 B 点所需的时间,叫做渡越时间。故只要测得 λ,即可根据 $v = L/\lambda$ 来确定速度。测定 λ 的最有效的方法是利用相关技术。因为

$$R_{xy}(\tau) = \lim_{T \to \infty} \frac{1}{T} \int_0^T x(t) y(t+\tau) dt = \lim_{T \to \infty} \frac{1}{T} \int_0^T x(t) x(t+\tau-\lambda) dt$$

显然,当 $\tau = \lambda$ 时,$R_{xy}(\lambda) = R_x(0)$,相关函数 $R_{xy}(\lambda)$ 取最大值。因此只要检测出 $R_{xy}(\tau)$ 峰值出现的时间,即可测得 λ,从而得到速度。

这种方法也可在频域进行,因为由式(10-105),$x(t),y(t)$ 互谱的估计值为

$$\hat{S}_{xy}(\omega) = \frac{1}{N} X^*(\omega) Y(\omega)$$

由于 $x(t-\lambda) = y(t)$,故

$$Y(\omega) = X(\omega) e^{-j\omega \lambda}$$

因此,$\hat{S}_{xy}(\omega) = \frac{1}{N} |X(\omega)|^2 e^{-j\omega \lambda}$

可见,复数 $\hat{S}_{xy}(\omega)$ 的相角包含了渡越时间 λ,故只要测得 $\hat{S}_{xy}(\omega)$ 的相角,然后与该相角对应的频率相除,即可得到 λ。

由上所述,利用相关技术测定速度,必须要能检测到一个随被测物体一起运动的特征信号。特征信号的产生视具体情况而定,下面是几个具体例子。

图 10-9 表示轧钢机钢带运动的测量。在钢带运动方向相距 L 的两点 A 和 B 装有光源和光电管。光源照射在钢带上,光电管接收钢带反射的光信号,利用钢带表面反射光信号的波动即可得到信号 $x(t)$ 和 $y(t)$。

图 10-10 表示管道中粉末流速的测量。若粉末是绝缘的,可用两个电容传感器来检测粉末密度的波动,从而产生特征信号 $x(t)$ 和 $y(t)$。

在图 10-3 中,沿流动方向安装有两个电导探针,可以通过它们的互相关测得气泡的速度。

显然,利用相关技术测得的速度是在一段时间内的平均速度。在实际应用中,为使 $x(t)$ 和 $y(t)$ 充分相关以得到清晰的相关函数的峰值,L 不能太大。但 L 太小会使其本身的测量精度降低,故需要折中选择。

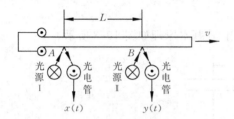

图 10-9 轧钢机钢带的速度测量

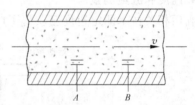

图 10-10 管道中粉末流速的测量

利用相关测速的基本原理,还可测定物质的体积流量 Q。因为 $Q=kAv$,这里 A 是管道横截面积,v 是用相关法测得的流速,k 是标定系数,所以它决定于截面上速度的分布,如果速度分布是均匀的,则 k 取 1。

相关法为困难流体的流量测量开辟了一条新的途径,因为它可以不和流体接触而检测出流体中的特征信号。目前,对非接触式检测特征信号的传感器已有许多研究。例如用红外探测器检测热流体自身的热发射,用电容传感器检测绝缘流体介电特性的波动等。

10.4 测量信号的滤波

10.4.1 滤波器的基本知识

滤波是一种从被噪声干扰的测量信号中提取有用信息的信号处理技术,它在测试系统中的应用主要包括以下几个方面:

① 在测试系统中,噪声是不可避免的,例如,测试电路中的热噪声,信号传输过程中的工频干扰噪声,电子仪器产生的高频振荡噪声等,对于这些噪声,要通过滤波器尽量减小它们的影响;

② 在现代测试系统中,有时要利用同一个通道来同时传输几个不同的信号,可以利用这些信号频率的差别用滤波器在接收端把它们区别开来;

③ 在动态测试系统中,为了补偿系统中某个环节引起的信号畸变,往往需要加入一种称为"补偿器"的环节,它实际上也是一种滤波器。

1. 经典滤波和统计滤波

滤波技术按其发展和功能可以分为经典滤波和统计滤波两类。

(1) 经典滤波技术

经典滤波技术采用具有选频特性的网络,它的有效性建立在如下假设的基础上:

① 有用信号 $s(t)$ 和噪声 $v(t)$ 不在同一频带内，或者二者仅有很少的重叠，其幅频特性如图 10-11 所示。

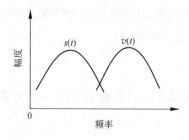
图 10-11 信号和噪声频带互不重叠

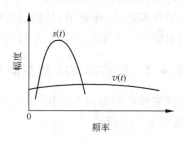
图 10-12 噪声频带远宽于信号频带

于是，可设计滤波器，使其频率特性保证只使信号 $s(t)$ 通过，而抑制掉噪声 $v(t)$，从而达到滤波的目的。

② 虽然 $s(t)$ 和 $v(t)$ 频带重叠在一起，但是噪声的频带要比信号的频带宽得多，如图 10-12 所示。在这种情况下，设计滤波器，使其频率特性仅保证信号 $s(t)$ 所占频带内的成分通过，这时虽然和信号位于同一频带内的那部分噪声也通过了滤波器，但大部分噪声却被抑制了。也就是说，滤波器大大衰减了噪声的功率，提高了信号噪声比。

基于上述经典滤波技术发展起来的滤波器有两种，一是模拟滤波器，一是数字滤波器。前者已有多年的历史，它主要利用电阻、电容、电感等电路元件来构成具有各种选频特性的网络，目前其设计理论已臻完善，有许多数据表格可供查用。它的缺点是，电路元件特别是电感的尺寸较大，电抗元件功耗大，当需要加入放大器时会带来额外的噪声。另外，电路元件的不准确性以及终端阻抗失配等因素限制了这种滤波器的精度。数字滤波器是相对模拟滤波器的一个重要发展，集成电路和数字技术的发展为它的实现提供了可能。它采用完全不同的电路程式，例如模拟-数字转换器、移位寄存器、只读存贮器等。电路的数字化大大提高了滤波精度，并能方便地调整滤波器参数。另外，数字滤波器往往采用计算机程序实现，这使其灵活性大大提高。以微处理机为中心的数字滤波器，可以进行分时运算，从而能有效地完成几个需要同时完成的滤波任务。尽管如此，由于测试信号大多是模拟信号，测量系统也多为模拟系统，故模拟滤波器仍在测试系统中广泛应用。本章在经典滤波部分仅讨论模拟滤波器。

2. 统计滤波技术

统计理论在滤波技术中的应用，产生了统计滤波技术。和经典滤波不同，它允许信号和噪声处于同一个频带内，如图 10-13 所示。在这种情况下，无论怎样设计，经典滤波技术都不能把噪声和有用信号有效地分开。而统计滤波技术利用信号 $s(t)$ 和噪声 $v(t)$ 的某些统计特性，则可以有效地复现信号 $s(t)$。维纳等人首先研究了平稳过程(信号和噪声都是平稳的)的统计滤波问题，建立了维纳滤波理论。但是在许多情况下，信号或噪声具有固有的非平稳性，这时维纳滤波不再适用。20 世纪 60 年代初

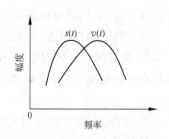
图 10-13 信号和噪声位于同一频带内

发展起来的卡尔曼滤波理论可适用于非平稳过程,人们还建立了适合于计算机实时计算的递推算法,把滤波理论推进到一个新的阶段。目前,卡尔曼滤波的应用已遍及国防和国民经济的许多领域,如通讯、控制、检测、识别、生物工程等,甚至在社会经济系统中也已得到成功地应用。本节将介绍卡尔曼滤波技术的一些基本问题。

10.4.2 经典滤波的基本概念

经典滤波器作为一个系统,其输入为信号 $s(t)$ 和噪声 $v(t)$ 的叠加 $s(t)+v(t)$,输出为 $y(t)$,如图 10-14 所示。

图 10-14 经典滤波器

一个理想的滤波器,其输出 $y(t)$ 应和信号 $s(t)$ 波形一致,但可允许有一定的延迟时间和幅度变化,而噪声 $v(t)$ 将不能通过滤波器,即 $y(t)$ 与噪声无关。故 $y(t)$ 可表示为

$$y(t) = ks(t-\tau) \tag{10-112}$$

式中 k 表示幅度的变化,τ 表示延迟时间。对式(10-112)两边取傅里叶变换,得

$$Y(\omega) = ke^{-j\omega\tau}S(\omega) \tag{10-113}$$

于是,理想滤波器的频率特性 $H(\omega)$ 为

$$H(\omega) = \begin{cases} ke^{-j\omega\tau} & \omega \in 信号所在频带 \\ 0 & 其他 \end{cases} \tag{10-114}$$

记 $H(\omega)$ 的模为 $A(\omega)$,相角为 $\theta(\omega)$,则理想滤波器的幅频特性和相频特性分别为

$$A(\omega) = \begin{cases} k & \omega \in 信号所在频带 \\ 0 & 其他 \end{cases} \tag{10-115}$$

$$\theta(\omega) = -\omega\tau \tag{10-116}$$

它表明,一个理想滤波器,其幅频特性在信号所占频带内为一常数,在信号以外的频带内为零。这样既可抑制噪声又能保证信号通过。其相频特性在信号所占的频带为一条直线,即所谓线性相频特性,这样可保证信号通过滤波器时不产生频率失真。

滤波器按允许通过的频带范围可以分为低通滤波器、高通滤波器、带通滤波器和带阻滤波器 4 种,它们的理想幅频特性如图 10-15 所示。

由于以下两点原因,理想滤波器的应用受到限制:

① 要想同时得到理想的不变幅频特性和理想的线性相频特性实际上是不可能的。并且在一般情况下,当幅频特性越接近理想时,相频特性越偏离理想的线性特性,或者相反。

② 实际上,理想滤波器的特性并不是希望得到的最佳特性,这是因为其瞬变特性不好。所谓瞬变特性是指滤波器对某一输入函数的时域响应特性。以理想低通滤波器为例,应看其冲激响应和阶跃响应。设此滤波器允许通过的频带为 $0\sim\omega_c$。

冲激响应 $h(t)$ 等于 $H(\omega)$ 的傅里叶反变换,

$$h(t) = \int_{-\infty}^{+\infty} H(\omega) e^{j\omega t} d\omega = \int_{-\infty}^{+\infty} k e^{-j\omega \tau} e^{j\omega t} d\omega = \frac{k}{\pi} \frac{\sin\omega_c(t-\tau)}{t-\tau} \tag{10-117}$$

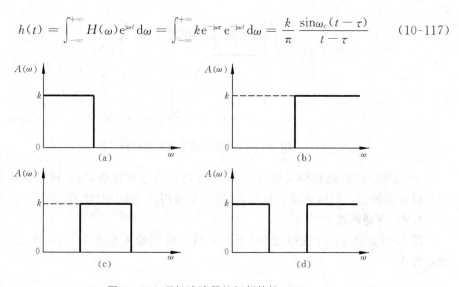

图 10-15 理想滤波器的幅频特性

(a) 低通滤波器； (b)高通滤波器； (c)带通滤波器； (d)带阻滤波器

其图形如图 10-16(a)所示。可见，$h(t)$伸延到$t<0$的地方，这就要求在输入$\delta(t)$作用之前，滤波器就应有与该输入对应的输出。显然，任何物理系统都不可能具有这样的特性。这也说明，理想滤波器是不能实现的。

滤波器的单位阶跃响应 $y(t)$ 应为冲激响应 $h(t)$ 的积分.

$$y(t) = \int_{-\infty}^{t} h(t) dt \tag{10-118}$$

此积分可通过数值积分求取,其图形如图 10-16(b)所示。可见,单位阶跃响应具有明显的振荡和上冲,这是因为理想的幅频特性上存在有不连续点的缘故,这种现象是人们所不希望的。

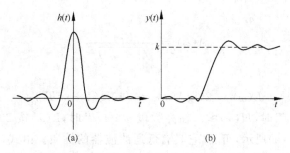

图 10-16 理想低通滤波器的瞬态响应

(a) 冲激响应； (b) 阶跃响应

理想滤波器的幅频特性可分为通带和阻带。放大系数为 k 的频带称为通带,放大系数为零的频带称为阻带。实际滤波器的幅频特性除通带和阻带外,还有一个过渡带。这种实际滤波器只要其相频特性偏离线性不远,其瞬态响应要比理想滤波器好。图 10-17 表示的是一个实际低通滤波器的幅频特性。

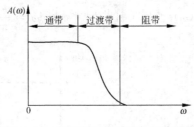

图 10-17 实际低通滤波器的幅频特性

用电阻、电容、电感构成的简单 RLC 电路具有选频特性,是一种最简单但被广泛采用的模拟滤波器。但因电感体积较大,所以最常用的还是 RC 电路。

1. RC 低通网络

图 10-18(a)是一个简单的 RC 低通网络。设其输入电压为 u_r,输出电压为 u_c,则传递函数为

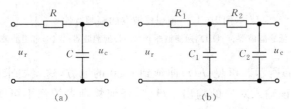

图 10-18 RC 低通网络
(a)一阶低通 RC 网络; (b)二阶低通 RC 网络

$$\left.\begin{array}{l} H(s) = \dfrac{1}{1+Ts}, \ T = RC \\ H(j\omega) = \dfrac{1}{1+j\omega T} \end{array}\right\} \quad (10\text{-}119)$$

幅频特性为

$$A(\omega) = \dfrac{1}{\sqrt{1+\omega^2 T^2}} \quad (10\text{-}120)$$

对数幅频特性为

$$L(\omega) = 20\lg A(\omega) = -10\lg(1+\omega^2 T^2)$$

在低频段 $\omega \ll 1/T$ 时,$H(\omega) \approx 0$;在高频段 $\omega \gg 1/T$ 时,$L(\omega)$ 按 20dB/10 倍频程的速度衰减。如图 10-19(a)所示,可见,它具有低通滤波器的性质。由式(10-119)可见,它的传递函数是一阶的,故这是一个一阶低通网络。如果希望其幅频特性在高频段衰减得更快,可采用高阶系统。图 10-18(b)所示为一个二阶 RC 低通网络,图 10-19(b)是它的对数幅频特性,它在高频段具有 40dB/10 倍频程的衰减速度。

图 10-19 中,对数幅频特性渐近线的转折点所对应的频率称作转角频率。实际曲线在转角频率附近与渐近线相差最大。

2. RC 高通网络

用 RC 构成的一阶高通网络如图 10-20(a)所示,图 10-20(b)是它的对数幅频特性曲

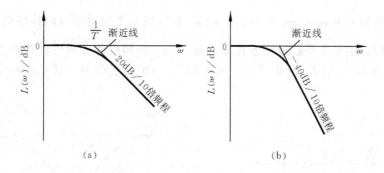

图 10-19　RC 低通网络的对数幅频特性

(a) 一阶 RC 低通网络的对数幅频特性；(b) 二阶 RC 低通网络的对数幅频特性

线。由曲线可见,它具有高通滤波器的性质。同低通时一样,可以采用高阶系统,以提高它在低频段的衰减速度。

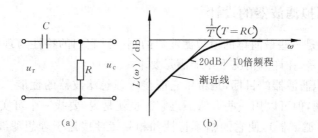

图 10-20　RC 高通网络及其对数幅频特性

(a) 一阶 RC 高通网络；(b) 一阶 RC 高通网络的对数幅频特性

3. RC 带通网络

用一个低通网络和一个高通网络串联,可构成一个带通网络,如图 10-21(a)所示。如果低通网络的转角频率为 $\frac{1}{T_1}$,高通网络的转角频率为 $\frac{1}{T_2}$,使 $\frac{1}{T_1} < \frac{1}{T_2}$,则构成的带通网络的对数幅频特性渐近线如图 10-21(b)所示。

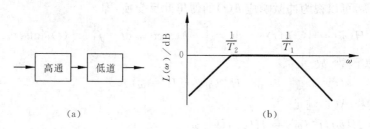

图 10-21　RC 带通网络及其对数幅频特性

(a) 带通网络结构；(b) 带通网络的对数幅频特性

4. RC 带阻网络

可用一个如图 10-22 所示的双 TRC 电路构成一个带阻网络。其带阻特性说明如下：

此网络的谐振频率为 $\omega_n = \dfrac{1}{RC}$，在 $\omega \ll \omega_n$ 的低频段，信号主要通过电阻传输到输出端，在 $\omega \gg \omega_n$ 的高频段，信号主要通过电容传输到输出端。高频段和低频段的传输系数近似为 1，而在谐振频率 ω_n 附近，网络呈现很大的阻抗，输出接近为零。其幅频特性曲线如图 10-23 所示。

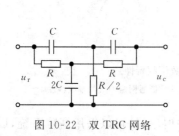

图 10-22 双 TRC 网络

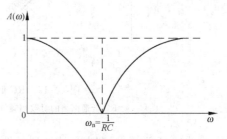

图 10-23 双 TRC 网络的带阻特性

10.4.3 模拟滤波器的设计

RC 选频网络是一些最简单的模拟滤波器的例子。它们的特性与理想滤波器相差较远，且负载能力很差，在许多情况下不能满足要求。

设计一个模拟滤波器的目标，是希望它能接近理想滤波器的性能。虽然理想滤波器在物理上不能实现，但可以用一些方法逼近它。也就是说，要找一个可实现的传递函数为 $H(s)$ 的物理系统（滤波器），使它的幅频特性和相频特性接近于理想滤波器。根据 $H(s)$ 的不同形式，有不同的逼近方法。

在低通、高通、带通、带阻 4 种滤波器中，低通滤波器的设计是最基本的，其他 3 种都可以根据低通滤波器变换得到。

1. 模拟滤波器设计的一般方法

若滤波器的传递函数 $H(s)$ 为 s 的实系数有理函数（多项式之比），即

$$H(s) = \frac{k(s-b_1)(s-b_2)\cdots(s-b_m)}{(s-a_1)(s-a_2)\cdots(s-a_n)} \tag{10-121}$$

式中 k 为实数，$a_1, a_2, \cdots, a_n$ 和 $b_1, b_2, \cdots, b_m$ 为实数或成对的共轭复数。

由于 $H(\omega)$ 可以视为冲激响应 $h(t)$ 的傅里叶反变换，即

$$H(\omega) = \int_{-\infty}^{\infty} h(t)e^{-j\omega t}dt = \int_{-\infty}^{\infty} h(t)\cos\omega t\, dt - j\int_{-\infty}^{\infty} h(t)\sin\omega t\, dt$$

又因 $h(t)$ 为实函数，故

$$H^*(\omega) = H(-\omega) \tag{10-122}$$

所以 $H(\omega)$ 的模 $A(\omega)$ 满足

$$\begin{aligned}
A^2(\omega) &= H(\omega)H^*(\omega) = H(\omega)H(-\omega) \\
&= H(s)H(-s)\big|_{s=j\omega} \\
&= \frac{k(s-b_1)(s-b_2)\cdots(s-b_m)}{(s-a_1)(s-a_2)\cdots(s-a_n)} \cdot \frac{k(-s-b_1)(-s-b_2)\cdots(-s-b_m)}{(-s-a_1)(-s-a_2)\cdots(-s-a_n)}\bigg|_{s=j\omega} \\
&= \frac{k^2(b_1^2-s^2)(b_2^2-s^2)\cdots(b_m^2-s^2)}{(a_1^2-s^2)(a_2^2-s^2)\cdots(a_n^2-s^2)}\bigg|_{s=j\omega}
\end{aligned}$$

$$= \frac{k^2(b_1^2+\omega^2)(b_2^2+\omega^2)\cdots(b_m^2+\omega^2)}{(a_1^2+\omega^2)(a_2^2+\omega^2)\cdots(a_n^2+\omega^2)} \tag{10-123}$$

可见，$H(s)H(-s)$ 是 s^2 的函数，$A^2(\omega)$ 是 ω^2 的函数。

根据上述关系，模拟滤波器的设计步骤为：

① 确定滤波器的幅频特性 $A(\omega)$ 的表达式，注意 $A^2(\omega)$ 应是 ω^2 的函数。

② 由 $A^2(\omega)$ 得到 $H(s)H(-s)$，即 $H(s)H(-s) = A^2(\omega)|_{\omega^2=-s^2}$。

③ 由 $H(s)H(-s)$ 确定滤波器的传递函数 $H(s)$，即确定式(10-121)中的极点 a_1，$a_2,\cdots,a_n$、零点 $b_1,b_2,\cdots,b_m$ 和增益常数 k。

因为 $H(s)H(-s)$ 是以 s^2 为自变量的函数，故其极点和零点都是象限对称的。即如果它有一个极点(或零点) $c+\mathrm{j}d$，那么一定有三个极点(或零点) $c-\mathrm{j}d$，$-c+\mathrm{j}d$，$-c-\mathrm{j}d$ 与之对应。如果 $c\pm\mathrm{j}d$ 在 S 平面左半部，则 $-c\pm\mathrm{j}d$ 在 S 平面右半部。

因为任何实际滤波器都必须是稳定的，所以取 $H(s)H(-s)$ 的所有在 s 平面左半部的极点为 $H(s)$ 的极点。$H(s)$ 的零点选取不是唯一的，它的选取不影响稳定性及幅频特性，仅对相频特性产生影响。如果只关心幅度特性，则零点可任意选取。增益常数 k 可根据滤波器的低频或高频特性选取，在下面具体滤波器的讨论中将进行说明。

④ 根据得到的传递函数 $H(s)$，在物理上实现它。

2. 低通滤波器的设计

现结合低通滤波器讨论如何选取 $A(\omega)$ 以逼近理想滤波器的特性。逼近的方法有许多种，下面仅讨论常用的两种。

(1) 巴特沃思逼近

巴特沃思(Butterworth)逼近又叫最平幅度逼近，它取 $A^2(\omega)$ 的形式为

$$A^2(\omega) = \frac{a^2}{1+(\omega/\omega_c)^{2k}} \tag{10-124}$$

式中　k——取正整数，为滤波器的阶次；

　　　ω_c——截止频率；

　　　a——常数。

其幅频特性如图 10-24 所示。

由式(10-124)可知，当 $\omega=0$ 时，$A(\omega)=a$，故 a 为增益常数；当 $\omega=\omega_c$ 时，$A(\omega)=\frac{1}{\sqrt{2}}a$，这相当于衰减 3dB；在高频处，即 $\omega\gg\omega_c$ 时，它以 20kdB/10 倍频程的速度衰减。为了在通带(低频段)内有最平的幅度响应，要求在 $\omega=0$ 处，$A(\omega)$ 对 ω 的导数等于零的阶次越高越好。可以证明，采用式(10-124)的巴特沃思逼近，这个阶次是最高的，这就是巴特沃思逼近又叫最平幅度逼近的原因。

(2) 切比雪夫逼近

切比雪夫(Chebyshev)逼近取 $A(\omega)$ 的形式为

$$A^2(\omega) = \frac{a^2}{1+\varepsilon^2 V_K^2(\omega/\omega_c)} \tag{10-125}$$

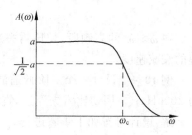

图 10-24　巴特沃思滤波器的幅频特性

其中函数 $V_k^2(x)$ 为 k 阶切比雪夫多项式，其定义为

$$V_0(x) = 1$$
$$V_1(x) = x$$
$$\vdots$$
$$V_k(x) = 2xV_{k-1}(x) - V_{k-2}(x) \qquad k > 1$$

显然 $V_k(1)=1$。

切比雪夫逼近的幅频特性如图 10-25 所示（图中所示为三阶和四阶的情况）。

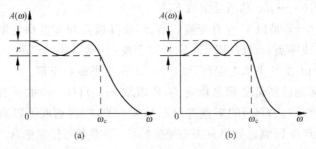

图 10-25　切比雪夫逼近的幅频特性
(a) $k=3$；　(b) $k=4$

结合式 (10-125) 和图 10-25，对这种逼近的性质简略说明如下。

a 为增益常数，它表示 $A(\omega)$ 的最大值，

$$A^2(\omega)_{\max} = a^2 \qquad (10\text{-}126)$$

在通带内，滤波器具有等幅波动的幅频特性，波动幅度为 r，截止频率 ω_c 等于波动超出 r 的频率点，波动的次数等于阶次 k。当 k 为奇数时，$A(\omega)$ 在 $\omega=0$ 处取最大值。

波动幅度 r 可与式 (10-125) 中的 ε 联系起来。因为

$$r = 20\lg \frac{A(\omega)_{\max}}{A(\omega_c)} = 10\lg \frac{A^2(\omega)_{\max}}{A^2(\omega_c)} \qquad (10\text{-}127)$$

由式 (10-125)

$$A^2(\omega_c) = \frac{a^2}{1+\varepsilon^2} \qquad (10\text{-}128)$$

把式 (10-125)、式 (10-128) 带入式 (10-127)，得

$$r = 10\lg(1+\varepsilon^2)$$

即

$$\varepsilon^2 = 10^{\frac{r}{10}} - 1 \qquad (10\text{-}129)$$

在 $\omega \gg \omega_c$ 的高频段，切比雪夫滤波器同巴特沃思滤波器一样，也具有 20kdB/10 倍频程的衰减速度。

例 10-4　设计一个二阶低通滤波器。① 用巴特沃思逼近，直流增益为 2，截止频率为 2000Hz；② 用切比雪夫逼近，直流增益为 2，截止频率为 2000Hz，通带波纹为 0.5dB。

解：设计可按如下步骤进行。

第一步：求传递函数 $H(s)$

① 对于巴特沃思逼近

将 $k=2$ 代入式(10-124),得

$$A^2(\omega) = \frac{a^2}{1+(\omega/\omega_c)^4} \tag{10-130}$$

再将 $s^2=-\omega^2$ 代入上式,得

$$H(s)H(-s) = \frac{a^2}{1+(s/\omega_c)^4} = \frac{a^2\omega_c^4}{s^4+\omega_c^4}$$

则它的四个极点分别为

$$s_1 = \frac{\sqrt{2}}{2}\omega_c + j\frac{\sqrt{2}}{2}\omega_c, \quad s_2 = \frac{\sqrt{2}}{2}\omega_c - j\frac{\sqrt{2}}{2}\omega_c$$

$$s_3 = -\frac{\sqrt{2}}{2}\omega_c + j\frac{\sqrt{2}}{2}\omega_c, \quad s_4 = -\frac{\sqrt{2}}{2}\omega_c - j\frac{\sqrt{2}}{2}\omega_c$$

取 s_3, s_4 为 $H(s)$ 的极点,则

$$H(s) = \frac{a\omega_c^2}{(s-s_3)(s-s_4)} = \frac{a\omega_c^2}{s^2+\sqrt{2}\omega_c s+\omega_c^2} \tag{10-131}$$

由要求直流增益确定 a

$A^2(\omega)|_{\omega=0} = a^2 = 2^2 = 4$,故 $a=2$。

以 $a=2, \omega_c=2\pi\times 2000$ 代入式(10-131),得

$$H(s) = \frac{3.6\times 10^8}{s^2+1.778\times 10^4 s+1.58\times 10^8} \tag{10-132}$$

② 对于切比雪夫逼近

以 $k=2$ 代入式(10-125),并考虑到 $V_2(x)=2x^2-1$,可得

$$A^2(\omega) = \frac{a^2}{1+\varepsilon^2(2\omega^2/\omega_c^2-1)^2} = \frac{a^2}{4\varepsilon^2(\omega/\omega_c)^4-4\varepsilon^2(\omega/\omega_c)^2+1+\varepsilon^2} \tag{10-133}$$

再以 $s^2=-\omega^2$ 代入上式,得

$$H(s)H(-s) = \frac{a^2}{4\varepsilon^2(s/\omega_c)^4+4\varepsilon^2(s/\omega_c)^2+1+\varepsilon^2}$$

$$= \frac{a^2\omega_c^4}{4\varepsilon^2 s^4+4\varepsilon^2\omega_c^2 s^2+(1+\varepsilon^2)\omega_c^4} \tag{10-134}$$

根据直流增益为 2 的要求,可知

$A^2(\omega)|_{\omega=0} = \frac{a^2}{1+\varepsilon^2} = 4$,故

$$a^2 = 4(1+\varepsilon^2) \tag{10-135}$$

再根据通带波纹 $r=0.5\text{dB}$ 的要求,由(10-129)式可得

$$\varepsilon^2 = 10^{\frac{0.5}{10}}-1 \approx 0.122 \tag{10-136}$$

将式(10-135),式(10-136)带入式(10-134)得

$$H(s)H(-s) = \frac{9.197\omega_c^4}{s^4+\omega_c^2 s^2+2.299\omega_c^4}$$

它的四个极点为

$$s_1 = 0.713\omega_c + j1.004\omega_c, \quad s_2 = 0.713\omega_c - j1.004\omega_c$$

$$s_3 = -0.713\omega_c + j1.004\omega_c, \quad s_4 = -0.713\omega_c - j1.004\omega_c$$

取 s_3, s_4 为 $H(s)$ 的极点，并带入 $\omega_c = 2\pi \times 2000$，可得 $H(s)$ 为

$$H(s) = \frac{4.788 \times 10^8}{s^2 + 17920s + 2.394 \times 10^8} \tag{10-137}$$

第二步：确定电路

一般采用 RC 有源电路。可供选择的电路形式很多，图 10-26 是其中一种。

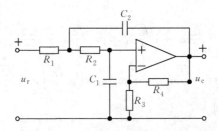

图 10-26 二阶低通滤波器电路

这个电路的传递函数为

$$H(s) = \frac{Ba_0}{s^2 + a_1 s + a_0}$$

其中
$$\left. \begin{aligned} a_0 &= \frac{1}{R_1 R_2 C_1 C_2} \\ a_1 &= \frac{1}{R_1 C_1} + \frac{1}{R_2 C_2} + (1-B)\frac{1}{R_2 C_1} \\ B &= \frac{R_3 + R_4}{R_3} \end{aligned} \right\} \tag{10-138}$$

第三步：确定各电阻、电容数值

由式(10-138)可知，B 即滤波器的直流增益，本例中要求 $B=2$，故选 $R_3 = R_4$ 即可，具体数值按使运算放大器失调的最小选择。

一般取 $C_1 = C_2 = C$，于是由式(10-138)可得

$$\left. \begin{aligned} a_0 &= \frac{1}{R_1 R_2 C^2} \\ a_1 &= \frac{1}{R_1 C} \end{aligned} \right\} \tag{10-139}$$

① 对于巴特沃思滤波器，根据式(10-132)，式(10-138)，式(10-139)，可得

$$\frac{1}{R_1 R_2 C^2} = 1.58 \times 10^8$$

$$\frac{1}{R_1 C} = 1.778 \times 10^4$$

如取 $C = 0.01\mu F$，则 $R_1 = 5624\Omega, R_2 = 11254\Omega, R_1, R_2$ 可分别取标称值 $5.6k\Omega$ 和 $11k\Omega$。

② 对于切比雪夫滤波器，如取 $C = 0.01\mu F$，可算得 $R_1 = 5.58k\Omega, R_2 = 7.485k\Omega$。

实际上，有许多有关滤波器的表格可供查用，根据逼近的形式和提出的指标，可直接查表得到各元件的数值。

巴特沃思逼近和切比雪夫逼近都是从幅度逼近的角度来考虑的,其相频特性都不是直线。就幅度响应来看,切比雪夫滤波器在过渡带中衰减较快,但其相频特性劣于巴特沃思滤波器。还有其他一些逼近方法,但都是在相位特性改善的同时,其幅度特性变差。因此,巴特沃思滤波器在幅度响应和相位响应之间进行了较好的折中,这是它获得广泛应用的重要原因。

3. 其他模拟滤波器的设计

高通、带通、带阻滤波器的传递函数都可以由低通滤波器的传递函数变换得到。下面以高通为例简要讨论这种变换方法。为了避免混淆,把低通滤波器传递函数的拉普拉斯变量 s 改记为 p,把角频率 ω 改记为 λ,而高通滤波器中仍用 s 和 ω。这样,低通滤波器的传递函数、频率特性和幅频特性分别用 $H_{LP}(p)$,$H_{LP}(\lambda)$ 和 $A_{LP}(\lambda)$ 表示,而高通滤波器的传递函数、频率特性和幅频特性分别用 $H_{HP}(s)$,$H_{HP}(\omega)$ 和 $A_{HP}(\omega)$ 表示。图 10-27(a),(b)分别为 $A_{LP}(\lambda)$ 和 $A_{HP}(\omega)$ 的图形。

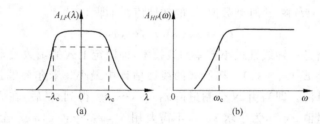

图 10-27 低通滤波器和高通滤波器的幅频特性
(a)低通滤波器; (b)高通滤波器

取变换关系

$$p = \frac{\lambda_c \omega_c}{s} \tag{10-140}$$

即可得到高通滤波器的传递函数 $H_{HP}(s)$

$$H_{HP}(s) = H_{LP}\left(\frac{\lambda_c \omega_c}{s}\right) \tag{10-141}$$

其中 ω_c 为高通滤波器的截止频率。对这种变换简单分析如下:

在式(10-140)中,令 $p = j\lambda$,$s = j\omega$,可得

$$\lambda = -\frac{\lambda_c \omega_c}{\omega} \tag{10-142}$$

则低通滤波器和高通滤波器的幅频特性间存在有如下关系

$$A_{HP}(\omega) = A_{LP}\left(-\frac{\lambda_c \omega_c}{\omega}\right) \tag{10-143}$$

由于低通滤波器的通带为 $-\lambda_c < \lambda < \lambda_c$,故由式(10-142)可知高通滤波器的通带为 $\omega_c < \omega < +\infty$ 及 $-\infty < \omega < -\omega_c$,确实具有高通特性,如图 10-27(b)所示。因此可得高通滤波器的设计步骤为:

① 根据要求的高通滤波器的截止频率 ω_c 确定相应的低通滤波器的截止频率 λ_c,一般取 $\omega_c = \lambda_c$;

② 根据要求的高通滤波器的类型（逼近方式）和阶次确定相应的低通滤波器的类型和阶次（变换前后类型一致、阶次一致），求出低通滤波器的传递函数 $H_{LP}(p)$；

③ 由变换式(10-140)即得高通滤波器的传递函数 $H_{HP}(s)$；

④ 查滤波器手册，确定电路及电路元件数值；

10.4.4 卡尔曼滤波器

卡尔曼滤波器是一种广泛应用的统计滤波技术，下面仅就最简单的应用情况讨论其基本原理和实现方法。

设被测的有用信号为 $s(t)$，干扰噪声为 $v(t)$，实际测得的信号为 $x(t)$，它是有用信号和干扰噪声的叠加

$$x(t) = s(t) + v(t)$$

在离散的情况下，滤波的任务就是选取一个适当的函数关系，由 N 次的测量值 $x_1, x_2, \cdots, x_N$，得到有用信号 $s(t)$ 在 N 时刻数值 s_N 的估计值 $\hat{s}_N$，即

$$\hat{s}_N = \hat{s}_N(x_1, x_2, \cdots, x_N)$$

卡尔曼滤波器是一种线性最小方差滤波技术，即限定上式的函数关系是线性的，其估计值满足均方误差 $E[(s_N - \hat{s}_N)^2]$ 在所有的线性估计中最小。卡尔曼滤波器的一个突出优点是它的递推算法。即当由 N 个测量值 $x_1, x_2, \cdots, x_N$ 得到 $\hat{s}_N$ 后，在 $N+1$ 时刻，又得到了一个新的测量值 x_{N+1}，为了求 $\hat{s}_{N+1}$，不需要用 $x_1, x_2, \cdots, x_N, x_{N+1}$ 全部测量数据，而只需用 $\hat{s}_N$ 和 x_{N+1} 即可。这样不但计算要简便得多，而且测量值不必全部保存，大大地节省了计算机的存贮设备。

1. 测量模型

所谓测量模型是指测量值 x、信号 s、噪声 v 之间的关系。卡尔曼滤波要求测量是线性的，即在 N 时刻的测量值 x_N，信号 s_N 和噪声 v_N 满足

$$x_N = c_N s_N + v_N \tag{10-144}$$

式中，c_N 为比例系数。

2. 信号模型

卡尔曼滤波器需要先验了解信号和噪声的一、二阶矩。由随机信号的讨论可知，相关函数是随机信号一、二阶矩的完整描述，因此，利用卡尔曼滤波器进行随机信号的滤波时，需先了解信号的自相关函数 $R_s(m,n)$、噪声的自相关函数 $R_v(m,n)$ 以及信号和噪声的互相关函数 $R_{sv}(m,n)$。在非平稳随机信号的一般情况下，上述三个相关函数都是 m 和 n 的函数。

图 10-28 表示卡尔曼滤波器中采用的信号模型。它把信号 s_N 看成是一个白噪声 w_N 通过一个线性系统的输出。这样只要知道了 w_N 的一、二阶矩和线性系统的特性，即可由式(10-73)得到 s_N 的自相关函数。因此卡尔曼滤波将对 $R_s(m,n)$ 和 $R_{sv}(m,n)$ 的先验要求便转化为对 w_N 的一、二阶矩、线性系统的动态特性及 w_N 和 v_N 的互相关函数 $R_{wv}(m,n)$ 的先验要求。当然还需已知噪声的自相关函数 $R_v(m,n)$，但它相对是比较容易得到的。

图 10-28 信号模型

在离散情况下，信号模型中线性系统的动态特性可用差分方程来表示，对于一阶系统，方程为

$$s_{N+1} = a_N s_N + b_N w_N \tag{10-145}$$

式中，a_N, b_N 为决定于线性系统的系数，如果系统是时不变的，则 a_N, b_N 与 N 无关，为常数。

对于高阶系统，可用一个一阶差分方程组来表示，也可写成与式(10-145)形式相同的矩阵方程。方程(10-145)叫做信号方程，w_N 叫做动态噪声。在量测方程(10-144)中，噪声 v_N 叫做量测噪声。

为随机信号确定一个由白噪声激励的模型称为随机信号的参数模型问题，这是现代信号处理理论中的一个重要课题，本节不详细讨论这方面的内容。但对于平稳信号，如已知它的自相关函数或功率谱密度函数，则这个问题便很容易解决，下面通过一个具体例子来说明。

例 10-5 已知一个零均值平稳随机信号 s 的自相关函数为

$$R_s(m) = 0.8^m \tag{10-146}$$

试建立 s 的信号模型。

解：设动态噪声 w_N 为零均值、方差 $E(w_N^2) = 0.36$ 的平稳白噪声，则由式(10-145)可得

$$R_s(0) = E(s_{N+1}^2) = E(a_N s_N + b_N w_N)^2 = a_N^2 E(s_N^2) + 2a_N b_N E(s_N w_N) + b_N^2 E(w_N^2)$$
$$= a_N^2 R_s(0) + 2a_N b_N E(s_N w_N) + 0.36 b_N^2$$

由式(10-145)知，s_N 和 w_N 不相关，故有

$$R_s(0) = \frac{0.36 b_N^2}{1 - a_N^2} \tag{10-147}$$

$$R_s(1) = E(s_N s_{N+1}) = E[s_N(a_N s_N + b_N w_N)] = a_N R_s(0) + b_N E(s_N w_N) = a_N R_s(0)$$
$$R_s(2) = E(s_{N-1} s_{N+1}) = E[s_{N-1}(a_N s_N + b_N w_N)] = a_N R_s(1) = a_N^2 R_s(0)$$

则可得

$$R_s(m) = a_N^m R_s(0)$$

与式(10-146)相比较，可得 $a_N = 0.8$，代入式(10-147)，得 $b_N = 1$。于是所求信号方程为

$$s_{N+1} = 0.8 s_N + w_N$$

用信号模型来表示待估的随机信号，特别适用于递推算法，并且计算量不大。在计算出估计值的同时，还能计算出估计的均方误差。

综上所述，卡尔曼滤波问题可以用图 10-29 来表示。

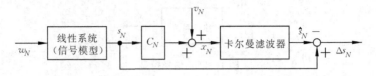

图 10-29　卡尔曼滤波问题

根据以上分析,卡尔曼滤波需要的已知条件为:

① 量测方程式(10-144),式中,量测噪声 v_N 可以是白色的,也可以是有色的;

② 信号方程式(10-145),式中,动态噪声 w_N 可以是白色的,也可以是有色的;

③ 量测噪声和动态噪声的一、二阶矩以及二者之间的互相关关系,即 $E(v_N)$,$E(w_N)$,$E(v_n v_m)$,$E(w_n w_m)$ 及 $E(v_n w_m)$;

④ 因为是递推估计,故需已知初始条件,即 $\hat{s}_0$,$E[(s_0-\hat{s}_0)^2]$,s_0 与 v_N,s_0 与 w_N 的相关情况 $E(s_0 v_N)$,$E(s_0 w_N)$。

3. 卡尔曼滤波器的递推算法

不失一般性,下面针对一种简单的情况讨论卡尔曼滤波器的递推算法。

考虑量测方程为式(10-144),信号方程为式(10-145),且假定 $b_N=1$,即

$$\left.\begin{array}{r} x_N = c_N s_N + v_N \\ s_{N+1} = a_N s_N + w_N \end{array}\right\} \quad (10\text{-}148)$$

式中,v_n,w_n 均为零均值且彼此互不相关的白噪声。即

$$\left.\begin{array}{l} E(v_N) = 0 \\ E(w_N) = 0 \\ E(w_n w_m) = q_n \delta_{nm} \\ E(v_n v_m) = r_n \delta_{nm} \\ E(v_n w_m) = 0 \end{array}\right\} \text{对于所有的 } n,m \quad (10\text{-}149)$$

信号 s_N 在 $N=0$ 时的估计值一般取 s_0 的均值(记为 $\bar{s}_0$),故 $\hat{s}_0$ 及其均方误差(记为 p_0)为

$$\left.\begin{array}{l} \hat{s} = E(s_0) = \bar{s}_0 \\ p_0 = E[(s-\hat{s}_0)^2] = E[(s_0-\bar{s}_0)^2] \end{array}\right\} \quad (10\text{-}150)$$

由测量方程、信号方程及 $E(v_n w_m)=0$ 可知

$$\left.\begin{array}{l} E(s_0 v_N) = 0 \\ E(s_0 w_N) = 0 \end{array}\right\} \quad (10\text{-}151)$$

由式(10-148)、式(10-149)、式(10-150)和式(10-151)可得

$$\left.\begin{array}{l} E(s_1 w_N) = E[(a_0 s_0 + w_0) w_N] = 0, N \neq 0 \\ E(s_2 w_N) = E[(a_1 s_1 + w_1) w_N] = 0, N \neq 0,1 \\ \quad \vdots \\ E(s_N w_N) = E[(a_{N-1} s_{N-1} + w_{N-1}) w_N] = 0 \\ E[(s_N - \bar{s}_N) w_N] = E[(s_N - E(s_N)) w_N] = 0 \\ E[(s_N - \bar{s}_N) v_N] = 0 \end{array}\right\} \quad (10\text{-}152)$$

卡尔曼滤波器的递推算法推导如下：

在没有得到 x_{N+1} 时，要由 $\hat{s}_N$ 来推测 $\hat{s}_{N+1}$，只有依据式(10-148)中的信号方程，因为方程中的 w_N 未知，最好的选择是取它的均值为零(即零)，故仅由 $\hat{s}_N$ 来预测 $N+1$ 时刻的信号值为 $a_N \hat{s}_N$，此预测值记为 $\hat{s}_{(N+1)/N}$

$$\hat{s}_{(N+1)/N} = a_N \hat{s}_N \tag{10-153}$$

其均方误差记为 $p_{(N+1)/N}$

$$\begin{aligned} p_{(N+1)/N} &= E[(s_{N+1} - \hat{s}_{(N+1)/N})^2] \\ &= E[(a_N s_N + w_N - a_N \hat{s}_N)^2] \\ &= a_N^2 p_N + q_N \end{aligned} \tag{10-154}$$

式中，$p_N = E[(s_N - \hat{s}_N)^2]$ 为 $\hat{s}_N$ 的均方误差。

当获得了新的测量值 x_{N+1} 后，就要用它来对式(10-153)所示的预测值进行校正，校正的方法如下：

如果测量值 $\hat{s}_{(N+1)/N}$ 完全正确，则它应满足式(10-148)中的测量方程，即

$$x_{N+1} = c_{N+1} \hat{s}_{(N+1)/N} + v_{N+1} \tag{10-155}$$

但方程中 v_{N+1} 未知，故取 v_{N+1} 为其均值(即零)，这样 $x_{N+1} - c_{N+1} \hat{s}_{(N+1)/N}$ 便表示 $\hat{s}_{(N+1)/N}$ 的误差。它是由新的测量值 x_{N+1} 得到的，故称为新息。把新息乘上一个系数 k_{N+1}，然后加在 $\hat{s}_{(N+1)/N}$ 上，即用新息对预测值 $\hat{s}_{(N+1)/N}$ 进行校正，以得到估计值 $\hat{s}_{N+1}$，

$$\hat{s}_{N+1} = \hat{s}_{(N+1)/N} + k_{N+1}(x_{N+1} - c_{N+1} \hat{s}_{(N+1)/N}) \tag{10-156}$$

可见，这是一种线性估计。式中 k_{N+1} 叫做滤波器增益，它的选取应保证 $\hat{s}_{N+1}$ 的均方误差 $p_{N+1} = E[(s_{N+1} - \hat{s}_{N+1})^2]$ 最小。

因为

$$\begin{aligned} s_{N+1} - \hat{s}_{N+1} &= a_N s_N + w_N - \hat{s}_{(N+1)/N} - k_{N+1}(x_{N+1} - c_{N+1} \hat{s}_{(N+1)/N}) \\ &= a_N s_N + w_N - a_N \hat{s}_N - k_{N+1}(x_{N+1} - c_{N+1} a_N \hat{s}_N) \\ &= a_N(s_N - \hat{s}_N) + w_N - k_{N+1}(c_{N+1} s_{N+1} + v_{N+1} - c_{N+1} a_N \hat{s}_N) \\ &= a_N(s_N - \hat{s}_N) + w_N - k_{N+1}(c_{N+1} a_N s_N + c_{N+1} w_N + v_{N+1} - c_{N+1} a_N \hat{s}_N) \\ &= a_N(s_N - \hat{s}_N) + w_N - k_{N+1}(c_{N+1} a_N (s_N - \hat{s}_N) + c_{N+1} w_N + v_{N+1}) \\ &= (1 - k_{N+1} c_{N+1}) a_N(s_N - \hat{s}_N) - k_{N+1} v_{N+1} + (1 - k_{N+1} c_{N+1}) w_N \end{aligned}$$

所以

$$\begin{aligned} p_{N+1} &= E[(s_{N+1} - \hat{s}_{N+1})^2] \\ &= (1 - k_{N+1} c_{N+1})^2 a_N^2 p_N + k_{N+1}^2 r_{N+1} + (1 - k_{N+1} c_{N+1})^2 q_N \\ &= (1 - k_{N+1} c_{N+1})^2 p_{(N+1)/N} + k_{N+1}^2 r_{N+1} \\ &= (c_{N+1}^2 p_{(N+1)/N} + r_{N+1})^2 k_{N+1}^2 - 2 c_{N+1} p_{(N+1)/N} k_{N+1} + p_{(N+1)/N} \\ &= (c_{N+1}^2 p_{(N+1)/N} + r_{N+1})^2 [k_{N+1} - c_{N+1} p_{(N+1)/N} (c_{N+1}^2 p_{(N+1)/N} + r_{N+1})^{-1}]^2 \\ &\quad + p_{(N+1)/N} - c_{N+1}^2 p_{(N+1)/N}^2 (c_{N+1}^2 p_{(N+1)/N} + r_{N+1})^{-1} \end{aligned}$$

因此，欲使上式取最小值，须使

$$k_{N+1} = c_{N+1} p_{(N+1)/N} (c_{N+1}^2 p_{(N+1)/N} + r_{N+1})^{-1} \tag{10-157}$$

此时 $\hat{s}_{N+1}$ 的均方误差为

$$k_{N+1} = p_{(N+1)/N}(p_{(N+1)/N} + 1)^{-1}$$
$$\hat{s}_{N+1} = \hat{s}_{(N+1)/N} + k_{N+1}(x_{N+1} - \hat{s}_{(N+1)/N})$$
$$p_{N+1} = (1 - k_{N+1}c_{N+1})p_{(N+1)/N}$$

根据例 10-5，$R_s(0)=1$，于是初始条件为
$$\hat{s}_0 = E(s_0) = 0$$
$$p_0 = 1$$

由以上初始条件和递推公式可进行递推计算。

下面分析稳态(即 $N\to\infty$)时的情况。

因为
$$p_{N+1} = (1 - k_{N+1}c_{N+1})p_{(N+1)/N}$$
$$= [1 - p_{(N+1)/N}(p_{(N+1)/N}+1)^{-1}]p_{(N+1)/N}$$
$$= \frac{p_{(N+1)/N}}{p_{(N+1)/N}+1} = \frac{0.64p_N + 0.36}{0.64p_N + 1.36}$$

所以 当 $N\to\infty$ 时，上式变为
$$p_\infty = \frac{0.64p_\infty + 0.36}{0.64p_\infty + 1.36}$$

可解得 $p_\infty = \frac{3}{8}$

$$\lim_{N\to\infty} p_{(N+1)/N} = 0.64p_\infty + 0.36 = 0.6$$
$$\lim_{N\to\infty} k_{N+1} = 0.6(0.6+1)^{-1} = 0.375$$

故当 N 足够大时，$\hat{s}_{N+1}$ 的递推公式为
$$\hat{s}_{N+1} = 0.8\hat{s}_N + 0.375(x_{N+1} - 0.8\hat{s}_N)$$
$$= 0.5\hat{s}_N + 0.375x_{N+1}$$

可见，对于平稳信号，卡尔曼滤波器工作一段时间后趋于稳定，即滤波器增益趋于一个常数。

参 考 文 献

1. 吕崇德主编. 热工参数测量与处理. 北京:清华大学出版社,1990
2. 叶大均主编. 热力机械测试技术. 北京:机械工业出版社,1980
3. Doebelin E O. Measurement System. Application and Design. McGraw-Hill Book Company,1983
4. Graham AR. An Introduction to Engineering Measurements. Prantice-Hill Inc. ,1975
5. Beckwith TG,Buck NL. Mechanical Measurements. Addison-Wesley Publishing Company,1978
6. 普雷奥勃拉任斯基著,陈珩译. 热工测量和仪表. 北京:电力工业出版社,1956
7. 刘智敏. 误差与数据处理. 北京:原子能出版社,1981
8. 肖明耀. 实验误差估计与数据处理. 北京:科学出版社,1980
9. 费业泰主编. 误差论理与数据处理. 北京:机械工业出版社,1996
10. 王家桢等. 传感器与变送器. 北京:清华大学出版社,1996
11. 国家技术监督局. 1990 国际温标手册. 北京:中国计量出版社,1990
12. 何适生. 热工参数测量与仪表. 北京:水利电力出版社,1990
13. 王家桢等. 电动显示调节仪表. 北京:清华大学出版社,1987
14. 冯圣一. 热工测试新技术. 北京:水利电力出版社,1995
15. 张秀彬等. 热工测量原理及其现代技术. 上海:上海交通大学出版社,1995
16. 王子延等. 热工与动力工程测试技术. 西安:西安交通大学出版社,1998
17. 王光铨等. 机械工程测量系统原理与装置. 北京:机械工业出版社,1998
18. 严兆大主编. 热能与动力机械测试技术. 北京:机械工业出版社,1999
19. 韩峰等. 测试技术基础. 北京:机械工业出版社,1998
20. 朱德忠主编. 热物理激光测试技术. 北京:科学出版社,1990
21. 金篆芷等. 现代传感技术. 北京:电子工业出版社,1995
22. 杨世均主编. 航空测试系统. 北京:国防工业出版社,1984
23. 宋又祥主编. 动态测试技术. 西安:西安交通大学出版社,1995
24. 机械工业部. 工业自动化仪表产品样本. 北京:机械工业出版社,1973
25. 张是勉等. 自动检测. 北京:科学出版社,1987
26. 盛森芝等. 《流速测量技术》. 北京:北京大学出版社,1987
27. 川田裕郎等. 流量测量手册. 北京:中国计量出版社,1982
28. 苏彦勋等. 流量计量与测试. 北京:中国计量出版社,1992
29. 刘欣荣. 流量计(第二版). 北京:水利电力出版社,1994
30. 林宗虎,气液固多相流测量,北京:中国计量出版社,1988
31. Hewitt GF. Measurement of Two-phase Flow Parameters. Academic Press,1978
32. Hetsroni G. Handbook of Multiphase System. Hemisphere Publishing Cooperation,1982
33. 威佛 HJ. 离散和连续傅里叶分析论理. 北京:北京邮电学院出版社,1991
34. 奥本海姆 AV,谢弗 RW. 数字信号处理. 北京:科学出版社,1983
35. 沈凤麟等. 信号统计分析基础. 合肥:中国科学技术大学出版社,1989
36. 张贤达. 现代信号处理. 北京:清华大学出版社,1995
37. 胡广树. 数字信号处理——论理、算法与实现. 北京:清华大学出版社,1997

$$p_{N+1} = p_{(N+1)/N} - c_{N+1}^2 p_{(N+1)/N}^2 (c_{N+1}^2 p_{(N+1)/N} + r_{N+1})^{-1}$$
$$= p_{(N+1)/N} - k_{N+1} c_{N+1} p_{(N+1)/N}$$
$$= (1 - k_{N+1} c_{N+1}) p_{(N+1)/N} \tag{10-158}$$

式(10-153)、式(10-154)、式(10-156)、式(10-157)、式(10-158)即为由 N 时刻的估计值 $\hat{s}_N$ 及其均方误差 p_N 递推 $N+1$ 时刻的估计值 $\hat{s}_{N+1}$ 及其均方误差 p_{N+1} 的公式。把他们整理在一起，为

$$\left. \begin{array}{l} \hat{s}_{(N+1)/N} = a_N \hat{s}_N \\ p_{(N+1)/N} = a_N^2 p_N + q_N \\ k_{N+1} = c_{N+1} p_{(N+1)/N} (c_{N+1}^2 p_{(N+1)/N} + r_{N+1}) \\ \hat{s}_{N+1} = \hat{s}_{(N+1)/N} + k_{N+1} (x_{N+1} - c_{N+1} \hat{s}_{(N+1)/N}) \\ p_{N+1} = (1 - k_{N+1} c_{N+1}) p_{(N+1)/N} \end{array} \right\} \tag{10-159}$$

递推步骤可用图 10-30 的流程图来表示。

由式(10-159)可以看出卡尔曼滤波的合理性。估计值 $\hat{s}_{N+1}$ 由两项构成，第一项是预测值 $\hat{s}_{(N+1)/N}$，第二项是新息 $x_{N+1} - c_{N+1} \cdot \hat{s}_{(N+1)/N}$ 乘上滤波器增益 k_{N+1}。由 k_{N+1} 的表达式可知，如果量测噪声 v_{N+1} 增大，即式中 r_{N+1} 增大，则 k_{N+1} 下降，这意味着会减弱新息的校正作用，亦即减小量测噪声 v_{N+1} 对 $\hat{s}_{N+1}$ 的影响。显然这是合理的。当 p_N 小（这意味着估计值 $\hat{s}_N$ 较好）或者 q_N 小（这意味着 w_N 较小，因而由 s_N 过渡到 s_{N+1} 的随机波动小）时，都使 $p_{(N+1)/N}$ 下降（这意味着预测值 $\hat{s}_{(N+1)/N}$ 较为准确），从而使 k_{N+1} 下降，这也将减小 x_{N+1} 对 $\hat{s}_{N+1}$ 影响，从而在实际上减弱了测量噪声的影响。这显然也是合理的。

由上面分析可知，k_{N+1} 随 w_N 增大而增大，随 v_{N+1} 增大而减小，这是一种合乎逻辑的结果。因为 k_{N+1} 的作用是控制新息对 $\hat{s}_{N+1}$ 的影响，如果 w_N 大，则必须加强对预测值的修正，如果 v_{N+1} 大，则必须减弱对预测值的修正。

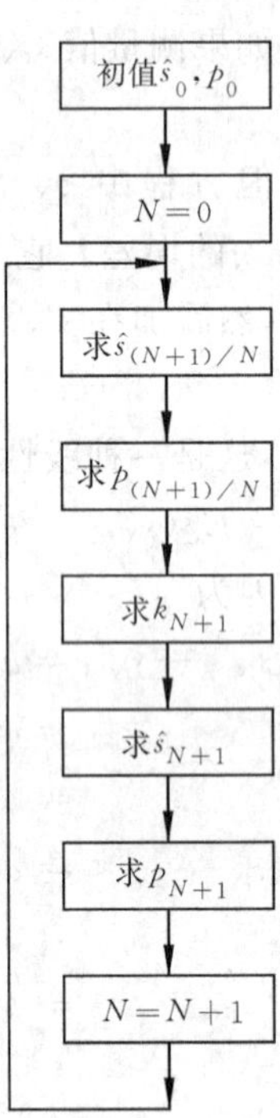

例 10-6 求例 10-5 中所示信号的卡尔曼滤波递推公式，设测量值方程为

$$x_N = s_N + v_N$$

其中 v_N 为均值为 0，方差为 1 的平稳白噪声，s_N 与 v_N 不相关。

图 10-30 卡尔曼滤波器递推流程图

解：s_N 的信号模型已在例 10-5 中求出，为 $s_{N+1} = 0.8 s_N + w_N$，其中 w_N 为零均值、方差为 0.36 的平稳白噪声。

由 s_N 和 v_N 不相关，可知 v_N 与 w_N 以及 s_0 与 v_N、w_N 均无关，故可直接利用式(10-159)的递推公式。在本例中，$a_N = 0.8, q_N = 0.36, c_{N+1} = 1, r_{N+1} = 1$，它们均为与 N 无关的常数，故可得递推公式

$$\hat{s}_{(N+1)/N} = 0.8 \hat{s}_N$$
$$p_{(N+1)/N} = 0.64 p_N + 0.36$$